Stefan Griebel

Entwicklung und Charakterisierung fluidmechanischer nachgiebiger Aktuatoren am Beispiel eines multifunktionalen Sauggreifers

Berichte der Ilmenauer Mechanismentechnik (BIMT)

Herausgegeben von
Prof. Lena Zentner
Fachgebiet Nachgiebige Systeme an der TU Ilmenau

Band 6

Entwicklung und Charakterisierung fluidmechanischer nachgiebiger Aktuatoren am Beispiel eines multifunktionalen Sauggreifers

Stefan Griebel

Universitätsverlag Ilmenau
2021

Impressum

Bibliografische Information der Deutschen Nationalbibliothek
Die Deutsche Nationalbibliothek verzeichnet diese Publikation in der Deutschen Nationalbibliografie; detaillierte bibliografische Angaben sind im Internet über http://dnb.d-nb.de abrufbar.

Diese Arbeit hat der Fakultät für Maschinenbau der Technischen Universität Ilmenau als Dissertation vorgelegen.

Tag der Einreichung:	6. Juli 2020
1. Gutachter/-in:	Univ.-Prof. Dr.-Ing. habil. Lena Zentner (Technische Universität Ilmenau)
2. Gutachter/-in:	Prof. Dr.-Ing. habil. Emil Kolev (Hochschule Schmalkalden)
3. Gutachter/-in:	Dr.-Ing. Harald Kuolt (J. Schmalz GmbH)
Tag der Verteidigung:	30. Oktober 2020

Technische Universität Ilmenau/Universitätsbibliothek
Universitätsverlag Ilmenau
Postfach 10 05 65
98684 Ilmenau
http://www.tu-ilmenau.de/universitaetsverlag

ISSN 2194-9476
ISBN 978-3-86360-233-8 (Druckausgabe)
DOI 10.22032/dbt.46923
URN urn:nbn:de:gbv:ilm1-2020000555

Vorwort

Die vorliegende Arbeit entstand während meiner Tätigkeit als wissenschaftlicher Mitarbeiter an den Fachgebieten Nachgiebige Systeme und Biomedizinische Technik der Technischen Universität Ilmenau.

Ganz herzlich möchte ich mich bei Frau Prof. Dr.-Ing. habil. Lena Zentner, Leiterin des Fachgebietes Nachgiebige Systeme und Doktormutter, bedanken. Ihr grundlegendes Vertrauen in mich, ihre wegweisenden Hinweise und die mir großzügig gewährte Freiheit zur eigenständigen Forschung im Bereich der fluidmechanischen nachgiebigen Aktuatoren haben diese Promotion im Rahmen meiner Tätigkeit als wissenschaftlicher Mitarbeiter ermöglicht.

Mein besonderer Dank gilt Herrn Prof. Dr.-Ing. habil. Emil Kolev von der Hochschule Schmalkalden sowie Herrn Dr.-Ing. Harald Kuolt, Fachleiter der Vorentwicklung der Firma J. Schmalz GmbH, für ihre wohlwollende Unterstützung, ihr Interesse an der Thematik und die bereitwillige Übernahme der Gutachten.

Ferner möchte ich mich bei meinen Kollegen und Freunden des Fachgebietes Nachgiebige Systeme bedanken. Hervorzuheben sind hier Dr.-Ing. Sebastian Linß, M. Sc Stefan Henning, Dipl.-Ing. (FH) Dirk Wetzlich, Dipl.-Ing. Martin Feierabend, Dipl.-Ing Lars Hartmann und Dr.-Ing. Renè Uhlig, die mit praktischen Hinweisen und mit Anstößen zu weiteren Fragestellungen zum Gelingen der Arbeit beigetragen haben.

Betonen möchte ich zudem die hilfreiche Zusammenarbeit mit Herrn Prof. Dr.-Ing. habil. Jens Haueisen, mit Dr.-Ing. Patrique Fiedler und Dipl.-Inf. Alexander Dietzel des Fachgebietes Biomedizinische Technik und mit Dipl.-Ing. Christoph Hahm des Fachgebietes Feinwerktechnik. Weiterhin möchte ich mich herzlich bei Frau Dipl.-Ing. Pat.-Ing. Cordula Müseler, Schutzrechtsbeauftragte der Technischen Universität Ilmenau, bedanken, die mir bei diversen Patentanmeldungen wertvolle Impulse gab. Für die Fertigung diverser Formwerkzeuge sowie Bauteile für die Versuche möchte ich mich bei Iris Franzke, Dipl.-Ing. (FH) Eberhard Hamatschek, Jürgen sowie Frank Bretschneider, Dipl.-Ing. Michael Brandl, Lars Müller und M. Sc. René Machts bedanken. Mein Dank gilt weiterhin den zahlreichen Studierenden, die durch ihre Unterstützung einen Beitrag zu meiner Arbeit geleistet haben.

Abschließend möchte ich mich bei meiner Familie für ihre Liebe und langjährige Unterstützung bedanken. Ein besonderer Dank gilt meiner Frau Alexandra für ihre Geduld und ihr entgegengebrachtes Verständnis.

Ilmenau, im November 2020
Stefan Griebel

Kurzfassung

Zum Greifen verschiedener Greifobjekte finden fluidmechanische nachgiebige Aktuatoren (FNA) auf Silikonbasis als Greifer zunehmend Verbreitung. Aufgrund der stoffschlüssigen Bauweise ermöglichen diese die Integration verschiedener Funktionen auf Strukturebene. Vor allem zur Senkung des Hygienerisikos sind FNA für Greifaufgaben in Reinräumen und der Verpackungsindustrie in Form geschlossener Sauggreifer besonders geeignet. Die Untersuchung derartiger Sauggreifer ist Gegenstand dieser Arbeit.

Im Rahmen der Arbeit wird ausgehend von verschiedenen Anwendungen eine allgemeine Klassifikation für FNA vorgestellt und entwickelte FNA anhand dieser eingeordnet. Die Entwicklung von FNA wird am Beispiel des geschlossenen Sauggreifers detailliert beschrieben.

Eine der Besonderheiten des geschlossenen Sauggreifers ist, dass er im Gegensatz zu offenen Sauggreifern greifobjektseitig eine Membran aufweist. Die Membran ermöglicht neben der Trennung des Mediums im Innenraum des Sauggreifers vom Umgebungsmedium, auch das aktive, zeitlich sowie örtlich gezielte Ablegen von Greifobjekten.

Eine weitere Besonderheit des gewählten Beispiels ist dessen nichtlineare Federkennlinie. Diese führt zu einem Bewegungsverhalten mit Durchschlag und ermöglicht die Adaption an verschiedene Objektlagen und -formen.

Durch Modellbetrachtungen und experimentelle Untersuchungen von ausgewählten Geometrie- und Materialparametern werden Beeinflussungsmöglichkeiten der Durchschlaggrößen aufgezeigt. Die Formulierung einer allgemeinen Vorgehensweise für das Erreichen festgelegter FNA-Kennwerte bilden dabei einen wesentlichen Beitrag dieser Arbeit.

Darüber hinaus werden prinzipielle Lösungen für die Implementierung einer stoffkohärenten sowie nachgiebigen Sensorik für FNA auf Silikonbasis vorgestellt. Die Umsetzung der Sensorik wird am Beispiel des Sauggreifers beschrieben. Die Möglichkeit zur Ableitung qualitativer Aussagen zu Greifzustand, Greifobjektleitfähigkeit sowie zu den Greifprozessphasen wird diskutiert.

Die für die Herstellung und Erprobung des multifunktionalen Sauggreifers notwendigen neuartigen Werkzeuge, Vorrichtungen und Prozesse werden im Rahmen der Arbeit jeweils beschrieben.

Durch die Gesamtschau der untersuchten FNA-Eigenschaften, nichtlinearen Kennlinie, Adaptivität sowie Sensorisierung liefert die Arbeit einen Beitrag zu multifunktionalen FNA sowie auch zum Vorgehen bei deren Entwicklung.

Abstract

Fluid-mechanical compliant actuators (FCAs) based on silicone are becoming increasingly common for grippers of different objects types. Due to the material-consistent design, FCAs enable the implementation of various functions on the structural level. FCAs in the form of closed suction grippers are particularly suitable for reducing the hygiene risk during gripping tasks in clean rooms and the packaging industry. This thesis focuses on the investigation and development of such suction grippers.

Within the scope of the work, a general classification for FCAs is presented based on different application types. Multiple developed FCAs are classified accordingly. The development of FCAs is described in detail using the example of the closed suction gripper

One of the special features of the closed suction gripper is that, unlike open suction grippers, it comprises a membrane on the side of the object. In addition to separating the medium inside the suction gripper from the surrounding medium, this membrane enables the active release of objects at specific times and locations.

The non-linear spring characteristic curve is another special feature of the selected example FCA. It leads to a movement behavior with snap-through characteristic and enables the adaption to different object positions and shapes.

Different possibilities for influencing the snap-through variables are presented by means of model considerations and experimental investigations of selected geometries and material parameters. An essential contribution of this work is the formulation of a general procedure for achieving defined FCA parameters.

In addition, generalized principles for implementing a silicone-based material-coherent and compliant sensor technology for FCAs are presented. The possibility of deriving qualitative statements on gripping state, gripping object conductivity and the gripping process phases is discussed.

The new types of tools, devices and processes required for the production and testing of the multifunctional suction gripper are described in each case.

By providing an overall view of the investigated FCA properties, nonlinear characteristics, adaptivity and sensorization, the work contributes to multifunctional FCAs as well as to their development procedure.

Inhaltsverzeichnis

Verzeichnis verwendeter Symbole und Abkürzungen

Verwendete Symbole

Symbol	Beschreibung	Einheit
A	charakteristischer Durchschlagpunkt (lokales Maximum der Belastungs-Verschiebungs-Kennlinie)	
a_{a}	axialer Versatz/Verschiebung der Formwerkzeugeinsätze zum Formkern	mm
a_{a}^{j}	axiale Verschiebung mit Exponent j	mm^{j}
a_{a}^{q}	axiale Verschiebung mit Exponent q	mm^{q}
$\bar{a}_{\mathrm{a}}$	mittlerer axialer Versatz der Formwerkzeugeinsätze zum Formkern	mm
$a_{\mathrm{a,ist}}$	tatsächliche axiale Verschiebung der Formwerkzeugeinsätze zum Formkern	mm
$\bar{a}_{\mathrm{a,ist}}$	gemittelte tatsächliche axiale Verschiebung der Formwerkzeugeinsätze zum Formkern	mm
$a_{\mathrm{a,soll}}$	geforderte axiale Verschiebung der Formwerkzeugeinsätze zum Formkern	mm
a_{E}	Länge der Halbachse einer Ellipse	mm
A_{E}	Flächeninhalt einer Ellipse	mm^2
A_{El}	überdeckende Elektrodenfläche, Sensorfläche	mm^2
a_{F}	Abstand zweier Faltenseiten, gemessen in y-Richtung	mm
A_{F}	Faltenschnittfläche	mm^2
a_{FB}	Abstand des leitfähigen Strukturabschnitts in der gefalteten Teilstruktur des Sauggreifers vom leitfähigen elektrischen Strukturabschnitt im Sauggreiferboden	mm
$A_{\mathrm{F},i}$	Faltenschnittfläche in Abhängigkeit des gewählten i	mm^2
$a_{\mathrm{F},j}$	j-ter Koeffizient für die Approximationsgleichung der Schar von F_{k}	$\mathrm{N} \cdot \mathrm{mm}^{-j}$
A_i	i-te Kreisringfläche	mm^2
$\tilde{a}_i$	i-ter Koeffizient für die approximierte, normierte Kraft-Verschiebungs-Funktion	
a_{OG}	Abstand zwischen Objektoberfläche und Sauggreifermembran	mm
a_{OU}	Abstand zwischen Objektoberfläche und Unterlage	mm
a_{r}	radialer Versatz der Formwerkzeugeinsätze zum Formkern	mm

Symbol	Beschreibung	Einheit
a_{ri}	radialer Versatz der Formwerkzeugeinsätze zum Formkern in Abhängigkeit des gewählten i	mm
A_{ring}	Ringfläche; Berührungsfläche der gefalteten Teilstruktur mit der Membran	mm^2
A_{S}	wirksame Saugfläche des Sauggreifers	mm^2
a_{SB}	Abstand zwischen elektrischer Signalleitung in der Sauggreiferhalterung und elektrisch leitfähigem Strukturabschnitt im Sauggreiferboden	mm
$a_{\mathrm{s},q}$	q-ter Koeffizient für die Approximationsgleichung der Schar von s_{k}	mm^{-q}
a_0, a_1, a_2	Koeffizienten eines linearen/quadratischen Polynoms	divers
A_0	Ausgangsquerschnittsfläche	mm^2
A_{φ}	eingeschlossene Überdruckfläche für einen gewählten Neigungswinkel φ	mm^2
$\tilde{A}_{\varphi}$	normierte eingeschlossene Überdruckfläche für einen gewählten Neigungswinkel φ	mm^2
Δa_{a}	Differenz gebildet aus geforderter und tatsächlicher axialer Verschiebung a_a	mm
B	charakteristischer Durchschlagpunkt (lokales Minimum der Belastungs-Verschiebungs-Kennlinie)	
b_{E}	Länge der Halbachse einer Ellipse	mm
b_{Smax}	maximale Spaltbreite zwischen Sauggreifer und zylindrischem Greifobjekt	mm
b_0	Koeffizient	ohne
b_1	Koeffizient	N
b_0^*	optimaler Wert des Koeffizienten b_0	
c	Faltenseitendicke gemessen in y-Richtung der Faltenseite mit der Dicke d_{F12}	mm
C	Kapazität	μF
$\boldsymbol{C}$, $\boldsymbol{C}_{ij}$	COUCHY-GREEN-Deformationstensor	mm/mm
C_{A},..,C_{H}	Kapazität im Verformungszustand A,..,H	μF
c_i	Materialparameter	divers
C_{i0}	mit i indizierte Materialkonstante	MPa
C_{M}	Kapazität des FEM-Modells	μF
C_{max}	maximaler Kapazitätswert	μF
C_{mn}	mit m und n indizierte Materialkonstante	MPa
C_0	Ausgangskapazität	μF
$\bar{C}_0$	gemittelte Ausgangskapazität	μF
$C_{0,\mathrm{F22}}$	Ausgangskapazität an der Sensorposition F22	μF
$C_{0,\mathrm{M}}$	Ausgangskapazität an der Sensorposition M	μF
$C_{0,\mathrm{t}}$	theoretische Ausgangskapazität	μF

Symbol	Beschreibung	Einheit
ΔC	Kapazitätsänderung	μF
$\Delta\tilde{C}$	auf C_0 normierte Kapazitätsänderung	
$\Delta\tilde{C}_{\mathrm{F22}}$	auf $C_{0,\mathrm{F22}}$ normierte Kapazitätsänderung des Sensors an der Position F22	
ΔC_i	Kapazitätsänderung als Differenz zwischen dem Kapazitätswert im Punkt P_i und der Ausgangskapazität C_0	μF
$\Delta\tilde{C}_{\mathrm{M}}$	auf $C_{0,\mathrm{M}}$ normierte Kapazitätsänderung des Sensors an der Position M	
ΔC_{max}	Kapazitätsänderung als Differenz aus maximaler Kapazität und Anfangskapazität	μF
d_{F}	Dicke des/r Dielektrikums/Folie	μm
$d_{\mathrm{F}ij}$	j-te Faltenseitendicke der i-ten Falte	mm
$d_{\mathrm{F12},j}$	Ausgangsfaltenseitendicke d_{F12}=1 mm verringert um das j-te Vielfache von 0.1 mm	mm
$d_{\mathrm{F12,min}}$	minimale Wanddicke d_{F12}	mm
D_{G}	Durchmesser des Greifobjektes	mm
D_{H}	Durchmesser der Sauggreiferhalterung	mm
d_i	Materialkonstante zur Beschreibung der Kompressibilität als Funktion des Kompressionsmoduls (hyperelastisches Materialgesetz nach OGDEN)	MPa^{-1}
$\bar{d}_i$	i-te mittlere Foliendicke an der Kreisringfläche A_i	mm
d_{M}	Membrandicke des Sauggreifers	mm
$d_{\mathrm{M,ist}}$	gemessene Membrandicke des Sauggreifers	mm
$\bar{d}_{\mathrm{M}}$	gemittelte Membrandicke des Sauggreifers	mm
$d_{\mathrm{P,ist}}$	erreichte Plattendicke	mm
d_{s}	Schichthöhe	mm
D_{Sa}	Außendurchmesser des Sauggreifers	mm
$D_{\mathrm{Sa,0}}$	gewählter Außendurchmesser des Sauggreifers	mm
$D_{\mathrm{Sa},i}$	D_{Sa} berechnet in Abhängikeit des gewählten i	mm
$d_{\mathrm{s},i}$	Schichthöhe/-dicke als i-tes Vielfaches von 0.01 mm	mm
D_{Si}	Innendurchmesser des Sauggreifers	mm
$D_{\mathrm{Si},i}$	D_{Si} berechnet in Abhängigkeit des gewählten i	mm
D_{W}	Innendurchmesser der umlaufenden Wulst der oberen Teilstruktur	mm
d_{Z}	Wanddicke der zylinderringförmigen Teilstruktur des Sauggreifers	mm
e	EULERsche Zahl	
e	Elementnummer	
e_{max}	größte Elementnummer, Anzahl der Elemente	
e_{min}	kleinste Elementnummer	
f	Frequenz	kHz
F	Kraft, Belastung	N

Symbol	Beschreibung	Einheit
$\tilde{F}$	auf F_{krit1} normierte Kraft	
$\bar{\tilde{F}}(\tilde{s})$	gemittelte normierte Federkennlinie	
F_{a}	äußere Kraft	N
$F_{\text{A}},..,F_{\text{H}}$	Kraft im Verformungszustand A,..,H	N
f_{B}	Faktor zur Abbildung des Einflusses der Messgenauigkeit des verwendeten SHORE-Härte-Prüfgerätes	
$f_{\text{B,max}}$	Maximalwert für f_{B}	
$f_{\text{B,min}}$	Minimalwert für f_{B}	
F_{greif}	Greifkraft des Sauggreifers	N
$F_{\text{greif,max}}$	maximale Haltekraft	N
F_i	i simulierte Kraft-Verschiebungs-Kennlinien	N
$\tilde{F}_i^*$	i-te approximierte, normierte Kraftkennlinie	
$\tilde{F}_i(\tilde{s})$	auf den jeweiligen ersten kritischen Punkt A normierte Kraft-Verschiebungs-Kennlinie des i-ten Sauggreifers	
F_{ist}	Istwert für die Kraft	N
F_{k}	Schar erster kritischer Kraftwerte	N
$F_{\text{k},m}$	Approximationsfunktion kritischer Kraftwerte mit Polynom des Grades m	N
$F_{\text{krit}i}$	kritische Kräfte an den charakteristischen Durchschlagpunkten	N
$\bar{F}_{\text{krit1}}$	gemittelter kritischer Kraftwert am ersten charakteristischen Durchschlagpunkt	N
$\bar{\tilde{F}}_{\text{krit1}}$	mittels Messungen bestimmter, gemittelter und normierter kritischer Kraftwert am ersten charakteristischen Durchschlagpunkt für $\varphi = 0°$	
$\tilde{F}_{\text{krit1,FEM}}$	normierter kritischer Kraftwert am ersten charakteristischen Durchschlagpunkt für $\varphi = 0°$ und mittels FEM bestimmt	
$F_{\text{krit1,fit}}(f_{\text{s}})$	quadratische Approximationsfunktion zur Ermittlung der F_{krit1} Werte über f_{s}	N
$F_{\text{krit1},f_{\text{s}}}$	erster kritischer Kraftwert bei einem bestimmten Skalierungsfaktor f_{s}	N
$F_{\text{krit1},i},F_{\text{krit2},i}$	gemessener kritischer Kraftwert am ersten bzw. zweiten charakteristischen Durchschlagpunkt des i-ten Sauggreifers	N
$F^*_{\text{krit1},i},F^*_{\text{krit2},i}$	mittels eines Modells bestimmter kritischer Kraftwert am ersten bzw. zweiten charakteristischen Durchschlagpunkt für den i-ten Sauggreifer	N
$F_{\text{krit1,ist}}$	Istwert für F_{krit1}	N
$F_{\text{krit1,min}}$	kleinster kritischer Kraftwert am ersten charakteristischen Durchschlagpunkt	N
$F_{\text{krit1,soll}}$	Sollwert für F_{krit1}	N
$\tilde{F}_l^*(\tilde{s})$	approximierte normierte Kraft-Verschiebungs-Funktion mit Polynomgrad l	

Symbol	Beschreibung	Einheit
$F_{l,m,n}(s, a_\mathrm{a})$	Approximation für die Gleichung $F(s, a_\mathrm{a})$ mit Polynomgrad l sowie den Approximationen für F_k bzw. s_k mit dem Polynomgrad m und n	N
F_notw	benötigte Andruckkraft des Sauggreifers zum Ausbilden eines Kontaktrings	N
$\bar{F}_\mathrm{notw}$	gemittelte, aus Messungen bestimmte, benötigte Andruckkraft des Sauggreifers zum Ausbilden eines Kontaktrings	N
$F_\mathrm{notw,m}$	mittels eines analytischen Modells bestimmte, benötigte Andruckkraft des Sauggreifers zum Ausbilden eines Kontaktrings	N
$\tilde{F}_{\mathrm{notw},\varphi}$	normierter, benötigter Andruckkraftwert des Sauggreifers zum Ausbilden eines Kontaktrings bei einem gewählten Neigungswinkel φ (FEM)	
$\bar{\tilde{F}}_{\mathrm{notw},\varphi}$	aus Messungen gemittelter, normierter, benötigter Andruckkraftwert des Sauggreifers zum Ausbilden eines Kontaktrings bei einem gewählten Neigungswinkel φ	
ΔF_O	Objektkraftänderungsweite	N
$F_\mathrm{O,res}$	resultierende Objektkraft in y-Richtung	N
$F_\mathrm{O,y}$	Objektkraft in y-Richtung	N
$F_\mathrm{ref}(s)$	als Referenz bestimmte Kraft-Verschiebungs-Kennlinie	N
f_s	Skalierungsfaktor	
F_soll	Sollwert für die Kraft	N
F_y	an der Material-Prüfmaschine gemessene Zug- bzw. Druckkraft	N
F_zul	zulässige maximale Objektkraft	N
F_φ	Objektkraft, auf das Greifobjekt senkrecht wirkende Druckkraft bei einem gewählten Neigungswinkel φ	N
$F_\varphi(s)$	Kraft-Verschiebungs-Kennlinie für konstanten Neigungswinkel φ	N
$\tilde{F}_\varphi(s)$	normierte Kraft-Verschiebungs-Kennlinie für konstanten Neigungswinkel φ (FEM)	
$\bar{\tilde{F}}_\varphi(s)$	aus Messungen gemittelte, normierte Kraft-Verschiebungs-Kennlinie für konstante Neigungswinkel φ	
ΔF	Kraftdifferenz zwischen F_krit2 und F_krit1	N
ΔF_zul	zulässige Kraftdifferenz	N
g_j	j-ter Wichtungsfaktor	
H_A	SHORE-Härte A	
$H_\mathrm{A,ist}$	tatsächliche SHORE-Härte A	
$\bar{H}_\mathrm{A,ist}$	mittlere tatsächliche SHORE-Härte A	
$H_\mathrm{A,max}$	maximale SHORE-Härte A	
$H_\mathrm{A,min}$	minimale SHORE-Härte A	
$H_\mathrm{A,ref}$	als Referenz bestimmte SHORE-Härte A	
$H_\mathrm{A,soll}$	Sollwert für die SHORE-Härte A	

Symbol	Beschreibung	Einheit
ΔH_A	einfache Schwankungsbreite resultierend aus der Präzisionsangabe des Herstellers	
$h_{\mathrm{F}i}$	Höhe der i-ten Falte	mm
h_G	Greifobjekthöhe	mm
h_S	Höhe des Sauggreifers	mm
h_W	Höhe der umlaufenden Wulst der oberen Teilstruktur	mm
h_Z	Höhe der zylinderringförmigen Teilstruktur des Sauggreifers	mm
i	Index	
I	Strom	mA
$\boldsymbol{I}$	Einheitsmatrix	
I_S	Strom, der im geschalteten Zustand fließt	mA
I_1, I_2, I_3	die Hauptinvarianten des CAUCHY-GREEN-Deformationstensors	
$\bar{I}_1$, $\bar{I}_2$, $\bar{I}_3$	deviatorische Hauptinvarianten des CAUCHY-GREEN-Deformationstensors	
j	Index	
J	JACOBI-Determinante	$\mathrm{mm}^3/\mathrm{mm}^3$
J_m	Parameter zur Bestimmung des Grenzwertes der ersten Invariante (abgeleitet aus molekularen Überlegungen)	
j_max	Gesamtanzahl der Elementgruppen	
j_min	kleinste Gruppennummer	
k	Index	
k_d	Faltendicke-Seitenverhältnis	
k_Fkrit1	Proportionalitätsfaktor für die Gleichung $F_\mathrm{krit1,fit}$	N
k_s1	Proportionalitätsfaktor für die Gleichung $s_\mathrm{1,fit}$	mm
k_1	Proportionalitätsfaktor	
$\bar{k}_1$	gemittelter Proportionalitätsfaktor	
l	Index	
l_0	Ausgangslänge	mm
Δl	Längendifferenz	mm
m	Index	
$\tilde{m}$	Anstieg der Funktion $\tilde{\epsilon}_\mathrm{rel}(\tilde{s})$	
M	die Anzahl der Materialparameter des gewählten Materialgesetzes	
m_S	Masse des Massestücks	g
m_V15	prozentualer Anteil der Silikonmasse ELASTOSIL® VARIO 15	
m_V40	prozentualer Anteil der Silikonmasse ELASTOSIL® VARIO 40	g
n	Index	
N	die Anzahl der experimentellen Datenpunkte, Zyklusnummer, Messwerte, Funktionsmuster, Messungen oder Knoten	
n_j	Elementezahl der j-ten Elementegruppe	
N_L	Anzahl der LEDs	
n_M	Anzahl der Membrandickemessungen	

Symbol	Beschreibung	Einheit
p	hydrostatischer Druck (betreffend Kapitel 3)	mbar
P	Punkt	
p_{a}	atmosphärischer Druck	mbar
P_{D}	erster Berührungspunkt des Sauggreifers mit der geneigten Objektoberfläche	
p_{i}	Innendruck - Druckdifferenz zwischen Druck des Umgebungsmediums und des Antriebsmediums	mbar
P_i	Schnittpunkte mit Index i	
p_{k}, $p_{\mathrm{k},n}$	n-te(r) kritische(r) Druck/Belastung	mbar
$p_{\max}$	Maximaldruck	mbar
p_{s}	Druck im Inneren des Sauggreifers, des Greifers oder des FNAs	mbar
p_{S}	Schaltdruck	mbar
p_{SC}	Substitution in Lösungsformel von CARDANO	m^2
P_{φ}	Punkt auf $\tilde{F}_{\varphi}(s)$ bzw. $\tilde{\tilde{F}}_{\varphi}(s)$ bei dem der notwendige Andruckweg erreicht ist	
Δp	Druckdifferenz	mbar
$\Delta p_{\mathrm{k}}, \Delta p_{\mathrm{k},i}$	(i-te) kritische Druckdifferenz	mbar
Δp_{s}	Druckdifferenz gemessen zwischen zwei Zeitpunkten im Inneren des Sauggreifers	mbar
q	Index	
q_{SC}	Substitution in Lösungsformel von CARDANO	m^3
q_{σ}	Verhältnis der technischen Spannungen von Be- und Entlastungskurve	
R^2	Bestimmtheitsmaß zur Bewertung der Anpassungsgüte	
R_{a}	Fehlerrestwert, Residuum, residual error	MPa^2
$r_{\mathrm{A}k}, r_{\mathrm{I}k}$	Außen- bzw. Innenradien zwischen den Faltenseiten des Sauggreifers mit $k = 1, ..., 3$	mm
$r_{\mathrm{AM}}, r_{\mathrm{IM}}$	Außen- bzw. Innenradius zwischen Membran und gefalteter Teilstruktur des Sauggreifers	mm
$r_{\mathrm{AZ}}, r_{\mathrm{IZ}}$	Außen- bzw. Innenradius zwischen zylinderringförmiger und gefalteter Teilstruktur des Sauggreifers	mm
R_{O}	Greifobjektradius eines zylindrischen Glasobjektes	mm
R_{S}	Widerstand zur Begrenzung des Schaltstroms	kΩ
R_0	Ausgangswiderstand	kΩ
R_1, R_2	Widerstand mit Nr. 1 bzw. Nr. 2	kΩ
ΔR	Widerstandsänderung	kΩ
s	Verschiebung/Weg	mm
S	Empfindlichkeit	kPa^{-1}
$\tilde{s}$	auf s_1 normierte Verschiebung	
$\tilde{s}^i$	auf s_1 normierte Verschiebung mit Exponent i	
s_{a}	aufzuprägende Verschiebung	mm

Symbol	Beschreibung	Einheit
s_{greif}	notwendiger Verschiebungsweg zur Messung der Greifkraft	mm
$s_{\text{greif,m}}$	mit dem analytischen Modell bestimmter notwendiger Verschiebungsweg zur Messung der Greifkraft	mm
$s_{\text{greif},\varphi}$	notwendiger Verschiebungsweg zur Messung der Greifkraft in Abhängigkeit vom gewählten Neigungswinkel φ	mm
s_{ist}	Istgröße für die Verschiebung/den Weg s	mm
s_{k}	Schar der Verschiebungsstellen erster kritischer Kraftwerte	mm
$s_{\text{k},n}$	Approximation der Schar der Verschiebungsstellen erster kritischer Kraftwerte mit Polynom des Grades n	mm
s_{M}	Standardabweichung bei der Membrandickenmessung	mm
$S_{\text{M,gesamt}}$	Gesamtfehler, Zielfunktion	N^2
$S_{\text{M,F\_krit1}}$	Einzelfehler resultierend aus den F_{krit1} Werten	N^2
$S_{\text{M,F\_krit2}}$	Einzelfehler resultierend aus den F_{krit2} Werten	N^2
s_{max}	maximal aufgeprägter Verschiebungsweg	mm
s_{notw}	notwendiger Verschiebungsweg/Andruckweg in y-Richtung	mm
$s_{\text{notw,m}}$	mit dem analytischen Modell bestimmter, notwendiger Verschiebungsweg/Andruckweg in y-Richtung	mm
$s_{\text{notw},\varphi}$	notwendiger Verschiebungsweg/Andruckweg in y-Richtung bei gewähltem Winkel φ	mm
$\tilde{s}_{\text{notw},\varphi}$	normierter notwendiger Verschiebungsweg/Andruckweg in y-Richtung bei gewähltem Winkel φ	
$\tilde{\tilde{s}}_{\text{notw},\varphi}$	aus Messungen gemittelter, normierter, notwendiger Verschiebungsweg/Andruckweg in y-Richtung bei gewähltem Winkel φ	
s_{soll}	Sollwert für die/den Verschiebung/Weg s	mm
s_{y}	Traversenweg in Richtung negativer y-Achse	mm
s_1, s_2	Verschiebungswerte an den charakteristischen Durchschlagpunkten	mm
$\bar{s}_1$	gemittelter Wert für die Verschiebungstellen der lokalen Kraftmaxima s_1	mm
$s_{1,\text{fit}}(f_{\text{s}})$	lineare Approximations-Funktion zur Ermittlung der s_1 Werte über f_{s}	mm
$s_{1,f_{\text{s}}}$	Stelle des ersten kritischen Kraftwertes bei einem bestimmten Skalierungsfaktor f_{s}	mm
$s_{1,i}$	Verschiebungswerte am ersten charakteristischen Durchschlagpunkt für verschiedene i	mm
$s_{1,\text{ist}}$	Istwert der Verschiebung am ersten charakteristischen Durchschlagpunkt	mm
$s_{1,\text{soll}}$	Sollwert der Verschiebung am ersten charakteristischen Durchschlagpunkt	mm
Δs	Wegdifferenz zwischen s_2 und s_1, Länge des instabilen Verformungsbereichs II	mm

Symbol	Beschreibung	Einheit
$\Delta\tilde{s}$	normierter Abstand zwischen zwei Stützstellen	
Δs_{O}	Objektverschiebungsweite	mm
t	Zeit	s
T	Schwingungsdauer	s
t_i	Zeitpunkt, wobei $t_i < t_{i+1}$ gilt	s
t_{v}	Vakuumierzeit (Zeitdauer zum Evakuieren)	ms
T_{V}	Vulkanisationstemperatur	°C
u	Verschiebung in x-Richtung	mm
$u_A,..,u_D$	Verschiebung in x-Richtung des Punktes $A,..,D$	mm
U_{B}	Betriebsspannung	V
$U_{\min}$	Umfang des Sauggreiferinnendurchmessers im gefertigten Zustand	mm
$U_{\max}$	maximaler Umfang des Sauggreiferinnendurchmessers beim Entformen	mm
U_{p}	Spannung am Potentiometer	V
$u_{x,i}$	Knotenverschiebung des i-ten Knotens in x-Richtung	mm
$u_{z,i}$	Knotenverschiebung des i-ten Knotens in z-Richtung	mm
V_{e}	Teilvolumen des Sauggreifers bestimmt aus einer Teilmenge selektierter Elemente	mm^3
V_e	Volumen des Elementes mit der Nummer e	mm^3
$V_{j,i}$	Gesamtvolumen der j-ten Elementgruppe bestehend aus über i aufsummierten Elementvolumina	mm^3
V_{s}	Volumen innerhalb des Sauggreifers	mm^3
V_{S}	Sauggreifer-Gesamtvolumen (materialseitig)	mm^3
v_{T}	Traversengeschwindigkeit	mm/min
W	elastisches Potential, Formänderungsenergiedichte	MPa
$W(\lambda_i)$	elastisches Potential als Funktion von den Hauptdehnraten	MPa
$W(I_1, I_2, I_3)$	elastisches Potential als Funktion von den Hauptinvarianten des CAUCHY-GREEN-Deformationstensors	MPa
W_{iso}	isochorer Anteil der Formänderungsenergiedichtefunktion	MPa
W_{vol}	volumetrischer Anteil der Formänderungsenergiedichtefunktion	MPa
x	Koordinate	mm
$x_{\mathrm{rel,F12}}$	relativer x-Abstand der Faltenseitenkrümmungsflächen der Faltenseite mit d_{F12}	
x_{F12}	x-Abstand der Faltenseitenkrümmungsflächen der Faltenseite mit d_{F12}	mm
$x_{LS,i}$	x-Koordinate des Knotens i zum Lastschritt LS	mm
$x_{0,i}$	x-Ausgangskoordinate des Knotens i	mm
y	Koordinate	mm
z	Koordinate	mm
Z	Zielfunktion für die mehrkriterielle Optimierung	

Symbol	Beschreibung	Einheit
$z_{LS,i}$	z-Koordinate des Knotens i zum Lastschritt LS	mm
$z_{0,i}$	z-Ausgangskoordinate des Knotens i	mm
α	Faltenwinkel	°
α_i	Materialkonstante (hyperelastisches Materialgesetz nach OGDEN)	
α_{v}	Faltenwinkel im verformten Zustand bei Ermittlung der Greifkraft	°
β	Fußwinkel	°
β_{v}	Fußwinkel im verformten Zustand bei Ermittlung der Greifkraft	°
γ	Mittelpunktwinkel eines Kreises	°
δ	axiale Verkippung des Formkerns gegenüber den Formwerkzeugeinsätzen um einen zentrisch bzgl. des Formkerns und in der Anschlussebene liegenden Punkt P	°
ε	wahre Dehnung, HENCKY-Dehnung	mm/mm
ϵ_{abs}	absolute Abweichung	
$\bar{\epsilon}_{\mathrm{abs}}$	gemittelte absolute Abweichung	
$\tilde{\epsilon}_{abs}$	absolute Abweichung normierter Werte	
$\epsilon_{\mathrm{abs,max}}$	maximale absolute Abweichung	
$\tilde{\epsilon}_{abs,max}$	maximale absolute Abweichung normierter Werte	
ε_i, ϵ_{ii}	Hauptdehnung in i-Richtung	mm/mm
$\bar{\varepsilon}_{ii}$	mittlere Hauptdehnung in i-Richtung	mm/mm
$\varepsilon_{ii,e}$	mittlere Hauptdehnung in i-Richtung des Elementes mit der Nr. e	mm/mm
$\varepsilon_{\mathrm{max}}$	maximale Dehnung	mm/mm
ε_{r}	relative Permittivität des Dielektrikums	
$\varepsilon_{\mathrm{r,F12}}$	radiale Dehnung der Faltenseite mit d_{F12}	mm/mm
$\bar{\epsilon}_{\mathrm{rel}}$	gemittelte relative Abweichung	
$\epsilon_{\mathrm{rel,max}}$	maximale relative Abweichung	
$\varepsilon_{\mathrm{rv,max}}$	maximale, radiale Vordehnung	
ε_t	technische Dehnung, CAUCHY-Dehnung	mm/mm
$\varepsilon_{\mathrm{t}ii}$	technische Dehnung in i-Richtung	mm/mm
$\varepsilon_{\mathrm{tv}}$	technische Dehnung in tangentialer (Kreisumfangs-) Richtung	mm/mm
$\varepsilon_{\mathrm{t}yy}$	technische Dehnung in y-Richtung	mm/mm
$\bar{\varepsilon}_{\mathrm{t}yy}$	gemittelte technische Dehnung in y-Richtung	mm/mm
$\varepsilon_{\mathrm{t}yy,\mathrm{max}}$	maximal aufgebrachte technische Dehnung in y-Richtung	mm/mm
$\bar{\varepsilon}_{\mathrm{t11}}$	gemittelte technische Dehnung in 1-Richtung	mm/mm
$\varepsilon_{\mathrm{t,zul}}$	maximal zulässige technische Dehnung	mm/mm
$\bar{\varepsilon}_{yy}$	gemittelte Dehnung in y-Richtung	mm/mm
$\varepsilon_{\mathrm{zul}}$	zulässige Dehnung	mm/mm
ε_0	elektrische Feldkonstante des Vakuums	As/Vm
$\bar{\varepsilon}_{11}$	gemittelte Hauptdehnung in 1-Richtung	mm/mm

Symbol	Beschreibung	Einheit
$\bar{\varepsilon}_{11,j}$	mittlere Hauptdehnung in 1-Richtung der Elementgruppe j	mm/mm
$\Delta\varepsilon_t$	Differenz zwischen zwei technischen Dehnungsgrenzwerten	mm/mm
$\Delta\varepsilon_{11}$	Schrittweite für die Hauptdehnung in 1-Richtung	mm/mm
θ	Überhangwinkel	°
κ	Objektdrehwinkel	°
λ	Dehnrate, relative Dehnung	mm/mm
λ_i	Dehnraten in i-Richtung	mm/mm
$\bar{\lambda}_i$	deviatorische Hauptdehnraten in i-Richtung	mm/mm
λ_L	Dehnrate, bei der ein starker Spannungsanstieg im Vergleich zu den anderen Abschnitten des Spannungs-Dehnungs-Verlaufs erfolgt	mm/mm
μ	anfänglicher Schubmodul (in Literatur auch mit G bezeichnet)	MPa
μ_i	Materialkonstante (hyperelastisches Materialgesetz nach OGDEN)	MPa
μ_H	Haftreibwert	
μ_{12}, μ_{45}	Reibkoeffizient zwischen Körper eins und zwei bzw. vier und fünf	
π	Kreiszahl	
σ	Spannung, CAUCHY-Spannung	MPa
σ_e	Spannungserweichung	MPa
$\bar{\sigma}_\mathrm{e}$	mittlere Spannungserweichung	MPa
$\bar{\sigma}^*_\mathrm{e}$	modellbasierte und somit berechnete, mittlere Spannungserweichung	MPa
$\sigma_\mathrm{e,max}$	maximale Spannungserweichung	MPa
$\sigma_\mathrm{e,zul}$	die zulässige maximale bzw. durchschnittliche Spannungserweichung	MPa
σ_{ii}	Hauptspannungen in i-Richtung	MPa
$\boldsymbol{\sigma}_{ij}$	CAUCHY-Spannungstensor	MPa
σ_t	technische Spannung	MPa
$\sigma_{\mathrm{t}ii}$	technische Hauptspannung in i-Richtung	MPa
$\sigma_\mathrm{t11}(\varepsilon_\mathrm{t11})$	technischer Spannungs-Dehnungs-Verlauf in 1-Richtung	MPa
$\tilde{\sigma}_\mathrm{t11}$	normierter technischer Spannungs-Dehnungs-Verlauf in 1-Richtung	
$\sigma_\mathrm{t11,b}$	technische Spannung in 1-Richtung der Belastungskurve	MPa
$\sigma_\mathrm{t11,e}$	technische Spannung in 1-Richtung der Entlastungskurve	MPa
$\sigma_{\mathrm{t},j}$	experimentell bestimmte, ingenieurtechnische Spannungswerte	MPa
$\sigma^*_{\mathrm{t},j}$	ingenieurtechnische über ein hyperelastisches Materialgesetz berechnete Spannungswerte	MPa
$\bar{\sigma}_{\mathrm{t}xx,N}$	gemittelte technische Spannung in x-Richtung des N-ten Zyklus	MPa
$\tilde{\sigma}_{\mathrm{t}yy}$	auf das Spannungsmaximum normierte technische Spannung in y-Richtung	
$\tilde{\bar{\sigma}}_{\mathrm{t}yy}$	auf das Spannungsmaximum normierte, gemittelte Spannung in y-Richtung	

Symbol	Beschreibung	Einheit
$\tilde{\sigma}^*_{tyy}$	auf die Neukurve normierte technische Spannung in y-Richtung	
$\bar{\sigma}_{tyy,N}$	gemittelte technische Spannung in y-Richtung des N-ten Zyklus	MPa
$\tilde{\bar{\sigma}}^*_{tyy}$	auf die Neukurve normierte, gemittelte Spannung in y-Richtung	
$\bar{\sigma}^*_{tyy,1}$	unter isotroper Annahme berechnete, gemittelte Spannung in y-Richtung (hier zweite Zugrichtung) für den 1-ten Zyklus	MPa
φ	Greifer-Objektebenen-Winkel, Neigungswinkel	°
φ_{max}	maximaler Neigungswinkel	°
$\varphi_{\mathrm{max,FEM}}$	mittels FEM bestimmter, maximaler Neigungswinkel	°
$\varphi_{\mathrm{max,m}}$	der aus der Geometrie bestimmte ,maximale Neigungswinkel	°

Verwendete Abkürzungen

Abkürzung	Beschreibung
A	Anforderung
AW	Ausgangswert
CAD	Computer-aided design
Co. KG	Compagnie Kommanditgesellschaft
DIN	Deutsches Institut für Normung
DoD	Drop-on-Demand Verfahren
DS	Durchschlag
EEG	Elektroenzephalografie
eGaIn	eutektische Gallium-Indium-Legierung
EMV	elektromagnetische Verträglichkeit
FDM	Fused Deposition Modeling
FE	Finite-Elemente
FEM	Finite-Elemente-Methode
FNA	fluidmechanischer nachgiebiger Aktuator
GmbH	Gesellschaft mit beschränkter Haftung
GUM	Guide to the Expression of Uncertainty in Measurement
HTV	Hochtemperatur vernetzend
IC	integrierter Schaltkreis
IFToMM	International Federation for the Promotion of Mechanism and Machine Science
k. A.	keine Angabe
konst.	konstant
KVK	Kraft-Verschiebungs-Kurve/Kennlinie

Abkürzung	**Beschreibung**
LED	Licht emittierende Diode
LS	Lastschritt
OG	oberer Grenzwert
PAP	Programmablaufplan
Pos.	Position
PVC	Polyvinylchlorid
RTV	Raumtemperatur vernetzend
SC	Schrittweite
SHK	Sauggreifer-Halterung-Kontakt
SLA	Stereolithografie Verfahren
SMA	shape memory alloy, Formgedächtnislegierung
SNES	Super-Nintendo-Entertainment-System
SP	Schwerpunkt
SSK	Sauggreifer-Sauggreifer-Kontakt
STL	Surface Tesselation Language
SW	Schwellwert
S1, S2	Schalter 1 bzw. 2
TPU	thermoplastisches Polyurethan
TU	TECHNISCHE UNIVERSITÄT
UG	unterer Grenzwert
VB	Verformungsbereich
VDI	Verein Deutscher Ingenieure
3D	dreidimensional

1 Einleitung

Für das Greifen und Halten von Gegenständen sind in der Handhabungstechnik unterschiedliche Greifprinzipien bekannt. Ein weit verbreitetes Prinzip ist das kraftschlüssige Halten von Greifobjekten mittels negativen Überdrucks[1] in Sauggreifern [114].

Derartige Greifer bestehen zumeist aus einem innen hohlen, hoch elastischen Bauteil, welches an einer Halterung mit Vakuumanschluss befestigt ist. Greifobjektseitig sind die Sauggreifer meist offen gestaltet, weshalb sie im Rahmen dieser Arbeit als offene Sauggreifer bezeichnet werden. Bei diesen wirkt das Medium zur Überdruckerzeugung (Saugmedium) im Innenraum des Sauggreifers (Maschinenraum) direkt auf das Greifobjekt und kann sich nachteilig mit dem das Greifobjekt umgebenden Medium (Umgebungsmedium) im Umgebungsraum (Prozessraum) durchmengen. Für Greifaufgaben im Reinraum oder Anwendungen in der Verpackungsindustrie wie bspw. das Greifen, Manipulieren und Transportieren von medizinischen und pharmazeutischen Produkten, wie z. B. zylindrischen Glasobjekten[2], stellen offene Greifer ein Hygienerisiko dar.

Vorteilhaft ist, dass mit Sauggreifern das Greifobjekt nicht umgriffen werden muss. Für das Greifen ist lediglich eine freie Fläche ausreichend, auf die der Greifer aufgesetzt wird. Somit wird kein Freiraum zwischen mehreren Greifobjekten benötigt und auf die Vereinzelung dieser kann verzichtet werden [30].

Um erfolgreich zu greifen, muss die kritische Leckrate überwunden werden bzw. bestenfalls vermieden werden. Hierfür wird eine möglichst ideale Abdichtung zwischen Sauggreifer und Objekt angestrebt. Für diesen Zweck werden Elastomere, bspw. Kautschuk oder Kautschuk-Verbindungen [222], für kommerziell verfügbare Sauggreifer verwendet. Diese zeichnen sich durch ein gummielastisches Verhalten aus, womit u. a. eine gute Adaptivität gegenüber unterschiedlich geformten Oberflächen und -beschaffenheiten erreicht werden kann.

Neben dem Greifen eines Objektes selbst, ist häufig die Rückmeldung (Information) über den Greifzustand vom Greifsystem gefordert. Gelöst wird dies auf unterschiedliche Art, zumeist über zusätzliche Systemteile (Starrkörperelemente) innerhalb des Greifsystems, wie bspw. induktive Näherungsschalter [114, 232].

Um den Einsatz einer starrkörperbasierten Sensorik in Sauggreifern zu vermeiden und somit die Vorteile des Sauggreifers als *nachgiebiges System* vollständig zu nutzen, ist die Untersuchung integrierter, nachgiebiger Sensoransätze erforderlich. Ansätze zur Integration von Sensorik in Form von strukturintegrierten Lösungen finden sich bereits in der Literatur bspw.:

1. als Konzept für in die Struktur von Handhabungsvorrichtungen eingebettete Sensoren [4],

---

[1] Ein in der Literatur gebräuchlicher, tradierter Begriff ist Unterdruck, jedoch hat sich in jüngster Vergangenheit die Bezeichnung negativer Überdruck durchgesetzt.

[2] Als Glasobjekte aus der Medizintechnik sind hier stellvertretend Spritzenzylinder [64], Glaszylinder für Pen-Injektoren [65], Injektions- [60, 61] und Infusionsflaschen [62] sowie Bechergläser [58] genannt.

2. als eingebettete Sensorelemente in nachgiebigen Robotern und FNA sowie in deren Komponenten [150] und
3. als Sensoren mit stofflicher Kohärenz in Sauggreiferstruktur [95] sowie in [94].

Im Rahmen dieser Arbeit werden die in [95] beschriebenen Ansätze unter der Prämisse die Verformbarkeit des Sauggreifers nicht zu beeinflussen aufgegriffen und in Erweiterung fortgeführt.

Die vorliegende Arbeit verfolgt im Wesentlichen die folgenden drei Ziele:

1. Es sollen bestehende Klassifikationen zu fluidmechanischen nachgiebigen Aktuatoren erweitert, diese mit Funktionsmustern belegt und ausgewählte Anwendungsmöglichkeiten aufgezeigt werden.
2. Am Beispiel der Entwicklung eines geschlossenen Sauggreifers mit multifunktionalen Eigenschaften und Durchschlagverhalten sollen modellbasiert (theoretisch) und empiriebasiert (experimentell) Untersuchungen an ausgewählten Geometrie- und Materialparametern ausgeführt werden. Infolge sollen allgemeingültige Vorgehensweisen für das Erreichen von Kennwerten eines fluidmechanischen nachgiebigen Aktuators abgeleitet werden.
3. Unter der Prämisse, die Verformbarkeit des Sauggreifers zu erhalten, sollen für eine *neuartige* Sauggreiferlösung die Implementierung einer stoffkohärenten sowie nachgiebigen Sensorik erarbeitet, geprüft und in Form von Funktionsmustern und Demonstrationsanlagen umgesetzt werden.

Diese Ziele werden im folgenden Abschnitt detailliert und anhand von Forschungsfragen in Form von Untersuchungsschwerpunkten herausgearbeitet.

1.1 Abgeleitete Schwerpunkte der Arbeit

Ein aus dem Stand der Technik bestehender Ansatz, den Maschinen- vom Prozessraum bei einem Sauggreifer zu trennen, ist das Verschließen des Sauggreifers durch eine Membran [155]. Dieser zweckmäßige Ansatz wird im Schwerpunkt (SP), *Entwicklung eines neuartigen geschlossenen Sauggreifers* (SP 1), in dieser Arbeit weiterverfolgt. Durch die Membran geht kein Fluid verloren, was potentielle Energieeinsparung sowie - je nach Umfeld - die Nutzung alternativer Medien ermöglicht. Zudem gewinnt der nun *geschlossene* Sauggreifer die Fähigkeit, direkt Energie eines fluidischen Mediums in mechanische Arbeit umzusetzen. Infolgedessen wird dieser den *fluidmechanischen nachgiebigen Aktuatoren* (FNA) zugeordnet (siehe hierzu Kapitel 2.2).

Die FNA gewinnen aufgrund ihrer Nachgiebigkeit und daraus folgender Vorteile zunehmend in den Bereichen der Medizintechnik [91], der „Soft Robotics“ [24, 215] und in der Greifertechnik [235] an Bedeutung. Trotz der zahlreichen Verwendung von FNA bestehen keine einheitliche Begriffsbestimmung und keine einheitlichen Klassifikationen dieser. Daher soll in der Arbeit ein *Beitrag zur Taxonomie* (SP 2) geleistet werden. Hierfür werden erarbeitete Funktionsmuster unterschiedlicher FNA zur Klassifizierung herangezogen. Diese sollen eine Vielzahl von Anwendungsvarianten/-fällen darstellen und werden unter diesem Aspekt diskutiert.

In Abbildung 1.1 sind verschiedene pneumatisch angetriebene Greifer für vergleichbare Greifaufgaben mit unterschiedlicher Anzahl an Bauteilen und somit unterschiedlichem Grad der Funktionsintegration gezeigt. Eine *Funktionsintegration* liegt in einem Bauelement dann vor, wenn von diesem mehrere Teilfunktionen realisiert werden [221].

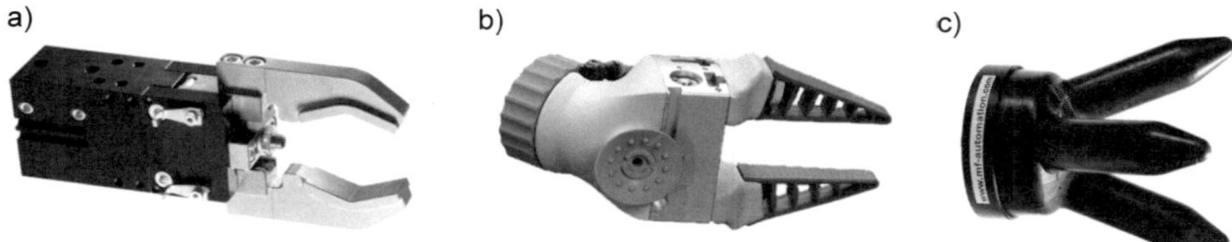

Abbildung 1.1: Beispiele kommerziell verfügbarer, pneumatisch angetriebener Zangengreifer, v.l.n.r. mit steigendem Integrationsgrad: a) 2-Backen Radialgreifer (GK15N-B, Zimmer Group, Rheinau, Germany); b) Greifer nebst Greiffinger mit FIN RAY® Effekt (DHAS, Festo AG & Co. KG, Esslingen, Germany) - © Festo AG & Co. KG, alle Rechte vorbehalten; c) 3-Finger-Vakuumgreifer (MF.3FG.02, MF Automation GmbH, Hallbergmoos, Germany)

Beim in Abbildung 1.1a aufgeführten Greifsystem können die Grundelemente eines Bewegungssystems, wie Antriebselement, Übertragungs-/Führungsgetriebe und Wirkelement, noch klar voneinander getrennt werden. Hingegen ist diese Trennung beim in Abbildung 1.1c dargestellten Greifsystem nicht möglich. Dieses nachgiebige Greifsystem stellt einen fluidmechanischen nachgiebigen Aktuator dar. In diesem verschmelzen die Grundelemente in *einem nachgiebigen Bauteil*, welches sich durch einen hohen Grad an Funktionsintegration auszeichnet.

Für die Realisierung mehrerer Funktionen mit einer kleinen Anzahl von Bauelementen, im Extremfall durch nur ein Bauelement [275], wird der Begriff der *Multifunktionalität* verwendet. Darüber hinaus werden nachgiebige Bauelemente oder Mechanismen mit systemimmanenten Eigenschaften, wie sensorische und/oder aktuatorische, von ZENTNER als nachgiebige Bauelemente bzw. Mechanismen mit *inhärenten Eigenschaften* bezeichnet [275]. Diese systemeigenen Eigenschaften werden über die Mechanik - strukturell, geometrisch oder mittels Materialeigenschaften - erzielt. Die beiden Begriffe werden in dieser Arbeit in gleicher Weise verstanden und verwendet. Findet eine Einordnung des dargestellten 3-Finger-Vakuumgreifers und der FNA im Allgemeinen nach ZENTNER statt, so handelt es sich um *multifunktionale nachgiebige Systeme mit inhärenter Aktuatorik* [275, 284].

Der gezielte Einsatz von Nachgiebigkeiten ergibt eine Vielzahl von Vorteilen (siehe Abbildung 1.2). Von diesen sind die Aspekte der Multifunktionalität und die Verringerung der Zahl der an der Energiewandlung und -umsetzung beteiligten mechanischen Baugruppen und -teile besonders hervorzuheben.

Hierdurch können Störeinflüsse (bspw. Reibung, Spiel) sowie die sich aus diesen ergebenden Folgen (bspw. Verschleiß) der mechanischen Übertragung vermieden werden [75]. Hieraus wird für die vorliegende Arbeit als Restriktion die Anforderung (A) nach der *Einteiligkeit*[3] des Greifers (A 1.1) abgeleitet.

[3]Bei Ermittlung der Anzahl der Bauteile wird die Halterung als Koppelstelle gesehen und somit nicht mitgezählt.

Starrkörper-Baugruppe		nachgiebiges Bauteil
	Anzahl der Bauelemente	…
	Gesamtgewicht der Bauteilgruppe	Funktionsintegration
	Aufwand an Produktionsenergie	Nachgiebigkeit
	Aufwand an Antriebsenergie	Multifunktionalität
	…	Adaptivität

Abbildung 1.2: Auswahl von Nachteilen einer mehrteiligen Starrkörper-Baugruppe im Vergleich zu einer Auswahl an Vorteilen eines einteiligen nachgiebigen Bauteils

Ein Beispiel eines FNAs als *einteiliges* Greifsystem mit Membran ist von LICHTENHELDT bekannt [152][4]. Die Besonderheiten des Greifers liegen darin, dass im Gegensatz zu Sauggreifern ein *positiver* Überdruck genutzt wird und das Überdruckmedium nicht verloren geht. In Abbildung 1.3 ist ein für das Greifen eines Wachteleis entwickelter FNA in den einzelnen Greifphasen sowie zugehörigen Zeit- und Steuergrößenverlauf gezeigt.

Greifprozess eines Eis mit einem einteiligen Greifer					
starten	ausrollen	zustellen	spannen	einrollen	transportieren

$p_s(t_0) = p_a$, $s(t_0) = 0$	$p_s(t_1) > p_s(t_0)$, $s(t_1) = 0$	$p_s(t_2) = p_s(t_1)$, $s(t_2) > 0$	$p_s(t_3) \approx p_s(t_2)$, $s(t_3) > s(t_2)$	$p_s(t_4) = p_a$, $s(t_4) = s(t_3)$	$p_s(t_5) = p_a$, $s(t_5) = 0$

Abbildung 1.3: Greifen eines Eies mittels eines einteiligen, pneumatisch angetriebenen Greifers mit Membran: (1) Membranhalter mit Luftanschluss; (2) Silikonmembran; (3) Wachtelei; (4) Halter für Wachtelei; Druck p_s im Inneren des Greifers und Verschiebung s und deren qualitativer Verlauf im Greifprozess

Neben der Einteiligkeit hat dieser Greifer den Vorteil, dass er das Objekt in Folge der elastischen Rückstellkraft unter Umgebungsdruck p_a sowohl kraft- als auch formschlüssig halten kann. Für das Halten wird somit keine weitere Energie benötigt.

Für einen erfolgreichen Greifprozess muss das Objekt einen passenden Umfang aufweisen, um mittels des Umgebungsdruckes die Membran während des Greifens unter Spannung und damit das Greifobjekt im Greifer zu halten. Der Greifer wird während des Greifvorganges durch die Variation des Innendrucks (hier positiver Überdruck) gesteuert. In der gegriffenen Lage ist das Objekt elastisch in der Membran aufgehängt und kann während des Handlings leicht in Schwingung geraten, was einen Nachteil darstellt. Ziel der Neuentwicklung eines FNAs in Form eines Sauggreifers ist es, den Greifer mit gegriffenem Objekt in eine *querkraftstabilere, steifere Lage* (A 1.2) zu überführen. Weiterhin soll ein Pendant zu LICHTENHELDTS Greifersystem kreiert werden, welches mittels *negativen Überdrucks* (A 1.3) seine Greifwirkung entfaltet.

[4] Die Arbeit von LICHTENHELDT [152] wurde im Rahmen einer Abschlussarbeit vom Autor betreut und bildet eine Motivation für die in dieser Arbeit getätigte Parallelentwicklung.

In der Natur sind geschlossene Saugnäpfe, eingesetzt für unterschiedliche Funktionen, von verschiedenen Lebewesen bekannt. Oft dienen diese dazu, sich am Gegenüber festzuhalten, bspw. am Wirtstier, am Artgenossen oder der Umgebung, mit dem Ziel der Nahrungsaufnahme (bspw. Bandwürmer), zur Kopulation (bspw. Federmilbe, Gelbrandkäfer) oder zum Schlafen (bspw. Fledermaus). Die saugnapfartigen Greifer werden auch zum Beutefang (bspw. Strudelwürmer) und zur Fortbewegung (bspw. Oktopus) eingesetzt. Die Saugapparate sind u. a. mit taktilen Zellen versehen, die mechanische Reize übertragen und so sensorisch Rückschlüsse, bspw. auf unterschiedliche Greifzustände, zulassen. Bei diesen, durch die Evolution hervorgebrachten Haltelösungen, handelt es sich um multifunktionale, komplex aufgebaute Saugapparate [182].

Inspiriert und abgeleitet aus den Lösungen der Natur sollen ausgewählte Funktionen für eine funktionsintegrierte Sauggreiferlösung übernommen werden. Für die Neuentwicklung eines Vakuumgreifers sollen die Funktionen des *gezielten Auflösens der Greifverbindung* (A 1.4) sowie der *Greifzustandsdetektion* (A 1.5, SP 3) erfüllt werden. Die Sensorik des Sauggreifers soll dabei stoffkohärent realisiert werden. Da hierdurch die Sensorik als inhärente Eigenschaft Berücksichtigung findet und darin die Neuartigkeit des Sauggreifers begründet ist, stellt die Entwicklung der Sensorik einen Schwerpunkt der Arbeit dar.

Nachgiebige Systeme können bei ihrer Verformung ein unterschiedliches Bewegungsverhalten aufweisen. Neben einem stabilen Verhalten kann die Realisierung eines instabilen Verhaltens zur Erfüllung der Haupt-, Neben- oder Hilfsfunktion dienen. Der Einsatz von Instabilitäten in technischen Produkten in Form von mechanischen Durchschlägen konnte sich, wie in Tastaturen von Fernbedienungen oder bei Sicherheitsventilen [254], etablieren. Auch sind methodische Ansätze zur Untersuchung des Durchschlagverhaltens von rotationssymmetrischen FNA unter Berücksichtigung eines nichtlinearen elastischen Materialverhaltens bekannt [16, 209].

LINSS konnte an einem adaptiven Lagerungsmodul zeigen, dass ein FNA mit Durchschlagverhalten, betrieben *nahe des* oder *im* instabilen Bereich, eine erhöhte Fähigkeit zur Adaption der Wirkfläche an sein Gegenüber aufweist [153]. Dieser Vorteil ist für die vorliegende Fragestellung relevant, da der Sauggreifer eine möglichst hohe Anpassungsfähigkeit an verschiedenartig gekrümmte Greifobjektoberflächen und ungenaue Greifer-Greifobjekt-Lagen aufweisen soll. Daher soll die *Nutzung des Durchschlageffektes* (A 1.6) als Mittel zur Umsetzung der Adaptivität eines nachgiebigen Greifsystems geprüft werden. Zudem sollen *Methoden zur Beurteilung der Anpassungsfähigkeit* (SP 4) bereitgestellt werden.

Eine wesentliche Schwierigkeit bei der Entwicklung von FNA ist die Synthese. Diese basiert häufig auf heuristischen Ansätzen sowie Erfahrung und wird infolge der zumeist verwendeten nichtlinear elastischen Werkstoffe softwaregestützt durchgeführt. Lösungen werden überwiegend mit der Finiten-Elemente-Methode (FEM) sowie in Einzelfällen analytisch [285] gefunden.

Diese auch in der vorliegenden Arbeit verwendeten Methoden sind besonders geeignet, die kritischen Kräfte des Durchschlags, bei denen ein System vom stabilen in den instabilen Bereich (und umgekehrt) übergeht, zu analysieren. Am Beispiel soll daher zunächst der Einfluss von Geometrie und Werkstoff aufgezeigt und *Modellgleichungen und Methoden* (SP 5) zur Erreichen eines kritischen Kraftwertes erarbeitet werden. Das Einstellen soll dabei anhand von ausgewählten *Skalierungs-* (SP 5.1), *Geometrie-* (SP 5.2) und *Materialparametern* (SP 5.3) erfolgen. Die Methoden sollen anschließend im Rahmen dieser Arbeit verifiziert werden.

Für die Verifikation werden u. a. die kritischen Kraftwerte der Modelle mit hergestellten Funktionsmustern verglichen. Als Werkstoff sind Elastomere geeignet, weil sie eine große Dehnbarkeit zulassen. Diese weisen unter der Annahme eines rein elastischen Verhaltens neben einem nichtlinearen elastischen auch ein von der Belastungshöhe und somit ein von der Belastungshistorie abhängiges Materialverhalten auf. Dieses wird für die verwendeten Materialien untersucht, da es gegebenenfalls bei der Synthese und Herstellung berücksichtigt werden muss. Daher soll für das Beispiel des Sauggreifers eine *Methode zur Materialkennwertermittlung* (SP 6) erarbeitet werden, die auf die Entwicklung von FNA allgemein übertragbar ist.

Nachfolgend sind die Schwerpunkte der Arbeit zusammenfassend aufgelistet:

- SP 1: Entwicklung eines neuartigen geschlossenen Sauggreifers
- SP 2: Beitrag zur Taxonomie fluidmechanischer nachgiebiger Aktuatoren
- SP 3: Entwicklung einer stoffkohärenten Sensorik für den Sauggreifer
- SP 4: Bereitstellung von Methoden zur Beurteilung der Anpassungsfähigkeit
- SP 5: Erarbeitung von Modellgleichungen und Methoden zum Erreichen eines kritischen Kraftwertes anhand von Skalierungs- (SP 5.1), Geometrie- (SP 5.2) und Materialparametern (SP 5.3)
- SP 6: Erarbeitung einer Methode zur Materialkennwertentwicklung

Die Zuordnung der einzelnen Schwerpunkte zu den einzelnen Kapiteln dieser Arbeit wird in Kapitel 1.3 gegeben.

1.2 Abgrenzung der Arbeit

Elastomere weisen ein komplexes Materialverhalten auf (siehe Kapitel 3). Für die Modellierung des Materialverhaltens werden in dieser Arbeit hyperelastische Materialgesetze verwendet, die ein rein elastisches Verhalten abbilden. Die Spannungs-Dehnungs-Beziehung ist in Hinblick auf diese Annahme nichtlinear. Die Entlastung erfolgt auf demselben Pfad wie die Belastung, sodass keine Restdehnung übrig bleibt [168]. Die Untersuchung von zeitabhängigem Verhalten (bspw. Kriechen, Relaxation u. a.), Materialermüdung durch eine langsam voranschreitende Schädigung des Werkstoffes - untersucht über Langzeitversuche - sowie anisotrope Effekte sind nicht Gegenstand dieser Arbeit und werden bei der Modellierung nicht berücksichtigt.

Es ist bekannt, dass Elastomere ausgeprägte Abhängigkeiten von der Temperatur und der Belastungsgeschwindigkeit zeigen. Aus diesem Grund werden alle Untersuchungen bei gleicher Umgebungstemperatur durchgeführt und Temperatureinflüsse vernachlässigt. Zudem werden niedrige Belastungsgeschwindigkeiten für die Elastomerbauteile gewählt (siehe Kapitel 3.2 und 5.2.1), sodass ausschließlich deren quasistatisches Verhalten untersucht wird.

Bei der Belastung des Sauggreifers finden große Verformungen statt. Weiterhin soll der Sauggreifer ein instabiles Bewegungsverhalten aufweisen, was das Lösen eines Stabilitätsproblems notwendig macht. FNA mit Durchschlagverhalten zeigen in der Realität eine sehr schnelle Abfolge von Verformungen beim Durchlaufen des instabilen Bereiches hin zu einer stabilen Gleichgewichtslage. Bei Erreichen der Gleichgewichtslage findet eine gedämpfte Schwingung um diese statt. In dieser Arbeit wird das Durchschlagproblem mittels FEM verschiebungsgesteuert in einer *statischen Strukturanalyse* gelöst, wobei die angesprochenen Geometrienichtlinearitäten Berücksichtigung finden.

Kommt ein Sauggreifer mit einem Greifobjekt in Berührung, so wird der Sauggreifer verformt. Die Verformung bewirkt, dass dabei Faltenseiten des Sauggreifers miteinander in Kontakt treten. Diese Strukturnichtlinearitäten werden in der FEM mittels Kontakten modelliert. Die Berücksichtigung der Reibung wird entsprechend des jeweiligen Untersuchungsziels gewählt und an entsprechender Stelle erläutert.

Eine Kraftanalyse am Sauggreifer während der einzelnen Phasen des Greifprozesses sowie die Bestimmung der Haltekraft[5] sind nicht Gegenstand dieser Arbeit. Vielmehr stehen die Untersuchungen der Einflüsse auf die Kraft-Verschiebungs-Kennlinie des Sauggreifers sowie der Adaptivität des Greifers im Vordergrund.

Bei den in dieser Arbeit durchgeführten Untersuchungen wird die Bestimmung einer kombinierten Messunsicherheit der Messergebnisse nach GUM [67] nicht für jeden Versuch durchgeführt. Grund hierfür ist, dass bei einzelnen Versuchen einerseits die prinzipielle Durchführbarkeit und andererseits qualitative Untersuchungen im Vordergrund stehen.

1.3 Aufbau der Arbeit

Den Aufbau der Arbeit ist in Abbildung 1.4 dargestellt. Die in den Kapiteln behandelten Schwerpunkte sind darin gekennzeichnet.

In Kapitel 2 werden nachgiebige Systeme aus Elastomeren und davon ausgehend insbesondere nachgiebige fluidmechanische Aktuatoren betrachtet. Vorhandene Klassifikationen und Definitionen werden durch neu Erarbeitete ergänzt, wobei diese mit Funktionsmustern belegt und durch ihre Anwendungsvielfalt veranschaulicht werden. Als übergeordnete Merkmale werden die Einteiligkeit und die stoffliche Kohärenz herangezogen.

Diese Merkmale sowie die zu den Verformungen benötigte große Dehnbarkeit werden von elastomeren Materialien am besten erfüllt. In Kapitel 3 werden daher die verformungsrelevanten Elastomereigenschaften bei quasistatischen Belastungen betrachtet.

In Kapitel 4 wird ein geschlossener Sauggreifer als Beispiel eines FNAs entwickelt. Hierbei wird modellbasiert mittels FEM die Gestalt einer faltbaren Struktur erarbeitet, die ein instabiles Bewegungsverhalten mit Durchschlag erlaubt.

In Kapitel 5 werden die für die Validierung der Modelle sowie für die experimentellen Untersuchungen verwendeten Versuchsaufbauten aufgeführt. Die für die Herstellung von Funktionsmustern benötigten Formwerkzeuge und Herstellungsverfahren werden diskutiert.

[5]Die Analyse der Haltekraft wird im Rahmen der Arbeit nicht betrachtet. Hierfür wird auf [94] verwiesen.

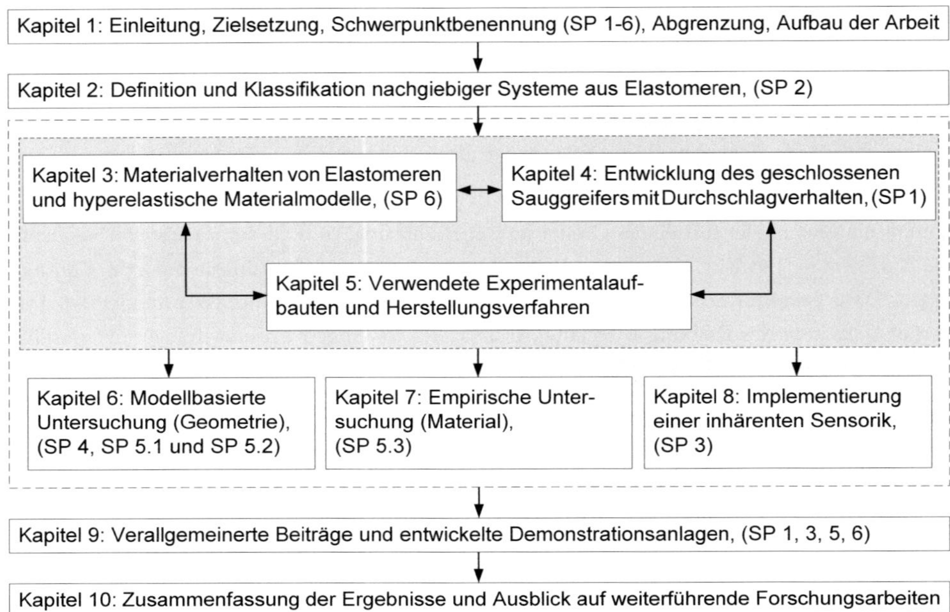

Abbildung 1.4: Gliederung der Arbeit mit Zuordnung der Schwerpunkte der Arbeit

In Kapitel 6 werden Gleichungen zum Erreichen von festgelegten Kennwerten des Durchschlags mittels ausgewählter geometrischer Parameter modellbasiert erarbeitet, welche anschließend experimentell validiert werden. Weiterhin werden Methoden zur Festlegung des Sauggreiferaußendurchmessers über eine mehrkriterielle Optimierung und zur Untersuchung der Anpassungsfähigkeit des Sauggreifers an unterschiedlich stark geneigte Objektebenen gezeigt.

In Kapitel 7 wird anhand empirischer Untersuchungen der Einfluss eines Materialparameters auf die Kennwerte des Durchschlages untersucht. Aus den Untersuchungen werden Modellgleichungen erarbeitet, die ebenfalls experimentell anhand von Stichproben validiert werden.

In Kapitel 8 wird eine stoffkohärente nachgiebige Sensorik für den Sauggreifer, durch die dessen Neuartigkeit begründet ist, entwickelt und untersucht. Für die Sensorik werden drei Messprinzipien basierend auf leitfähigen Silikonen diskutiert. Zwei Prinzipien werden weiterverfolgt, wobei Varianten zur Detektion des Greifzustandes und zur Druckkraftdetektion realisiert werden.

In Kapitel 9 werden die Ergebnisse der Kapitel 3, 6 und 7 verallgemeinert und in Form eines Ablaufschemas zur Materialkennwertermittlung und in Vorgehensweisen und Methoden zum Einstellen von FNA-Kennwerten zusammengefasst. Ergänzt werden diese durch den Aufbau zweier Anlagen zur Demonstration der multifunktionalen Eigenschaften des Sauggreifers sowie zur Druckkraftdetektion.

Die Arbeit schließt mit einer Zusammenfassung der Untersuchungsergebnisse und einem Ausblick auf weitere Forschungsarbeiten in Kapitel 10.

2 Definition und Klassifikation fluidmechanischer nachgiebiger Aktuatoren

Der Terminus *nachgiebige Systeme* wird mehrdeutig verwendet und unterschiedlich verstanden. Es soll daher eine Definition dieser und eine Abgrenzung der im Weiteren verwendeten Begrifflichkeiten vorgenommen werden. Die Betrachtungen beschränken sich dabei auf die Aspekte stoffkohärenter nachgiebiger Systeme aus Silikon-Elastomeren vor dem Hintergrund *fluidmechanischer nachgiebiger Aktuatoren* (FNA) mit einem Hohlraum, die den Schwerpunkt der Arbeit bilden.

Zur Beschreibung werden die FNA anhand ihrer *Merkmale* und daraus folgenden *Eigenschaften*[6] klassifiziert. Die verwendeten Definitionen lehnen sich an die vorhandenen Termini zu *nachgiebigen Mechanismen* der IFToMM [26] an.

Die im Rahmen der Begriffsdefinition vorgestellten nachgiebigen Systeme[7] sind überwiegend vom Autor betreut oder vom Autor selbst entwickelt, aufgebaut und untersucht worden. Beispielhaft wird der in dieser Arbeit entwickelte geschlossene Sauggreifer jeweils innerhalb der Klassifikationen durch eine graue Hervorhebung der zutreffenden Klasse zugeordnet.

2.1 Nachgiebige Systeme

Die bestimmende Eigenschaft nachgiebiger Systeme - die Nachgiebigkeit ist gemäß IFToMM ein Maß für die Fähigkeit eines Systems oder Körpers, sich unter der Wirkung äußerer Kräfte (Belastungen) zu deformieren [26]. Da diese Eigenschaft jeder Körper aufweist, soll dies an dieser Stelle konkretisiert und nachgiebige Systeme verstanden werden:

> *Nachgiebige Systeme sind, in Anlehnung an die Definition zu nachgiebigen Mechanismen [275], Systeme, deren* Beweglichkeit *ausschließlich oder vorrangig durch die Nachgiebigkeit ihrer Strukturabschnitte bestimmt wird.*

Die in dieser Arbeit betrachteten nachgiebigen Systeme beschränken sich auf Systeme, die aus Silikon-Elastomer als Haupt- bzw. Grundwerkstoff bestehen und einen stofflich kohärenten Aufbau aufweisen. Diese sind entweder monolithisch (aus einem Stück bestehend) und in einem Fertigungsschritt hergestellt oder deren Körper/Komponenten werden stoffschlüssig (stofflich zusammenhängend) gefügt, sodass diese *nicht zerstörungsfrei trennbar* sind. Als Herstellungsverfahren wird das Spritzgießen, Heizpressen und Kleben angewendet (siehe Kapitel 5.1).

[6] Merkmale eines Systems können im Gegensatz zu Eigenschaften vom Entwickler beeinflusst werden. In Summe ergeben alle Eigenschaften eines Systems dessen Verhalten (Begriffsabgrenzung siehe [75, 262, 263]).

[7] Alle Systeme und Aktuatoren sind im *Fachgebiet Nachgiebige Systeme* der *TU Ilmenau* als Funktionsmuster vorhanden und werden für die Lehre und für öffentlichkeitswirksame Veranstaltungen verwendet.

Ein nachgiebiges System kann nach ZENTNER [284] seiner Funktion entsprechend als *nachgiebiger Mechanismus* [121], *nachgiebiger Aktuator* [15, 274] und/oder *nachgiebiger Sensor* [169] betrachtet werden (siehe Abbildung 2.1).

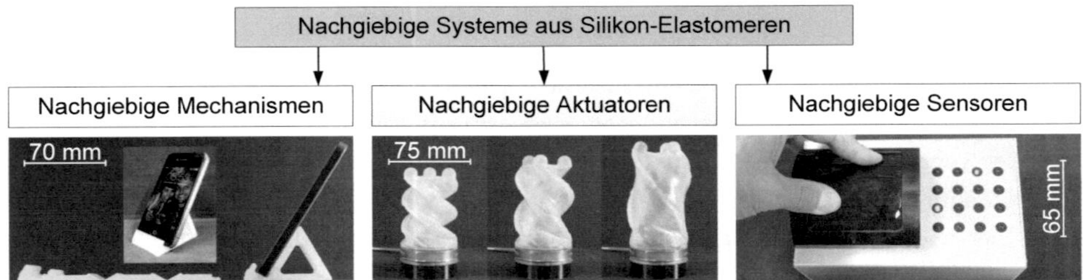

Abbildung 2.1: Beispiele entwickelter nachgiebiger Systeme aus Silikon-Elastomer, v.l.n.r.: faltbarer Handy-Ständer, nachgiebiger Aktuator zur Erzeugung einer Schraubbewegung für Massage-Einrichtungen, nachgiebiger Sensor zur quantitativen Erfassung und Anzeige von Druckkräften

Weiterhin können nachgiebige Systeme die Eigenschaft aufweisen, ihre Nachgiebigkeit quantitativ zu verändern. Hiermit wird in Systeme mit *konstanter Nachgiebigkeit* und *veränderlicher Nachgiebigkeit* unterschieden. Letztere kann weiter in reversible und irreversible Nachgiebigkeitsänderung unterteilt werden [274].

Eine veränderliche Nachgiebigkeit ermöglicht neben der Interaktion mit der Umgebung auch die Anpassung (Adaptivität) eines Systems an dessen Umgebung. Wird die Nachgiebigkeit eines nachgiebigen Systems über mindestens einen weiteren Parameter (bspw. Temperatur) verändert, so wird dessen Empfindlichkeit einstellbar. Die Empfindlichkeit ist nach DIN 1319-1 [57] über die *„Änderung des Wertes der Ausgangsgröße..., bezogen auf die sie verursachende Änderung des Wertes der Eingangsgröße“* definiert. Die Änderung der Empfindlichkeit birgt insbesondere das Potential, neue Anwendungsmöglichkeiten zu erschließen.

ZENTNER liefert zur Nachgiebigkeitsveränderung ausführliche Übersichten [280, 284]. Als hervorzuhebende Beispiele seien hier ein nachgiebiger Scherkraftsensor [33, 34] und ein stoffschlüssiges Gelenk [276] genannt. Bei Ersterem sind die Empfindlichkeit sowie die Größe und Lage des Messbereichs kontinuierlich während einer Messung oder zwischen zwei Messungen einstellbar. Bei Letzterem kann die Nachgiebigkeit des Gelenkes über eine zusätzliche Energiequelle, die die Materialeigenschaften beeinflusst, verändert werden.

Eine besondere Form der nachgiebigen Systeme sind *rekonfigurierbare nachgiebige Systeme*, bei denen der strukturelle Aufbau nachträglich verändert werden kann. Dies kann nach der Fertigung, bspw. mit Hilfe eines zusätzlichen Aktuators, geschehen oder es handelt sich um eine inhärente Eigenschaft des Systems.

BORISOV zeigt das Rekonfigurieren im Allgemeinen über ein zusätzliches Stellglied an einem Starrkörpergreifer auf makroskopischer Ebene [20]. Beim vorgestellten Fingergreifer (achtgliedriger Mechanismus) kann durch Aktivierung bzw. Deaktivierung eines Elektromagneten die Länge eines Gliedes konstant gehalten werden bzw. frei sein. Hierdurch kann zwischen einem klemmenden (Klemmgriff) und einem umfassenden Griff (Formgriff) gewechselt werden.

Nayak beschreibt das Einstellen multipler Betriebsmodi eines nachgiebigen viergliedrigen Mechanismus. Symmetrisch verbaut in einem nachgiebigen Greifer führt dies zu unterschiedlichen Greifmodi, wofür zwei Linearaktuatoren getrennt oder gemeinsam angesteuert werden [187].

Huang veranschaulicht an einem vollständig nachgiebigen Mechanismus aus Silikon die Realisierung von unterschiedlichen Greifmodi. Mit Hilfe von Anschlägen kann so eine hohe Adaptivität gegenüber unterschiedlich geformten Greifobjekten erreicht werden [122].

Als Beispiel für eine Rekonfiguration über eine inhärente Systemeigenschaft werden sogenannte formverändernde *Metamaterialien* aufgeführt. Dies sind Materialien, die eine festgelegte Struktur aufweisen, jedoch diese unter Einwirkung äußerer Kräfte auf mikro- und makroskopischer Ebene neu anordnen können. Coulais zeigt diese Eigenschaft anhand von Funktionsmustern aus Silikon [40]. Ein Potential dieser Art der Rekonfiguration liegt in der Realisierung von „Schalt"-Mechanismen zum Zweck des Einrastens in geforderten Konfigurationen [120].

Im Allgemeinen ist die Rekonfigurierbarkeit eine einfache Möglichkeit, um die Übertragungseigenschaften eines nachgiebigen Mechanismus bzw. Getriebes nachträglich (nach der Fertigung) gezielt zu verändern. Der Getriebebegriff wird hierbei laut VDI Richtlinie 2127 als *Einrichtung zum Umformen oder Übertragen von Bewegungen und Kräften und damit von Energie* verstanden [257]. Aus einer möglichen Sichtweise zur Einordnung von FNA kann festgestellt werden, dass FNA aufgrund ihres Aufbaus auch die Funktion eines Getriebes übernehmen. Es handelt sich für diese Sichtweise um eine *Funktionsintegration bei stofflicher Kohärenz.* Wird nun die eingangs erwähnte Rekonfigurierbarkeit zur Beeinflussung der Übertragungseigenschaften des Getriebes ins Spiel gebracht, so besteht grundsätzlich auch die Möglichkeit, die Eigenschaften des FNAs *nach* der Herstellung zu beeinflussen.

2.2 Fluidmechanische nachgiebige Aktuatoren (FNA)

Nachgiebige Aktuatoren sind Aktuatoren, bei denen die Verrichtung von mechanischer Arbeit mit einer deutlichen Deformation nachgiebiger Strukturabschnitte verbunden ist (angepasst aus Kapitel 16.7 in [26] und Kapitel 2.2 in [275]). Wird hierbei die Energie eines fluidischen Mediums (Gas, Flüssigkeit, Gel) in mechanische Arbeit (Deformation) umgesetzt[8], handelt es sich um einen *fluidmechanischen nachgiebigen Aktuator* (FNA) [274, 275].

Die Aktuatoren bestehen aus deformierbaren Hüllkörpern, die in der Lage sind, ihr Volumen und ihre Form unter Druckänderung der eingeschlossenen Antriebsflüssigkeit zu verändern [15, 81]. Sie weisen aufgrund der verwendeten elastomeren Materialien, welche der benötigten Dehnfähigkeit gerecht werden, und ihres Wirkprinzips eine vom Fluiddruck abhängige Steifigkeit bezüglich äußerer Kräfte auf.

Besitzen FNA bspw. durch die getroffene Einschränkung nur *einen* Hohlraum und wird ihre Nachgiebigkeit durch keinen weiteren Parameter außer dem Fluiddruck beeinflusst, so werden diese zu Systemen mit konstanter [274, 284], *nicht veränderlicher* Nachgiebigkeit gezählt.

[8]Der umgekehrte Vorgang ist denkbar, liegt jedoch nicht im Fokus dieser Arbeit.

Wird hingegen die Steifigkeit durch einen zusätzlichen Parameter, bspw. die Temperatur oder einen vom primären Druck verschiedenen, zweiten Fluiddruck in einem weiteren Hohlraum, beeinflusst, so handelt es sich um Systeme mit variabler Nachgiebigkeit.

Die FNA werden im Englischen als *flexible fluidic actuators* [81, 91], *compliant fluidmechanical actuators* [285], *soft (pneumatik/fluidic/robotic) actuators* [74, 207, 286], *fluidic driven tension actuators* [197], *soft (bending) actuators* [201, 266], *fluidic elastomeric actuators* [24], *monolithic compliant bending mechanisms* [273] und auch als *inflatable structures/membranes* [32, 237] bezeichnet. Letztere zielen jedoch nicht auf die Ausübung von Bewegungen, Kräften und mechanischer Arbeit ab. Vielmehr steht die Funktion des Erreichens einer geforderten Zielform aus einer platzsparenden und gefalteten Ausgangsform im Vordergrund, bspw. aufblasbare Spielzeuge, Aufsteller, Gebäude u. a., weshalb diese nicht weiter betrachtet werden.

2.2.1 Wesentliche Vor- und Nachteile von FNA und deren Verwendung

Zu den wichtigsten Anwendungsgebieten der FNA gehören die Greifer-, Roboter- und Medizintechnik. Diese folgen unmittelbar aus den vorteilhaften Eigenschaften der FNA. Von diesen sind die aufgrund der stoffschlüssigen Bauweise geringe Reibung, die Spielfreiheit und der geringe Verschleiß [22] die für die genannten Anwendungsgebiete maßgeblichen Vorteile.

Aufgrund der stoffschlüssigen Bauweise sinkt der Aufwand für Schmierung und Wartung, wodurch sie für Anwendungen mit hohen Reinheitsanforderungen wie im Bereich der Mikrofluidik prädestiniert sind [260].

Infolge der monolithischen Bauweise nachgiebiger Aktuatoren wird eine hohe Funktionalität in nur einem Bauteil vereint, was zu einer hohen Kompaktheit führt [81]. Folglich sind weniger bis keine Montageschritte für deren Aufbau erforderlich. Dies bietet zudem gute Voraussetzungen für die Miniaturisierung [277, 282].

Die geringe Teile- und Koppelstellenanzahl zusammen mit der Möglichkeit des Einsatzes bioverträglicher und gut zu reinigender Elastomere lässt FNA für den Einsatz in der Medizintechnik besonders geeignet erscheinen [91, 205].

Die in FNA verwendeten elastomeren Materialien mit viskoelastischem Verhalten führen zur Dämpfung und somit oftmals zu Kennlinien mit ruckfreier Charakteristik. Weiterhin besitzen FNA im Vergleich zu Starrkörperlösungen kleine Eigenmassen [56]. Dies ist im Bereich der Medizintechnik bei der Entwicklung von Orthesen, bspw. als Ellenbogen-Orthese [204] oder als softes Hand-Exoskelett bzw. pneumatischer Handschuh [1, 7, 261], und Prothesen, zumeist als Ersatz der menschlichen Hand [206, 230], von besonderer Bedeutung. Neben dem Einsatz am und mit dem Menschen können FNA auch im Menschen Anwendung finden, wie bspw. Surakusumah bei der Entwicklung eines neuartigen Endoskops/Bronchoskops zeigt [246].

Aufgrund der Nachgiebigkeit sind FNA bruchfest und für das „softe“ Greifen [235] und für den Bereich der „Soft robotics“ [24, 215] geeignet. Die FNA finden in diesen Fällen als Spezialgreifer (soft robotic gripper), bspw. [2, 13, 74, 125, 151] u. a., oder Manipulatoren [117] Verwendung.

Beim Greifen zeigen sie aufgrund ihrer Flexibilität eine gute Anpassbarkeit gegenüber unterschiedlichen Greifobjekten und eignen sich somit für ein breites Spektrum von Handhabe- bzw. Montageaufgaben [113]. Auch gibt es verschiedene Ansätze für die terrestrische [234, 267] bzw. aquatische Lokomotion [158].

Infolge der elastischen Rückstellkräfte sind bei Verwendung von Elastomeren keine Rückstelleinrichtungen notwendig. Durch den fluidmechanischen Antrieb eignen sich die Aktuatoren für den Einsatz in explosionsgefährdeten Bereichen, in EMV-Laboren [16]. Auch sind diese für die Präventionstechnik bei benötigter elektromagnetischer Feldfreiheit geeignet, wie eine Vorrichtung zum Erfassen und Modifizieren von Normal- und/oder Scherkräften für die Dekubitusprophylaxe zeigt [92].

Nachteilig sind die im Vergleich zu konventionellen Aktuatoren geringe Dauerfestigkeit bzw. die mögliche Anzahl der Belastungszyklen, die in Abhängigkeit von der im Aktuator vorherrschenden maximalen Dehnung sinkt [160]. Des Weiteren sind die mechanische Belastbarkeit und die Positioniergenauigkeit, verglichen mit Starrkörperlösungen, gering und die FNA aufgrund der intrinsisch geringen Steifigkeit schwingungsanfällig [113].

Nichtlinearitäten in den Bereichen der Geometrie, des Werkstoffverhaltens und der Struktur sowie die komplexen dreidimensionalen Verformungen der FNA haben zur Folge, dass Voraussagen zum Bewegungsverhalten überwiegend numerisch mit Hilfe der FEM gelöst werden müssen [16]. Eine analytische Modellbildung zur Vorhersage des Strukturverhaltens unter Berücksichtigung aller Nichtlinearitäten ist mit höherem Aufwand verbunden und nur in Einzelfällen möglich [285].

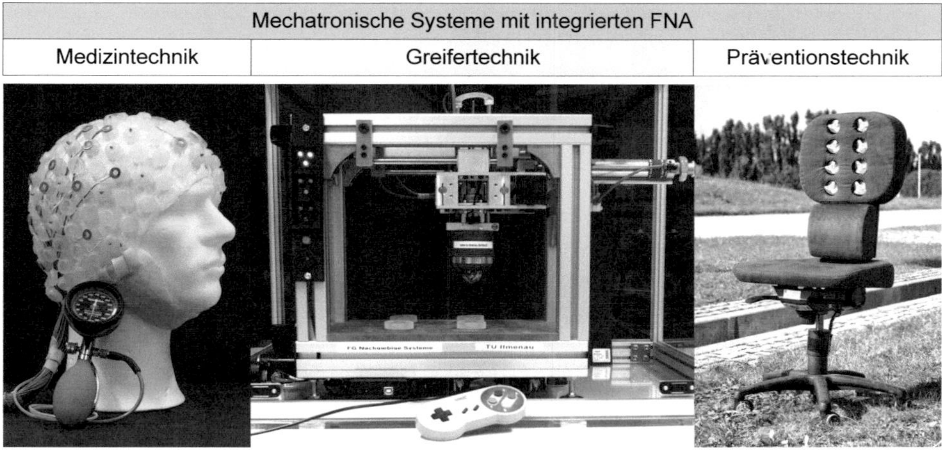

Abbildung 2.2: Beispiele im Rahmen der Arbeit entwickelter, nachgiebiger Systeme mit FNA aus unterschiedlichen Anwendungsfeldern, v.l.n.r.: EEG-Haube [77]; Greiferanlage [152]; Massage-Stuhl [264]

In Abbildung 2.2 sind ergänzend eine Auswahl unterschiedlicher mechatronischer Systeme des *Fachgebietes Nachgiebige Systeme* der *TU Ilmenau*, in denen FNA in unterschiedlicher Anzahl zur Anwendung kommen, gezeigt. Zu sehen sind:

- eine EEG-Haube, bei der vergleichende Messungen zwischen konventionellen und trockenen Elektroden durchgeführt werden können, wobei jede der 32 trockenen Elektroden mittels eines FNA durch die Haarschicht auf die Kopfhaut bewegt wird [77] (siehe hierzu auch Abbildung 2.3).
- eine Anlage zum Greifen von Wachteleiern oder ähnlich großen Greifobjekten. Bei dieser kann ein Greifobjekt in verschiedenen Orientierungslagen auf vier unterschiedlichen Positionen platziert werden. Mittels eines elektrischen und drei pneumatischer Antriebe, welche vom Nutzer über einen SNES-Controller gesteuert werden, kann der FNA positioniert und mit ihm das Objekt gegriffen werden [152] (siehe hierzu auch Abbildung 1.3).
- einen Massage-Stuhl. Auf diesem kann die darauf sitzende Person über acht FNA, welche eine Schraubbewegung erzeugen (siehe Abbildung. 2.1), massiert werden. Über die Steuerung können verschiedene Massagemuster und deren Intensität eingestellt werden [264].

Es kann geschlussfolgert werden, dass:

1. die Anwendungsfelder spezifisch sind und ungewöhnliche Anforderungen an die FNA stellen,
2. die Adaption an sehr individuelle (Greif-)aufgaben sehr individuelle Lösungen für FNA ergibt,
3. die individuellen Lösungen durch den stoffkohärenten Charakter und die Möglichkeit der Funktionsintegration der FNA vorzugsweise durch eine besondere Gestaltung realisiert werden,
4. die besondere Gestaltung infolge der verwendeten Elastomere die nichtlinearen Materialeigenschaften wie auch deren Beeinflussung durch den Herstellungsprozess (was im Verlauf der Arbeit gezeigt wird) berücksichtigt werden muss und
5. es aufgrund der heterogenen Anwendungsfelder, der meist einzigartigen Funktion und des hohen Designfreiheitsgrads keine systematische Herangehensweise an die Gestaltung oder gar einheitliche Klassifikationen bestehen.

Die fehlende einheitliche Systematik, die spezifischen Aufgabengebiete und der stoffkohärente Aufbau lassen die FNA innovativ erscheinen und bieten ein interessantes Feld für eine folgend nähere (wissenschaftliche) Betrachtung.

2.2.2 Klassifikation von FNA

Im Folgenden wird die Klassifikation von FNA beschrieben. Hierbei werden bekannte Einteilungskriterien sowie neu erarbeitete Einteilungskriterien und Klassen vorgestellt. Die einzelnen Klassen werden anhand von Beispielen erläutert.

Einteilungen von FNA nach ihrem strukturellen Aufbau
Nach dem strukturellen Aufbau können FNA grundsätzlich in:

- *vollständig nachgiebige Aktuatoren*, welche Aktuatoren sind, die ausschließlich aus mindestens einem nachgiebigen Körper bestehen, aus dem sie ihre Beweglichkeit erfahren, und

- *teilweise nachgiebige Aktuatoren*, welche Aktuatoren sind, die aus mindestens einem nachgiebigen und starren Körper bestehen und ihre Beweglichkeit aus dem/den nachgiebigen Körper(n) und/oder aus dem Zusammenspiel von nachgiebigen sowie starren Körpern erfahren,

unterteilt werden (angepasst aus Kapitel 2.2.1 in [284]). Die Kopplungen zwischen den Körpern können in diesem Zusammenhang kraft-, stoff- und/oder formschlüssig sein [37]. Als Unterscheidung zwischen nachgiebigen und starren Körpern wird ein Faktor von mindestens 100 betreffend der Steifigkeit vorgeschlagen. Die Größe des Faktors resultiert aus Materialsicht aus dem Vergleich der Elastizitätsmoduln von Silikon-Elastomeren mit Thermoplasten bzw. von Thermoplasten mit Metallen (Verhältnis der Elastizitätsmoduln).

In Abbildung 2.3 ist zur genannten Einteilung je ein Beispiel aus dem Bereich der biomedizintechnischen Konzeptstudien dargestellt.

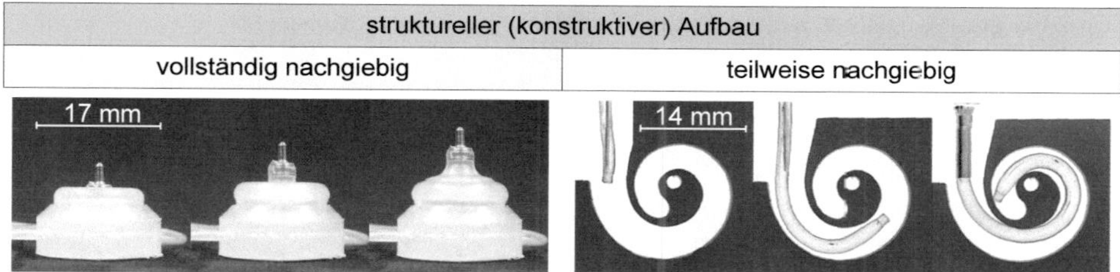

Abbildung 2.3: Einteilung der FNA nach ihrem strukturellen Aufbau, links: FNA mit EEG-Elektrode zur Durchdringung der Haarschicht [77, 104]; rechts: FNA als Elektrodenträger zusätzlich relativ beweglich gegenüber einem starren Hohlstilett [97, 98, 283]

Der gezeigte, vollständig nachgiebige FNA besteht aus einem Verformungskörper, der mit einer Einspannung aus gleichem Material einen Hohlraum ausformt. Über eine in der Einspannung integrierte Druckluftzuführung kann dieser mit Druckluft beaufschlagt werden, was zu einer Hubbewegung des FNAs führt. Die FNA werden in einer matrixförmigen Anordnung genutzt, um trockene EEG-Elektroden durch die Haarschicht zu bewegen, sodass ein Kontakt mit der Kopfhaut hergestellt werden kann [77].

Der teilweise nachgiebige FNA zeigt einen Elektrodenträger (konisch geformter, einseitig geschlossener Silikonschlauch mit einem einseitig in die Wand integrierten, biegeschlaffen und zugfesten Aramidfaserbündel) im Zusammenspiel mit einem steifen Hohlstilett bei einer Insertion in ein Cochlea-Modell[9]. Der Elektrodenträger wird vom Hohlstilett geschoben, über welches gleichzeitig der Fluiddruck im Elektrodenträger geändert werden kann. Hierdurch kann eine an die Cochleaform angepasste ortsspezifische Krümmung des FNAs erreicht werden, die die Insertionskräfte auf das Modell bzw. umliegende Gewebe minimiert [97, 98, 283].

Ein FNA mit mehreren reibungsbehafteten Kopplungen ist aus dem Bereich der Greifertechnik

[9] Zwischen Silikonschlauch und Hohlstilett besteht somit eine reibungsbehaftete Kontaktpaarung.

bekannt. Der adaptive Greifer (siehe Abbildung 4.3) besteht aus einem Array axial angeordneter und federnd gelagerter Pins, die an ihrem freien Ende durch eine Ballonmembran gekapselt sind, wodurch ein Hohlraum gebildet wird. Durch Verschiebung und Biegung der Pins sowie Evakuierung des Hohlraumes können unterschiedlich geformte Objekte gegriffen werden [80].

Neben reibungsbehafteten Kopplungen, die von Anfang an bestehen, sind Kopplungen bekannt, die erst während der Verformung eintreten. Bspw. können Kopplungen innerhalb einer Aktuatorwand beim Kontakt mit sich selbst (*Selbstkontakt*) oder zwischen zwei oder mehreren Aktuatorwänden ab oder während einer bestimmten Bewegungsphase auftreten [248, 268, 287].

Zudem sind Kopplungen mit sich wechselnden Körpern bekannt. Ein Beispiel beschreibt eine Ballonmembran, gefüllt mit Granulat, die beim Kontakt mit einem Objekt dessen Form nachbildet (siehe Abbildung 4.3). Bei Innendruckabnahme verfestigen sich die Granulat-Granulat- und Granulat-Membran-Kopplungen, wodurch ein kraft- und formschlüssiges Greifen des Objektes ermöglicht wird [5, 29].

An dieser Stelle wird betont, dass der strukturelle Aufbau von FNA in der Entwicklungsphase festgelegt und im überwiegenden Maß zur Bewegungsführung oder -begrenzung eingesetzt wird.

Einteilungen von FNA anhand der Nachgiebigkeitsverteilung
Über die geometrische und/oder stoffliche Gestaltung wird die Nachgiebigkeitsverteilung der FNA bestimmt. Infolge kann zwischen den Klassen der:

- *Aktuatoren mit verteilter Nachgiebigkeit* und
- *Aktuatoren mit konzentrierter Nachgiebigkeit*

unterschieden werden. ZENTNER definiert die Nachgiebigkeitsverteilung über die geometrische Ausbreitung der Nachgiebigkeit [274, 284]. Nach ZENTNER liegt eine konzentrierte Nachgiebigkeit im Unterschied zu verteilter Nachgiebigkeit in einem nachgiebigen Segment genau dann vor, wenn dieses mindestens zehn Mal kleiner als die maximale charakteristische Länge in Richtung der Nachgiebigkeitsverteilung ist [274, 284]. Somit wird die Nachgiebigkeitsverteilung mit der geometrischen Ausbreitung der Nachgiebigkeit innerhalb eines Körpers bzw. Systems in Verbindung gebracht.

Ebenfalls wird innerhalb der Definition eine Vergleichsgröße *und* ein Faktor von 10 als Vergleichsfaktor eingeführt. Als Vergleichsgröße wird die charakteristische Länge einer Systemkomponente oder des gesamten Systems genannt, was von der theoretischen Sichtweise abhängt. Der Faktor 10 selbst ist ein festgelegter Orientierungswert, der im Rahmen dieser Arbeit übernommen wird. Die Definition und die dazu gewählten Orientierungswerte sollen allgemein bei der Methodenauswahl zur Modellierung von nachgiebigen Systemen und deren Anwendung helfen [284].

In dieser Arbeit wird zur Analyse des Verformungsverhaltens die FEM verwendet, wobei Modelle der Aktuatoren stets in ihrer Gesamtheit bis zur Einspannung zum Starrkörper betrachtet werden[10]. Da die, der Beweglichkeit eines elastomeren Aktuators zugrundeliegende

[10]Von Gesamtheit wird auch dann gesprochen, wenn für die Modellbildung Symmetrieeigenschaften zur Modellvereinfachung ausgenutzt und bspw. *Halb*modelle verwendet werden.

Verformung nicht lokal begrenzt ist und im *gesamten* Aktuator stattfindet, kann nicht in jedem Fall eine eindeutige Zuordnung zu einer der beiden Gruppen der Nachgiebigkeitsverteilung getroffen werden. Die Unterscheidung findet zumeist erfahrungsbasiert und ohne eindeutige Entscheidungsgrundlage statt (vgl. entsprechend nachgiebiger Mechanismus in [154]).

Um das Einordnen der FNA in die Klassen der Nachgiebigkeitsverteilung zu objektivieren, sollen folgend die Fragen beantwortet werden, *was* ein nachgiebiger Bereich/Strukturabschnitt ist, *wo* sich dieser bezüglich des betrachteten Körpers befindet und *wie* jener Bereich identifiziert werden kann. Zur Beantwortung wird vorgeschlagen, eine Analyse der Verteilung der Dehnung und der Positionen der maximalen Dehnungsgradienten im nachgiebigen System während *aller* Verformungszustände durchzuführen[11]. Die Dehnung sollte im ganzen nachgiebigen Bauteil und betreffend der FNA senkrecht zur Wanddickenrichtung des Bauteils ausgewertet werden.

Ein nachgiebiger Bereich weist im Vergleich zu anderen Bereichen eine um ein Vielfaches (als Orientierungswert wird mindestens eine Größenordnung angenommen) größere Dehnung in mindestens einem Verformungszustand auf.

Wird zu einem spezifischen Verformungszustand ausgewertet, so treten an den Übergängen der Bereiche lokal[12] und zustandsspezifisch maximale Dehnungsgradienten auf[13]. Über alle Verformungszustände betrachtet, können diese senkrecht zur Wanddickenrichtung des Bauteils ihre Positionen verändern und sich somit entlang der Bauteilwand bewegen. Durch die Bestimmung der maximalen Ausdehnung der Bewegung der maximalen Dehnungsgradienten, kann anschließend die räumliche Ausdehnung des nachgiebigen Bereichs identifiziert werden.

In Abbildung 2.4 ist je ein FNA-Beispiel aus den Klassen der Nachgiebigkeitsverteilung gezeigt.

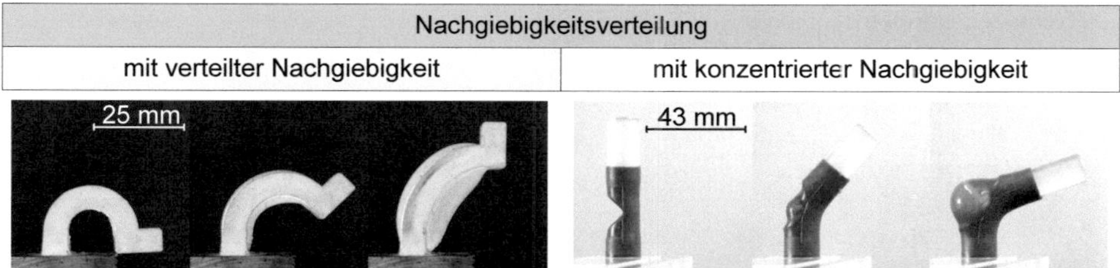

Abbildung 2.4: Einteilung der FNA nach der Nachgiebigkeitsverteilung anhand zweier Gelenkelemente mit fluidmechanischem Antrieb [16]

Der in der linken Bildserie dargestellte FNA mit verteilter Nachgiebigkeit besteht aus einem einseitig geschlossenen Hohlquader mit gekrümmter Längsachse, der mit einer festen Einspannung mit Druckluftanschluss verbunden ist. Durch Veränderung des Wandstärkenverhältnisses mit gleich großem Hohlraumquerschnitt, wird die Lage des Hohlraumes im Querschnitt des

[11]Bezogen auf Festkörpergelenke kann somit zwischen zeitinvarianten und zeitvarianten Festkörpergelenken unterschieden werden. Ein zeitinvariantes Festkörpergelenk liegt im Unterschied zu einem zeitvarianten Festkörpergelenk genau dann vor, wenn die Gelenkstelle für unterschiedliche Belastungen bezogen auf das nachgiebige Bauteil an der gleichen Stelle bleibt und somit nicht wandert.

[12]Der Begriff *lokal* wird hier als örtlich begrenzt, als Teil des (beweglichen) Gesamtsystems gesehen. Das Gesamtsystem stellt somit die Bezugsgröße dar.

[13]Lokal auftretende Maxima der Dehnungsgradienten, hervorgerufen durch die Anbindung an eine steife Einspannung, sind gesondert zu betrachten, da diese durch unstetige Gradienten im Elastizitätsmodul hervorgerufen werden.

Gelenkelementes verändert. Hierdurch entstehen äußerlich gleiche FNA, die sich in ihrer Biegeverformung bei Innendruckerhöhung unterscheiden. Es sind Gelenkelemente mit monotoner Abnahme der Längsachsenkrümmung und auch mit Richtungswechsel in der Biegeverformung (siehe auch Abbildung 2.7) herstellbar [16, 273].

Der in der rechten Bildserie dargestellte FNA mit konzentrierter Nachgiebigkeit ist ein Hohlzylinder. Infolge geometrischer Asymmetrie wird dieser bei Innendruckerhöhung einseitig radial stark gedehnt, wodurch dessen Stirnflächen sich mit einem überlagerten translatorischen Bewegungsanteil (resultierend aus der Materialdehnung) annähernd rotatorisch zueinander bewegen [16].

Ergänzend soll an dieser Stelle erwähnt werden, dass die betrachtete Richtung der Ausbreitung der Nachgiebigkeit einen Einfluss auf die Einordnung in die Klassen der Nachgiebigkeitsverteilung hat. Zur Erläuterung soll, aus dem Bereich der Festkörpergelenke, als Beispiel eine Platte mit konzentrierter Nachgiebigkeit in Längsrichtung dienen. Bei dieser erstreckt sich das Festkörpergelenk über die Gesamtbreite. Betrachtet in die senkrecht dazu liegende Querrichtung ist dieses Beispiel in die Klasse der verteilten Nachgiebigkeit einzuordnen.

Es wird geschlussfolgert, dass durch die Nachgiebigkeitsverteilung die Materialbeanspruchung beeinflusst wird. FNA mit verteilter Nachgiebigkeit führen in der Regel zu geringeren lokalen Dehnungsmaxima, infolge derer die Anzahl möglicher Belastungszyklen im Vergleich zu FNA mit konzentrierter Nachgiebigkeit größer ausfällt [160].

Einteilungen der FNA anhand der Bewegung

Mit Hilfe der FNA können Punkte oder Flächen entlang verschiedener Trajektorien bzw. Bahnkurven (geführt) bewegt werden. Basierend darauf können FNA anhand ihrer Bewegungen unterschieden werden [3].

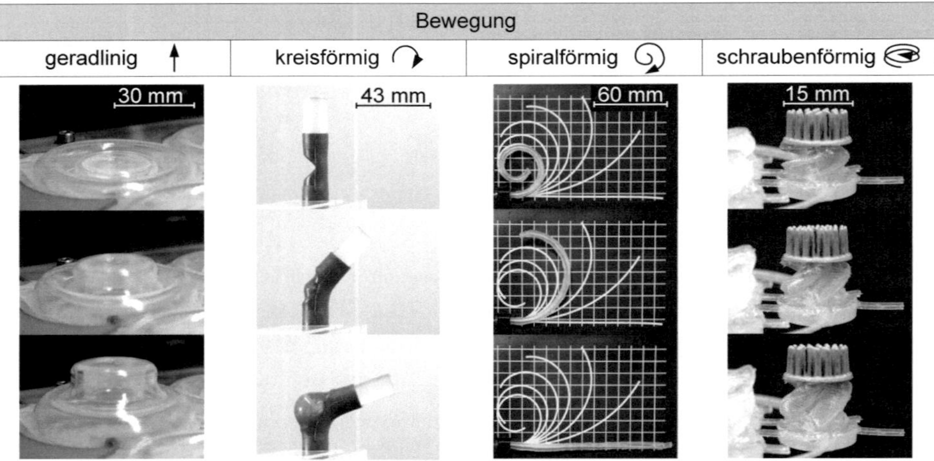

Abbildung 2.5: Einteilung der FNA anhand der Bewegung v.l.n.r.: FNA für ein Anti-Dekubitus Lagerungssystem [79, 153]; FNA als monolithisches Gelenkelement [16]; FNA spiralförmig gewunden als Elektrodenträger [103, 283]; FNA mit EEG-Elektrode zur Durchdringung der Haarschicht [102, 105, 242]

In Abbildung 2.5 sind Beispiele für eine geradlinige, kreisförmige, spiralförmige und schraubenförmige Bewegung von Punkten oder Flächen des Aktuators gezeigt, wobei letztgenannte Bewegung im Gegensatz zu den ebenen Bewegungen eine räumliche Bewegung ist.

Die verschiedenen Bewegungen werden im Wesentlichen durch die Gestalt des FNAs beeinflusst. Aufgrund der vorhandenen Nachgiebigkeit werden vom Aktuator die Hauptbewegung und unerwünschte Nebenbewegungen ausgeführt. Diese werden durch die Dehnung des verwendeten Materials hervorgerufen.

Die Nebenbewegungen werden einerseits vom Anwender in Kauf genommen und andererseits bestehen verschiedene Ansätze, diese Bewegungen zu minimieren. Hierzu zählen z. B. die Minimierung der radialen Dehnung schlauchförmiger FNA durch bspw. eingebettete radial umlaufende Fasern [35] oder durch geflochtene, schlauchartige Ummantelungen [1]. Im Wesentlichen zielen die Maßnahmen darauf ab, das Steifigkeitsverhältnis des Aktuators, gebildet aus der Steifigkeit in Richtung der Nebenbewegung zur Steifigkeit in die Hauptbewegungsrichtung, zu maximieren.

Die Hauptbewegungen werden aufgrund der vorhandenen Nachgiebigkeit im Vergleich zu anderen Antriebsarten weniger exakt ausgeführt. Des Weiteren gilt, dass sich die Bewegung zur Einordnung der FNA auf die Bewegung eines Aktuatorpunktes beschränken kann, während die Mehrzahl von Punkten des Aktuators eine allgemeine Bewegung ausführen.

Einteilungen der FNA anhand der Beanspruchungsart

Bei der Bewegungserzeugung kann die Hauptbeanspruchung des FNA-Materials unterschiedlich sein. In Abbildung 2.6 ist eine Einteilung der FNA anhand der reinen Zug- und der Biegebeanspruchung (kombinierte Zug-/Druckbeanspruchung) gezeigt. Die drei dargestellten FNA erzeugen bei Innendruckzunahme eine Hubbewegung (Bewegungsart=Translation) bezogen auf einen im Zentrum liegenden Punkt P. Dabei durchlaufen die FNA die Verformungszustände von A nach C (siehe Prinzipskizzen).

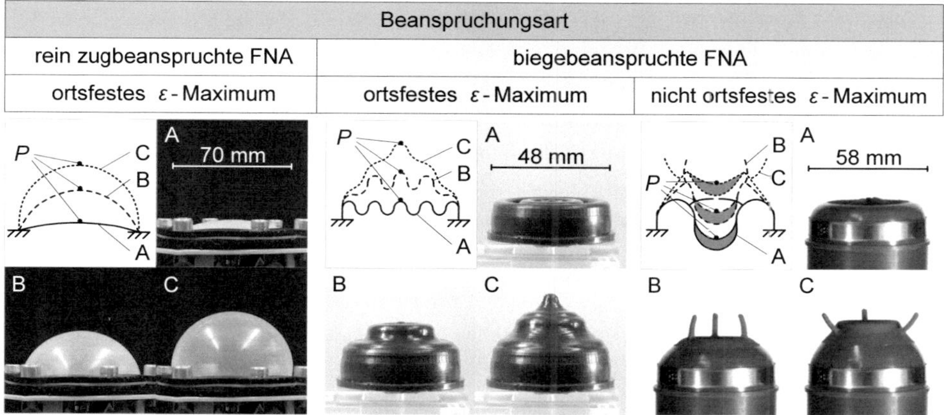

Abbildung 2.6: Einteilung der FNA nach der Beanspruchungsart am Beispiel für eine Hubbewegung des Punktes P unter Innendruckzunahme von Verformungszustand A nach C; links: membranförmiger FNA für eine Matratzenfeder [92]; Mitte: FNA für eine zweistufige Bewegung [93, 99, 106]; rechts: FNA zum Greifen eines Wachteleies und formschlüssigen Halten unter Umgebungsdruck [152]

Als Kriterium zur weiteren Unterteilung wird die Lage des globalen Dehnungsmaximums/ der lokalen Dehnungsmaxima innerhalb des FNAs bei der Abfolge von Verformungszuständen herangezogen. Es wird zwischen ortsfesten und nicht ortsfesten Dehnungsmaxima während der Bewegungserzeugung unterschieden.

FNA, bei denen bei Bewegungserzeugung die Verformung mit einer reinen Zugbeanspruchung des Materials einhergeht, weisen im Vergleich zu biegebeanspruchten FNA große Dehnungen auf. Diese liegen oberhalb von 100% und gehen mit einer Blasenbildung einher. Die Materialdehnung findet im gesamten nachgiebigen Bereich statt und kann, wie bei einem Luftballon mit gleicher Wanddicke, gleichmäßig ausfallen (verteilte Nachgiebigkeit). Bei FNA mit konzentrierter Nachgiebigkeit (siehe Abbildung 2.4) ist dieser Bereich über alle Verformungszustände im Gegensatz begrenzt und zeigt ein Dehnungsmaximum $\varepsilon_{\max}$, dessen Position im FNA fest ist. Daher sind die Bereiche, in denen $\varepsilon_{\max}$ auftritt, verschieden.

Bei dem gezeigten Beispiel für einen rein zugbeanspruchten FNA handelt es sich um eine Silikonmembran konstanter Dicke, die kraftschlüssig über eine axiale Klemmung fest eingespannt ist und unter Innendruckzunahme eine große Verformung erfährt. Die Verformung ist hierbei rein elastisch und überwiegend *materialbedingt*.

FNA, bei denen bei Bewegungserzeugung die Verformung mit einer Biegebeanspruchung des Materials einhergeht, weisen zumeist in der unbelasteten Geometrie des FNAs Falten (Bereiche mit großer Krümmung) auf. In jeder Falte tritt bei Belastung (durch Überdruck) in Dickenrichtung der Aktuatorwand eine Biegebeanspruchung mit lokalem Dehnungsmaximum $\varepsilon_{\max}$ auf. Diese nimmt bei steigender Belastung zu, ist jedoch bezüglich ihrer Lage im FNA und auch der Falte ortsfest. Dabei entspricht der Bereich der Falte dem Strukturabschnitt, durch den die meiste Beweglichkeit des Aktuators erzeugt wird. Infolge wird der durch die beiden Faltenseiten eingeschlossene Winkel, je nach Vorzeichen des Überdruckes[14], verkleinert bzw. vergrößert. Umgangssprachlich wird dieser Prozess Falten bzw. Entfalten genannt.

Im Gegensatz hierzu stehen die FNA, bei denen bei Bewegungserzeugung eine Biegung mit nicht ortsfestem Dehnungsmaximum auftritt. Bei Auswertung der Dehnung in Dickenrichtung der Aktuatorwand tritt ebenfalls eine Biegebeanspruchung mit lokalem Dehnungsmaximum auf. Dieses ist jedoch nicht ortsfest und bewegt sich entlang der Aktuatorwand. Hierbei entsteht zumeist ein Bereich mit maximaler Krümmung (Falte), der sich gemeinsam mit dem Dehnungsmaximum bewegt. Umgangssprachlich wird der Prozess des Biegens mit nicht ortsfestem Dehnungsmaximum als Durchwalken bezeichnet.

Biegebeanspruchte FNA weisen gegenüber rein zugbeanspruchten FNA in der Regel eine geringere Materialbeanspruchung auf. Folglich erfordert dies nicht unbedingt den Einsatz elastomerer Werkstoffe. Auch ist durch die geringe Maximaldehnung eine größere Anzahl von Belastungszyklen durchführbar [160].

In den für die biegebeanspruchten FNA in Abbildung 2.6 dargestellten Beispielen sind zwei FNA mit *struktureller Nachgiebigkeit* gezeigt. Diese erreichen bei Innendruckerhöhung *strukturbedingt* eine große Verformung bei gleichzeitig kleinen, maximalen Dehnungen. Die Wandstärken beider

[14] Je nach Bauart werden FNA auch unter Innendruck*abnahme* verwendet (bspw. [268]).

FNA sind innerhalb des nachgiebigen Bereichs gleich dick ausgeformt. Durch den rotationssymmetrischen Aufbau und der zum Zentrum hin ansteigenden Steifigkeit folgend, können so durch den fünffach-gewölbten FNA einerseits gestufte und durch den zweifach-gewölbten FNA andererseits nicht gestufte Bewegungen realisiert werden. Die Eigenschaften betreffend der Belastungssart sind zum Vergleich in der Tabelle 2.1 zusammengefasst.

Tabelle 2.1: Auswahl wesentlicher Unterscheidungskriterien für stoffkohärente FNA aus Elastomer für große Bewegungsbereiche im Bezug auf die zugrunde gelegte Hauptbeanspruchungsart

Unterscheidungskriterium	Beanspruchungsart		
	rein zugbeansprucht	biegebeansprucht, $\varepsilon_{\max}$ ortsfest	biegebeansprucht, $\varepsilon_{\max}$ nicht ortsfest
Größe ε_{max}	≥ 1	< 1	< 1
Position der maximalen Dehnung/ Dehnungsgradienten im FNA	ortsfest	ortsfest	veränderlich / wandernd
Form und Verteilung des Bereichs, in dem ε_{max} auftritt	verschieden	konzentriert und ringförmig[15]	konzentriert und ringförmig[15]
Hauptursache großer Verformungen	Material	Struktur	Struktur
typisches Beispiel	Ballon für Dilatation	Faltenbalg	Rollmembran
Literatur	[38, 71]	[55, 136, 194, 236]	[173, 253, 289]

Zu beachten gilt, dass anhand der zugrundeliegenden Beanspruchungsart eine pauschale Zuordnung zu den Gruppen der Nachgiebigkeitsverteilung nicht möglich ist. Dies lässt sich an FNA-Beispielen verdeutlichen, die sich unter der Wirkung von reinem Zug verformen: Ist bei einem FNA die oben erwähnte Blasenbildung wie bei einem Gelenkelement in Bezug auf seine Gesamtlänge lokal begrenzt (siehe Abbildung 2.4 rechts), so handelt es sich um einen FNA mit konzentrierter Nachgiebigkeit. Hingegen weist ein FNA mit globaler Blasenbildung (siehe Abbildung 2.6 links) auf eine verteilte Nachgiebigkeit hin. Folglich sind für eine Einordnung in jene Gruppen die Kriterien betreffend der Nachgiebigkeitsverteilung anzuwenden.

Einteilungen der FNA anhand des Bewegungsverhaltens

Anhand des Bewegungsverhaltens können FNA klassifiziert werden. Sind die Bewegungsgeschwindigkeiten und deren Änderungen klein, so können dynamische Effekte, wie bspw. der Massenträgheits- oder Dämpfungseffekt, vernachlässigt werden [275, 280].

Die Einteilung des Bewegungsverhaltens[16] ist von ZENTNER bekannt [279, 281]. ZENTNER zeigt die Unterscheidung in stabiles und instabiles Verhalten (siehe Abbildung 2.7).

Bei stabilem Verhalten kann *einer* bestimmten Belastung, hier symbolisiert durch F, stets *ein* Verformungszustand zugeordnet werden. Der Verformungszustand kann durch die Lage eines charakteristischen Punktes des FNAs beschrieben werden und wird symbolisiert durch den Parameter u.

[15] bei rotationssymmetrischen FNA

[16] In [279, 281] wird anfangs der Begriff Verformungsverhalten verwendet. Eine Konkretisierung der Begrifflichkeit hin zum Begriff *Bewegungs*verhalten wurde in [275] eingeführt.

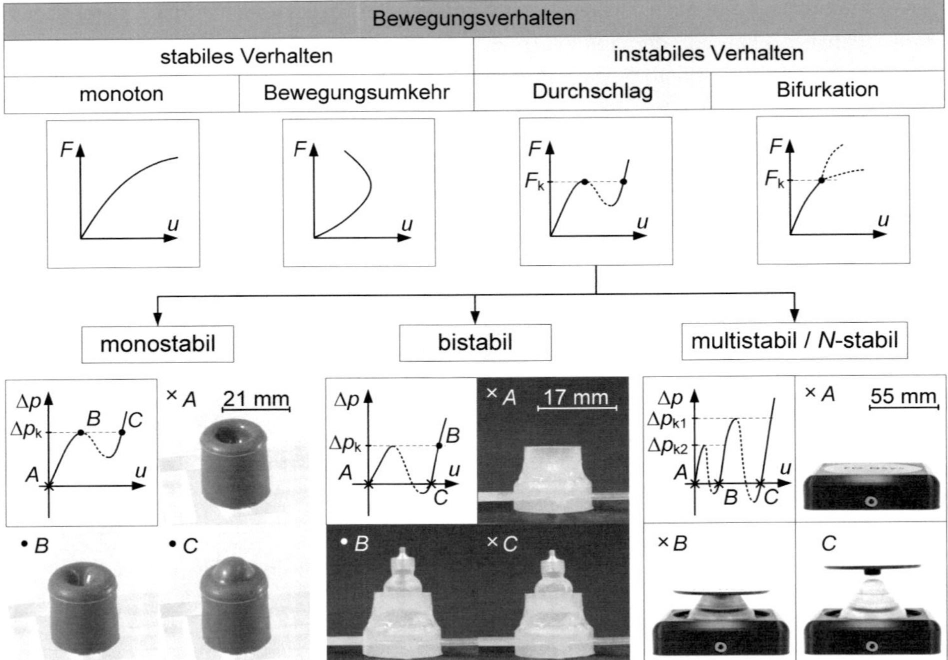

Abbildung 2.7: Einteilung nachgiebiger Aktuatoren nach ihrem Bewegungsverhalten; rotationssymmetrische FNA, v.l.n.r.: zweifach-gewölbt für mechanische Ventile [281]; dreifach-gewölbt mit EEG-Elektrode zur Durchdringung der Haarschicht [104]; fünffach-gewölbt zum drucklosen Positionshalten (Kennzeichnung der stabilen Lagen der Belastungskurve bei $\Delta p = 0$ mbar mit „x")

Im Allgemeinen kann die Belastung unterschiedlicher Natur sein und bspw. in Bezug auf die FNA dem Differenzdruck Δp aus Umgebungs- und Innendruck entsprechen. Fortführend wird stabiles Bewegungsverhalten in monotones Verhalten und Verhalten mit Bewegungsumkehr unterteilt [17, 278].

Bei instabilem Verhalten hingegen gibt es Belastungen, denen *mehrere* Verformungen zugeordnet werden können. Dies äußert sich im Verhalten mit Durchschlag (Verhalten mit einem „Sprung")[17] und mit Bifurkation („Verzweigung des Verhaltens") [200].

Der in dieser Arbeit entwickelte Sauggreifer weist ein Verhalten mit Durchschlag auf. Dieses Verhalten - obgleich unerwünscht - kann in Anwendungen nutzbar gemacht werden, bspw. als:

- lastgesteuertes Ventil (schließend [218, 254], öffnend [180, 252]),
- elektrische Kopplung bei mechanischem Kontakt (Bsp. Fernbedienung [132, 162]),
- Druckerzeuger (Druckbandage [111]),
- Druckausgleichsventil [210],
- diskreter Sensor [209],

[17] Beim Durchschlag handelt es sich um einen hochdynamischen Effekt, der jedoch unter bestimmten Voraussetzungen quasistatisch betrachtet werden kann [200].

- vorgespannter Greifer [250],
- (akustische) Saugzustandsanzeige [73] und
- faltbare, multistabile Halterung für mobile Endgeräte [12].

Wird der FNA bzw. die nachgiebige Struktur *nahe des* oder *im* instabilen Bereich betrieben, so kann erfahrungsgemäß eine Adaption des FNAs bzw. der Struktur an nicht senkrecht zur Hauptbewegungsrichtung wirkende äußere Kräfte funktionell genutzt werden. Dies findet Anwendung bspw. in adaptiven Lagerungsmodulen [153] oder, wie in dieser Arbeit, in Membransauggreifern bei der Ausrichtung der Koppelfläche des Wirksystems gegenüber der Greifobjektoberfläche (siehe Kapitel 4.1 und Kapitel 6.6).

In Abbildung 2.7 ist eine vorgeschlagene Einteilung des Bewegungsverhaltens mit Durchschlag nach der Anzahl der stabilen Gleichgewichtslagen der Belastungskurve[18] bei $\Delta p = 0$ sowie zugehörige FNA-Beispiele gezeigt. Die instabilen Bereiche der Belastungskurven sind gestrichelt dargestellt.

Werden in Abbildung 2.7 die Verformungszustände in den Punkten B und C des zweifach-gewölbten FNA miteinander verglichen, so führt das Überschreiten der kritischen Belastung Δp_{k} im Punkt B zu einer großen, sprunghaften Verschiebung des Mittelpunktes. Infolge bewegt sich der FNA in die nächste stabile Lage im Punkt C.[19]

Je nach Lage der Druck-Verschiebungs-Kurve wird die Abszissenachse in Abbildung 2.7 unterschiedlich oft geschnitten, wodurch der FNA drucklos (gemeint ist ohne Überdruck) *eine*, *zwei* oder *mehrere*[20] stabile Verformungslagen einnehmen kann. Die FNA werden als monostabiler, bistabiler und multi- bzw. N-stabiler FNA bezeichnet.

Die stabilen Lagen sind in der Prinzipskizze der Abbildung 2.7 auf den Kurven mit einem „x“ gekennzeichnet und auf den stabilen Ästen für $\Delta p = 0$ mbar zu finden. Ergänzend sind die zugehörigen Verformungszustände gezeigt.

Es kann geschlussfolgert werden, dass durch die FNA ein vielfältiges Bewegungsverhalten realisiert werden kann. Besonders im Bereich der FNA mit instabilem Verhalten sind weitere noch unentdeckte Anwendungsmöglichkeiten zu vermuten, infolgedessen ein weiterer Forschungsbedarf besteht.

Einteilungen von FNA anhand des werkstoffseitigen Aufbaus

Weiterführend kann der werkstoffseitige Aufbau von FNA als Kriterium zur Unterscheidung herangezogen werden. Ein FNA kann ausschließlich aus *einem* Grundwerkstoff (GW)[21], im Rahmen dieser Arbeit aus Silikon-Elastomer, bestehen. In Abbildung 2.8 ist für diesen Fall ein Beispiel eines FNAs mit einer spiralförmigen Mantelstruktur und einem Hohlraum gezeigt.

[18] Als Belastungskurven sind hier jeweils die Druck-Verschiebungs-Kurven eines auf der Außenwandung sowie Symmetrielinie liegenden Punktes (Mittelpunkt) bei steigender Druckbelastung aufgeführt.

[19] Bei Verwendung von Luft als Antriebsmedium geschieht diese Bewegung in wenigen Millisekunden. Soll der FNA im instabilen Bereich betrieben werden, so ist bspw. die Verschiebung zu begrenzen oder der Volumenstrom eines hydraulischen Antriebsmediums zu steuern.

[20] Eckdaten und denkbare Anwendungsmöglichkeiten des in Abbildung 2.7 gezeigten multistabilen FNA sind im Anhang A.1 zusammengefasst.

[21] auch als Material oder Werkstoff bezeichnet

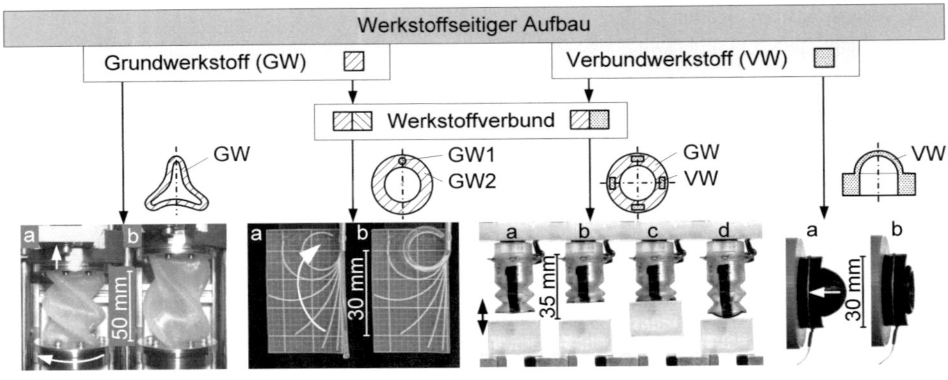

HF	Bewegungserz., Schraubbeweg.	Bewegungserzeugung, ortsspez. Krümmung	Sauggreifen	diverse
NF	-	-	Greifzustand, Objektleitfähigkeit	Durchschlag-anzeige

Abbildung 2.8: Einteilung der FNA nach dem werkstoffseitigen Aufbau unter Nennung der Haupt- (HF) und Nebenfunktion (NF) sowie Kennzeichnung der Querschnittsfläche, v.l.n.r.: FNA zur Erzeugung einer annähernd idealen, bidirektionalen Schraubbewegung [96, 101]; FNA als Elektrodenträger für Cochlea-Implantate [285]; FNA als sensorisierter Membransauggreifer [95]; halbkugelschalenförmiger FNA als Sensor-Aktor-Element (angelehnt an [209]) (Werkstoffverbunde aus zwei oder mehr Verbundwerkstoffen sind denkbar, hier jedoch nicht aufgeführt)

Der FNA ist auf einer Stirnfläche luftdicht und auf der anderen mit einem Luftanschluss für eine Druckänderung im Hohlraum befestigt. Bei Veränderung des Innendrucks bewegt sich der FNA abtriebsseitig annähernd ideal schraubenförmig [96, 101].

Durch die Kombination von zwei oder mehr Werkstoffen in einem *Verbund* können Eigenschaften gezielt auf eine Anwendung hin optimiert werden. Hierdurch können u. U. Eigenschaftskombinationen erzielt werden, die die einzelnen Werkstoffkomponenten nicht aufweisen. Je nach Aufbau und Anordnung der Stoffe (in diesem Kontext auch als Phasen bezeichnet) wird im deutschsprachigen Raum zwischen Verbundwerkstoffen und Werkstoffverbunden (Stoffverbunden) unterschieden[22][130, 157, 233]:

- *Verbundwerkstoffe* (VW) sind aus mikroskopisch kleinen Komponenten aufgebaut (heterogen) und makroskopisch homogen, wodurch diese mit *einem* Satz von Kennwerten vom Entwickler abgebildet werden können. Im Allgemeinen werden die beiden Phasen als *Matrix* (die umgebende, umhüllende bzw. kontinuierliche Phase) und *Verstärkungsphase* bezeichnet. Letztere ist chemisch und/oder physikalisch getrennt und liegt verteilt (dispers), und in der Regel als nicht zusammenhängende Phase, eingebettet in der Grundsubstanz vor.
- Im Gegensatz hierzu sind *Werkstoffverbunde* mikroskopisch (homogen) und bestehen makroskopisch aus separaten Komponenten (heterogen), weshalb diese vom Entwickler

[22]Im angelsächsischen Sprachraum wird in der Regel auf eine Unterscheidung verzichtet und der Begriff *composite* verwendet.

mit *unterschiedlichen* Kennwertsätzen abgebildet werden. In der Regel ist ein derartiger Verbund aus unterschiedlichen Werkstoffen schon mit bloßem Auge erkennbar.

Beiden Verbundarten ist gemein, dass sie im Herstellungsprozess mechanisch und/oder thermisch gefügt werden. Durch die Eigenschaftskombination in Verbundwerkstoffen und Werkstoffverbunden, kurz Verbunden, ist es möglich, in FNA weitere (Neben-) Funktionen bei gleichzeitig geforderter stofflicher Kohärenz zu integrieren.

Ein Beispiel eines Verbundwerkstoffes mit einem Elastomer als Matrixkomponente ist ELASTOSIL®LR 3162 (WACKER CHEMIE AG) [47]. Bei diesem ist Ruß in einem derart hohen Anteil als elektrisch leitfähiger Füllstoff eingesetzt, sodass eine elektrische Leitfähigkeit des ansonsten isolierenden Elastomers bei gleichzeitig moderater Dehnfähigkeit erreicht wird. Durch unterschiedliche Konzepte, wie Widerstands-, Kapazitätsmessung u. a. (siehe Kapitel 8.1), ist es möglich, verschiedene (Verformungs-) Zustände zu erfassen und somit eine Sensorik in den FNA zu integrieren.

In Abbildung 2.8 rechts ist ein als Halbkugelschale ausgeformten FNA aus beschriebenem Verbundmaterial, der ein monostabiles Durchschlagverhalten aufweist, gezeigt. Das Überschreiten eines kritischen Außendrucks bewirkt sprunghaft eine große, via Widerstandsmessung detektierbare Verformung [209].

Der o. g. Verbundwerkstoff kann in einem Werkstoffverbund mit einem weiteren Elastomer eingesetzt werden, wodurch leitfähige und nicht leitfähige Strukturabschnitte innerhalb eines FNAs entstehen. In Abbildung 2.8 ist als Beispiel ein im Rahmen dieser Arbeit entwickelten Sauggreifer dargestellt. Durch Ausnutzung des Strom-Schalter-Prinzips (siehe Kapitel 8.1) ist es möglich, differente Greifzustände und getrennt davon die Objektleitfähigkeit zu detektieren [95].

Im Allgemeinen zielt ein Verbund auf die Sensorierung eines FNAs bei gleichzeitigem Erhalt der Nachgiebigkeit ab. Ergänzend als Beispiel ist von BILODEAU ein sensorisierter Biegeaktuator bekannt. Bei diesem sind kapazitive Dehnungssensoren basierend auf einem Silikon/Silikon-Graphit-Verbund im Silikonkörper eingebettet [14].

Ein weiteres Beispiel eines Werkstoffverbundes aus zwei Werkstoffen ist ein einseitig geschlossener, zylindrisch geformter Silikonschlauch (Elektrodenträger), in dem einseitig in die Aktuatorwand ein Aramidfaserbündel kraftschlüssig eingebettet ist (siehe Abbildung 2.8). Bei Innendruckerhöhung dehnt sich das Silikon, wobei durch das zugfeste und zugleich biegeschlaffe Bündel die Dehnung einseitig gehemmt wird und sich der Schlauch gleichmäßig um dieses krümmt [285]. Ein derartiger Werkstoffverbund bildet die Voraussetzung und ist somit essenziell für die Hauptfunktion der gerichteten Bewegungserzeugung.

Über die beschriebenen Beispiele hinaus sind weitere FNA bekannt, bei denen Verbunde gezielt für die Kraftverstärkung unter der Maßgabe einer besseren Bewegungsführung eingesetzt werden. Bei diesen wird ebenfalls die Dehnung des Matrixwerkstoffes durch die Verstärkungsphase begrenzt. Hierfür wird der Matrixwerkstoff durch Fasern verstärkt (fibre-reinforced), wobei die FNA mit Langfasern (Nylon-, Aramid-, Kohlenstofffasern) umwickelt werden [39, 88, 266, 286]. Ebenfalls kann die Dehnung mit Schichten (strain-limited layer) begrenzt werden oder die Kombination aus beiden findet Anwendung [35, 41, 54, 201]. Die Schichten bestehen überwiegend aus Papier [74, 166], Polyester [87], Nylongewebe [261], dünnem, flexiblem Metall [2] oder aus einem Silikon mit einer höheren SHORE-Härte [13, 125, 234].

Zusammengefasst können bei der Entwicklung eines FNAs durch Einsatz der Verbundbauweise neben der Hauptfunktion (bspw. der Kraft-/Bewegungsübertragung) auch Zusatzfunktionen (bspw. Sensorik) erzeugt werden. Durch die Bauweise können stoffkohärent Verbunde realisiert werden, wobei bei diesen die Eigenschaften von (zumeist) zwei oder mehr Materialien zweckmäßig miteinander kombiniert werden.

2.2.3 Weitere Ansätze zur Einteilung von FNA

Neben den in den vorangegangenen Abschnitten beschriebenen Klassifikationen sind aus der Literatur weitere Klassifikationsansätze für FNA bekannt:

- ZENTNER klassifiziert fluidisch angetriebene Strukturen mit stoffschlüssigen Gelenken nach der Ursache der Biegungserzeugung in geometrisch asymmetrische und symmetrische Strukturen mit lokal differenziertem Elastizitätsmodul (materialseitige Asymmetrie) [277].

- BÖHM unterlegt diese Einteilung mit einer Vielzahl von Beispielen und identifiziert zusätzlich Strukturen mit kombinierter Asymmetrie [16].

- Von DILIBAL werden FNA, im Speziellen Biegeaktuatoren, ebenfalls anhand der vorhandenen Asymmetrietypen differenziert [56].

- VOLDER unterscheidet in [260] elastische Mikroaktuatoren mit fluidischem Antrieb nach ihren Bestandteilen/Aufbau in Aktuatoren mit Membran, Ballon, Faltenbalg oder künstlichem Muskel (auch MCKIBBEN-Muskel genannt [188, 229, 251]).

- ULRICH teilt in [255] druckbetriebene Aktuatoren nach ihrer Deformation/Bewegungserzeugung ein. So unterscheidet dieser in Aktuatoren zur Erzeugung einer Verlängerung, Verkürzung, Verdrehung und/oder Biegung.

- Ähnlich werden von GAISER die FNA nach ihrem Wirkprinzip in Zug-, Druck- und Biege-Aktuatoren sowie Aktuatoren, die eine Kombination einzelner Wirkprinzipien vereinen, unterteilt [81, 82]. GAISER bezieht hierfür insbesondere die Arbeitsrichtung des Aktuators für die Einordnung in die einzelnen Gruppen mit ein. So stimmt bei Druckaktuatoren die Expansionsrichtung, bei Zugaktuatoren die Kontraktionsrichtung und bei Biegeaktuatoren die Richtung der Biegebewegung mit der Arbeitsrichtung überein.

Ergänzend sind weitere Klassifikationsansätze u. a. in [91, 146, 147, 215] zu finden.

2.3 Folgerungen für die Entwicklung neuartiger FNA

Werden zur Lösung einer Aufgabenstellung bei der Entwicklung FNA eingesetzt, können aufgrund des hohen Designfreiheitsgrads neuartige FNA entstehen. Ein besonderer Aspekt stellt bei Neu- und auch Weiterentwicklungen die Integration von weiteren Funktionen in den FNA hin zu einem multifunktionalen Bauteil dar. Durch die durchgeführte systematische Betrachtung der FNA werden folgende Ansatzpunkte für die Funktionalisierung extrahiert und vorgeschlagen:

1. Das Einbeziehen von mehreren Hohlräumen (Multilumen) in einen FNA birgt das Potenzial auf einfache Weise die Nachgiebigkeit eines FNAs reversibel zu beeinflussen bzw. diesen zu rekonfigurieren.
2. Das Zusammenspiel von nachgiebigen und starren Körpern sowie wechselnden Kontaktpaarungen und der Kontakt von Aktuatorwänden während der Verformung bieten die Möglichkeit zur Rekonfiguration eines FNAs.
3. Bistabile FNA können gezielt unterschiedliche Lagen ohne Überdruck einnehmen und diese ohne weitere Fremdenergie stabil halten. Multistabile FNA können gleiche Lagen drucklos durch unterschiedliche Verformungen erreichen. Die Stabilität und somit die benötigte Energie zum Verlassen einer solchen Lage und die Steifigkeit in diesen Lagen können im Vergleich unterschiedlich groß sein und somit der Funktionalisierung dienen.
4. Ist ein Durchschlagverhalten in einen FNA implementiert, kann das Betreiben nahe des oder im instabilen Bereich zur Eigenschaftsverbesserung führen.
5. Durch den Einsatz der Verbundbauweise können neben der Hauptfunktion (bspw. einer Kraft-/Bewegungsübertragung) auch Zusatzfunktionen (bspw. Sensorik) stoffkohärent implementiert werden.

In dieser Arbeit werden die Punkte (4) und (5) für die Anwendbarkeit in einem geschlossenen Sauggreifer folgend geprüft.

3 Materialverhalten von Elastomeren und hyperelastische Materialmodelle

FNA verrichten mechanische Arbeit durch eine deutliche Deformation ihrer Strukturabschnitte (siehe Kapitel 2.2). Verwendete Materialien müssen daher eine möglichst große Dehnbarkeit aufweisen. Diese Anforderung wird von Elastomeren erfüllt.

Im Folgenden werden die in dieser Arbeit verwendeten Elastomere mit ihren für die weiteren Untersuchungen relevanten Eigenschaften vorgestellt. Die nichtlinearen Materialeigenschaften von Elastomeren werden diskutiert und die Verwendung von hyperelastischen Materialmodellen in dem Programmpaket ANSYS® erläutert. Das Abbilden der nichtlinearen Materialeigenschaften schafft die Grundlage für die in den Kapiteln 4 ff beschriebene Sauggreiferentwicklung und für die modellbasierten Untersuchungen.

3.1 Nichtlineares Materialverhalten von Elastomeren

Elastomere lassen Dehnungen von z. T. mehreren 100% zu und eignen sich deshalb zur Herstellung von FNA. In dieser Arbeit werden Silikon-Elastomere verwendet. Diese werden auch als Silikone bezeichnet und bilden eine Untergruppe von Elastomeren.

Aus chemischer Sicht sind Elastomere Polymere und gehören zur Werkstoffgruppe der Kunststoffe [130]. Polymere bestehen aus unverzweigten und verzweigten Molekülen (Monomeren), die über chemische Verkettungsreaktionen (Polymerisation, Polyaddition, Polykondensation) zu Makromolekülen verkettet sind [233]. Die Makromoleküle sind untereinander unterschiedlich stark vernetzt, wodurch ihre Werkstoffeigenschaften bestimmt werden.

Es wird zwischen Thermoplasten, Duroplasten und Elastomeren unterschieden, wobei Letztere weitmaschig vernetzt sind [130]. Bei Raumtemperatur befinden sich Elastomere oberhalb der Glasübergangstemperatur im entropieelastischen Zustand. Bei diesem nimmt die Beweglichkeit der Molekülketten stark zu, was zur charakteristischen hohen Elastizität (Dehnbarkeit)[23] führt [19, 89, 231].

Die wesentlichen Eigenschaften von Elastomeren zeigen sich bei gestuften zyklischen Zugversuchen, wobei ein Zyklus aus einer Be- und Entlastungsphase besteht. Bei einem uniaxialen Zugversuch, bei dem drei Dehnungsgrenzwerte, aufsteigend jeweils fünfmal, angefahren wurden (siehe Abbildung 3.1a) ergeben sich für ein in dieser Arbeit verwendetes rußgefülltes Silikon ELASTOSIL® LR 3162 - auf das Spannungsmaximum normiert - Spannungs-Dehnungs-Kurven wie in Abbildung 3.1b dargestellt[24].

Werden stellvertretend für alle anderen Zyklen, die mit der größten Dehnung betrachtet

[23] Diese Eigenschaft wird auch als Gummielastizität bezeichnet.

[24] Weitere normierte Spannungs-Dehnungs-Kurven sowie zugehörige Spannungsmaxima der jeweils ersten Belastung $\sigma_{tyy,1}$ von in dieser Arbeit verwendeten Materialien sind in Kapitel 3.4 und Anhang A.2 aufgeführt.

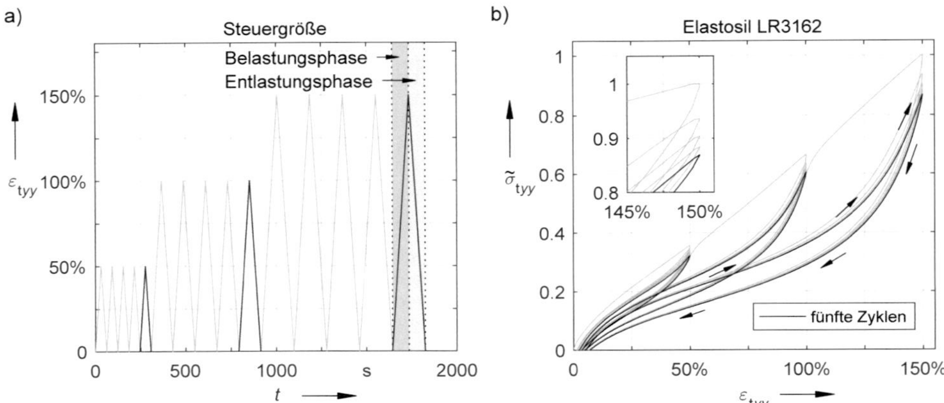

Abbildung 3.1: Gestufter, zyklischer, uniaxialer Zugversuch am Beispiel eines ausgewählten Elastomers (ELASTOSIL® LR 3162): a) zeitlicher Verlauf der Steuergröße, bestimmt aus dem Traversenweg einer Materialprüfmaschine; b) ermittelter, auf das Spannungsmaximum des fünften Zyklus normierter, technischer Spannungs-Dehnungs-Verlauf an einem Prüfkörper wie in Kapitel 3.2 vorgestellt (Kennzeichnung der Be- und Entlastungsphase sowie -richtung am fünften Zyklus der größten Dehnung)

(siehe Abbildung 3.1b), so fällt deutlich das nichtlineare Spannungs-Dehnungs-Verhalten auf, welches sich in einem umgekehrt S-förmigen Verlauf äußert. Zudem zeigt sich eine Hysterese beim Vergleich der Spannungs-Dehnungs-Kurven von Be- und Entlastung. Dabei liegen die Spannungswerte der Belastungskurve innerhalb jedes Zyklus für gleiche Dehnungswerte stets über denen der Entlastungskurve (siehe Abbildung 3.1b).

Weiterhin sind plastische Verformungen zu beobachten, die als Verformungsrest bezeichnet werden [186]. Hervorzuheben sind für Elastomere zusätzlich die im Folgenden beschriebenen *Entfestigungserscheinungen*. Diese wurden zuerst von BOUASSE und CARIÈRE [23] untersucht, von MULLINS detailliert beschrieben [170, 171] und als MULLINS-Effekt bezeichnet.

Bei den Entfestigungserscheinungen handelt es sich einerseits um einen Spannungsabfall bei wiederholtem Durchlaufen einer gleichen Belastungsfolge. Bei dieser sinkt die erste Spannungs-Dehnungs-Kurve einer Probe ohne vorangegangene Belastungshistorie - *Neukurve* genannt - asymptotisch mit steigender Zyklenzahl auf eine *stationäre Spannungs-Dehnungs-Kurve* ab.

Beim Vergleich der stationären Spannungs-Dehnungs-Kurven wird andererseits die zunehmende Entfestigung bei steigender maximaler Belastung sichtbar. Diese äußert sich in einer Abnahme der Steifigkeit im jeweilig mittleren Kurvenbereich und gleichzeitiger Steifigkeitszunahme im Bereich des Belastungsmaximums.

Da im Allgemeinen in realen Bauteilen eine inhomogene Belastung vorliegt, führt dies zu einer inhomogenen Steifigkeitsverteilung, die maßgeblich die Spannungsverteilung beeinflusst. Weiterführend ist zu ergänzen, dass die beschriebene Spannungserweichung eine Richtungsabhängigkeit aufweist, die zu anisotropem Materialverhalten führt [131, 170].

Darüber hinaus zeigen Elastomere ausgeprägte Abhängigkeiten von der Temperatur und der Belastungsgeschwindigkeit. Aus diesem Grund werden alle Untersuchungen bei gleicher Umgebungstemperatur durchgeführt, weshalb der Temperatureinfluss vernachlässigt werden kann. Zudem werden die Belastungsgeschwindigkeiten der Elastomerbauteile im Einzelnen so niedrig gewählt (siehe Kapitel 3.2 und 5.2.1), sodass deren quasistatisches Verhalten untersucht wird.

3.2 Grundlagen und Anwendung hyperelastischer Materialmodelle in ANSYS®

Um die im Rahmen der vorliegenden Arbeit betrachteten FNA hinsichtlich ihres Verhaltens optimieren zu können, wurden FEM-basierte Modelle in ANSYS® erzeugt und untersucht. Die Modelle beruhen auf in ANSYS® hinterlegten Materialmodellen, die im Folgenden vorgestellt werden. Ebenfalls werden die durchgeführten Materialversuche erläutert.

Zur Beschreibung des nichtlinearen elastischen Materialverhaltens von Elastomeren[25] wurden sogenannte *hyperelastische Materialmodelle*, welche überwiegend auf phänomenologischen und teilweise auf physikalischen (mikromechanisch) begründeten Ansätzen basieren, erarbeitet. In ANSYS® stehen u. a. die Gesetze Neo-HOOKE [211], MOONEY-RIVLIN [163, 212], OGDEN [189], YEOH [270], ARRUDA-BOYCE [8], GENT [84] und eine allgemeine Polynom-Form zur Verfügung.

Die Materialkonstanten der Gesetze werden über experimentelle Daten aus einer unterschiedlichen Anzahl von Materialprüfversuchen in ANSYS® per Knopfdruck ermittelt. Die Kurvenanpassung[26] erfolgt mittels einer Ausgleichsrechnung unter Anwendung der Methode der kleinsten Fehlerquadrate. Die dabei hinterlegten Experimentaldaten sollen möglichst den später im Bauteil vorherrschenden Belastungsarten entsprechen [31, 90].

Die jeweilige Anpassung an die unterschiedlichen Materialgesetze kann über die ausgegebene Zahl des Fehlerrestwertes[27] quantitativ beurteilt werden. Dieser kann als absolute oder relative Größe aus den experimentell bestimmten und auf den Ausgangsquerschnitt bezogenen, technischen Spannungswerten $\sigma_{\mathrm{t},j}$ und den technischen Spannungswerten des hyperelastischen Materialgesetzes $\sigma^*_{\mathrm{t},j}(c_i)$ berechnet werden. Der absolute Fehlerrestwert, als Abweichung zwischen Materialgesetzkurve und Messwerten, berechnet sich bspw. über Gleichung 3.1:

$$R_{\mathrm{a}} = \sum_{j=1}^{N} \Big(\sigma_{\mathrm{t},j} - \sigma^*_{\mathrm{t},j}(c_i) \Big)^2 \longrightarrow \mathrm{Min} \tag{3.1}$$

mit $i = 1,..,M$, $j = 1,..,N$ und $i, j \in \mathbb{N}$, wobei M der Anzahl der Materialparameter c_i des gewählten Materialgesetzes und N der Anzahl der experimentellen Datenpunkte entsprechen.

Bei Auswahl des Fehlerrestwertes ist zu beachten, dass der *absolute* Fehlerrestwert eine genauere Approximation der Materialparameter für höhere Dehnungswerte ergibt, jedoch größere Abweichungen im anfänglichen Dehnungsbereich auftreten können. Hingegen ergibt die Wahl des *relativen* Fehlerrestwertes eine gleichmäßigere Anpassung über den gesamten Dehnungsbereich.

[25] Die theoretischen Betrachtungen werden im Koordinatensystem mit den Indizes, 1, 2 und 3, angegeben. Die Untersuchungen (ab Kapitel 3.4) werden im Koordinatensystem des Messsystems (x, y und z) ausgeführt.

[26] engl. curve fitting

[27] engl. residual error

Da der Fehlerrestwert nicht immer der geeignete Indikator für eine gültige Kurvenanpassung ist, muss zusätzlich eine *Plausibilitätsprüfung* durchgeführt werden. Ungültige Kurvenanpassungen äußern sich hierbei durch einen negativen Anstieg (Abfall) der Spannungs-Dehnungs-Kurve.

Mathematisch werden die hyperelastischen Materialgesetze mit Hilfe des elastischen Potentials W (auch Dehnungsenergiefunktion genannt [193]) anhand des Ansatzes:

$$W = W(\lambda_1, \lambda_2, \lambda_3) \text{ oder } W = W(I_1, I_2, I_3) \tag{3.2}$$

beschrieben, wobei sich dieses Energiepotential in einen dilatatorischen (hydrostatischen) und einen deviatorischen (isochoren) Anteil aufspaltet [193, 199][28].

Der dilatatorische Anteil ist bei Berücksichtigung der Kompressibilität zu beachten. Die Konstanten I_1, I_2 und I_3 sind die Hauptinvarianten des CAUCHY-GREEN-Deformationstensors, der die Form:

$$\boldsymbol{C}_{ij} = \begin{pmatrix} \lambda_1^2 & 0 & 0 \\ 0 & \lambda_2^2 & 0 \\ 0 & 0 & \lambda_3^2 \end{pmatrix} \tag{3.3}$$

hat. Die Hauptinvarianten werden mit den Gleichungen 3.4 - 3.6 bestimmt:

$$I_1 = \text{Spur}(\boldsymbol{C}) = \lambda_1^2 + \lambda_2^2 + \lambda_3^2 \tag{3.4}$$

$$I_2 = \lambda_1^2\lambda_2^2 + \lambda_1^2\lambda_3^2 + \lambda_2^2\lambda_3^2 \tag{3.5}$$

$$I_3 = \det(\boldsymbol{C}) = \lambda_1^2\lambda_2^2\lambda_3^2 \tag{3.6}$$

wobei $\lambda_i = 1 + \varepsilon_i$ mit $i = 1, 2, 3$ die Dehnraten (relative Dehnungen) in den Hauptrichtungen sind.

Praktisch ist bei Elastomeren während ihrer Verformung keine signifikante Volumenänderung feststellbar [89]. Unter dieser Annahme der Inkompressibilität ist $I_3 = 1$. Die CAUCHY-Spannungskomponenten können mit Hilfe der Gleichung:

$$\boldsymbol{\sigma}_{ij} = -p\boldsymbol{I} + 2\frac{\partial W}{\partial I_1}\boldsymbol{C}_{ij} - 2\frac{\partial W}{\partial I_2}\boldsymbol{C}_{ij}^{-1} \tag{3.7}$$

mit $i, j = 1, 2, 3$ bestimmt werden, wobei p der hydrostatische Druck ist. Die Hauptspannungen lassen sich auch über:

$$\sigma_{ii} = \lambda_i \frac{\partial W}{\partial \lambda_i} - p \tag{3.8}$$

bestimmen [191].

Zur Charakterisierung der verwendeten Materialien (siehe Kapitel 3.3) wurden uniaxiale und äquibiaxiale Zugversuche sowie reine Scherversuche mit einer Material-Prüfmaschine[29] durchgeführt. Grundlage der Untersuchungen bildete die DIN 53504 [68], wobei die Vorschubge-

[28] Die Gleichungen zur Bestimmung des elastischen Potentials für die in ANSYS® hinterlegten hyperelastischen Materialmodelle sowie Hinweise zur Einschränkung der Verwendung sind im Anhang A.3 aufgeführt.

[29] PROLINE Tisch-Prüfmaschine Z005, Zwick GmbH & Co. KG, Ulm, Deutschland

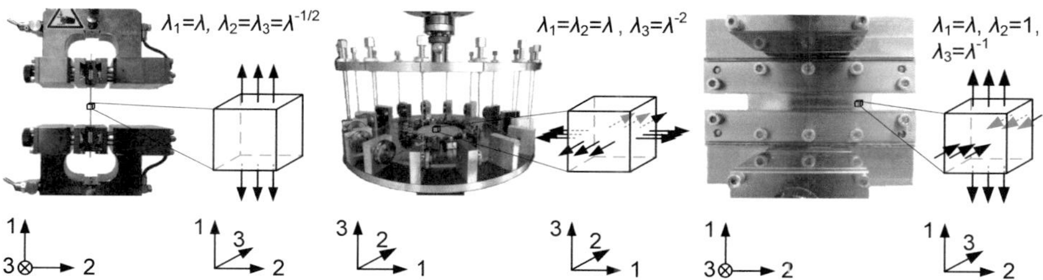

Abbildung 3.2: Versuchsaufbauten für eine Materialprüfmaschine, v.l.n.r.: Uniaxialer, äquibiaxialer und reiner Scherbelastungsfall sowie die gleichen Lastfälle bezogen auf den Einheitswürfel mit zugehörigen Gleichungen für die Dehnungsraten in die drei Hauptrichtungen

schwindigkeit abweichend zur Norm von 200 auf 50 mm/min reduziert wurde. In Abbildung 3.2 sind die verwendeten Versuchsaufbauten, sowie die Dehnraten am Einheitswürfel dargestellt.

Als uniaxiale Probekörperform wurde abweichend zur Schulterstabform eine Quaderform mit einer Gesamtlänge von 75 mm gewählt, dessen Querschnitt mit 4x2 mm² identisch mit dem des Schulterstabes S2 ist [68]. Um das Herausrutschen der uniaxialen Prüfkörper zu vermeiden, wurden pneumatische Spannbacken verwendet. Die Anfangsmesslänge betrug 50 mm. Die Prüfkörper für die äquibiaxiale bzw. reine Scherprüfung wurden formschlüssig über 16 bzw. 2 Prüfkörperaufnahmen gehalten. Als Probengeometrie wurden 1 mm starke Membranen mit einem Messdurchmesser von 100 mm bzw. einer Messfläche von 100x10 mm² gewählt.

Die Prüfkörper wurden durch Spritzgießen und Formpressen hergestellt (Prozessdetails siehe Kapitel 5.1.3 und Kapitel 8.3.1). Eine Ausnahme bilden die Prüfkörper des Materials ELASTOSIL® FILM, welches im Ausgangszustand vulkanisiert als 0.2 mm starke Membran vorlag. Für dieses Material wurden abweichend die uniaxialen Prüfkörper zum Zwecke der Maßhaltigkeit mit Hilfe eines Werkzeuges ausgestanzt. Um parasitäre Kräfte und damit eine unerwünschte Verfälschung der Materialparameter zu vermeiden, wurden die verwendeten Prüfkörperaufnahmen und Versuchsaufbauten für die äquibiaxiale Zugprüfung und reine Scherprüfung neu entwickelt[30].

Bei der Hinterlegung der experimentellen Versuchsdaten in ANSYS® sind aus Gründen der Einfachheit stets die technische Spannung und die technische Dehnung (CAUCHY-Dehnung), σ_t und ε_t, zu verwenden. Es handelt sich dabei um die auf den Ausgangsquerschnitt bzw. -länge bezogenen Größen.

Bei der Auswertung der Verformungszustände mit Hilfe von ANSYS® werden jedoch die wahren Spannungs- und Dehnungswerte (CAUCHY'schen Spannungen bzw. HENCKY-Dehnungen) ausgegeben, die sich besonders bei großen Verformungen von den technischen Werten unterscheiden. Bei den wahren Werten handelt es sich um die, auf den aktuellen Querschnitt bzw. Länge bezogenen Größen. Für die Umrechnung am Beispiel des einachsigen Zugs gelten die

[30] Die Entwicklung der Prüfkörperaufnahmen und Versuchsaufbauten werden hier nicht weiter ausgeführt, da diese nicht Hauptziel der Arbeit sind.

Gleichungen:

$$\sigma_{11} = \sigma_{\mathrm{t}11}\lambda_1 = \frac{F}{A_0} \quad \text{und} \tag{3.9}$$

$$\varepsilon_{11} = \ln(\lambda_1) = \ln(1 + \varepsilon_{\mathrm{t}11}) = \ln\left(1 + \frac{\Delta l}{l_0}\right). \tag{3.10}$$

Nach der Kurvenanpassung in ANSYS® werden über das gewählte Materialmodell die technischen Spannungs-Dehnungs-Verläufe $\sigma_{\mathrm{t}11}(\varepsilon_{\mathrm{t}11})$ im Hauptachsensystem für grundlegende Spannungszustände den hinterlegten experimentellen Versuchsdaten gegenübergestellt. Bei der Gegenüberstellung handelt es sich um den einachsigen Spannungszustand, hervorgerufen über eine uniaxiale Zugbelastung, sowie um den zweiachsigen Spannungszustand, einerseits hervorgerufen über eine reine Scherbelastung und andererseits über eine äquibiaxiale Zugbelastung[31].

Neben dem Fehlerrestwert sollte die visuelle Kontrolle der approximierten Kurvenverläufe erfolgen. Aus Plausibilitätgründen sind Lösungen mit negativen Spannungs-Dehnungs-Gradienten stets auszuschließen, da diese bei der Berechnung zu Konvergenzproblemen führen.

3.3 Materialeigenschaften verwendeter Silikon-Elastomere

Für die Herstellung der in der Arbeit verwendeten Funktionsmuster wurden Silikonkautschuke und fertig vulkanisierte Silikonfolien aus der ELASTOSIL® Produktreihe der Firma WACKER CHEMIE (WACKER CHEMIE AG, München, Deutschland) verwendet. Bei den Kautschuken handelt es sich um Raumtemperatur- sowie um Hochtemperatur vernetzende 2-Komponenten Silikonkautschuke (RTV und HTV Silikone). Die Probekörper wurden mittels Spritzgießen bei RTV- und Spritzpressen bei HTV Silikonkautschuken hergestellt (Prozessdetails siehe Kapitel 5.1.3 und Kapitel 8.3.1). Weiterführend wurde die additive Herstellung von Funktionsmustern geprüft. Die dafür verwendeten Werkstoffe und deren Werkstoffeigenschaften sind im Anhang A.5 gesondert aufgeführt.

In Tabelle 3.1 sind ausgewählte Materialeigenschaften der verwendeten Elastomere im Überblick zusammengefasst. Das Material ELASTOSIL® M 4644 [48] wurde sowohl für die Herstellung des Sauggreifers mit der Probengeometrie 1 (siehe Abbildung 4.4 und Kapitel 4.3.2) als auch zu dieser skalierten Probengeometrie 2 verwendet.

Ziel der Untersuchungen an der Probengeometrie 1 war die Validierung des FEM Modells. Ziel der Skalierung um den Faktor 2 war es einerseits die aufgestellten Skalierungsgleichungen sowie andererseits die Gleichungen zum Einstellen charakteristischer Durchschlaggrößen über den axialen Versatz/Verschiebung des Formkerns zu validieren.

Weiterhin wurden Sauggreifer mit der Probengeometrie 2 hergestellt und dabei ein Materialparameter variiert. Als Materialien fanden hierfür ELASTOSIL® VARIO 15 und 40 [50] Verwendung, bei denen die SHORE-Härte A im Bereich von 15 bis 40 über ein Mischungsverhältnis

[31]Die Gleichungen zur Berechnung von $\sigma_{\mathrm{t}11}(\varepsilon_{\mathrm{t}11})$ sind für alle in ANSYS® hinterlegten hyperelastischen Materialmodelle für die genannten Spannungszustände im Anhang A.3 hergeleitet und aufgeführt.

Tabelle 3.1: Ausgewählte Materialeigenschaften der in dieser Arbeit verwendeten Elastomere

Verwendung für	ELASTOSIL® Silikonprodukte [45, 47, 48, 50]				
	Sauggreiferkörper			Sensorik	
Eigenschaften	M 4644	VARIO 15	VARIO 40	LR 3162	FILM
SHORE-Härte A	40	15	40	53	27
Bruchdehnung in %	400	900	450	400	450
Zugfestigkeit in MPa	5.5	6.5	8	5.5	6
Reißfestigkeit in $\frac{\text{N}}{\text{mm}}$	>25	15	15	18	10
Volumenwiderstand in Ω cm	k. A., $\rightsquigarrow \infty$	k. A., $\rightsquigarrow \infty$	k. A., $\rightsquigarrow \infty$	11	10^{14}
Vernetzung	RTV	RTV	RTV	HTV	k. A.

dieser Materialien eingestellt werden kann.

Aus den sich anschließenden Untersuchungen konnte eine Gleichung zur Beeinflussung charakteristischer Durchschlaggrößen empirisch abgeleitet werden, die ebenfalls mit Sauggreifern der Probengeometrie 2 validiert wurde. Die Materialien ELASTOSIL® LR 3162 [47] und ELASTOSIL® FILM [45] wurden für die Sensorisierung des Sauggreifers verwendet.

3.4 Vergleich des Verhaltens verwendeter Silikon-Elastomere

Für einen qualitativen und quantitativen Vergleich der in dieser Arbeit verwendeten Silikone aus der ELASTOSIL® Familie wurden gestufte, zyklische, uniaxiale Zugversuche durchgeführt.

In Abbildung 3.1a ist hierzu als Steuergrößenverlauf der zeitliche Dehnungsverlauf aus dem Traversenweg berechnet dargestellt, wobei drei Dehnungsgrenzwerte, aufsteigend jeweils fünfmal angefahren wurden. Die Bezeichner der Richtungen orientieren sich folgend stets an dem Versuchsaufbau (siehe Kapitel 5.2.1). Somit fällt die y-Richtung mit der 1-Hauptrichtung zusammen.

In Abbildung 3.3a-c sind die auf das Spannungsmaximum normierte Spannungs-Dehnungs-Kurven $\tilde{\sigma}_{tyy}(\varepsilon_{tyy})$ der drei für den Sauggreiferkörper verwendeten Grundmaterialien dargestellt[32]. Für einen qualitativen Vergleich sind für die größten Dehnungen die Spannungsmaxima jedes Zyklus auf das jeweilige Spannungsmaximum des ersten Zyklus der größten Dehnung normiert worden und in Abbildung 3.3d dargestellt.

Es ist festzustellen, dass in Abhängigkeit der Zyklennummer N die Maximalspannungen für alle angegebenen Materialien regressiv abnehmen und sich dabei asymptotisch einem material- und dehnungsmaximumspezifischen Grenzwert nähern. Die Spannungserweichung bezogen auf das Spannungsmaximum fällt für jedes Material unterschiedlich stark aus. Bspw. beträgt diese für den fünften Zyklus mit einer Maximaldehnung von 150% minimal 2.3% bei ELASTOSIL® VARIO 15 und maximal 12.8% bei mit Ruß gefülltem ELASTOSIL® LR 3162.

[32]Die Ergebnisse für die Materialien der Sensorik sind im Anhang A.2 aufgeführt.

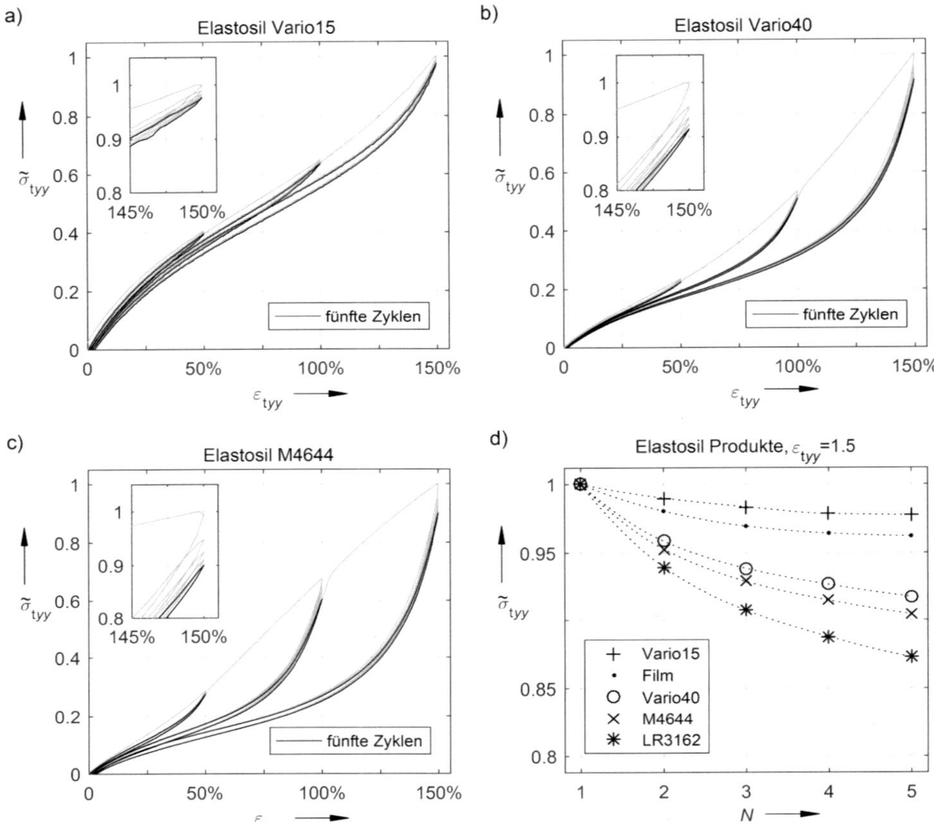

Abbildung 3.3: Gestufte, zyklische, uniaxiale Zugversuche: a-c) Ermittelter technischer Spannungs-Dehnungs-Verlauf von einem uniaxialen Prüfkörper; d) die auf das bei 150% Dehnung erreichte Spannungsmaximum normierten Spannungsmaxima in Abhängigkeit der Zyklennummer N

Im Vergleich der drei Grundmaterialien für den Sauggreiferkörper zeigt ELASTOSIL® M4644 die größte Spannungserweichung. Da dies für die Modellierung unter Umständen Berücksichtigung finden muss, wird dieses Material weitergehend untersucht.

Für diese Untersuchungen gilt, dass sich nach einigen Belastungszyklen mit einer gleich groß gewählten Maximaldehnung ein konstantes Werkstoffverhalten einstellt und der Probekörper vorkonditioniert ist. Wie oft genau belastet werden muss, hängt vom verwendeten Material ab. Da in der Regel fünf bis zehn Belastungszyklen ausreichen, werden für alle weiteren Untersuchungen zur Vorkonditionierung elf Zyklen festgelegt.

Weiterhin ist ersichtlich, dass die Ausprägung des MULLINS-Effektes (Spannungserweichung) von der Maximaldehnung abhängig ist. Der Zusammenhang dieser beiden Größen wird im folgenden Kapitel untersucht.

3.5 Untersuchungen zum MULLINS-Effekt

In Hinblick auf die zuvor festgestellte, zunehmende Entfestigung bei einer steigenden, maximalen uniaxialen Zugbelastung stellt sich die Frage, ab welcher (Zug-)Beanspruchung die Abbildung des MULLINS-Effekts im FEM-Modell notwendig ist.

Als Ansatz wird hier die Festlegung einer zulässigen Spannungserweichung vorgeschlagen, aus der ein maximal zulässiger Wert für die Dehnung eines FNAs ermittelt werden kann. Wird dieser Wert nicht überschritten, so reicht einzig die Abbildung der *Neukurven* für die Implementierung des nichtlinearen Materialverhaltens aus.

Die Untersuchungen zur Ermittlung einer maximal zulässigen Dehnung erfolgten am Material ELASTOSIL® M 4644. Die Wahl fiel auf dieses Material, da es von den nicht für die Sensorik eingesetzten Materialien (siehe Tabelle 3.1) den am stärksten ausgeprägten MULLINS-Effekt aufweist (siehe Kapitel 3.4). Infolgedessen wird ein möglicher Dehnungsbereich am weitesten eingeschränkt.

Für die Ermittlung einer maximal zulässigen Dehnung wurden ausschließlich uniaxiale Zugversuche verwendet, die wiederum einem gestuften sowie zyklischen Ablauf folgten. Bei diesen wurden die Proben mit zehn Dehnungsgrenzwerten im gleichen Abstand von $\Delta\varepsilon_{\mathrm{t}} = 0.1$ aufsteigend bis $\varepsilon_{\mathrm{t}} = 1$ jeweils elf Mal gedehnt.

Die Ergebnisse dieser Dehnversuche sind in Abbildung 3.4a und b dargestellt. Es sind jeweils die aus drei Proben gemittelten Spannungs-Dehnungs-Kurven $\bar{\sigma}_{\mathrm{t}yy,N}$ des ersten Zyklus sowie des elften und somit stationären Zyklus[33] gezeigt. Beschränkt wurde sich bei der Darstellung auf die Spannungs-Dehnungs-Kurven der *Belastungsphase* (siehe Abbildung 3.1), wobei die plastische Verformung vernachlässigt und die Kurven jeweils in den Koordinatenursprung verschoben wurden. Weiterhin erfolgte eine Korrektur der Proben-Messlänge nach Erreichen einer minimalen Vorspannung von <0.1 MPa [68] jeweils am Anfang jedes Versuches.

Ab der zweiten Stufe weisen die Spannungs-Dehnungs-Kurven drei Abschnitte auf: einen stationären Abschnitt des vorangegangenen Zyklus, einen Übergangsabschnitt und einen Neukurvenabschnitt. Aus den Neukurvenabschnitten der ersten Zyklen aller Stufen kann nachträglich für die *gleichen* Proben die Neukurve interpoliert werden, welche in Abbildung 3.4b dargestellt ist.

Wird jede stationäre Kurve auf die Neukurve normiert, entstehen die Kurven für die gemittelte technische Spannung in y-Richtung $\tilde{\bar{\sigma}}_{\mathrm{t}yy}$. Aus diesen normierten stationären Kurven kann die vorhandene Spannungserweichung σ_{e} als prozentuale Differenz zur Neukurve bestimmt werden (siehe Abbildung 3.4c). Dieser Wert ist einerseits abhängig von der Dehnung ε_{t} im betrachteten Verformungszustand. Andererseits hängt er von der maximal aufgebrachten Dehnung $\varepsilon_{\mathrm{t}yy,\mathrm{max}}$ ab, wobei dieser Wert im Kontext zur Dehnungshistorie betrachtet werden muss.

Ebenso sind die *maximale* Spannungserweichung $\sigma_{\mathrm{e,max}}$ und die *mittlere* Spannungserweichung $\bar{\sigma}_{\mathrm{e}}$ jeweils in Abhängigkeit der maximalen Dehnung $\varepsilon_{\mathrm{t}yy,\mathrm{max}}$ bestimmbar. Der interpolierte

[33] Aus Gründen der Übersichtlichkeit werden die Vertrauensbereiche in Abbildung 3.4 nicht aufgeführt.

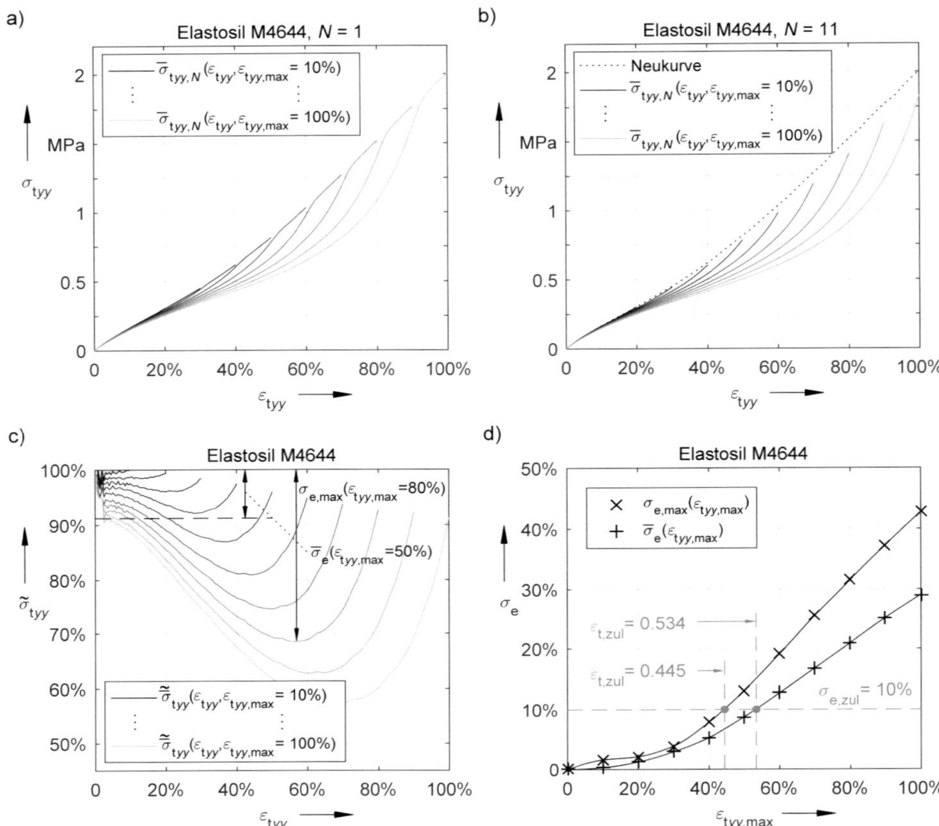

Abbildung 3.4: Spannungs-Dehnungs-Kurven aufsteigend gestufter, zyklischer Zugversuche: a) erster Zyklus ($N = 1$), b) elfter Zyklus ($N = 11$) sowie c) normiert auf die Neukurve; d) Spannungserweichung in Abhängigkeit der maximalen Dehnung mit grafischer Ermittlung der zulässigen Dehnung am Beispiel einer Spannungserweichung um 10%

Verlauf von $\sigma_{\mathrm{e,max}}$ und $\bar{\sigma}_{\mathrm{e}}$ ist in Abbildung 3.4d dargestellt[34].

Für die Modellierung der Spannungserweichung im Kontext der FNA bedeutet dies Folgendes: Werden bei der Modellierung eines FNAs für das Materialmodell die Neukurven hinterlegt, so ist die simulierte Steifigkeit des FNAs größer als in der Realität, da das Materialmodell keine Belastungshistorie abbildet. Werden die stationären Kurven für die im FNA auftretende maximale Dehnung hinterlegt, so fällt die simulierte Steifigkeit des FNAs geringer als in der Realität aus. Grund hierfür ist, dass abweichend von hinterlegten Materialversuchen in der Realität keine idealisierte gleichmäßige Belastung vorliegt, folglich die Belastungshistorie lokal unterschiedlich ist und somit die Spannungserweichung unterschiedlich hoch ausfällt.

Die Bestimmung der Materialparameter zur Abbildung des nichtlinearen, ideal elastischen Materialverhaltens kann mit vertretbarem Aufwand über die Neukurven und die stationären

[34] Im Anhang A.4 sind die Ergebnisse der gestuften, zyklischen Zugversuche für die Materialien ELASTOSIL® VARIO 15 und 40 ergänzt.

Kurven erreicht werden. Ein Vergleich dieser beiden Ansätze in Bezug auf das qualitative und quantitative Verformungsverhalten eines FNAs wird am Beispiel eines Sauggreifers in Kapitel 6.1.3 durchgeführt.

Für eine Verwendung der Neukurven spricht einerseits der geringere Aufwand und andererseits eine im Vergleich zur Simulation vorhandene höhere Nachgiebigkeit. Diese Unterschätzung erscheint für ausgewählte elastomere Bauteile mit geringen maximalen Dehnungen zweckmäßig. Um eine möglichst hohe Aussagekraft eines FEM-Modells betreffend des *quantitativen* Verformungsverhaltens zu erreichen, ist eine Begrenzung der Anwendbarkeit der Neukurven notwendig.

Wird ein Grenzwert prozentual für die zulässige maximale bzw. durchschnittliche Spannungserweichung zugelassen, so führt dies als Fehler maximal zu einer um den gleichen Faktor geringeren Steifigkeit bei einer angenommenen homogenen Belastung. Da im Allgemeinen in realen Bauteilen eine inhomogene Belastung vorliegt, fällt dieser Fehler geringer aus.

Als tolerierbarer Fehler wird ein Grenzwert für die zulässige maximale bzw. durchschnittliche Spannungserweichung $\sigma_{e,zul}$ von 10% definiert. Aus diesem ergibt sich ein Grenzwert für die maximal zulässige Dehnung $\varepsilon_{t,zul}$ von 44.5% bzw. 53.4% (siehe Abbildung 3.4d)[35]. Es wird an dieser Stelle betont, dass es sich bei der so berechneten, maximal zulässigen Dehnung um eine materialspezifische Größe handelt.

Zusammenfassend lässt sich feststellen, dass der Einsatz der Neukurven für ein hyperelastisches Materialverhalten nur dann zu einem gültigen FEM-Modell führt, wenn die Dehnungen in *allen* Lebensphasen des FNAs kleiner als die zulässigen Grenzwerte sind. Nur dann lässt sich der MULLINS-Effekt vernachlässigen. Die zulässigen Grenzwerte ergeben sich aus der Betrachtung der Spannungserweichung.

Im Rahmen dieser Arbeit wurden neben allen Verformungszuständen während der Versuchsdurchführung insbesondere die bei der Herstellung auftretenden als verhaltensbestimmend und somit kritisch erkannt. Zur Abschätzung der real auftretenden Maximaldehnungen können diese wie in Kapitel 5.1.3 berechnet oder mit einer Vorabsimulation wie in Kapitel 6.1.3 bestimmt werden.

Der MULLINS-Effekt führt bei einer inhomogenen Verteilung der lokalen Maximaldehnungen zu einer materialbedingten inhomogenen Steifigkeitsverteilung. Das trifft insbesondere auf FNA zu, die sich durch Biegung verformen (siehe Kapitel 2.2.2). Daher ist für diese die zulässige Maximaldehnung aus der *durchschnittlichen* Spannungserweichung zu bestimmen. Hingegen sollte die zulässige Maximaldehnung für FNA, die sich durch Dehnung oder wandernde Biegung verformen, aus der *maximalen* Spannungserweichung bestimmt werden. Grund hierfür ist die im Gegensatz eher homogene Verteilung der Maximaldehnung innerhalb des FNAs.

[35]Für ELASTOSIL® VARIO 15 und 40 ergeben sich bei gleich groß gewähltem Grenzwert der zulässigen maximalen Spannungserweichung Werte für die maximal zulässige Dehnung $\varepsilon_{t,zul}$ von 144.5% und 70.6%.

3.6 Untersuchungen zur Anisotropie des MULLINS-Effektes

Die in dieser Arbeit betrachteten Sauggreifer erfordern infolge ihrer zum Teil komplexen Gestalt ebenso komplexe Formwerkzeuge (beschrieben in Kapitel 5.1.1 f) sowie eine Verformung bei der Herstellung. Die beim Ausformen entstehende Vordehnung wird in Kapitel 5.1.3 berechnet und fällt mit 79% größer aus als die zuvor festgelegte zulässige maximale Dehnung von 53.4%.

Da die Richtung der maximalen Hauptdehnung im Normalbetrieb des Sauggreifers senkrecht zur Richtung der Vordehnung liegt, ist diese im Hinblick auf die Spannungserweichung in Richtung der Hauptdehnung von besonderem Interesse. Es gilt die Fragen zu beantworten, ob der Grenzwert der Spannungserweichung eingehalten wird und ob der Einsatz der Neukurven für die Anwendung eines hyperelastischen Materialmodells ohne Berücksichtigung des MULLINS-Effekts zulässig ist.

Die Anisotropie der Spannungserweichung aufgrund einer vorherigen Beanspruchung wurde erstmals von MULLINS in [170] an Gummi experimentell untersucht. Es folgten weitere Autoren, die MULLINS Erkenntnisse aufgriffen und diese an anderen Polymeren bestätigt haben. Einen Überblick zu den untersuchten Elastomeren und deren Probekörpergeometrien wird in [133] gegeben.

In dieser Arbeit wurde für die Untersuchung der Anisotropie des MULLINS-Effektes eine kreuzförmige Form der Probe, wie aus [90, 129, 196] bekannt, verwendet. Für die Herstellung der sogenannten *Kreuzprobe* wurde ein Formwerkzeug entwickelt. Die Abmessungen der Probe sind so gewählt, dass diese im Zentrum ein quadratisches, 100 mm² großes Mittelstück aufweist. An den vier Seiten befinden sich gleichgroße, 10 mm lange Zuglaschen, gefolgt jeweils von einem Bereich zur Einspannung. Die Dicke der Probe beträgt gleichmäßig 1 mm (siehe Abbildung 3.5). Die Proben wurden aus ELASTOSIL® M 4644 gefertigt, da dieses den am stärksten ausgeprägten MULLINS-Effekt der Grundmaterialien aufweist (siehe Abbildung 3.3).

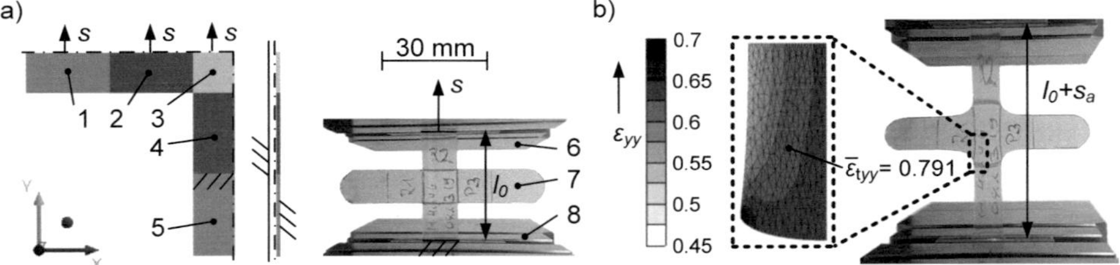

Abbildung 3.5: Kreuzprobe als ein Achtel-FEM-Modell mit Randbedingungen sowie reale Anordnung: a) Ausgangszustand; b) maximal gedehnter Zustand; Bereichsbezeichnungen der Kreuzprobe am FEM-Modell: (1) und (5) Bereich zur Einspannung; (2) und (4) Zuglaschen; (5) Mittelstück; (6) und (8) pneumatische Spannbacken; (7) Prüfling

Für die Untersuchung der Kreuzproben wurde der Versuchsaufbau für eine uniaxiale Zugprüfung verwendet (siehe Abbildung. 3.2). Die Mittelstücke der Proben wurden über die Einspannungslaschen jeweils gleichförmig zuerst elf Mal in die erste Richtung und anschließend äquidistant elf Mal in die dazu orthogonal liegende Richtung gezogen. Die Ausgangsmesslänge bzw. freie Probenlänge l_0 betrug jeweils 30 mm.

Bei der Dehnung in eine der Kreuzprobenachsen stellt sich aufgrund der Probengeometrie kein idealer homogener Beanspruchungszustand ein (siehe Abbildung 3.5b). Um dennoch die geforderte Vordehnung (79%) in das Mittelstück über den Traversenweg s der Materialprüfmaschine aufzuprägen, wurde der Zusammenhang zwischen der *mittleren* technischen Hauptdehnung im Volumen des Mittelstückes $\bar{\varepsilon}_{11}$ und dem Traversenweg in einer simulierten Versuchsdurchführung bestimmt.

Das dafür verwendete FEM-Modell wurde insoweit vereinfacht, dass die Klemmkraft der Einspannung bei der Simulation keine Berücksichtigung und die Symmetrieeigenschaften Verwendung fanden. Für das hyperelastische Materialmodell wurden die Neukurven hinterlegt und die Randbedingungen, wie in Abbildung 3.5a gezeigt, angewendet.

Bei der in 0.1 mm Schritten ansteigenden Verschiebung s wurde der Bereich des Mittelstückes jeweils selektiert und die wahre Dehnung $\varepsilon_{11,e}$ und das Volumen V_e jedes finiten Elementes mit der Nummer $e = 1..e_{\max}$ mit $e \in \mathbb{N}$ ermittelt. Über die Gleichungen 3.11 und 3.12 ist die *volumenbezogene*, mittlere technische Hauptdehnung berechenbar, welche hier als Auswertegröße eingeführt wird:

$$\bar{\varepsilon}_{11} = \frac{\sum\limits_{1}^{e_{\max}} V_e \cdot \varepsilon_{11,e}}{\sum\limits_{1}^{e_{\max}} V_e} \tag{3.11}$$

$$\bar{\varepsilon}_{t11} = \mathrm{e}^{\bar{\varepsilon}_{11}} - 1. \tag{3.12}$$

Als Ergebnis der Simulation konnte die aufzuprägende Verschiebung s_a der Traverse für die realen Proben auf 25.8 mm festgelegt werden. Diese ergibt eine mittlere technische Dehnung von 86% bezogen auf die Ausgangsmesslänge und ruft eine mittlere technische Dehnung im Mittelstück von 79.1% hervor. Dieser Wert entspricht annähernd dem in Kapitel 5.1.3 berechneten Wert für die Abschätzung der Vordehnung.

Im Folgenden wird die Hypothese untersucht, ob der MULLINS-Effekt bei dem Material ELASTOSIL® M 4644 zu einer isotropen Spannungserweichung führt. Unter dieser Annahme ist die Spannungserweichung infolge einer Belastung aus einer beliebigen ersten Richtung für alle Richtungen gleich. Das Augenmerk liegt somit auf der sich im Mittel einstellenden Spannung der Proben $\bar{\sigma}_{tyy,1}$, die sich bei einer erstmaligen Belastung in die *zweite* Richtung (hier y-Richtung), nach einer vorangegangenen elfmaligen Belastung der Proben in eine erste Richtung (hier x-Richtung), einstellt.

Wird von einer jeweils homogenen Spannung in den Zuglaschen und dem Mittelstück und einer homogenen Spannungserweichung im Mittelstück ausgegangen, so kann diese Spannung als $\bar{\sigma}^*_{tyy,1}$ für die angenommene Isotropie mit der Gleichung 3.13:

$$\bar{\sigma}^*_{tyy,1} = \bar{\sigma}_{txx,1} - \bar{\sigma}^*_{\mathrm{e}} = \frac{1}{3}\bar{\sigma}_{txx,11} + \frac{2}{3}\bar{\sigma}_{txx,1} \tag{3.13}$$

berechnet werden. Diese bildet die mittlere Spannung anteilig aus den gemessenen Spannungen des elf Mal belasteten Mittelstückes und der beiden unbelasteten Zuglaschen. In Abbildung 3.6a sind die so ermittelte Kennlinie sowie die experimentell aus drei Proben gemittelten Spannungs-Dehnungs-Kurven mit unterschiedlicher Belastungshistorie dargestellt. Die zeitliche Abfolge der gemessenen Spannungen ist ergänzend angegeben: $\bar{\sigma}_{txx,1}$, $\bar{\sigma}_{txx,11}$, $\bar{\sigma}_{tyy,1}$, $\bar{\sigma}_{tyy,11}$.

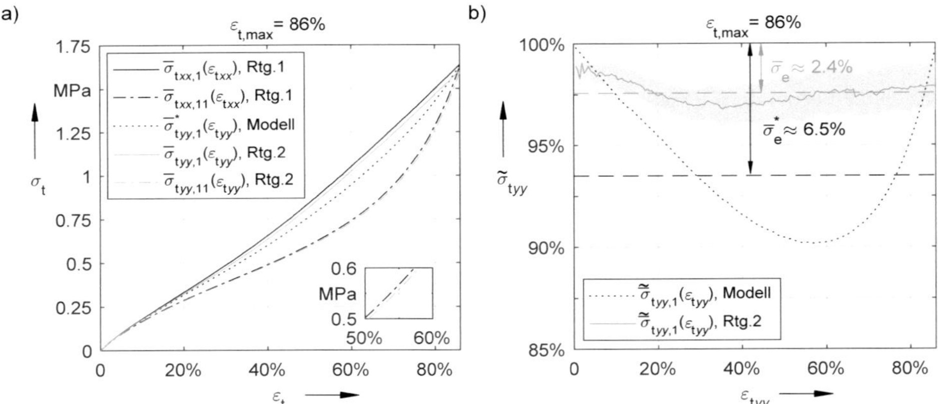

Abbildung 3.6: a) Spannungs-Dehnungs-Kurven uniaxialer Zugversuche gemittelt aus jeweils drei Kreuzproben für den ersten ($N = 1$) und elften ($N = 11$) Zyklus in zwei zueinander senkrechten Richtungen sowie b) normiert auf die Neukurve der ersten Belastungsrichtung jeweils im Vergleich zur modellbasierten Berechnung für ein isotropes Verhalten des MULLINS-Effektes bei einer maximalen technischen Dehnung von 86%

Es ist festzustellen, dass nach elfmaliger Belastung in die erste Richtung die Proben erweichen und sich ein stationäres Verhalten einstellt. Nach Umspannen der Proben und erstmaliger Belastung in die zweite Richtung ist für die gemessene und berechnete Spannung, $\bar{\sigma}_{tyy,1}$ und $\bar{\sigma}^*_{tyy,1}$, ein Unterschied festzustellen. Nach elfmaliger Belastung in die zweite Richtung stellt sich wiederum stationäres Verhalten ein.

Bei einer Normierung der Spannungen, $\bar{\sigma}_{tyy,1}$ und $\bar{\sigma}^*_{tyy,1}$, auf die Neukurve der ersten Belastungsrichtung kann aus den entstehenden Kurvenverläufen eine mittlere gemessene Spannungserweichung $\bar{\sigma}_e$ von ca. 2.4% und für die isotrope Annahme eine modellbasierte mittlere Spannungserweichung $\bar{\sigma}^*_e$ von 6.5% ermittelt werden (siehe Abbildung 3.6b). Aufgrund des quantitativen Unterschiedes kann die angenommene Hypothese widerlegt werden. Das Material ELASTOSIL® M 4644 zeigt ein anisotropen MULLINS-Effekt.

Bei einer idealisierten Betrachtung ist der Anteil an der Spannungserweichung von beiden Zuglaschen gleich Null zu setzen, da diese keine Vorbelastung besitzen. Die Spannungserweichung im Mittelstück ist somit um den Faktor drei höher als die mittlere gemessene Spannungserweichung $\bar{\sigma}_e$ und beträgt im Mittel 7.3%. Dieser Wert liegt unterhalb des Grenzwertes von 10% für die Spannungserweichung. Folglich ist trotz der bei der Ausformung entstehenden Vordehnung die Verwendung der Neukurven für die Simulation des Sauggreifers zulässig.

An dieser Stelle wird ergänzt, dass bei einem Vergleich der beiden stationären Kurven die sich einstellende Spannung nach einer orthogonalen Vorbelastung im Mittel um 1.6% geringer ist und somit eine größere Spannungserweichung festzustellen ist (siehe vergrößerte Darstellung in Abbildung 3.6). Die Frage inwieweit eine kombinierte Material-Entfestigungserscheinung vorliegt, kann nicht beantwortet werden. Zur Beantwortung dieser Frage sind umfangreiche Untersuchungen nötig, die nicht Zielstellung der Arbeit sind.

Für das untersuchte Elastomer ELASTOSIL® M 4644 kann zusammengefasst werden, dass:

- dieses einen anisotropen MULLINS-Effekt aufweist und
- die Vordehnung resultierend aus dem Fertigungsprozess des Sauggreifers zu einem zulässigen Wert der Spannungserweichung in Richtung der Hauptbelastungsrichtung führt[36].

Das erarbeitete Ergebnis zur Anisotropie des MULLINS-Effektes deckt sich mit den Ergebnissen aus [170], [131] und anderen.

Es kann geschlussfolgert werden, dass für die Sauggreifersimulationen:

- die Neukurven der verwendeten Materialien zur Abbildung des nichtlinearen elastischen Materialverhaltens verwendet werden können und
- der MULLINS-Effekt nicht berücksichtigt werden muss.

Dies erspart weitere umfangreichere Untersuchungen zum Materialverhalten der verwendeten Elastomere.

[36] Bei Nichteinhaltung des zulässigen Wertes besteht die Möglichkeit bspw. den isotropen MULLINS-Effekt durch Anwendung des modifizierten OGDEN-ROXBOUGH-Materialmodells [190] im Simulationsmodell zu berücksichtigen oder nicht hinterlegtes Materialmodell in die Simulationssoftware zu implementieren.

4 Entwicklung des geschlossenen Sauggreifers mit Durchschlagverhalten

In diesem Kapitel wird der Stand der Technik für kraftschlussbasierte Sauggreifer analysiert. Weiterhin wird eine Klassifizierung für diese erarbeitet und durch einen Überblick aus dem Bereich der geschlossenen Sauggreifer mit einer Membran ergänzt. Beides hilft bei der Einordnung des für die gewählte Greifaufgabe zu entwickelnden Sauggreifers und unterstützt dessen systematische Entwicklung.

Zur Lösung der Greifaufgabe wird das Konzept eines geschlossenen Sauggreifers vorgestellt. Dabei wird der Ansatz zur Implementierung eines Durchschlagverhaltens im Sauggreifer mit dem Ziel der Erhöhung der Anpassungsfähigkeit an unterschiedliche Greifobjektgeometrien und -lagen umgesetzt. Die freien geometrischen Parameter des Sauggreifers werden hierbei durch Definition des Greifobjektes, über ein FEM-Modell innerhalb einer Parameterstudie und in Hinblick auf die Fertigungsprozessparameter festgelegt.

4.1 Sauggreifer in Handhabungseinrichtungen

Sauggreifer sind überwiegend als Endeffektoren Bestandteil von Handhabungseinrichtungen. Der voll- wie auch teilautomatisierter Betrieb von Handhabungseinrichtungen erfordert u. a. zur Realisierung von Regelkreisen/-funktionen und Sicherheitsaspekten sensorische Rückmeldungen. Die Sensoren sind meist Teil des Handhabungsgerätes, können aber auch, ggf. als zusätzliche(s) Bauteil(gruppe), im Greifer selbst integriert sein.

Als Handhabungsgerät dient zumeist ein Roboter(-arm) (siehe Abbildung 4.1a). Dieser bildet das Führungsgetriebe, welches den Greifer durch eine allgemeine räumliche Bewegung im Raum positioniert und orientiert [69], sowie gleichzeitig die Basis für Bewegungen des Greifers darstellt. Grundsätzlich können beide Bewegungen, die allgemeine Bewegung des Greifers sowie die Greifbewegung, überlagert stattfinden.

Für den Betrieb von Sauggreifern wird ein negativer Überdruck benötigt, der durch Komponenten des Vakuumsystems bereitgestellt wird. Das Vakuumsystem kann sich in der Peripherie des Handhabungsgerätes befinden bzw. teilweise oder vollständig mitgeführt sein. Vakuumsysteme bestehen überwiegend aus folgenden Komponenten:

- den Vakuum-Erzeugern (bspw. Ejektoren, Pumpen, Gebläsen u. a.),
- den Filtern und Verbindern (bspw. Schläuche, Vakuum-Filter, -Verteiler u. a.),
- den steuer-/regelbaren Ventilen (bspw. Elektromagnet-, Rückschlagventile, Vakuum-Schalter, Druckminderer u. a.),
- den Befestigungselementen (bspw. Profile, Halter, gelenkige Aufnahmen u. a.),
- den Mess- und Regelkomponenten (bspw. Drucksensoren, Vakuumregler u. a.) und
- den Sauggreifern (bspw. Balgsauggreifer, Flachsauggreifer u. a.).

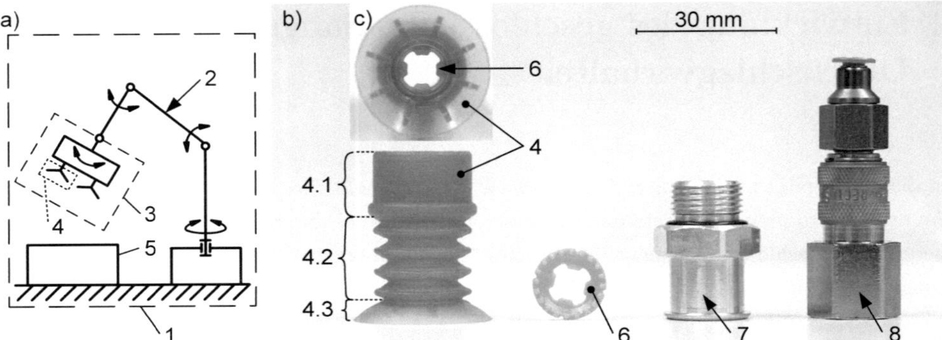

Abbildung 4.1: a) Mechanische Struktur einer vollautomatisierten Handhabungseinrichtung (1) mit einem Roboter(-arm) (2) mit RRRR-Kinematik (R-Rotationsachse), Vakuumsystem (3) und Sauggreifern (4) zur Handhabung von Objekten (5); b) und c) Seitenansicht und Draufsicht eines Sauggreifers (4) (SFB4f-30, J. SCHMALZ GMBH, Glatten, Deutschland) bestehend aus Anschlusssystem (4.1), kinematischem System (4.2) und Wirksystem (4.3) mit Einleger (Beutelstabilisator) (6), Anbindungselement (7) und Anschlussadapter (8)

In Abbildung 4.2 ist eine mögliche Anordnung der Komponenten in einer teilautomatisierten Handhabungseinrichtung darstellt.

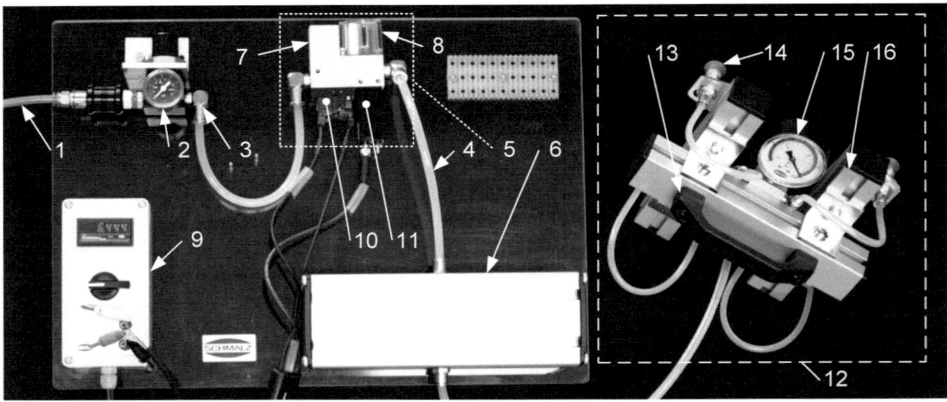

Abbildung 4.2: Teilautomatisierte Handhabungseinrichtung (Trainingsset, J. SCHMALZ GMBH) bestehend aus Druckluftversorgung (1), Druckminderer mit Manometer (2), Steckverschraubung (3), Schlauch (4), Kompaktejektor SCP (5), Vakuum-Speicher (6), Schalldämpfer (7), Filterelement (8), Evakuierungszeit-Messgerät (9), Pilotventilen für „Saugen" und „Abblasen" (10), Vakuum-Schalter (11) und Vakuum-Verteiler/Greiferspinne (12) mit Griff (13), Sauggreifer (14), Manometer (15) und Profilen (16) mit Aufhängungen

Im Rahmen dieser Arbeit werden Sauggreifer in Anlehnung an die VDI 2740 [69] entsprechend ihrer Funktion in drei Teilsysteme unterteilt (siehe Abbildung 4.1b):

- Das *Anschluss-/Trägersystem* (4.1) dient zur Verbindung des kinematischen Systems mit dem Greiferführungsgetriebe.
- Das *kinematischen System* (4.2) erfüllt die Funktion der Wandlung und Weiterleitung

von Bewegungen und Kräften an das Wirksystem.
- Das *Wirksystem* (4.3) überträgt die Greifkraft vom Greifsystem auf das Greifobjekt.

Anhand dieser Teilsysteme soll im Folgenden eine Klassifikation erarbeitet werden.

4.1.1 Klassifizierung von kraftschlussbasierten Sauggreifern

Um den Stand der Technik zum Thema „Sauggreifer" zu analysieren, wurden Patente zu Sauggreifern ausgewertet. Anschließend wurde eine Klassifizierung erarbeitet, mit der die Sauggreifer über ihre Teilsysteme anhand von drei Kategorien (Bauform, Aufbau und Strukturierung) geordnet werden können. Mithilfe dieser Ordnung ist es möglich, eine Vorauswahl von Sauggreiferstrukturen zur Lösung der Greifaufgabe zu treffen.

In Tabelle 4.1 sind die Klassifizierung sowie die bei der Unterscheidung identifizierten Gestaltmerkmale gezeigt. Zudem ist die bereits zuvor ausgeführte Unterteilung in *offene* und *einseitig geschlossene* Sauggreifer dargestellt.

Weiterhin ist verdeutlicht, dass die Klassifizierung anhand der Bauform des kinematischen Systems über die Außengeometrie des Sauggreifers erfolgt. Es sind *schalen-* bzw. *glocken-*, *teller-* bzw. *platten-* und *(falten-)balgförmige* Sauggreifer bekannt. Die Auswahl der Bauform richtet sich nach den Anforderungen bezüglich des zu greifenden Objektes.

Als eine besondere Bauform können *(Falten-)Balg*sauggreifer für die Handhabung von empfindlichen Greifobjekten angesehen werden [172]. Durch eine Zunahme der Anzahl von Falten kann bei diesen u. a. der Sauggreiferhub vergrößert und somit ein gedämpftes Aufsetzen auf das Greifobjekt erreicht werden. Ein weiterer Vorteil dieses Greifertyps ist, dass die Falten die Nachgiebigkeit des Sauggreifers erhöhen. Durch diese wird die Anpassungsfähigkeit des Sauggreifers an unterschiedliche Objektgeometrien, bspw. unebener (konvex oder konkav geformter) Oberflächen, verbessert.

Mit dem Wirksystem, welches im Kontakt zum Greifobjekt steht, soll eine bestmögliche Abdichtung des Saugmediums bereitgestellt werden. Zur Verhinderung eines Leckvolumenstroms werden unterschiedliche Bauformen verwendet. Es wird zwischen *Dichtkanten* und *Dichtlippen* unterschieden (siehe Tabelle 4.1). Durch die Wahl der Wirkgeometrie und der Anzahl der Dichtelemente kann der Verschleiß durch Abrieb beeinflusst werden und eine größtmögliche Anpassungsfähigkeit gegenüber unterschiedlichen Greifobjektoberflächen (rau/glatt) erreicht werden.

Alle drei Teilsysteme des Sauggreifers zeigen ferner Unterschiede in ihrem Aufbau (siehe Tabelle 4.1). Die Systeme können jeweils *einteilig* oder *mehrteilig* aufgebaut sein. Bei mehrteiligen Teilsystemen werden Bauteile aus Elastomeren mit Bauteilen aus steiferen [11, 142], aber auch porösen [177], geschäumten [176] oder elektrisch leitfähigen Materialien [112, 226] kombiniert. Derartige Bauteilkombinationen zielen auf Erfüllung unterschiedlicher Funktionen ab, bspw.:

- Auswechselbarkeit von Verschleißteilen [174],
- Messung sensorischer Größen (bspw. Verschleiß- [112], Pulsratenmessung [226]),
- Vereinzelung von Greifobjekten [223],

Tabelle 4.1: Klassifikation von kraftschlussbasierten Sauggreifern anhand ihrer Gestaltmerkmale, wobei denkbare Kombinationen von Merkmalen einer Kategorie nicht aufgeführt sind

Teilsystem	Kategorie	Merkmal	Skizze	Beispiel
Anschluss-/Trägersystem	Bauform	offen	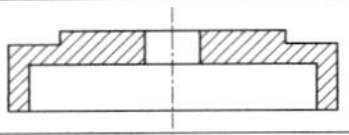	[145]
		einseitig geschlossen	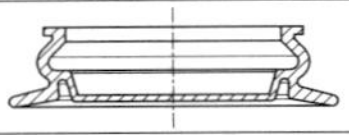	[155]
	Aufbau	einteilig	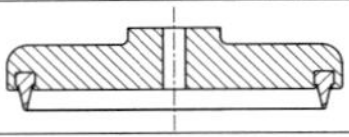	[176]
		mehrteilig	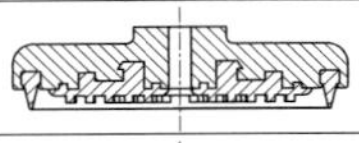	[181]
	Strukturierung	ohne	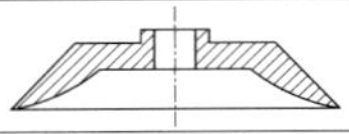	[183]
		Stütz-/Anschlagfläche	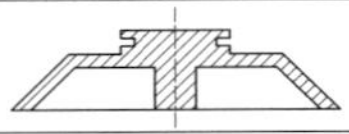	[116]
kinematisches System	Bauform	schalen-/glockenförmig	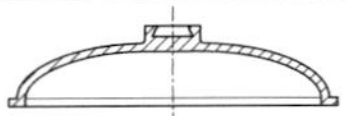	[126]
		teller-/plattenförmig	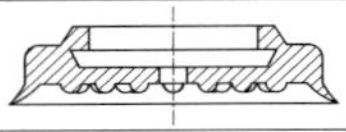	[179]
		(falten)balgförmig	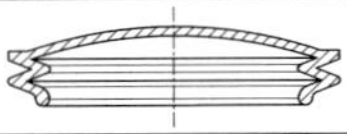	[172]
	Aufbau	einteilig	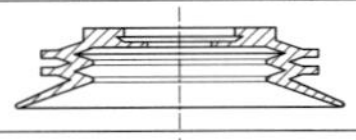	[227]
		mehrteilig	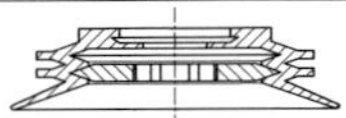	[177]
	Strukturierung	ohne	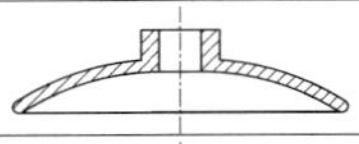	[70]
		äquatorial	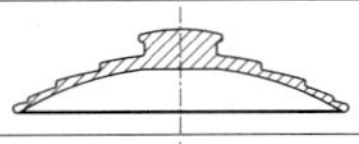	[11]
		radial-/meridional	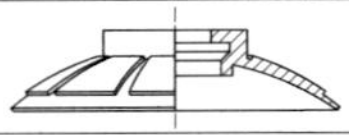	[164]
Wirksystem	Bauform	Dichtlippe	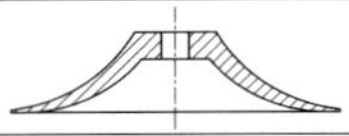	[142]
		Dichtkante	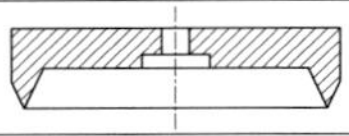	[223]
	Aufbau	einteilig	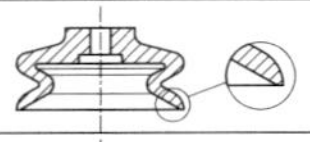	[258]
		mehrteilig	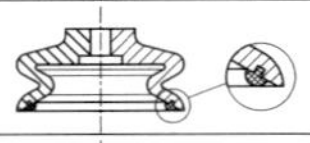	[226]
	Strukturierung	ohne	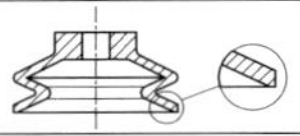	[36]
		strukturiert	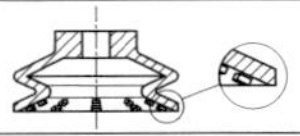	[184]

Tabelle 4.2: Einordnung von 25 ausgewählten kraftschlussbasierten Sauggreifern anhand ihrer Gestaltmerkmale in die erarbeitete Klassifikation für Sauggreifer (**x** trifft zu; **a** aufgeführte Variante beschrieben; ● typisch/gewöhnlich; ◐ oft; ○ vereinzelt/selten) sowie nach aufsteigendem Prioritätsdatum

	Anschluss-/Trägersystem						kinematisches System								Wirksystem					
	Bauform		Aufbau		Strukturierung		Bauform			Aufbau		Strukturierung			Bauform		Aufbau		Strukturierung	
Literatur	offen	einseitig geschlossen	einteilig	mehrteilig	ohne	Stütz-/Anschlagfläche	schalen-/glockenförmig	teller-/plattenförmig	(falten)balgförmig	einteilig	mehrteilig	ohne	äquatorial	radial/meridional	Dichtlippe	Dichtkante	einteilig	mehrteilig	ohne	strukturiert
[155]	a	x		x	x				x	x	a	x			x		x		x	
[183]	x		x		x			x		x		x			x	a	x		x	
[70]		x		x		x	x			x		x			x		x		x	
[116]		x	x	a		x	x			x		x			x		x		x	
[247]		x	x		x		x		x	x		x				x	x		x	
[11]		x		x	x		x				x		x		x		x			x
[175]	x			x		x		x		x		x			x	x	x		x	
[164]	x			x	x	a		x		x			x	x	x		x		x	
[126]		x		x	x		x			x			x		x		x			x
[226]	x			x	x		x		x	x		x			x			x		x
[184]	x			x	x				x		x		x		x		x			x
[172]	x		x		x				x	x		x			x	x	x		x	
[179]		x		x	x			x		x		x			x			x	x	
[223]	x			x		x		x		x		x			x	x	x		x	
[73]	x			x	x			x			x	x			x		x		x	
[142]		x		x	x			x		x		x			x		x		x	
[177]	x			x		x			x		x	x			x			x	x	
[181]	x			x		x		x		x		x			x		x		x	
[258]	x			x	x				x	x		x			x		x		x	
[174]	x		x		x			x		x		x			x	a		x	x	
[112]	x			x	x			x		x		x			x			x	x	
[72]	x		x			x	x			x	a		x	x	x		x		x	
[36]	x			x	x			x		x		x				x	x		x	
[176]	x		x		x				x	x		x			x			x	x	
[145]	x		x	a		x		x		x		x			x		x			x
Häufigkeit	●	○	○	●	◐	◐	○	◐	◐	●	○	●	○	○	●	○	●	○	●	○

- Verstärkung elastischer Rückstellkräfte [11],
- Verringerung der Biegung des Greifobjektes [177],
- Verhinderung des Aneinanderhaftens innerer Wandflächen [184] u. a..

Alle drei Teilsysteme des Sauggreifers können darüber hinaus *Oberflächenstrukturierungen* aufweisen (siehe Tabelle 4.1). Diese reichen vom Makro- bis in den Nanobereich. Makroskopische Strukturen sind zu finden:

- im Trägersystem als Stütz- und Anschlagflächen, die die Biegung des Greifobjektes verringern und gleichzeitig zur Schwingungsminderung der Sauggreifer-Greifobjekt-Anordnung beitragen und
- im kinematischen System als äquatoriale Versteifungen, bspw. in Form von Ringen [11], zur Vergrößerung der elastischen Rückstellkräfte sowie als radial bzw. meridional angeordnete Streben/Versteifungen, die unter anderem das Greifen von flexiblen (biegeschlaffen) Verpackungen verbessern (Beispielsauggreifer siehe Abbildung 4.1b und c).

Mikro- und Nanostrukturierungen werden an Kontaktstellen zum Greifobjekt und somit im Wirksystem verwendet (bspw. [145]). Die Strukturierung zielt hierbei auf die Erhöhung des Reibkoeffizienten zwischen Sauggreifer und Greifobjekt ab, um dem Abrutschen des Sauggreifers entgegenzuwirken.

Um Aussagen über die Häufigkeit[37] des Auftretens einzelner Gestaltmerkmale bei Sauggreifern oder Kombinationen von Gestaltmerkmalen treffen zu können, wurden 25 Sauggreifer aus Patenten bzw. Offenlegungsschriften in die vorgeschlagene Klassifizierung aus Tabelle 4.1 eingeordnet. Die Einordnung ist in Tabelle 4.2 zusammengefasst. Bei den gewählten Sauggreifern konnte Folgendes festgestellt werden:

- Das Trägersystem ist zumeist offen und mehrteilig gestaltet, wobei dieses teilweise mit und teilweise ohne Strukturierung ausgeführt ist.
- Die teller- und balgförmigen Bauformen überwiegen beim kinematischen System, wobei dieses gewöhnlich unstrukturiert und dessen Aufbau einteilig ist.
- Der Einsatz von Dichtlippen ohne Strukturierung ist beim Wirksystem typisch, wobei dessen Aufbau meist einteilig ist.
- Die Kombination von Gestaltmerkmalen, die zu einem einteiligen, einseitig geschlossenen und faltenbalgförmigen Sauggreifer führt, ist ungebräuchlich.

Zudem zeigt die Auswertung, dass keine Häufung von Merkmalen in Abhängigkeit von der (Prioritäts-)Zeit zu erkennen ist.

4.1.2 Greifen mittels offener und einseitig geschlossener Sauggreifer

In diesem Abschnitt werden die für diese Arbeit relevanten Unterschiede beim Greifen mit offenen und einseitig geschlossenen Sauggreifern verdeutlicht.

[37] „Häufigkeit“ bezieht sich hierbei auf verschiedene Geiferarten und -typen. Eine Aussage über deren Verbreitung kann durch die Patentanalyse an dieser Stelle nicht abgeleitet werden.

Greifen mittels offener Sauggreifer

Offene Sauggreifer weisen im Gegensatz zu einseitig geschlossenen Sauggreifern eine durchgehende Öffnung im Anschluss-/Trägersystem auf (siehe Abbildung 4.1c). Über diese erfolgt der Anschluss zu Komponenten des Vakuumsystems, wodurch eine Verbindung zu einer äußeren Energiequelle hergestellt wird.

Beim offenen Sauggreifer wird das im Innenraum befindliche Volumen nach dem Kontakt mit einem Greifobjekt über das Greifobjekt begrenzt. Ein Zugang zu diesem Volumen ist normalerweise über einen pneumatischen Anschluss gegeben. Über diesen ist es möglich, einen Saugmittelstrom zu erzeugen, der den Druck innerhalb des eingeschlossenen Volumens verringert. Hierdurch wird eine Saugwirkung entfaltet und eine Haltekraft auf das Greifobjekt erzeugt.

Beim Ablegen wird der Saugmittelstrom umgekehrt bzw. die Druckdifferenz zwischen Umgebungsraum und Innenraum wieder reduziert, wodurch das Greifobjekt abgelegt werden kann. Um das Haftenbleiben des Greifobjektes zu überwinden und die Zykluszeit eines Greifprozesses zu verringern, kann das Ablegen gezielt durch Überdruck im Innenraum, dem sogenannten Abblasen, unterstützt werden.

Durch die offene Bauform kann zwischen einem Medium im Innenraum des Sauggreifers, welches direkt als Saugmedium auf das Greifobjekt wirkt, und einem Umgebungsmedium außerhalb des Sauggreifers im Umgebungsraum unterschieden werden. Diese beiden Medien können sich, bspw. beim Abblasen, vermischen, was beim Greifen medizinischer und pharmazeutischer Produkte ein Hygienerisiko und damit maßgeblichen Nachteil darstellt.

Ferner stellt sich bei unvollständiger Begrenzung des innerhalb des Sauggreifers liegenden Volumens ein Leckvolumenstrom zwischen beiden Medien ein, der ebenfalls zur Vermischung führt. Dieser Volumenstrom verringert fortlaufend die Haltekraft. Bei offenen Sauggreifern kann dieser über den absaugenden, energiebehafteten Volumenstrom bis zu einem gewissen Grad kompensiert werden, weshalb offene Sauggreifer für den industriellen Einsatz gut geeignet sind.

Greifen mittels einseitig geschlossener Sauggreifer

Einseitig geschlossene Sauggreifer weisen keine durchgehende Öffnung auf. Sie besitzen eine zum Greifobjekt gerichtete Membran [155] und/oder sind zumeist schalen- oder tellerartig ausgeformt. Werden diese manuell betätigt und funktionell als Befestigungsmittel eingesetzt, werden sie umgangssprachlich als Saug*napf* bezeichnet.

Durch das Aufsetzen eines einseitig geschlossenen Sauggreifers auf ein Greifobjekt entsteht ein eingeschlossenes „Zwischen-“Volumen. Dieses befindet sich im Zwischenraum zwischen Sauggreifer(membran) und Greifobjekt und ist mit Umgebungsmedium gefüllt. Wird eine Kraft mittig oder flächig in Richtung des Greifobjektes auf die Schale bzw. Membran aufgebracht, so wird ein Teilvolumen aus diesem Zwischenraum verdrängt. Durch eine vom Greifobjekt weggerichtete Kraft kann anschließend das im Zwischenraum verbliebene Volumen bei gegebener Abdichtung vergrößert werden, wodurch eine Saugkraft auf das Greifobjekt entsteht.

Diese Volumenvergrößerung des Zwischenraumes kann dabei passiv über die Eigensteifigkeit des Sauggreifers (elastische Rückstellkräfte) [247] oder aktiv über verschiedene Antriebskonzepte realisiert sein. Hierbei können die Kräfte mittig und somit punktuell bspw.:

- mechanisch über Schraubgewinde [178, 179] oder
- über SMA-Drähte [144, 167]

oder flächig bspw.:

- mittels eines zweiten Überdruckraums (Maschinenraum) [155] oder
- eines Polymeraktuators in Form einer elektroaktiven Membran [86]

auf die Schale bzw. Membran aufgebracht werden. Die beiden über *Smart Materials* realisierte Lösungen weisen aufgrund der Zeitkonstanten erhöhte Schaltzeiten auf. Zur Verkleinerung dieser werden bspw. Federn als Antagonisten eingesetzt, die jedoch den Komplexitätsgrad erhöhen.

Um die Greifverbindung eines geschlossenen Sauggreifers gezielt zu beenden, werden punktuell Kräfte auf das den Überdruckraum umschließende Dichtelement aufgebaut. Infolgedessen wird dieses partiell angehoben oder verschoben, sodass ein Leckvolumenstrom hervorgerufen wird, der die Saugwirkung beendet. Hierfür werden unterschiedlich ausgeformte Mechanismen, bspw. unsymmetrisch angeordnete Hebel [11], verwendet.

Eine weitere Möglichkeit zum Ablösen des Sauggreifers besteht darin, im Zwischenraum einen Überdruck zu erzeugen. Dies kann bspw. mittels eines Membran-Polymeraktuators [86] erfolgen. Ist dieser beim Kontakt mit dem Greifobjekt geringfügig aktiviert, ist das Ausgangsvolumen im Zwischenraum größer, als im unbetätigten Zustand. Der Überdruck entsteht dann bei Deaktivierung der Membran.

Vorteilhaft bei einseitig geschlossenen Lösungen ist, dass diese im Gegensatz zu den offenen Lösungen das Umgebungsmedium im Zwischenraum als Saugmedium nutzen. Hierbei wird der Umgebungsraum vom Innenraum des Sauggreifers, falls vorhanden, voneinander getrennt.

Prinzipbedingt führt jedoch ein möglicher Leckvolumenstrom zwischen Zwischen- und Umgebungsraum zum Verlust der Saugkraft und somit zum Verlust der Hauptfunktion des Sauggreifers. Deshalb sind derartige Sauggreifer derzeit überwiegend im nicht-industriellen Bereich für Befestigungszwecke im Einsatz.

4.1.3 Kraft- und Formschluss bei geschlossenen Sauggreifern mit Membran

Bei geschlossenen (Saug-)Greifern mit einer Membran werden meistens[38] Wirkprinzipe kombiniert, sodass ein Greifobjekt kraft- *und* formschlüssig gehalten werden kann. Die Kombination von diesen Wirkprinzipien ist auch aus dem Bereich der offenen Sauggreifer bekannt, bei denen ein Greifobjekt, bspw. durch das Vorhandensein von Nadeln [227], zusätzlich formschlüssig gehalten werden kann.

In Abbildung 4.3 ist eine Auswahl geschlossener (Saug-)Greifer mit einer Membran, die zusätzlich bzw. überwiegend formschlüssig greifen, gezeigt. Zu dieser Gruppe gehört auch der in Abbildung 1.3 dargestellte (Saug-)Greifer.

[38] Eine Ausnahme bildet ein von Lubas vorgeschlagener ausschließlich kraftschlussbasierter, geschlossener Sauggreifer mit Membran [155].

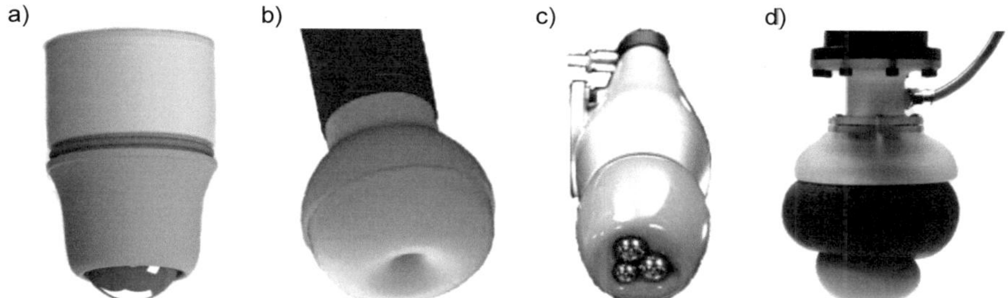

Abbildung 4.3: Beispiele mehrteiliger, geschlossener Greifer mit Membran für das form- und kraftschlüssige Greifen v.l.n.r mit fallendem Komplexitätsgrad: a) nachgiebige Roboterhand mit selbstanpassungsfähigem Pin-Array [80]; b) kugelförmiger, selbstanpassungsfähiger Greifer [288] © 2016 IEEE; c) adaptiver Formgreifer (DHEF, Festo AG & Co. KG) [76] © Festo AG & Co. KG, alle Rechte vorbehalten; d) Universalgreifer [29] © John Amend, alle Rechte vorbehalten

Die gezeigten Greifer können ihre Membran ein- bzw. abrollen (siehe auch Abbildung 2.6). Hierdurch erreichen diese Greifer eine besonders hohe Adaptivität gegenüber unterschiedlich geformten Greifobjekten und werden auch als *Universalgreifer* bezeichnet.

Das Ergreifen eines Objektes kann bei derartigen Greifern generell in zwei Phasen eingeteilt werden:

- Die Formanpassungsphase, in der die Greifer mit dem Greifobjekt in Berührung gebracht werden, wobei die Membran die Negativform des Greifobjektes annimmt und dieses weitgehend umschließt/umgreift[39] (Formschluss).
- Die Greifphase, in der eine Kraft punktförmig oder flächig auf die Membran aufgebracht wird, wodurch zusätzliche Haltekräfte entstehen (Kraftschluss).

Bei einer punktförmigen Kraftaufbringung wird in den gezeigten Beispielen die Kraft zentrisch auf die Membran aufgebracht. Infolge wird die Membran nach innen bewegt [288] und gleichzeitig der Greifer in Richtung des Greifobjekts [76]. Hierbei wird die Membran über das Greifobjekt gerollt und z. T. radial gedehnt, wodurch das Greifobjekt form- und z. T. kraftschlüssig gehalten wird.

Bei einer flächigen Kraftaufbringung wird in den hier ausgewählten Beispielen jeweils durch einen negativen Überdruck im Inneren des Greifers ein Kraftschluss erzeugt. Hierbei werden innen liegende, axial angeordnete Stäbe an die Membran und somit an das Greifobjekt gebogen [80] oder ein im Inneren befindliches, anfangs verformbares, granuläres Material in einen formstabilen (festen) Zustand überführt [29].

Bei den genannten Lösungen kann zusätzlich eine Saugkraft auf das Greifobjekt entstehen, wenn sich im Zwischenraum, gebildet von Objekt und Membran, eingeschlossene Luft befindet, deren Volumen durch die Zugkraft auf die Membran vergrößert wird.

Bei den aufgeführten (Saug-)Greifern mit Membran handelt es sich, aufgrund der Membran, um nachgiebige Greifsysteme, die mehrteilig aufgebaut sind. Aus der Mehrteiligkeit folgen die

[39] Hierzu müssen die Greifobjekte in der Regel vereinzelt werden.

in Kapitel 1.2 dargestellten Nachteile, weshalb derartige Lösungen im Rahmen dieser Arbeit nicht weiterverfolgt werden.

4.1.4 Sauggreifer mit Durchschlagverhalten

Das Durchschlagverhalten wird bislang für Sauggreifer ausschließlich als ein sensorisches Mittel zur Identifizierung des Saugzustandes vorgeschlagen. EISELE und SCHAAF empfehlen die Integration eines bistabilen Elementes, bspw. in Form einer Blattfeder, an eine Stelle der Wandung [73]. Dieses Element kann bei Erreichen eines Überdruck-Schwellwertes schlagartig von einer ausgewölbten in eine eingewölbte Stellung übergehen. Der Übergang kann für eine optische, akustische (Knackgeräusch) und/oder taktile Anzeige des Schwellwertes genutzt werden.

Ein Sauggreifer mit Durchschlagverhalten des kinematischen Systems mit dem Ziel einer Steigerung der Anpassungsfähigkeit konnte hingegen in der Literatur zum Zeitpunkt der Erstellung dieser Arbeit nicht gefunden werden.

4.1.5 Zusammenfassung der Rechercheergebnisse

Aus den vorangegangenen Abschnitten kann in Hinblick auf eine Neuentwicklung eines Sauggreifers zusammengefasst werden, dass:

- einseitig geschlossene Sauggreifer überwiegend im *nicht*-industriellen Bereich für Befestigungszwecke eingesetzt werden,
- offene Sauggreifer trotz energetischer Nachteile im industriellen Bereich wegen der Möglichkeit zur Kompensation eines gewissen Leckvolumenstromes dominieren,
- das Durchschlagverhalten zur Erhöhung der Adaptivität in Sauggreifern bislang nicht eingesetzt wird,
- das Abblasen und damit verbundenes Vermischen der Medien des Vakuumsystems mit dem Umgebungsmedium bei offenen Sauggreifern ein Hygienerisiko darstellt,
- geschlossene Sauggreifer, die mittels Kraft- und Formschluss greifen, das Greifobjekt in der Formanpassungsphase umgreifen müssen, wodurch eine Vereinzelung mehrerer Greifobjekte notwendig ist und
- geschlossene Sauggreifer überwiegend mehrteilig und somit komplex aufgebaut sind.

Um innerhalb einer hypothetischen Aufgabenstellung das Hygienerisiko zu senken, wird daher für die Neuentwicklung eines Sauggreifers das Konzept des geschlossenen Aufbaus übernommen. Als eine vielversprechende Variante erscheinen kraftschlussbasierte, geschlossene Sauggreifer mit pneumatisch angetriebener Membran. Diese stellen aufgrund des Antriebes für industrielle Anwendungsszenarien geringe Schaltzeiten in Aussicht. Vorteil von einem rein kraftschlüssigen Halten ist, dass die Greifobjekte nicht umgriffen und somit nicht vereinzelt werden müssen. Daher sollen Kraftschluss und pneumatisch betriebene Membran Anforderungen an den zu entwickelnden Greifer bilden.

Die Implementierung des Durchschlagverhaltens in das kinematische System des Sauggreifers ist ein bislang noch nicht realisierter Ansatz, der die Erhöhung der Anpassungsfähigkeit an unterschiedliche Greifobjektgeometrien und -lagen verspricht. Dieser Ansatz soll in die Neuentwicklung des Sauggreifers einfließen und umgesetzt werden.

4.2 Anforderungen an den Sauggreifer

Die exemplarisch betrachtete Greifaufgabe ist das Greifen eines pharmazeutischen, zylindrischen Glasproduktes. Als Beispiel soll ein 100 ml Becherglas [58] mit dem Greifobjektdurchmesser D_G von 48 mm, der Greifobjekthöhe h_G von 80 mm und der Masse von 50 g dienen (siehe Greifobjekt in Tabelle 4.3). Das Greifen des Becherglases soll über seine Mantelfläche erfolgen.

Um auf eine Vereinzelung vieler Bechergläser zu verzichten, soll die Schattenfläche des Sauggreifers vom kreisförmigen Zylinderquerschnitt des Greifobjektes einen Mittelpunktwinkel γ von einem Siebentel des Vollwinkels[40] bedecken (siehe Skizze in Tabelle 4.3). Der Sauggreifer soll eine genügend große Nachgiebigkeit aufweisen, um derartige, konvex gekrümmte Zylinderflächen greifen zu können.

Während des Greifvorganges ist aus Hygienegründen eine Vermischung des Antriebsmediums zur Überdruckerzeugung vom Umgebungsmedium zu vermeiden. Daher soll der Greifer auch in Form eines einteiligen FNAs ausgeführt sein. Ebenfalls soll eine inhärente Sensorik realisiert werden, wodurch bspw. der Greifzustand ermittelbar ist.

Zusammenfassend werden folgende Anforderungen[41] für den Sauggreifer abgeleitet:

- Trennung von Antriebs- und Umgebungsmedium (S),
- einteiliger Aufbau (S),
- querkraftstabile, schwingungsarme Lage des Sauggreifers im verformten Zustand mit gegriffenem Objekt (S),
- Greifstruktur mit Durchschlagverhalten/nichtlineare Greiferkennlinie (S),
- Realisierung der Greifwirkung mittels negativen Überdrucks (F),
- aktives und zeitlich sowie örtlich gezieltes Ablegen des Greifobjektes (F),
- Adaption an ungenaue Greifobjektlagen, verschieden stark konvex gekrümmte zylindrische Objekte und verschieden stark geneigte Objektebenen (F),
- Implementierung einer inhärenten Sensorik (bspw. Detektion des Greifzustands) (F),
- stoffkohärenter Aufbau (monolithisch oder stoffschlüssig gefügt) (S+H) sowie
- Einsatz anwendungstypischer Elastomere mit einer SHORE-Härte A von ca. 40 (H).

Die Druckdifferenz p_i zwischen Umgebung und Medium im Inneren des Sauggreifers soll in Anlehnung an kommerzielle Systeme 600 mbar betragen.

[40] Dies ergibt einen Wert von ca. 51.5° für γ.

[41] Ausgewählte sowie die in Kapitel 1.1 abgeleiteten Anforderungen A 1.1-1.6 sind der Struktur (S), Funktion (F) und Herstellung (H) zugeordnet.

4.3 Design des geschlossenen Sauggreifers

In diesem Abschnitt wird das Konzept für die Formgebung des Sauggreifers zur Erfüllung der zuvor aufgelisteten Anforderungen vorgestellt. Die Realisierung der inhärenten Sensorik wird in Kapitel 8 gesondert erarbeitet.

4.3.1 Konzept für die Formgebung des geschlossenen Sauggreifers

Zunächst soll die Form des Sauggreifers festgelegt und freie Geometrieparameter identifiziert werden. Dem Entwickler steht bei der Neuentwicklung eines Sauggreifers die Wahl konkreter Gestaltmerkmale (siehe Tabelle 4.1) frei.

Um den Aufbau möglichst einfach und somit kostengünstig sowie weniger komplex zu halten, werden alle Teilsysteme des Sauggreifers einteilig gestaltet. So wird ein stoffkohärenter Aufbau erreicht, wodurch der Sauggreifer in *einem* Fertigungsschritt herstellbar ist.

Der geometrische Aufbau des entwickelten, rotationssymmetrischen Sauggreifers ist in Abbildung 4.4 dargestellt. Der Sauggreifer ist im unverformten Grund- bzw. Ausgangszustand, im mechanisch spannungslosen Zustand und somit frei von plastischer Verformung gezeigt.

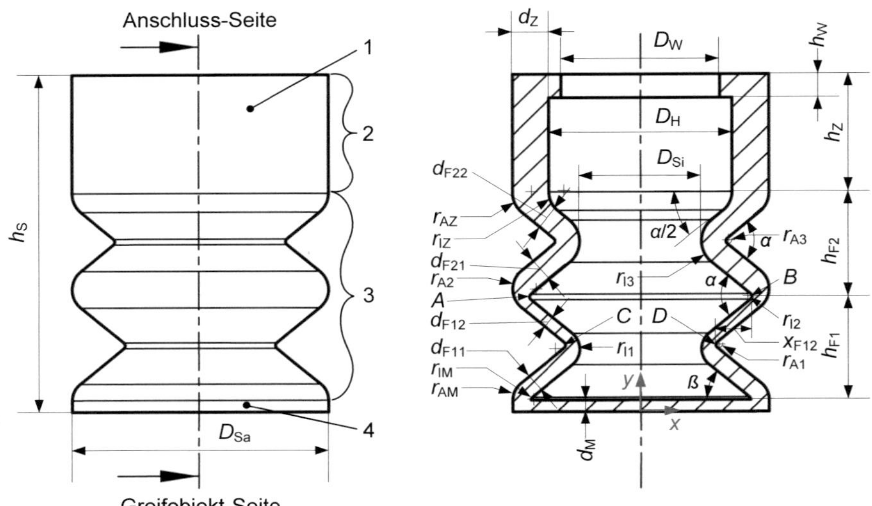

Abbildung 4.4: Sauggreifer mit geometrischen Parametern in der Seiten- und Schnittansicht: (1) Sauggreifer; (2) hohlzylinderförmige Teilstruktur/Anschlusssystem; (3) gefaltete Teilstruktur/kinematisches System; (4) Membran/Wirksystem

Es handelt sich um ein zylinderförmiges, einseitig offenes Hohlraumelement mit der Höhe h_S und dem Außendurchmesser D_{Sa}. Die mantelförmige Struktur des Sauggreifers besteht aus einer hohlzylinderförmigen und somit offenen ersten Teilstruktur, dem Anschluss- bzw. Trägersystem. An dieses schließt sich eine faltenbalgförmige zweite Teilstruktur, als kinematisches System an. Über eine Membran, die dritte Teilstruktur, welche das Wirksystem darstellt, ist der Sauggreifer einseitig verschlossen.

Die erste Teilstruktur mit der Höhe h_Z und der Wanddicke d_Z dient der Befestigung an eine kommerziell verfügbare Halterung mit dem Durchmesser D_H. Um einen Formschluss zur Halterung, die den Sauggreifer mit der Kinematik als Basis verbindet, herzustellen, weist die Teilstruktur zusätzlich eine umlaufende Wulst mit dem Innendurchmesser D_W und der Höhe h_W auf.

Die zweite, gefaltete Teilstruktur besteht aus zwei nach innen gerichteten Falten. Die *erste Falte*, geformt aus den Faltenseiten mit den Dicken, d_{F11} und d_{F12}, schließt sich an die Membran an. Die Verbindung zwischen dem ersten Teilsystem und der ersten Falte bildet die *zweite Falte*, die aus den Faltenseiten mit den Dicken, d_{F21} und d_{F22}, besteht.

Durch eine ungleiche Dickenwahl der Faltenseiten kann es ermöglicht werden, dass beim Zusammenfalten die Faltenseiten mit der Dicke d_{F11} und der Dicke d_{F21} annähernd parallel bleiben. Die Faltbewegung wird hierbei durch die erste Falte ausgeführt und überwiegend durch Verformung der Faltenseite mit der Dicke d_{F12} hervorgerufen.

Ebenso kann durch eine ungleiche Dickenwahl ein instabiles Bewegungsverhalten mit Durchschlag vom kinematischen System erreicht werden. Hierdurch kann die Adaption an ungenaue Greifobjektebenen bzw. unterschiedlich stark geneigte Objektebenen gelingen. Weiterhin bietet eine ungleiche Dickenwahl die Möglichkeit, den Sauggreifer mit Greifobjekt bei negativem Überdruck in eine querkraftstabilere und steifere sowie schwingungsärmere Lage zu überführen. Im weiteren Verlauf als *zusammengefaltete Lage* bezeichnet.

Besonders in der zusammengefalteten Lage kann die zweite Falte als Kugelgelenk fungieren. Hierdurch können bspw. Krümmungen der Greifobjektoberfläche ausgeglichen werden, wenn mehrere Sauggreifer an einem Greifprozess beteiligt sind.

Die Geometrie der beiden Falten wird über die Höhen, h_{F1} und h_{F2}, den Faltenwinkel α sowie über die Dicken der Faltenseiten, d_{F11} und d_{F12} sowie d_{F21} und d_{F22}, festgelegt. Die Ausdehnung der Falten in radiale Richtung wird über den inneren und äußeren Durchmesser des Sauggreifers, D_{Si} und D_{Sa}, begrenzt.

Durch die Membran wird der Sauggreifer zu einem fluidmechanischen nachgiebigen Aktuator. Ebenso wird durch die Membran die Anforderung erfüllt, das Antriebsmedium unabhängig von dessen Druck vom Umgebungsmedium zu trennen. Bei negativem Überdruck wölbt sich die Membran konkav nach innen, wodurch ebenfalls ein negativer Überdruck in einem möglichen Zwischenraum, gebildet über Sauggreifermembran und Greifobjekt, erzeugt werden kann. Über den negativen Überdruck können Greifkräfte auf das Greifobjekt erzeugt werden. Bei positivem Überdruck wölbt sich die Membran konvex nach außen, wodurch ein gegriffenes Objekt abgelegt werden kann.

Die Membran mit der Dicke d_M schließt mit der ersten Falte den Fußwinkel β ein und bildet den kreisrunden, ebenen Greiferboden. Die gewählte ebene Form zielt auf ein minimales Anfangsvolumen im Zwischenraum von Membran und Greifobjekt ab. Hierdurch kann die größtmögliche Greifkraft bei negativem Überdruck im Innenraum des Sauggreifers erreicht werden.

Die Übergänge zwischen den einzelnen Teilstrukturen sowie von einer zur nächsten Falte bzw. Faltenseite sind tangentenstetig verrundet. Es bilden sich hierdurch Radien zwischen Membran und gefalteter Teilstruktur, r_{IM} und r_{AM}, Radien zwischen gefalteter Teilstruktur und hohlzylinderförmiger Teilstruktur, r_{IZ} und r_{AZ}, und Radien zwischen den Faltenseiten, $r_{\mathrm{I}k}$ und $r_{\mathrm{A}k}$ mit $k = 1, ..., 3$.[42]

4.3.2 Festlegung der Geometrieparameter ausgehend vom Greifobjekt

Aus den von der Greifobjektgeometrie abgeleiteten Anforderungen und dem Überdeckungsgrad (siehe Kapitel 4.2) wird der äußere Durchmesser des Sauggreifers D_{Sa} mit Hilfe der Gleichung 4.1 zur Bestimmung einer Kreissehne zu 21 mm berechnet (siehe Tabelle 4.3).

Tabelle 4.3: Greifobjekt, Skizze zur Greifobjektgeometrie und dem Überdeckungsgrad sowie Kreissehnengleichung

Greifobjekt	Skizze	Gleichung
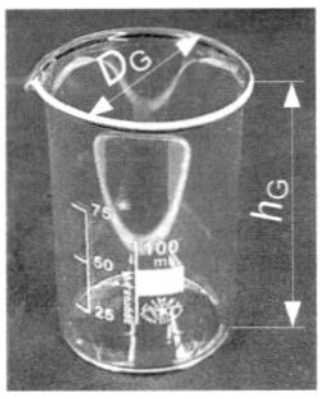	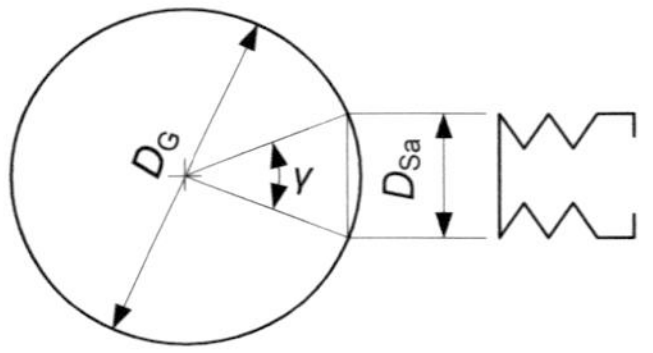	$D_{\mathrm{Sa}} = 2R_{\mathrm{O}} \sin\frac{\gamma}{2} = D_{\mathrm{G}} \sin\frac{\gamma}{2}$ (4.1)

Zur Festlegung weiterer geometrischer Parameter wurde eine Parameterstudie mittels eines FEM-Modells durchgeführt [138]. Hierfür wurden der Falten- und Fußwinkel, α und β, der Innendurchmesser des Sauggreifers D_{Si}, die Membrandicke d_{M} sowie die Dicken aller Faltenseiten $d_{\mathrm{F}ij}$ mit $i, j = 1, 2$ variiert.

Bei der Studie wurden die acht Parameter jeweils einzeln innerhalb eines oberen und unteren Grenzwertes mit einer diskreten Schrittweite verändert. In Tabelle 4.4 sind die variierten Parameter sowie die zur Auswertung herangezogenen Größen zusammengefasst.

Für die Parameterstudie wurde in einem CAD Programm (SolidWorks) ein parametrisiertes Modell entworfen, welches in die FEM Software (ANSYS®) importiert wurde. Es wurde eine ideale Greiflage zwischen Sauggreifer und Greifobjekt abgebildet, bei der die Längsachsen beider Körper zueinander senkrecht standen und sich in einem Punkt schnitten.

Unter Ausnutzung der Symmetrieeigenschaften wurde ein 3D-Viertelmodell der Anordnung aus nachgiebigem Sauggreifer und starrem Hohlzylinderabschnitt (Greifobjekt) gewählt. Zur Vereinfachung der Vernetzung wurden die Radien, r_{IM}, r_{A1}, r_{I2} und r_{A3}, gleich Null gesetzt.

In der Simulation wurde das Anschmiegen der Membran an das Greifobjekt beim Zusammenfalten des Sauggreifers simuliert. Um den Kontakt zwischen Silikon- und Glasoberfläche abzubilden, wurde zwischen beiden Kontaktpartnern ein reibungsbehafteter Kontakt mit einem

[42] Die Bezeichner A und I im Index der Radien stehen für (A)ußerhalb bzw. (I)nnerhalb des Hohlraumelementes.

Tabelle 4.4: Parameterstudie: Ausgangswert (AW), unterer Grenzwert (UG), oberer Grenzwert (OW), Schrittweite (SC) und gewählter Wert (gewählt) geometrischer Parameter des Sauggreifers sowie Darstellung der drei gewählten Auswertungsgrößen: A_{E}, b_{Smax} und Skizze einer monostabilen Kennlinie der ersten Falte mit Kennzeichnung der charakteristischen Durchschlagpunkte, $A\,(s_1, F_{\mathrm{krit1}})$ und $B\,(s_2, F_{\mathrm{krit2}})$, sowie der stabilen Verformungsbereiche I und III sowie des instabilen Verformungsbereiches II

Parameter	AW	UG	OG	SC	gewählt	Auswertungsgröße FEM
D_{Si} in mm	8	5	10	1	10	
α in °	50	30	90	10	80	
β in °	25	10	50	5	40	
d_{F11} in mm	1.5	1.0	2.5	0.1	1.5	
d_{F12} in mm	1.5	1.0	2.0	0.1	1.0	
d_{F21} in mm	1.5	1.0	2.5	0.1	2.0	
d_{F22} in mm	1.5	1.0	2.5	0.1	2.0	
d_{M} in mm	0.8	0.5	1.2	0.1	1.0	

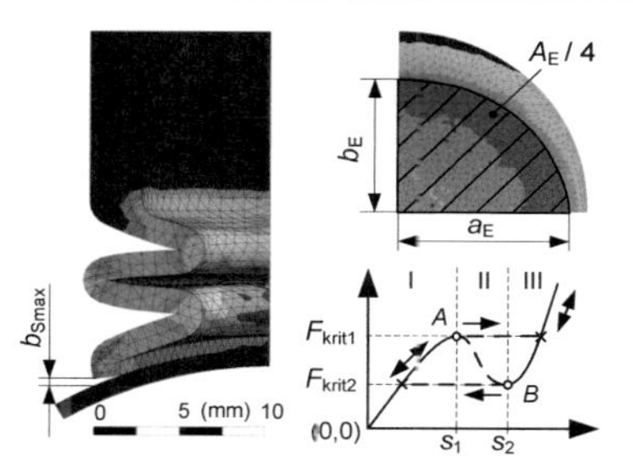

Haftreibwert μ_H von 2.2 eingestellt [138, 219]. Hierdurch kann der sich beim Anschmiegen einstellende Kontaktring abgebildet werden. Der gegenseitige Kontakt der Faltenseiten wurde als reibungslos angenommen.

Ausgehend von einem linienförmigen Kontakt der Körper wurde verschiebungsgesteuert das Greifobjekt entlang der Längsachse des Sauggreifers in Richtung der fest eingespannten, hohlzylinderförmigen Teilstruktur des Sauggreifers verschoben. Nach erfolgter maximaler Verschiebung wurden folgende Größen (siehe Tabelle 4.4) mit dem Ziel der Maximierung bzw. Minimierung ausgewertet:

- die maximale Spaltbreite b_{Smax} zwischen den Kontaktpartnern, die sich bei der asymmetrischen Verformung des Sauggreifers einstellt (Minimierung),
- die wirksame Saugfläche A_{S}, die umschlossen vom Kontaktring liegt und mit dem Flächeninhalt einer Ellipse ($A_{\mathrm{E}} = \Pi a_{\mathrm{E}} b_{\mathrm{E}}$) angenähert wurde (Maximierung) und
- die Wegdifferenz Δs ($\Delta s = s_2 - s_1$) der beiden charakteristischen Durchschlagpunkte (Maximierung des instabilen Verformungsbereichs II).

Als Nebenbedingung wurde eine günstige Entformbarkeit des Formkerns bei der Fertigung der Sauggreifer berücksichtigt. Maßgeblich für diese ist ein großer Innendurchmesser des Sauggreifers. Dadurch wird wiederum die Vordehnung des Sauggreifers und die dafür benötigte Kraft beim Entformungsprozess begrenzt.

Modellbasiert wurden so die variierten Modellparameter weiter eingeschränkt:

- Der Fußwinkel β ist für ein günstiges Zusammenfalten des Sauggreifers mit $\alpha/2$ zu wählen.
- Der Faltenwinkel α, der Fußwinkel β und der Innendurchmesser D_{Si} sollten für eine gute Entformbarkeit so groß wie möglich sein.

- Der Faltenwinkel α sollte als Kompromiss zwischen Stabilität des Sauggreifers bei Überdruckbelastung, günstigem Anschmiege- und Verformungsverhalten und gleichzeitig günstiger Entformbarkeit den Wert 80° annehmen.
- Für ein Durchschlagverhalten der Falte 1 ist $d_{F12} << d_{F11}$ zu wählen.
- Für ein im Bewegungsablauf erstes Falten der Falte 1 sind deren Faltendicken, d_{F11} und d_{F12}, kleiner als die der Falte 2 zu wählen.
- Die Membrandicke d_M sollte als Kompromiss zwischen günstigem Anschmiegeverhalten sowie breitem und gleichzeitig geschlossenem Kontaktring 1 mm betragen.

Die acht variierten, geometrischen Parameter wurden, wie in Tabelle 4.4 aufgeführt, gewählt.

Die Anschlussmaße, D_W, h_W, D_H und h_z, ergaben sich durch die Verwendung einer skalierten, kommerziellen Sauggreiferhalterung. Fertigungsbedingt wurden die Radien, r_{IM}, r_{A1}, r_{I2} und r_{A3}, auf 0.3 mm festgelegt. Alle weiteren Radien resultierten aus den bis dahin festgelegten, geometrischen Abmessungen und der Forderung nach tangentenstetigen Übergängen zwischen den drei Teilstrukturen. Die Höhe des Sauggreifers h_S ergab sich aus der Gesamtheit aller Festlegungen zu 28 mm (siehe Abbildung 4.4).

4.4 Einordnung des Sauggreifers anhand der Gestaltmerkmale und als FNA

Bei dem im Weiteren betrachteten Sauggreifer handelt es sich, entsprechend der erarbeiteten Klassifikation, um einen einseitig geschlossenen, faltenbalgförmigen, rein kraftschlussbasierten Sauggreifer. Der gesamte Aufbau ist einteilig und ohne weitere Strukturierung. Die Trennung des Antriebs- vom Umgebungsmedium erfolgt über eine Membran, die zudem die Funktion einer Dichtung erfüllt, jedoch als atypische Dichtlippe ausgeführt ist.

Durch die Membran und die Verwendung von Luft als Antriebsmedium wird der Sauggreifer zum fluidmechanischen nachgiebigen Aktuator. Anhand der Geometrie und den daraus folgenden Eigenschaften kann der FNA in die in Kapitel 2 aufgeführte Klassifikation eingeordnet werden. Es handelt sich hierbei um einen vollständig nachgiebigen fluidmechanischen Aktuator:

- mit verteilter und nicht veränderlicher Nachgiebigkeit,
- mit dem translatorische Bewegungen erzeugt werden können,
- dessen Prinzip zur Bewegungserzeugung das Falten ist,
- der ein instabiles Bewegungsverhalten in Form eines monostabilen sowie - siehe Kapitel 6.4.2 - bistabilen Durchschlagverhaltens aufweist und
- aus einem Grundwerkstoff bzw. Werkstoffverbund besteht (siehe Kapitel 8).

Der geschlossene Sauggreifer ist eine mögliche Anwendung für FNA, weshalb keine Unterscheidung beider nachfolgend vorgenommen wird, bzw. nur an ausgezeichneter Stelle erfolgt. Entsprechend seines vorgesehenen Gebrauchs ist der FNA dem Bereich der Greifertechnik zuzuordnen.

5 Herstellungsverfahren und Experimentalaufbauten

Im Folgenden werden die im Rahmen dieser Arbeit konzipierten Formwerkzeuge zur Herstellung der Sauggreifer-Funktionsmuster mittels Spritzguss vor dem Hintergrund der Vordehnung beim Entformen vorgestellt. Ebenso wird die Herstellung der kapazitiven Sensormuster mit dem Heizpressverfahren sowie deren stoffschlüssige Integration als Materialverbund in die Sauggreifer-Struktur erläutert.

Schwerpunkt des Kapitels bilden die Beschreibung der Versuchsaufbauten und der Versuchsdurchführung zur mechanischen und elektromechanischen Bestimmung der Sauggreifer- und Sensormustereigenschaften. Besonderes Augenmerk liegt hierbei auf der Auslegung des elektrischen Schaltkreises zur Messung der Kapazität der Sensormuster sowie auf der zeitsynchronen Datenerfassung.

Im Weiteren werden die Versuche und deren Durchführung zur Bestimmung zweier Sauggreifermerkmale dargelegt. Der Fokus liegt hierbei auf der Messung der axialen Verschiebung des Formkerns und der SHORE-Härte A, zwei Größen über die in Kapitel 6 und Kapitel 7 die Kennwerte des Durchschlages beeinflusst werden.

5.1 Herstellung von Funktionsmustern

In Voruntersuchungen wurde der 3D-Druck des Sauggreifers über ausgewählte additive Verfahren geprüft. Hierzu wurden druckbare Materialien ausgesucht, die als notwendiges Kriterium eine Bruchdehnung über 60% aufweisen. Derartige Materialien werden mit Begrifflichkeiten wie *hohe Elastizität* [53] beworben bzw. als *Silikon-Druckmaterialien / elastisches Silikongummi* [137], *weiches, flexible/s Materialien/Filament* [53], *flexibles Kunstharz* [52] oder *echte Elastomere* [192] bezeichnet. Aus den ausgewählten Materialien folgte die Stereolithografie (SLA), das Fused Deposition Modeling (FDM), die Inkjet-Technology sowie das Drop-on-Demand (DoD) Verfahren als ausgewählte additive Fertigungsverfahren (siehe Anhang A.5 Tabelle A.6).

Ein Vergleich der additiv hergestellten Sauggreifer (siehe Abbildung A.5) zeigte, dass das Sauggreifen und somit die Hauptfunktion des Sauggreifers nur mit Sauggreifern erreicht werden konnte, die über das DoD-Verfahren hergestellt wurden (siehe Anhang A.5 Tabelle A.6). Die in diesem Verfahren gedruckten Silikone basieren auf den Silikonen der Serie ELASTOSIL® LR 3003 (WACKER CHEMIE AG), mit denen u. a. auch eine SHORE-Härte A von 40 [42] und im Vergleich zu ELASTOSIL® M 4644 ein ähnlich geringes, viskoelastisches Verhalten erreichbar ist (siehe Anhang A.5 Abbildung A.6). Folglich eignet sich das DoD-Verfahren für den 3D-Druck von Sauggreifermustern.

Einschränkend wirken lediglich die hohen Fertigungskosten in Höhe von ca. 20 €/cm³ netto[43] und die minimal erreichbare Schichtdicke von ca. 0.4 mm [208]. Diese fällt im Vergleich

[43](Stand 2. Quartal 2020)

zu den anderen additiven Verfahren höher aus (siehe Tabelle A.6). Weiterhin ist beim Vergleich zweier mit dem DoD-Verfahren hergestellter Sauggreifer die Streuung des Federkennlinienverlaufs zu groß (siehe Abbildung A.7). Aus diesen Gründen wurde auf konventionelle Fertigungsverfahren (Spritzgießen und Heizpressen) zurückgegriffen.

5.1.1 Formwerkzeugentwicklung für die Sauggreifer-Ausgangsgeometrie

Für die messtechnischen Untersuchungen wurden zehn Funktionsmuster des in Kapitel 4.3.1 festgelegten Sauggreiferdesigns im Maßstab 1:1 aus kommerziell verfügbarem Silikon der SHORE-Härte A von 40 gefertigt. Aus Gründen der Verfügbarkeit und aufgrund der komplexen Formgebung des Sauggreifers mit Hinterschneidungen wurden die Muster durch Spritzgießen hergestellt.

Für das gewählte Verfahren und nach Vorversuchen wurde das raumtemperaturvernetzende 2-Komponenten-Silikon, ELASTOSIL® M 4644 (WACKER CHEMIE AG), verwendet. Das im Rahmen der Arbeit entwickelte Formwerkzeug ist in Abbildung 5.1 dargestellt.

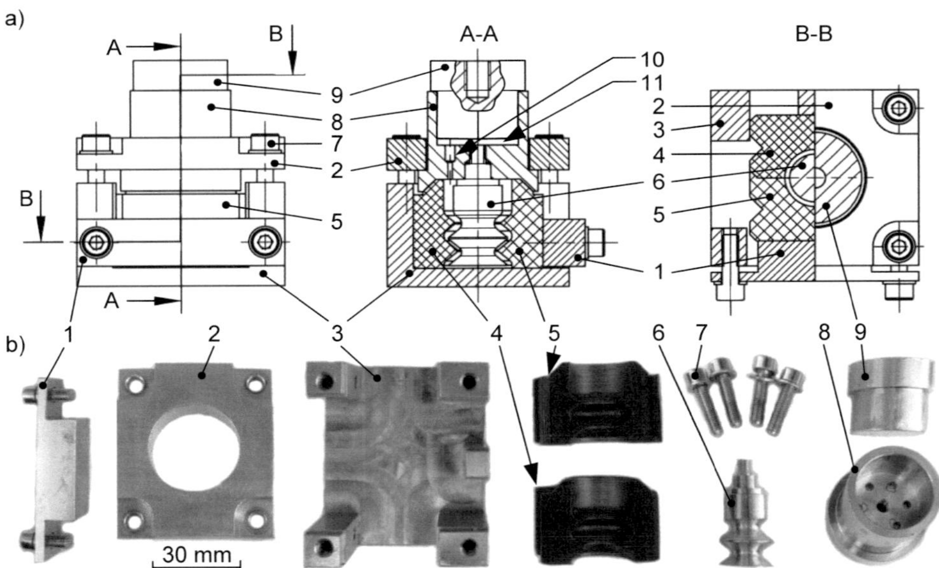

Abbildung 5.1: Formwerkzeug des Sauggreifers: a) zusammengebaut: technische Zeichnungen der Frontal- und der zwei Schnittansichten; b) auseinandergebaut: (1) Druckplatte mit Schrauben; (2) Deckelplatte; (3) Rahmen; (4) und (5) Formwerkzeugeinsätze (Außenkontur des Sauggreifers); (6) Formkern (Innenkontur des Sauggreifers); (7) Schrauben; (8) Deckeleinsatz mit Reservoir; (9) Stempel; (10) Kanal; (11) Reservoir

Der Formkern (6) bildet die innere Kontur des Sauggreifers und wird über den Deckeleinsatz mit Reservoir (8) bezüglich der beiden Formwerkzeugeinsätze (4) und (5), die die Außenkontur abbilden, positioniert. Über Kanäle (10) im Deckeleinsatz kann Silikon, welches sich im Reservoir befindet, über den Stempel (9) in das Formwerkzeug eingespritzt werden. Diese Anordnung wird in den Rahmen (3) eingelegt und fixiert. Um den Formkern durch unterschiedlich starkes Anziehen der Schrauben nicht zu verkippen, wurde beim Befestigen der Druck- und Deckelplatte, (1) und (2), auf einen gleichgroßen, umlaufenden Abstand zwischen Deckelplatte und Rahmen geachtet.

5.1.2 Formwerkzeugentwicklung für geometrisch variable, skalierte Sauggreifer

Um die in Kapitel 6 beschriebenen FEM-Untersuchungen sowie die in Kapitel 7 durchgeführten empirischen Untersuchen zu verifizieren, wurde ein zweites, erweitertes Formwerkzeug entworfen. Als Anforderungen wurden hierfür definiert, dass im Maßstab 2:1 skalierte Sauggreifer hergestellt werden können, bei denen die axiale Verschiebung des Formkerns a_a gegenüber den die Außenform bildenden Formwerkzeugbauteilen reproduzierbar eingestellt werden kann. Aufgrund der Skalierung ergibt sich der Skalierungsfaktor f_s von zwei und der geforderte axiale Verschiebungsbereich von $-0.6f_\mathrm{s} \leq a_\mathrm{a} \leq +0.4f_\mathrm{s}$.

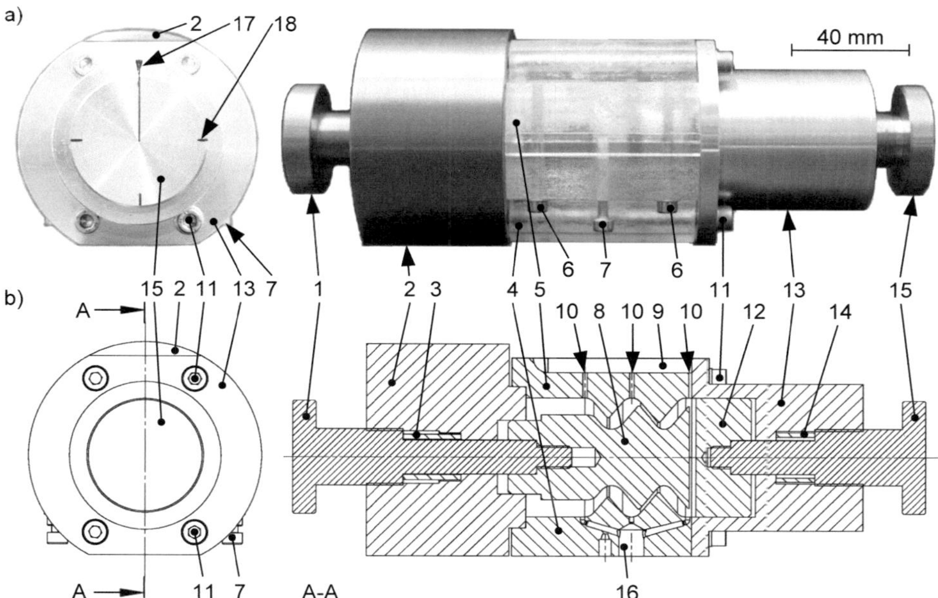

Abbildung 5.2: Erweitertes Formwerkzeug des Sauggreifers: a) Vorder- und Seitenansicht sowie b) technische Zeichnung der Vorder- und Schnittansicht: (1) und (15) Rändelschraube; (2) Ständer; (3) und (13) Feder; (4) und (5) Außenformhälfte oben und unten; (6), (7) und (11) Schrauben; (8) Formkern; (9) Reservoir; (10) Kanal für Steiger; (12) Zylinder; (13) Gegenstück; (16) Einspritzöffnung mit drei Einspritzkanälen; (17) und (18) Markierungen auf Gegenstück und Rändelschraube

In Abbildung 5.2 ist das erweiterte Formwerkzeug dargestellt. Beide Außenformhälften, (4) und (5), wurden im Stereolithographie Verfahren (AGILISTA-3200W, Keyence Deutschland GmbH) und aus dem Material AR-M2 hergestellt.

Der Formkern (8) ist über die Rändelschraube (1) im Ständer (2) verschiebbar, wodurch das

Faltenseitenverhältnis $d_{F11} : d_{F12} : d_{F21}$ reversibel einstellbar ist. Weiterhin ist über den im Gegenstück (13) verschiebbar angeordneten Zylinder (12) die Membrandicke d_M mit einer Rändelschraube (15) optional einstellbar. Um eine erforderliche Auflösung der Verschiebung zu gewährleisten, wurde als Steigung der beiden Rändelschrauben der Wert von 0.8 mm pro Umdrehung gewählt.

In der unteren Außenformhälfte befindet sich die Einspritzöffnung (16) mit drei Einspritzkanälen, über die das Silikon ins Formwerkzeug eingespritzt wird. In der oberen Außenformhälfte (5) gelegene Kanäle (10) sind mit dem Reservoir (9) verbunden, in dem sich überschüssiges Material sammeln kann.

Vor der ersten Benutzung wurden Markierungen an dem Formwerkzeug angebracht (siehe Abbildung 5.2). Hierdurch konnte vor jeder Befüllung des Formwerkzeugs ausgehend von der Blockstellung die axiale Verschiebung reproduzierbar eingestellt werden.

5.1.3 Herstellung der Funktionsmuster im Spritzgießverfahren

Die Herstellung der Funktionsmuster erfolgte durch Spritzgießen. Die einzelnen Schritte dieses Urformprozesses sind in Abbildung 5.3 aufgeführt und am Beispiel der Verwendung des in Kapitel 5.1.1 entworfenen Formwerkzeugs beschrieben. Ergänzend werden Abweichungen bei der Fertigung der skalierten Funktionsmuster durch Benutzung des erweiterten Formwerkzeugs aus Kapitel 5.1.2 genannt.

Abbildung 5.3: Prozessschritte beim Spritzgießen: (1) Zusammenbau des Formwerkzeugs; (2) Abwiegen der Silikonkomponenten A und B; (3) Mischen der Silikonkomponenten unter Vakuum; (4) Einfüllen des entlüfteten Silikongemisches ins Reservoir; (5) Einspritzen des Silikongemisches mittels Presse ins Formwerkzeug; (6) Demontage der äußeren Bauteile des Formwerkzeugs; (7) Entfernung der Angüsse und Silikonhäute; (8) Entformung vom Formkern; (9) Sichtprüfung des Funktionsmusters

Zunächst wurde zur Vorbereitung des Spritzgießens das Formwerkzeug montiert. Die Silikonkomponenten, Elastosil® M 4644 A und B, wurden anschließend im Masseverhältnis 10:1 und unter Vakuum gemischt und entlüftet.

Das Gemisch wurde in das Reservoir im Deckeleinsatz gefüllt und mit Hilfe des Stempels und der Presse (Eigenbau, FG Nachgiebige System TU Ilmenau) in den verbliebenen Hohlraum des Formwerkzeugs eingespritzt. Dabei kann die überschüssige Luft aus den Formteilungsebenen entweichen.

Die Presse besteht aus zwei beheizbaren, zueinander parallel stehenden Platten, die aneinander gepresst werden können. Messbar sind die aufgebrachte Druckkraft sowie die Temperatur. Die Temperatur der Platten kann mittels p-Regler von Raumtemperatur bis auf ca. 180°C eingestellt werden.

Beim Verarbeiten des Silikons wurde ab dem Mischvorgang auf die Topfzeit des Silikons (maximal 80 min für ELASTOSIL® M 4644 [48] bzw. 150 min für ELASTOSIL® VARIO [50]) und auf blasenfreie Verarbeiten des Gemisches geachtet. Nach der Vulkanisationszeit von 12 h für ELASTOSIL® M 4644 [48] bzw. 6 h für ELASTOSIL® VARIO [50] bei Raumtemperatur wurden die Funktionsmuster in der Nachbereitungsphase entformt.

Hierzu wurden zunächst alle die Außenform des Sauggreifers bildenden Bauteile des Formwerkzeugs demontiert. Die durch das Spritzgießen vorhandenen Angüsse und durch die Formteilungsebenen gebildeten Silikonhäutchen wurden entfernt und der Sauggreifer vom Formkern gelöst. Die Vordehnung der Funktionsmuster kann aufgrund des einteiligen Formkerns nicht vermieden werden. Abschließend wurden alle Funktionsmuster hinsichtlich Blaseneinschlüsse geprüft. Sauggreifer mit Blaseneinschlüsse wurden für Untersuchungen ausgeschlossen.

Zum Befüllen des erweiterten Formwerkzeugs (siehe Abbildung 5.2) wurde das Gemisch unter gleichmäßigem Druck mit einer Spritze über die Einspritzkanäle in die Form eingespritzt. Beim Einspritzen fließt das Gemisch entgegen der Schwerkraft nach vollständiger Befüllung des Formwerkzeugs über die Kanäle (9) in das Reservoir. Dieses wurde zum Teil gefüllt, um Schwindung und nachträgliches Aufsteigen von eingeschlossenen Luftblasen auszugleichen.

Zum Entformen wurde das erweiterte Formwerkzeug auseinandergebaut. Dabei wurde der Sauggreifer im letzten Schritt vom Formkern gelöst. Hierbei konnte ebenfalls die Vordehnung des Materials nicht vermieden werden.

Die Vordehnung des Materials findet beim Entformen vom einteiligen Formkern in tangentialer Sauggreifer-Kreisumfangs-Richtung statt. Mithilfe des in Gleichung 5.1 beschriebenen Zusammenhangs kann die maximale Vordehnung $\varepsilon_{\mathrm{tv,max}}$ des Sauggreifers unabhängig vom Skalierungsfaktor f_{s} aus der Längenänderung des Umfangs vom Sauggreiferinnendurchmesser U_{min} auf dessen Maximalwert U_{max} abgeschätzt werden:

$$\varepsilon_{\mathrm{tv,max}} = \frac{U_{\mathrm{max}} - U_{\mathrm{min}}}{U_{\mathrm{min}}} \approx \frac{\left(D_{\mathrm{Sa}} - 2 \cdot \frac{d_{\mathrm{F12}}}{\sin(\frac{\alpha}{2})}\right) - D_{\mathrm{Si}}}{D_{\mathrm{Si}}} = 0.79. \tag{5.1}$$

Es ergibt sich lokal die abgeschätzte, maximale technische, auf die Ausgangslänge bezogene Vordehnung von ca. 79% in radialer und somit angenähert uniaxialer Zugrichtung.

Zu beachten ist, dass diese Vordehnung nicht homogen im gesamten Bauteil vorliegt, sondern je nach Position und Ausgangsgeometrie im Silikonbauteil unterschiedlich stark ausfällt. Die radiale Vordehnung liegt senkrecht zur beim Zusammenfalten des Sauggreifers auftretenden (Haupt-)Belastungsrichtung. Der Einfluss der mit Gleichung 5.1 abgeschätzten Vordehnung auf die Spannungserweichung in die Hauptbeanspruchungsrichtung wurde bereits in Kapitel 3.6 beschrieben und quantifiziert.

An dieser Stelle sei darauf verwiesen, dass lokal in den durch Falten gebildeten Kerben aufgrund von Kerbspannungen die Vordehnung noch größere Werte annehmen kann, welche durch einen Sicherheitsfaktor berücksichtigt werden können[44]. Die Abschätzung des Sicherheitsfaktors wurde im Rahmen dieser Arbeit nicht weiter vertieft.

5.1.4 Herstellung der kapazitiven Sensormuster im Heizpressverfahren

Für die Sensorisierung des Sauggreifers werden kapazitive Sensoren auf Silikonbasis verwendet. Für die Herstellung dieser wurden als Dielektrika Folien aus ELASTOSIL® FILM (WACKER CHEMIE AG) mit unterschiedlicher Schichtdicke d_F verwendet. Aufgrund der geringen Schichtdicke von bis zu 20 μm befinden sich die Silikonfolien zur handhabbaren Weiterverarbeitung auf Trägerfolien. Laut Hersteller sind die Silikonfolien unter Reinraumbedingungen und komplett ohne Lösungsmittel hergestellt und eignen sich hervorragend als dielektrische Präzisionsschichten. Die SHORE-Härte A der Folien ist 27 und die relative Permittivität ε_r beträgt 2.8 [45].

Als Elektrodenmaterial wurde ELASTOSIL® LR 3162 A/B (WACKER CHEMIE AG) verwendet. Hierbei handelt es sich um ein 2-Komponenten Flüssigsilikonkautschuk (Liquid Silicone Rubber - LSR) mit Rußpartikeln, wodurch das Silikon seine elektrische Leitfähigkeit erhält. Die SHORE-Härte A beträgt 53 und der Volumenwiderstand 11 Ω·cm [47].

Für flexible elektrische Anbindungen wurde das Garn SHIELDEX® 235/ 36 dtex 2-ply HC+B TPU (STATEX PRODUKTIONS + VERTRIEBS GmbH) genutzt. Hierbei handelt es sich um zwei versilberte und miteinander verdrillte Garne, die aus jeweils 36 Filamenten bestehen und im Ganzen nach außen hin mit thermoplastischen Polyurethan (TPU) als Ummantelung isoliert sind. Der elektrische Widerstand ist mit $80 \pm 30\,\Omega\cdot\text{m}^{-1}$ und die Bruchdehnung mit 25% angegeben [241].

Für die Herstellung der kapazitiven Sensormuster mit geringem Komplexitätsgrad wurden diese manuell unter Zuhilfenahme des Heizpressverfahrens gefertigt. Der prinzipielle Herstellungsprozess ist in Abbildung 5.4 gezeigt.

Für die Elektrodenherstellung wurden die Komponenten A und B des leitfähigen Silikons (1) zunächst in gleichen Massenanteilen gemischt und das Gemisch (2) in die Formwerkzeuge (3) und (4) eingefüllt. Zur späteren elektrischen Kontaktierung und Trennung der Elektroden wurden die Garne (5) und das Dielektrikum (8) vor der Vulkanisation in die Formwerkzeuge integriert. Der Vulkanisationsprozess fand in der Heizpresse bei 165°C für 10 min unter Druck statt [47]. Nach Entformung der Elektroden und Entfernung der Trägerfolie (7) wurden die Elektroden (9) und (10) mit dem Gemisch verklebt und abschließend in einem Ofen (Umlufttrockenschrank FD 53, BINDER GmbH) bei 165°C für 20 min getempert.

Für die elektromechanische Charakterisierung der so generierten kapazitiven Sensormuster wurde die Fläche der Kapazität über die überlappende Elektrodenfläche festgelegt. Es wurden Elektroden mit der Fläche von ca. 4344 mm² mit Elektroden in Membranflächengröße des Sauggreifers (ca. 1385 mm²) mit $f_s = 2$ kombiniert. Aufgrund der unterschiedlich großen Elektrodenflä-

[44] Erweist sich die abgeschätzte Vordehnung als zu groß, ist der Formkern als Gewinde- oder Zusammenfallkern auszuführen oder im Notfall die Form als verlorene Form auszuführen [161].

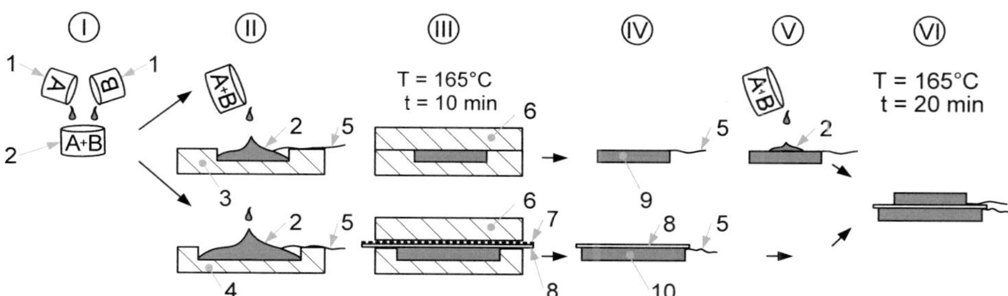

Abbildung 5.4: Prinzipdarstellung des Herstellungsprozesses der kapazitiven Sensormuster auf Silikonbasis in sechs Schritten: (I) Mischen der Silikonkomponenten (1); (II) Befüllen der Formwerkzeughälften (3) und (4) mit Silikongemisch (2) und Einlegen der elektrischen Kontaktierung (5); (III) Einlegen des Dielektrikums (8) mit Trägerfolie (7), Verschließen der Formwerkzeuge mittels zweiter Formwerkzeughälfte (6) und Heizpressen; (IV) Entformen der Elektroden (9) und (10) sowie Entfernen der Trägerfolie (7); (V) Auftragen des Silikongemisches (2) zum Verkleben der Elektroden; (VI) Tempern

chen konnte eine ungewollte Kontaktschließung der beiden Elektroden ausgeschlossen werden.

Für die Sensorisierung des Sauggreifers mit $f_s = 2$ wurde die gesamte Sauggreifermembran (siehe Abbildung 4.4 Nr. 4) durch einen derartig hergestellten kapazitiven Sensor ersetzt. Die Elektrodenflächen wurden mit ca. 1385 mm^2 hierfür gleich groß gewählt[45].

Um den Sensor über Materialverbund in die Sauggreiferstruktur zu integrieren, wurde der Sensor in das beschriebene erweiterte Formwerkzeug eingelegt und mit dem beschriebenen Spritzgießverfahren in den Sauggreifer eingebettet. Durch Auftragen vom unvernetzten, nicht elektrisch leitfähigen Silikongemisch vor der Befüllung des Formwerkzeugs auf die Außenseiten der Elektroden wurde abschließend eine elektrische Isolation des Sensors in Richtung der zu greifenden Greifobjekt-Oberfläche erreicht.

Durch die beschriebene Vorgehensweise wurden in Summe die Anforderungen zur Implementierung einer inhärenten Sensorik bei gleichzeitig stoffkohärentem Aufbau erfüllt.

5.1.5 Herstellung leitfähiger Strukturabschnitte sensorisierter Sauggreifer

Für die Sensorisierung der Sauggreifer nach dem Schalterprinzip wurden in Kapitel 8.2.2 leitfähige Strukturabschnitte auf Silikonbasis benötigt. Für diese Strukturabschnitte wurde das leitfähige HTV-Silikon ELASTOSIL® R 570/50 (WACKER CHEMIE AG) und das in Kapitel 5.1.4 beschriebene Heizpressverfahren verwendet.

Um die elektrische Leitfähigkeit zu erhöhen, wurden in den Silikonkautschuk vor der Vernetzung Carbon-Kurzfasern (SIGRAFIL® CM150-4.0/240-UN, SGL TECHNOLOGIES GmbH) eingemischt. Diese stellen aufgrund ihres Aspektverhältnisses ein effektives Mittel zur Leitfähigkeitserhöhung dar [217]. Bekannt ist, dass der elastische Dehnungsbereich beim Gemisch durch eine ansteigende Massenkonzentration der Fasern sinkt. Weiterhin reicht es bei Verwendung

[45] Eine ungewollte Kontaktschließung der Elektroden kann durch einen umlaufenden kleinen Überstand des Dielektrikums am Rand der Elektroden vermieden werden.

der leitfähigen Strukturabschnitte als elektrische Leiter aus, dass der elektrische Widerstand dieser Abschnitte im Kiloohm-Bereich liegt. Aus diesen Gründen ist generell die Beimischung so gering wie nötig zu halten. Zielführend war eine Mischung aus 0.25 g Carbon-Kurzfasern und 10 g ELASTOSIL® R 570/50.

Aus der Mischung wurden im Heizpressverfahren verschieden dicke Schichten hergestellt. Nach vierstündiger Temperung bei 200°C [49] wurden aus den Vulkanisaten verschieden große, runde Scheiben ausgestanzt und verschieden geformte Streifen zugeschnitten.

5.2 Versuchsaufbauten und Versuchsdurchführung

In diesem Abschnitt werden die angewendeten Versuchsaufbauten und die -durchführung zur Bestimmung der mechanischen Eigenschaften der Sauggreifermuster und der elektromechanischen Eigenschaften der Sensormuster sowie der sensorisierten Sauggreifer vorgestellt. Weiterhin werden die Versuchsaufbauten und die -durchführung zur Bestimmung ausgewählter Sauggreifermerkmale erläutert. Die Tabelle 5.1 fasst die durchgeführten Untersuchungen gemäß der Untersuchungsziele zusammen.

Tabelle 5.1: Übersicht über die den Untersuchungszielen zugeordneten Versuchsaufbauten zur mechanischen und elektromechanischen Eigenschaft- sowie Merkmalsbestimmung an den hergestellten Objekten sowie über die den Versuchsaufbauten zugeordneten Steuer- und Messgrößen

	Untersuchungs-objekt	Untersuchungsziel	Versuchs-aufbau	Steuergrößen	Messgrößen
Eigenschaften	Sauggreifer	Federkennlinie	Ia	s	F
		Adaption an geneigte ebene Objektgeometrien	Ib	s, p_i, φ	F, F_{notw}, s_{notw}
	Sauggreifer mit Sensor	Erfassung der Sensorwerte u. a. beim Greifprozess	Ic	s, p_i	F, C
	Sensor	Sensorkennlinie (u. a. Hysteresis)	II	$p(m)$	C
		Einstellzeit einzelner Sensorwerte	II	$p(m)$, t	C
		Wiederholbarkeit einzelner Sensorwerte	II	$p(m)$, N	C
Merkmale	Sauggreifer	Messung der axialen Formkernverschiebung	III	$a_{a,soll}$	$d_{m,ist}$
	Silikonprüfplatte	Messung SHORE-Härte A	IV	m_{V15}, m_{V40}	$H_{A,ist}$

Den Versuchsaufbauten sind die zugehörigen Steuer- und Messgrößen zugeordnet. Alle Steuer- sowie Messgrößen werden im Folgenden, sofern noch nicht genannt, eingeführt und erläutert.

5.2.1 Versuchsaufbauten für die Eigenschaftsbestimmung

Um die mechanischen und elektromechanischen Eigenschaften der hergestellten Sauggreifermuster messtechnisch zu untersuchen, wurde der in Abbildung 5.5 dargestellte Aufbau I in den drei Konfigurationen Ia bis Ic verwendet. Die Prinzipdarstellung in Abbildung 5.5 stellt Aufbau Ia sowie ergänzend in grau die Komponenten für Aufbau Ic dar[46].

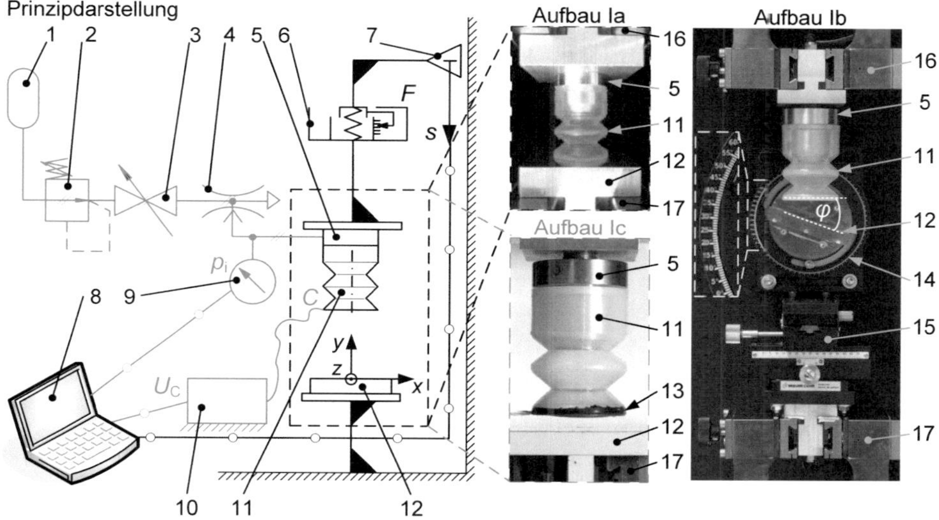

Abbildung 5.5: Versuchsanordnung zur messtechnischen Untersuchung der Sauggreifer-Funktionsmuster als Prinzipdarstellung sowie Ausschnitte der realen Aufbauten Ia-Ic: (1) Druckluftversorgung; (2) manueller Druckminderer; (3) manuelles Absperrventil; (4) Vakuumsaugdüse; (5) Sauggreiferhalterung mit Vakuumanschluss; (6) Kraftsensor; (7) Material-Prüfmaschine; (8) PC; (9) Drucksensor; (10) elektrische Schaltung; (11) Sauggreifer; (12) Greifobjekt; (13) kapazitiver Sensor; (14) manuelle Winkeleinstellvorrichtung für Greifer-Objektebenen-Winkels φ; (15) manueller x, z-Positioniertisch; (16) obere und (17) untere pneumatische Spannbacken

In der Prinzipdarstellung ist die für die Aufbauten Ia-Ic verwendete Material-Prüfmaschine (ProLine Tisch-Prüfmaschine Z005, ZwickRoell GmbH & Co. KG) gezeigt. Mit dieser wurde der Traversenweg s in negative y-Richtung mit der Genauigkeitsklasse 0.5 [63] und einer Positionierwiederholgenauigkeit der Traverse von $\pm 2\,\mu$m sowie die resultierende Kraft F in y-Richtung[47] mit einem 100 N Kraftaufnehmer der Genauigkeitsklasse 1 [59] zeitsynchron erfasst.

Auf der Seite der beweglich angeordneten Traverse wurden über pneumatische Spannbacken (16) die Sauggreiferhalterung (5) für unterschiedliche Sauggreifergrößen fixiert (siehe bspw. Aufbau Ib). Die Halter sind mit einem pneumatischen Anschluss versehen, über den ein Druckausgleich zur Umgebung gewährleistet wurde oder der negative Überdruck p_i im Sauggreifer manuell schaltbar war.

[46] Aus Gründen der Übersichtlichkeit wurde der Aufbau Ib nicht in die Prinzipdarstellung eingefügt.
[47] Druckkräfte tragen hierbei ein positives und Zugkräfte ein negatives Vorzeichen.

An dem unten liegenden, fest positionierten zweiten Satz pneumatischer Spannbacken (17) wurde:

- im Aufbau Ia eine ebene und zur Membran parallel liegende Greifobjektgeometrie in Form eines aus Aluminium bestehenden, anschließend polierten Halters fest eingespannt,
- im Aufbau Ib eine Baugruppe zur Einstellung der Neigung zwischen ebener Greifobjektgeometrie und Membran fest eingespannt und
- im Aufbau Ic eine ebene und zur Membran parallel liegende Greifobjektgeometrie in Form einer T-förmigen PVC-Platte mit einer Masse m von ca. 520 g in y- und z-Richtung frei beweglich angeordnet.

Für die Untersuchung der Adaption an geneigte Objektgeometrien wurde die Neigung als Drehung der ebenen Greifobjektgeometrie um die z-Achse über ein Goniometer realisiert (siehe Aufbau Ib). Der so einstellbare Greifer-Objektebenen-Winkel φ konnte über eine Skala in 1° Schritten abgelesen werden. Zusätzlich konnte vor Versuchsbeginn die Position des Greifobjektes in der xz-Ebene durch einen Kreuztisch (Verschiebetisch VT 45, OWIS GmbH) eingestellt werden. Erfasst wurden neben der Federkennlinie der Sauggreifer auch der für einen erfolgreichen Greifprozess notwendige Andruckweg s_{notw} und die daraus folgende, notwendige Andruckkraft F_{notw}.

In den Sauggreifer kann, wie in Kapitel 5.1.4 beschrieben, die kapazitive Sensorik stoffkohärent implementiert werden. Über die Sensorik sollen Druckkräfte, die zwischen Greifobjekt und Sauggreifer beim Greifprozess entstehen, detektiert werden, wodurch bspw. eine Anzeige des Greifzustands realisiert werden soll. Um die elektromechanischen Eigenschaften der hergestellten kapazitiven Sensormuster und der sensorisierten Sauggreifer zu untersuchen, ist deren Kapazität zu bestimmen. Die theoretische Ausgangskapazität $C_{0,\mathrm{t}}$ des Sensors in Form eines Plattenkondensators kann über Gleichung 5.2 berechnet werden:

$$C_{0,\mathrm{t}} = \varepsilon_0 \varepsilon_{\mathrm{r}} \frac{A_{\mathrm{El}}}{d_{\mathrm{F}}}. \tag{5.2}$$

Hierbei ist A_{El} die sich überdeckende Elektrodenfläche, d_{F} der Parallelabstand zwischen den Elektrodenflächen bzw. die Dicke des Dielektrikums (Folie), ε_0 die elektrische Feldkonstante des Vakuums und ε_r die relative Permittivität des Dielektrikums aus ELASTOSIL® FILM mit einem Wert von 2.8 [45].

Werden derartige Sensoren einer Druckbelastung ausgesetzt, führt dies zur Verringerung des Elektrodenabstands und zur Vergrößerung der Kapazität. Für eine erste elektromechanische Eigenschaftsbestimmung der Sensormuster wurde eine Druckbelastung aufgebracht. In Abbildung 5.6 ist Versuchsaufbau II dargestellt, bei dem für eine geforderte gleichmäßige Druckbelastung zentrisch Massestücke aufgelegt wurden.

Für die Bestimmung der Kapazität des kapazitiven Sensors auf Silikonbasis bieten sich verschiedene Verfahren an. Hierzu zählen bspw. die analoge Messung mit einer Vergleichsbrückenschaltung (WIEN-Brücke). Voruntersuchungen zeigten, dass bei der Vergleichsbrückenschaltung die Schwierigkeit darin liegt, die Messbrücke abzugleichen [27].

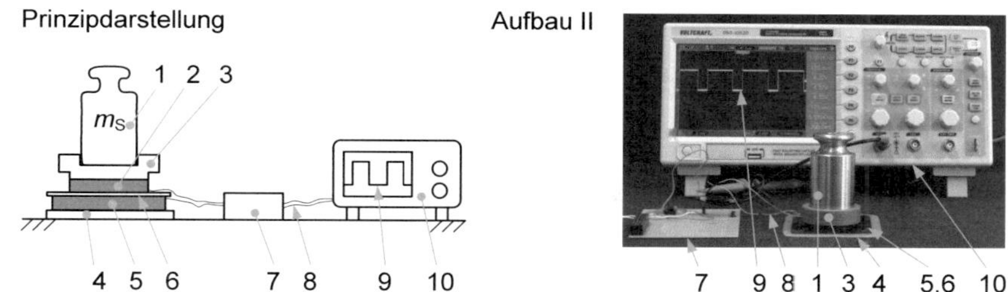

Abbildung 5.6: Prinzipdarstellung und realer Versuchsaufbau II zur Bestimmung der Kapazität der Sensormuster: (1) Massestück mit Masse m_S; (2) Elektrode in Membrangröße; (3) Wägeschale; (4) Isolationsschicht; (5) Elektrode; (6) Silikonfolie; (7) Schaltkreis; (8) elektrische Verbindung; (9) periodisches Rechtecksignal; (10) Oszilloskop

Bei einer digitalen Messung wird die Kapazität indirekt bestimmt. Die in dieser Arbeit verwendete Vorgehensweise basierte darauf, erzeugte digitale Pulssignale über eine Auswerteschaltung hinsichtlich der Impulsparameter auszuwerten.

Hierzu wurde eine elektrische Schaltung mit dem NE555 als aktives Bauelement aufgebaut (siehe Tabelle 5.2). Der NE555 arbeitet in dieser Schaltung als astabile Kippstufe (auch Multivibrator oder Oszillator genannt) und erzeugt am Ausgang ein periodisches Signal (Rechteckschwingung). Generell ist das Pulsbreitenverhältnis des Rechtecksignals über die beiden Widerstände, R_1 und R_2, einstellbar (siehe Tabelle 5.2). Wird bei der Kapazitätsbestimmung ausschließlich die Schwingungsdauer der Periode ausgewertet, so kann $R_1 = R_2 = R$ gewählt werden, wodurch sich die Gleichung 5.3 vereinfacht.

Tabelle 5.2: Elektrischer Schaltkreis sowie Gleichung zur Ermittlung der Sensorkapazität C und zur Dimensionierung des Widerstands R

elektrischer Schaltkreis	Gleichungen
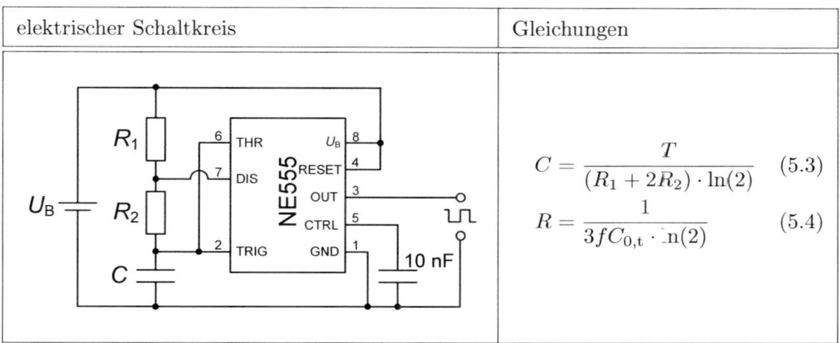	$C = \frac{T}{(R_1 + 2R_2) \cdot \ln(2)}$ (5.3) $R = \frac{1}{3fC_{0,t} \cdot \ln(2)}$ (5.4)

Bei einer Veränderung der (Sensor-)Kapazität wird in dieser Schaltung unter der Voraussetzung der Konstanz aller anderen passiven Bauelemente die Frequenz f bzw. Schwingungsdauer T des periodischen Signals verändert. Bezogen auf die Sensormuster und sensorisierten Sauggreifer bedeutet dies, dass infolge der Kapazitätsvergrößerung bei Druckbelastung, die Schwingungsdauer abnimmt.

Die Schwingungsdauer wurde mit dem Oszilloskop (VOLTCRAFT DSO-1062D, Conrad Electronic SE), wie in Aufbau II für die Sensormuster (siehe Abbildung 5.6), bzw. mit dem Mikrocontroller (ARDUINO UNO, Arduino S.r.l.), wie in Aufbau Ic für die Sauggreifer mit

Sensor, gemessen. Die Kapazität wurde über die gemessene Schwingungsdauer mit Hilfe der Gleichung 5.3 bestimmt [115].

Unter Berücksichtigung der Abtastrate des Mikrocontrollers ist bei berechneter Ausgangskapazität des Sensors $C_{0,\mathrm{t}}$ für die Dimensionierung der Schaltung ein geeigneter Zielbereich für die Frequenz f des Ausgangssignals festzulegen (bspw. 1-10 kHz). Die Größe des Widerstands R für die Frequenz im Zielbereich wurde über die Gleichung 5.4 für die Sensormuster mit unterschiedlicher Dicke des Dielektrikums separat ermittelt.

Bei Benutzung des Mikrocontrollers im Versuchsaufbau Ic wurde eine zur Schwingungsdauer proportionale Spannung U_{C} erzeugt und über ein ACSC-Modul (ZwickRoell GmbH & Co. KG) mit der Material-Prüfmaschine erfasst (siehe Prinzipbild in Abbildung 5.5). Die so realisierte Erfassung diente der zeitsynchronen Auswertung[48] des Kapazitätssignals, über die die Analyse des Greifzustandes erreicht werden konnte.

5.2.2 Versuchsdurchführung für die Eigenschaftsbestimmung

Im Folgenden sind die Versuchsdurchführungen zur Bestimmung der mechanischen und elektromechanischen Eigenschaften der Sensormuster und der (sensorisierten) Sauggreifermuster dargelegt. Des Weiteren sind Erläuterungen zu einzelnen Größen ergänzt.

Bestimmung der Federkennlinie des Sauggreifers
Zur Bestimmung der Federkennlinie des Sauggreifers[49] (bei $p_{\mathrm{i}} = 0\,\mathrm{mbar}$) wurde der Aufbau I verwendet. Mit diesem wurde der Sauggreifer in negative y-Richtung und somit in Richtung des Greifobjektes um den Weg $s = f_{\mathrm{s}} \cdot 7.0$ mm verschoben. Anschließend wurde der Sauggreifer wieder entlastet. Ausgewertet wurden der Traversenweg s sowie die auf die Sauggreiferhalterung wirkende Kraft in y-Richtung wahlweise für die Be- und Entlastungsphase.

Bestimmung der Steifigkeit der Versuchsaufbauten
Die Messung der Steifigkeit der Versuchsaufbauten Ia und Ic bzw. Ib ergab eine Steifigkeit von ca. 264 bzw. $153\,\mathrm{N} \cdot \mathrm{mm}^{-1}$ (siehe Tabelle A.7 sowie Abbildung A.8 im Anhang A.6). Diese übertraf die Steifigkeit der einzelnen Sauggreifermuster um mindestens den Faktor 116 bzw. 67. Bei der Analyse der Federkennlinien der Sauggreifer lag der Fokus auf der Auswertung der Kennwerte des Durchschlages und somit auf dem Übergang von Verformungsbereich I zu II bzw. II zu III (siehe Tabelle 4.4). Ausgewertet wurden daher die Größen an den Durchschlagpunkten, $A(s_1,\ F_{\mathrm{krit1}})$ und $B(s_2,\ F_{\mathrm{krit2}})$. Für den Steifigkeitsvergleich wurde hierzu der maximale Anstieg der Federkennlinie aus dem Verformungsbereich I herangezogen (siehe im Anhang A.6, Tabelle A.7).

Die Reihenschaltung der Federsteifigkeiten von Versuchsaufbau und Sauggreifermuster führt bei

[48] Innerhalb der Zugmaschine wird die Kapazität über eine Integrationszeit von 0.1 s aus dem periodischen Rechtecksignal des Schwingkreises berechnet, wodurch aus der gewählten Traversengeschwindigkeit von $v_{\mathrm{T}} = 25$ mm/min ein Versatz zwischen dem Kraft-Weg- und dem Kapazitätssignal von $42\,\mu$m folgt.

[49] Synonym werden die Bezeichnungen Federkennlinie des Sauggreifers und Kraft-Verschiebungs-Kennlinie des Sauggreifers verwendet.

der Messung der Federkennlinie vom Sauggreifer zu einem systematischen Fehler der Wegbestimmung. Dieser wurde bei der Auswertung der Messergebnisse korrigiert.

Bestimmung der Adaption des Sauggreifers an geneigte Objektgeometrien
Zur Beurteilung der Adaption an geneigte ebene Objektgeometrien wurde als Kriterium das erfolgreiche Festsaugen des Sauggreifers an der Objektgeometrie gewählt. Hierfür wurde zuerst der Greifer-Objektebenen-Winkel φ mit dem Aufbau Ib eingestellt und der Sauggreifer mit dem Greifobjekt in Berührung gebracht. Von dieser Position aus wurden der notwendige Andruckweg s_{notw} und die daraus folgende, notwendige Andruckkraft F_{notw} gemessen. Hierfür wurde die Sauggreiferhalterung im Bereich der Stelle s_{notw} in Schritten an das Greifobjekt angenähert. Nach jedem Schritt wurde geprüft, ob eine Saugwirkung auf das Greifobjekt übertragen werden kann. Die Position s_{notw} galt als erreicht, sobald das Kriterium erfüllt war.

Sensorwerterfassung bei den Sensormustern und sensorisierten Sauggreifern
Für eine erste qualitative Charakterisierung der elektromechanischen Eigenschaften der Sensormuster wurden im Versuchsaufbau II die Druckbelastungen gleichmäßig über zentrisch aufgelegte Massestücke erzeugt (siehe Abbildung 5.6):

- Zur Bestimmung der Sensorkennlinie wurde eine Druckbelastung von 50 kPa in elf Schritten aufgebracht[50]. Die Zeit zwischen den Belastungsschritten betrug ca. 10 s.
- Zur Untersuchung der Hysterese des Sensorsignals wurde der Sensor mit einer maximalen Druckbelastung von 25 bzw. 50 kPa in 11 bzw. 16 Schritten belastet und wieder entlastet. Die Zeit zwischen den Belastungsschritten betrug ca. 10 s.
- Zur Untersuchung der Einstellzeit des Sensors wurde der Sensor einer Druckbelastung von 0 bis 50 kPa in Schritten von 10 kPa ausgesetzt. Die Druckbelastung wurde jeweils für ca. 120 s aufrechterhalten.
- Zur Untersuchung der Wiederholbarkeit einzelner Sensorwerte wurden unterschiedliche maximale Druckbelastungen von 0 bis 30 kPa in Schritten von 10 kPa untersucht. Nach der Belastung wurde der Sensorwert nach 4 s erfasst[51], anschließend wurde entlastet und nach 5 s erneut belastet. Der Ablauf wurde für $N = 100$ Messungen wiederholt.

Bei der Untersuchung der sensorisierten Sauggreifer wurden zuvor beschriebene Versuche im Versuchsaufbau Ic durchgeführt. Der Unterschied bestand darin, dass die Druckbelastung kontrolliert über die Material-Prüfmaschine erzeugt und der Kapazitätswert zeitsynchron zur Kraft-Weg-Messung erfasst wurde. Abweichend musste zur Erzeugung einer bestimmten Druckbelastung erst die Kraft-Weg-Kennlinie des Sauggreifers „durchfahren“ werden und erfolgte somit nicht sprunghaft. Konstant gehaltene Druckbelastungen wurden kraftgeregelt aufgebracht.

[50] Der Grenzwert von 50 kPa wurde gewählt, da dies in etwa der Druckbelastung im Sauggreifer mit $f_s = 2$ entspricht, die von der gefalteten Teilstruktur auf den Randbereich der Membran beim vollständigen Zusammenfalten übertragen wird.

[51] Der ermittelte Wert von 4 s entspricht dem Wert der dreifachen Zeitkonstante vom Sensormuster (siehe Kapitel 8.3.1).

Zur Untersuchung der Sensorsignale während des Greifprozesses wurde mit der Versuchsanordnung Ic eine T-förmige PVC-Platte mit einer Masse von ca. 520 g als Greifobjekt verwendet. Für eine erste Interpretation und Zuordnung der Sensorwerte zu den Phasen des Greifprozesses wurde der Greifprozess so gestaltet, dass das Greifen des Sauggreifers in einem Verformungszustand *vor* Erreichen des ersten kritischen Kraftwertes F_{krit1} (Verformungsbereich I) ausgelöst wurde.

Für weitergehende Untersuchungen wurden die Sensorsignale für einen Greifprozess, der *nach* Erreichen des zweiten kritischen Kraftwerts F_{krit2} (Verformungsbereich III) ausgelöst wurde, analysiert. Ergänzend wurde der Greifprozess untersucht, bei dem das Greifobjekt durch die Spannbacken festgehalten und der Verlust der Haltefunktion provoziert wurde.

Maßnahmen zur Minimierung des Einflusses der Probenhistorie und der Belastungsgeschwindigkeit

Bei der Untersuchung der Funktionsmuster wurde darauf geachtet, dass die Sauggreifermuster die gleiche Vorgeschichte (identische Lagerzeiten und -bedingungen, gleiche mechanische Vorbelastung) aufwiesen. Hierdurch wurden u. a. der Einfluss des MULLINS-Effektes minimiert und die Funktionsmuster somit in einem definierten Materialzustand untersucht. Um diesen zu erreichen, wurden die Funktionsmuster mehrfach mit einer vorher festgelegten, minimal *größeren* Verschiebungsamplitude als der in der Untersuchung bzw. im Gebrauch auftretenden maximalen Verschiebung beansprucht. Dies führt zu einem Verzerrungszustand, ausgewertet in allen finiten Elementen der Sauggreifersimulation (siehe Kapitel 6.1.3), in dem der Hauptdehnungszustand maximale Werte annimmt. Diese waren größer als die per Simulation ermittelten, für die Versuche abgeschätzten Werte.

Die Belastungsgeschwindigkeit hat aufgrund des viskoelastischen Materialverhaltens auf die Federkennlinie des Sauggreifers einen Einfluss. Um diesen zu minimieren, wurde als Traversengeschwindigkeit für die Be- und Entlastungsphase des Sauggreifers der Wert von $v_{\text{T}} = 25$ mm/min gewählt. Dieser Wert stellt einen Kompromiss zwischen Beeinflussung der Federkennlinie und der auftretenden Versuchszeit dar. Weiterhin entspricht dieser Wert einem Achtel des Vorschubgeschwindigkeitswertes, der in der Norm zur Prüfung von elastomeren Zugstäben in Zugversuchen empfohlen ist [68].

Angaben zur Messunsicherheit

Eine detaillierte Betrachtung der einzelnen Beiträge zum Messfehler unterblieb, da der qualitative Nachweis der Anwendbarkeit der Auslegungsmethodik zum Erreichen von Sauggreiferkennwerten sowie für die Sensorik anhand der Messwerte erbracht wurde.

Ergebnisangaben von Messwerten

Bei den Versuchen wurde generell der arithmetische Mittelwert $\bar{X}$ aus N Messwerten einer Größe X über die Gleichung:

$$\bar{X} = \frac{1}{N} \sum_{i=1}^{N} X_i \tag{5.5}$$

gebildet und die zugehörige korrigierte, empirische Standardabweichung s_{M} für Messreihen mit $N \leq 10$ bestimmt. Diese berechnet sich als:

$$s_{\mathrm{M}} = \sqrt{\frac{1}{(N-1)} \sum_{i=1}^{N} (X_i - \bar{X})^2}. \tag{5.6}$$

Für die Erfassung von 95% der normalverteilten Messwerte ist bei der Angabe der Ergebnisse der Wert für s_{M} mit zwei multipliziert und als solcher kenntlich gemacht.

5.2.3 Versuchsaufbauten zur Bestimmung benötigter Sauggreifermerkmale

Im Folgenden wird die Bestimmung der axialen Verschiebung des Formkerns und der SHORE-Härte erläutert.

Bestimmung der axialen Verschiebung als Fertigungsabweichung

Konstruktionsbedingt kann beim zuvor vorgestellten Formwerkzeug (siehe Abbildung 5.1) von einer Lageabweichung des Formkerns zu den Formwerkzeugeinsätzen ausgegangen werden. Von dieser wurde die axiale Verschiebung $a_{\mathrm{a,ist}}$, welche in y-Richtung gezählt wird (siehe Abbildung 5.7), bezüglich der Nominallage über die hergestellten Funktionsmuster qualitativ und quantitativ ermittelt. Die quantitative Bestimmung fand für alle Sauggreifer mit $f_{\mathrm{s}} = 1$ nach den Versuchen zur Ermittlung der Federkennlinie statt.

Für die qualitative Bestimmung wurde ein Sauggreifermuster mittig in Längsachsenrichtung zerschnitten und die Schnittfläche visuell mit der idealen Modellgeometrie verglichen (siehe Abbildung 5.7a und b). Festzustellen war, dass die reale Membrandicke d_{M} kleiner als die des Modells ausfiel. Weiterhin war das Faltenseitenverhältnis $d_{\mathrm{F11}} : d_{\mathrm{F12}} : d_{\mathrm{F21}}$ derart verändert, dass im Vergleich zur idealen Modellgeometrie die realen Faltenseiten mit der Dicke d_{F11} und d_{F21} größer und mit der Dicke d_{F12} kleiner waren.

Die quantitative Ermittlung der axialen Verschiebung der zehn zur Ermittlung der Federkennlinie verwendeten Funktionsmuster wurde indirekt über die Membrandicke $d_{\mathrm{M,ist}}$ durchgeführt. Diese wurde jeweils fünf Mal gemessen (siehe Abbildung 5.7c). Aus allen Messungen wurde der arithmetische Mittelwert für die Membrandicke $\bar{d}_{\mathrm{M,ist}}$ bestimmt und über die Gleichung:

$$\bar{a}_{\mathrm{a,ist}} = \bar{d}_{\mathrm{M,ist}} - d_{\mathrm{M,soll}} = \bar{d}_{\mathrm{M,ist}} - 1\,\mathrm{mm} \cdot f_{\mathrm{s}} \tag{5.7}$$

der arithmetische Mittelwert für die tatsächlich vorhandene axiale Verschiebung des Formkerns berechnet. Diese beträgt -0.490 mm $\pm$ 0.135 mm[52].

Die Ergebnisse zeigen die Verschiebung des Formkerns in negative y-Richtung. Als Ursache können neben Fertigungstoleranzen auch die Verformbarkeit der im FDM-Verfahren schichtweise aufgebauten Formwerkzeugeinsätze vermutet werden.

Jede Schicht besteht aus einer Außenkontur und einer Füllung, für die regelmäßige Muster,

[52] Entspricht 95% der normalverteilten Messwerte der gemessenen Membrandicken.

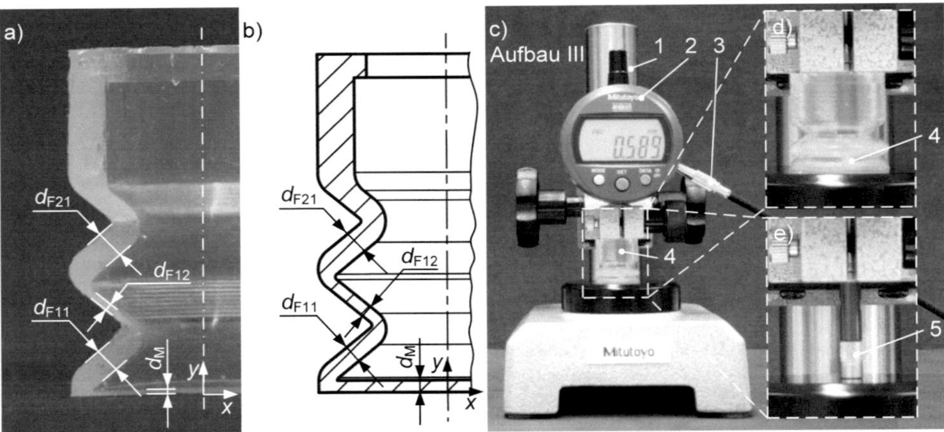

Abbildung 5.7: Ausschnitt der Schnittebene eines a) halbierten Sauggreifer-Funktionsmusters sowie b) dessen ideale Geometrie (Nominalgeometrie) jeweils mit ausgewählten Dickenparametern; c) Versuchsanordnung zur messtechnischen Untersuchung der Membrandicke der Sauggreifer-Funktionsmuster: (1) Messuhrständer mit Hartmetalltisch und (2) digitale Messuhr (Messtisch 7002-10 und Absolute Digimatic Messuhr Modell 543-394B, MITUTOYO DEUTSCHLAND GmbH); (3) Drahtabheber; (4) Prüfling; (5) ebene Messspitze[53] mit zylindrischer Geometrie aus Stahl mit einem Durchmesser von 5 mm sowie vergrößerte Darstellung d) mit und e) ohne Prüfling

wie Schraffuren oder Waben, verwendet werden. Demzufolge weisen die Formwerkzeugeinsätze Lufteinschlüsse und eine geringere Dichte auf. Dadurch können größere elastische oder bei Überschreitung der Fließgrenze auch plastische Verformungen beim Aufbringen der Befestigungskräfte beim Zusammenbau des Formwerkzeugs verursacht werden. In Summe führen diese zur Verringerung der Höhe der Formeinsätze.

Bestimmung der axialen Verschiebung des Formkerns

Die axiale Verschiebung kann beim in Kapitel 5.1.2 entworfenen, erweiterten Formwerkzeug zur Herstellung skalierter Sauggreifer ($f_s = 2$) eingestellt werden. Zur Bestimmung der axialen Verschiebung wurde ebenfalls die in Abbildung 5.7c vorgestellte Versuchsanordnung verwendet. Aufgrund der Sauggreifergröße wurde die Membrandicke an fünf gleichmäßig verteilten Messpunkten (zentrisch und je ein Messpunkt in jedem Quadrant) jeweils drei Mal bestimmt. Anschließend wurde der Mittelwert $\bar{d}_{\mathrm{M,ist}}$ ermittelt und daraus die vorhandene axiale Verschiebung $\bar{a}_{\mathrm{a,ist}}$ für jeden Sauggreifer mit Gleichung 5.7 einzeln berechnet[54].

Bei Betrachtung der Differenz Δa_{a}, gebildet aus geforderter und tatsächlicher axialer Verschiebung, $a_{\mathrm{a,soll}}$ und $\bar{a}_{\mathrm{a,ist}}$, wird deutlich, dass die Spannweite der Messwerte von der axialen Verschiebung, je nach Versuchsreihe, ohne Aussortierung von Ausreißern maximal 127 μm (siehe Tabelle A.12) und im besten Fall nach Aussortierung von Ausreißern 20 μm (siehe Tabelle A.17) beträgt. Das Aussortieren von Ausreißern war für die Versuchsreihen notwendig, bei denen der Einfluss der SHORE-Härte auf die Kennwerte des Durchschlages untersucht

[53] Die Form und der Durchmesser der Messspitze wurde so gewählt, dass der Einfluss der von der Messuhr ausgeübten Messkraft von 0.4 N auf den Prüfling minimiert wurde.

[54] Im Anhang in Tabelle A.12, A.13 und A.17 sind die Ergebnisse der Messungen verschiedener Versuchsreihen aufgeführt.

wurde. Hierfür war der geometrische Einfluss zu minimieren.

Ursache für die Differenz Δa_a sind Fertigungsfehler, die sich aus einer nicht rechtwinkligen Lage des Formkerns zur Zylinderfläche ergeben. Weiterhin ist zu beachten, dass die Messung der Membrandicke nur dann eine Auskunft über die axiale Verschiebung gibt, wenn der Zylinder mit dem Gegenstück bündig abschließt (siehe Abbildung 5.2). Zur Vereinfachung wurde die Baugruppe, bestehend aus Zylinder, Gegenstück, Feder und Rändelschraube, durch eine geschliffene Platte ersetzt.

SHORE-Härtebestimmung an Prüfplatten der Sauggreifer-Materialmischungen
Die Materialien ELASTOSIL® VARIO 15 und VARIO 40 (WACKER CHEMIE AG) können in unterschiedlichen Massenverhältnissen, $m_{V15} : m_{V40}$, gemischt werden. Laut Herstellerangaben besteht linearer Zusammenhang zwischen einstellbarer SHORE-Härte H_A im Bereich 15 und 40 SHORE A und dem Massenverhältnis (siehe Abbildung 5.8a) [51].

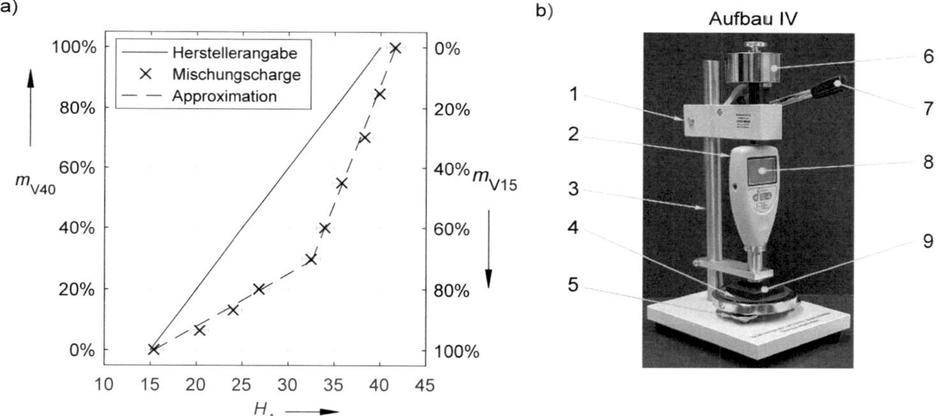

Abbildung 5.8: a) Herstellerangabe sowie ermittelter Zusammenhang zum Mischungsverhältnis von VARIO 15 zu VARIO 40 in Abhängigkeit der SHORE-Härte A H_A; b) Prüfplatz (KERN & SOHN GmbH) für die SHORE-Härte Messung: (1) Prüfstand (TI-ACL); (2) Durometer (HDA 100-1); (3) Führungssäule; (4) Glasplatte; (5) Nivelliereinrichtung; (6) Gewicht; (7) Entriegelung, (8) Display; (9) Prüfling

Im Rahmen dieser Arbeit wurden mit dem erweiterten Formwerkzeug skalierte Sauggreifer mit $f_s = 2$ und unterschiedlicher SHORE-Härte hergestellt. Zur Überprüfung der erreichten SHORE-Härte wurde aus jeder Mischung neben einem Sauggreifer auch eine ca. 10x700x500 mm^3 große Silikonprüfplatte hergestellt, an der die SHORE-Härte mit Hilfe eines digitalen Härteprüfgeräts (HDA 100-1, KERN & SOHN GmbH) nach DIN ISO 7619-1 [66] bestimmt wurde (siehe Abbildung 5.8b)[55].

Aus zehn gewählten Mischungsverhältnissen (siehe Tabelle 5.3) konnte in einer ersten Versuchsreihe über die parallele Herstellung der Prüfplatten der Einfluss des Mischungsverhältnisses auf die erreichte SHORE-Härte bestimmt werden.

[55] Abweichend zur DIN Vorschrift wurde jeweils an zehn (nicht fünf) Positionen der Silikonplatte die SHORE-Härte-Messung durchgeführt und anschließend der arithmetische Mittelwert (und nicht der Median) bestimmt.

Tabelle 5.3: Gewählte Massen von VARIO 15 und 40 in Gewichtsprozent für zehn gefertigte Funktionsmuster des Sauggreifers mit $fs = 2$, errechnete SHORE-Härte $H_{\mathrm{A,soll}}$ laut Hersteller sowie die tatsächlich ermittelte arithmetisch gemittelte SHORE-Härte $\bar{H}_{\mathrm{A,ist}}$

Probenbez.	P1	P2	P3	P4	P5	P6	P7	P8	P9	P10
m_{V15} [%]	100	$93.3\overline{3}$	$86.6\overline{6}$	80	70	60	45	30	15	0
m_{V40} [%]	0	$6.6\overline{6}$	$13.3\overline{3}$	20	30	40	55	70	85	100
$H_{\mathrm{A,soll}}$	15	$16.6\overline{6}$	$18.3\overline{3}$	20	22.5	25	28.75	32.5	36.25	40
$\bar{H}_{\mathrm{A,ist}}$	15.42	20.31	23.99	27.82	32.48	34.01	35.73	38.21	39.98	41.64

Abweichend zu den Herstellerangaben wurde ein stetiger, stückweise linearer Zusammenhang festgestellt (siehe Abbildung 5.8a). Die Ursache hierfür konnte auch nach Kontaktaufnahme zum Hersteller nicht abschließend geklärt werden. Daher basieren alle weiteren durchgeführten Untersuchungen auf den beschriebenen Messwertergebnissen.

Über die Gleichungen 5.8 und 5.9 zur Beschreibung des ermittelten Zusammenhangs sind die Einzelmassen beider Silikone (in Gewichtsprozent der Gesamtmasse) bestimmbar:

$$m_{\mathrm{V40}} = \begin{cases} 1.714\% \cdot H_{\mathrm{A}} - 26.427\% & \text{für } 15.42 \leq H_{\mathrm{A}} \leq 32.60 \\ 7.806\% \cdot H_{\mathrm{A}} - 225.033\% & \text{für } 32.60 \leq H_{\mathrm{A}} \leq 41.64 \end{cases} \tag{5.8}$$

$$m_{\mathrm{V15}} = 100\% - m_{\mathrm{V40}}. \tag{5.9}$$

Hierdurch sind, abweichend zu den Herstellerangaben, Vulkanisate im Bereich von 15.42 bis 41.64 SHORE A herstellbar. Die beiden Gleichungen wurden bei der 2. Sauggreifer-Stichprobenreihe für die Überprüfung des mathematischen Modells zur Generierung einer geforderten Kraft-Verschiebungs-Kennlinie über die SHORE-Härte (siehe Kap. 7.3) angewendet.

6 Modellbasierte Untersuchungen zum Durchschlagverhalten und zur Greiferadaptivität – Modellgleichungen für die geometrische Gestaltung

In diesem Kapitel werden FEM-basiert die Abhängigkeit der charakteristischen Kennwerte des Durchschlags von ausgewählten geometrischen Parametern des Sauggreifers untersucht. Als Ergebnis wird die Abhängigkeit der Durchschlagkennwerte von der Verschiebung des Formkerns innerhalb einer Modellgleichung für den Verformungsbereich I ($0 \leq s \leq s_1$) abgeleitet.

Weiterhin werden FEM-basiert der Einfluss des Skalierungsfaktors auf die Federkennlinie des Sauggreifers untersucht. Dabei werden die Grundlagen in Form von Gleichungen geschaffen, um bspw. einen geforderten Durchschlagkennwert am Sauggreifer zu erreichen. Das FEM-Modell sowie die Gleichungen zum Einfluss der axialen Verschiebung sowie des Skalierungsfaktors werden über experimentelle Untersuchungen an Funktionsmustern des Sauggreifers validiert.

Zudem wird für den Sauggreifer neben der gewählten greifobjektbasierten Auslegung als Alternative die sauggreiferkennwertebasierte Auslegung erarbeitet. Dabei wird als Methode die mehrkriterielle Optimierung zur Findung des Außendurchmessers angewandt.

Zur Beurteilung der Adaptionsfähigkeit wird eine FEM-basierte Methode entwickelt und über Messungen am Funktionsmuster validiert. Die Verwendung der Methode zur Bestimmung des maximal ausgleichbaren Neigungswinkel zwischen Sauggreifermembran und Objektebene sowie alternative Ansätze abgeleitet aus der Geometrie werden erläutert.

6.1 Ausgangspunkt und Modellerweiterung

In diesem Abschnitt wird als Zwischenergebnis eine Prüfung ausgewählter Funktionen am Sauggreifer durchgeführt. Neben dem Sauggreifen des geforderten Greifobjekts (100 ml Becherglas) wird die auf dem Durchschlag basierende Adaptivitätsfähigkeit des Sauggreifers am Beispiel einer versetzten Objektlage qualitativ überprüft.

Zur Untersuchung des Einflusses ausgewählter geometrischer Parameter auf die Durchschlagkennwerte wird das FEM-Modell des Sauggreifers um ausgewählte Parameter erweitert und die Modellannahmen erläutert. Besonderes Augenmerk wird dabei auf die Auswahl des Materialgesetzes gelegt.

6.1.1 Zwischenergebnis der Sauggreiferentwicklung

Zur Erbringung des konzeptionellen Beweises in Form der Funktionsprüfung wurde das Funktionsmuster des in Kapitel 4.3.1 entwickelten Sauggreifers hergestellt. Dieser wurde mit dem in Kapitel 5.1.1 und in Kapitel 5.1.3 vorgestellten Formwerkzeug und Herstellungsverfahren aus dem

Material ELASTOSIL® M 4644 gefertigt. In Abbildung 6.1 ist das Funktionsmuster während der Erfüllung der in Kapitel 4.2 gestellten Greifaufgabe, bei der das Greifobjekt (Becherglas) aus der optimalen und auch aus der zum Sauggreifer versetzten Lage gegriffen wird, gezeigt.

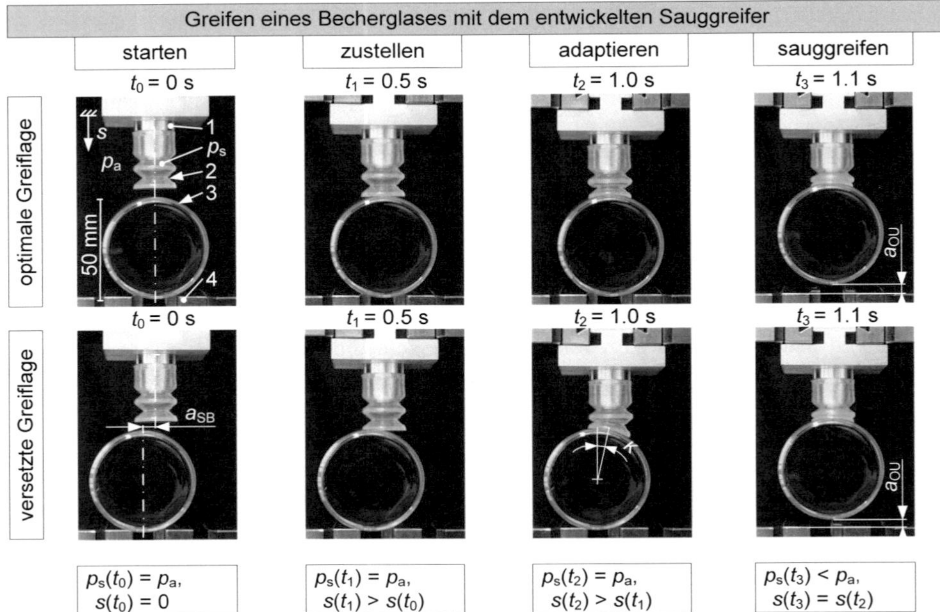

Abbildung 6.1: Greifen eines 100 ml Becherglases mit dem entwickelten, einseitig geschlossenen Sauggreifer in optimaler und versetzter Objekt-Sauggreifer-Lage zu unterschiedlichen Zeitpunkten t_i mit $i = 0, .., 3$ bzw. Phasen des Greifprozesses: 1 Sauggreiferhalterung mit Vakuumanschluss; 2 Sauggreifer; 3 Becherglas; 4 Objekthalter; s-Verschiebung des Sauggreifers in minus y-Richtung; p_s-Druck im Inneren des Sauggreifers; p_a atmosphärischer Druck; a_{SB}-Versatz zwischen Greiferlängsachse und paralleler Symmetrieachse des Becherglasquerschnittes in x-Richtung; κ-Objektdrehwinkel; a_{OU}-Abstand zwischen Objekt und Unterlage/Objekthalter

Von der Ausgangslage aus wird der Sauggreifer senkrecht zur Längsachse des Becherglases (und im optimalen Greiffall in Richtung des Schwerpunktes des Becherglases) bis zur Berührung beider Objekte zugestellt. Die weitere Zustellbewegung des Sauggreifers in Richtung des Greifobjektes führt zur Adaption des Sauggreifers an die (versetzte) Greifobjektgeometrie, bei der sich die Membran an das Becherglas anschmiegt.

Hierbei wird der Kontaktring zwischen Membran und Becherglas ausgebildet, innerhalb dessen ein sehr geringes Volumen des Umgebungsmittels zwischen beiden Objekten eingeschlossen wird. Wird der Druck im Sauggreifer p_s unter den atmosphärischen Druck p_a abgesenkt, so wölbt sich die Membran aufgrund des negativen Überdrucks weiter konkav noch innen, wodurch das eingeschlossene Volumen vergrößert wird und sich die Greifkraft auf das Greifobjekt entfaltet. Als Folge faltet sich der Sauggreifer zusammen und hebt bei dieser Bewegung das Greifobjekt an. Am Ende der Bewegung befindet sich der Sauggreifer, im Vergleich zur Ausgangslage, in der querkraftstabileren, schwingungsärmeren, verformten Lage mit Greifobjekt.

Besonders von der versetzten Greiflage ausgehend wirkt der Durchschlag des Sauggreifers beim Anschmiegen unterstützend und führt zur Neigung des Membranbodens um den Winkel κ bzw. zur guten Adaption des Sauggreifers an eine ungenaue Greifobjektlage. Wird das Greifobjekt gegriffen, wird dieses zusätzlich zur Hubbewegung um den Winkel κ gedreht. Am Ende der Bewegung befindet sich der Sauggreifer, verglichen mit dem Greifprozess in optimaler Greiflage, in der gleichen zusammengefalteten Lage mit Greifobjekt.

Aus der Messung der Membrandicke des Sauggreifers, mit in Kapitel 5.2.3 beschriebenem Versuchsaufbau, konnte ein mittlerer axialer Versatz des Formkerns $\bar{a}_{\mathrm{a,ist}}$ von -0.487 mm berechnet werden. Trotz dieser Lageabweichung des Formkerns weist der Sauggreifer bei manueller Prüfung einen merklichen Durchschlag auf. Ebenso wird die Greifaufgabe erfüllt und der Sauggreifer zeigt eine gute Adaption an die Greifobjektgeometrie. Hieraus werden folgende weiterführende Fragen aufgeworfen:

- Wie beeinflussen ausgewählte Lageabweichungen des Formkerns als geometrische Größen die Kennwerte des Durchschlags?
- Können über ausgewählte geometrische Größen geforderte Durchschlagkennwerte gezielt erreicht werden?
- Wie kann die Adaption des Sauggreifers an das Greifobjekt abgebildet werden?

Diese Fragen sollen folgend modellbasiert beantwortet werden. Etwaige entwickelte Modelle sollen zudem experimentell validiert werden.

6.1.2 Erweiterung des Parameterraums und Randbedingungen

Zum Zwecke der Sensitivitätsbewertung ausgewählter fertigungsbedingter Parameter auf die Federkennlinie des Sauggreifers wurde ein erweitertes, parametrisiertes 3D-FEM-Halbmodell erstellt. Dieses basiert auf der Nominalgeometrie und deren Parametern, die in Kapitel 4.3.2 aufgeführt sind. Im Modell wurden zusätzlich die fertigungsbedingten Radien von 0.3 mm berücksichtigt.

Das Modell wurde um die/den *axiale(n) und radiale(n) Versatz/Verschiebung* des Formkerns zu den Formwerkzeugeinsätzen (Positionsabweichung des Formkerns) sowie dessen *axiale Verkippung* um den Punkt P (Lageabweichung des Formkerns) erweitert. Die hierfür notwendigen Parameter, a_{a}, a_{r} und δ, sind in Abbildung 6.2a-c dargestellt.

Die FEM-Analysen am Greifermodell wurden quasistatisch unter Berücksichtigung von Geometrienichtlinearitäten (große Verzerrungen, Stabilitätsbetrachtungen), Materialnichtlinearitäten (hyperelastisches Verhalten) und Strukturnichtlinearitäten (veränderliche Randbedingungen, Kontaktprobleme) durchgeführt. Es wurde die verschiebungsgesteuerte Methode angewendet. Als Ergebnisgrößen wurden die kritischen Kräfte des Durchschlags, F_{krit1} und F_{krit2}, deren Verschiebungswerte, s_1 und s_2, sowie deren Differenzen, ΔF und Δs gewählt.

Aufbauend auf Vorabsimulationen (siehe Kapitel 4.3.2) wurden SOLID285 4-Knoten Tetraeder-Elemente und die dazu passende Netzdichte gewählt. Die globale Elementgröße wurde im

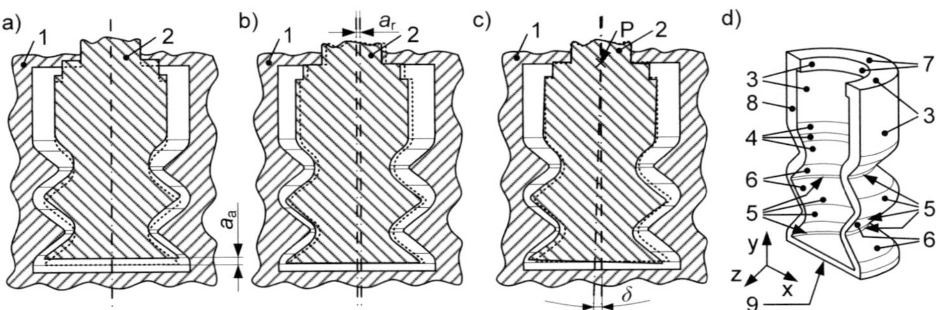

Abbildung 6.2: Auswahl fertigungsbedingter Einflussparameter resultierend aus der Positionierung der die Außenform 1 und die Innenform 2 bildenden Formwerkzeugbauteile: (a) axialer a_{a} sowie (b) radialer Versatz a_{r} der Formwerkzeugeinsätze zum Formkern; (c) axiale Verkippung des Formkerns δ um den Punkt P; (d) Randbedingungen und Netzeinstellungen am FEM-Halbmodell

Modell auf 0.5 mm gesetzt. Aufgrund des unterschiedlichen Einflusses auf die Ergebnisgrößen wurden einzelne Bereiche (in Abbildung 6.2d mit (5) gekennzeichnete Flächen) mit dem feineren Netz und Bereiche mit größerer Wanddicke (in Abbildung 6.2d mit (3) und (4) gekennzeichnete Flächen) mit dem weniger feinen Netz simuliert. Die Netzdichte wurde dabei derart abschnittsweise angepasst, so dass die Empfindlichkeit der Absolutwerte der Ergebnisgrößen unterhalb von 0.5% lag. Für den Kontakt des Sauggreifers mit sich selbst während der Verformung wurden die in Abbildung 6.2d mit (6) gekennzeichneten Flächen mit dem Elementtyp TARGE170 bzw. CONTA174 vernetzt und ein nichtlinearer, reibungsloser Kontakt angenommen. Der reibungslose Kontakt wurde gewählt, nachdem sich bei Voruntersuchungen zeigte, dass die Zuweisung von Reibungswerten keinen Einfluss auf die oben genannten Ergebnisgrößen hatte. Aus den getroffenen Netzeinstellungen ergaben sich 3D-Halbmodelle mit ca. 300000 Elementen.

Als Randbedingung wurden die in Abbildung 6.2d mit (7) gekennzeichneten zwei Flächen als feste Einspannung definiert. Die Symmetrie wurde mittels Aufbringung einer reibungsfreien Lagerung auf die mit (8) gekennzeichneten Fläche berücksichtigt. Auf die dem Greifobjekt zugewandte Membranseite (mit (9) gekennzeichnet) wurde die Verschiebung von 7.5 mm in y-Richtung aufgeprägt[56]. Die Knotenverschiebungen in x- sowie z-Richtung wurden in dieser Ebene freigegeben.

Um die kritischen Kräfte hinreichend genau ($\pm$ 1 mN) bestimmen zu können, wurde die Verschiebung in fünf Teilschritten aufgebracht, wobei im Bereich der lokalen kritischen Kräfte die Schrittweite von 50 μm für die Verschiebung gewählt wurde. Für alle anderen Bereiche betrug die Schrittweite 0.25 mm.

6.1.3 Auswahl des Materialgesetzes anhand der Dehnung

Ziel der Untersuchungen in diesem Abschnitt ist, das Materialgesetz für die FEM-Analyse des Sauggreifers festzulegen. Der Fokus liegt insbesondere darauf, inwieweit ein Materialgesetz basierend auf den Neukurven für die weiteren modellbasierten Untersuchungen in Betracht

[56]Dieser Verschiebungswert führt zum Aneinanderliegen der Falten. Er wurde experimentell aus der Membranverschiebung des Sauggreifers bestimmt, der ein ebenes Greifobjekt mit 600 mbar Überdruck saugreift.

gezogen werden kann. Weiterhin soll im Rahmen der Simulationen festgestellt werden, ob das kinematische Bewegungsverhalten mit Durchschlag ein stark von der Dehnungshistorie bzw. vom gewählten Materialgesetz abhängiges Verhalten ist.

Zu diesem Zweck wurden zwei Simulationen mit nichtlinearen, hyperelastischen Materialgesetzen für unterschiedliche maximale Dehnungsraten und der unterschiedlichen Anzahl hinterlegter Materialversuche für das Material ELASTOSIL® M 4644 durchgeführt. Die Parameter beider Materialgesetze wurden mit den in Kapitel 3.2 genannten Versuchsaufbauten abgeleitet.

Für das 1. Materialgesetz, im Folgenden *M4644_neuk* genannt, wurden die Neukurven aus uniaxialer und biaxialer Zugbelastung sowie reiner Scherbelastung gemeinsam mit dem Materialgesetz OGDEN 3. Ordnung verwendet. Somit wird in diesem Materialgesetz der MULLINS-Effekt nicht berücksichtigt. Für das 2. Materialgesetz, im Folgenden *M4644_80%* genannt, wurden die stationären Spannungs-Dehnungs-Kurven aus uniaxialer Zugbelastung und reiner Scherbelastung für eine Dehnungsrate von $\lambda_1 = 1.8$ gemeinsam mit dem Materialgesetz OGDEN 2. Ordnung verwendet [100]. Somit wird in diesem Materialgesetz das Materialverhalten mit einer spezifischen, vorausgegangenen Dehnungserweichung durch den MULLINS-Effekt berücksichtigt. Die Materialmodellparameter beider Modelle sind im Anhang A.7, Tabelle A.8 aufgelistet.

In Abbildung 6.3a sind die simulierten Kraft-Verschiebungs-Kennlinien des Sauggreifers mit dem jeweiligen Materialmodell gezeigt.

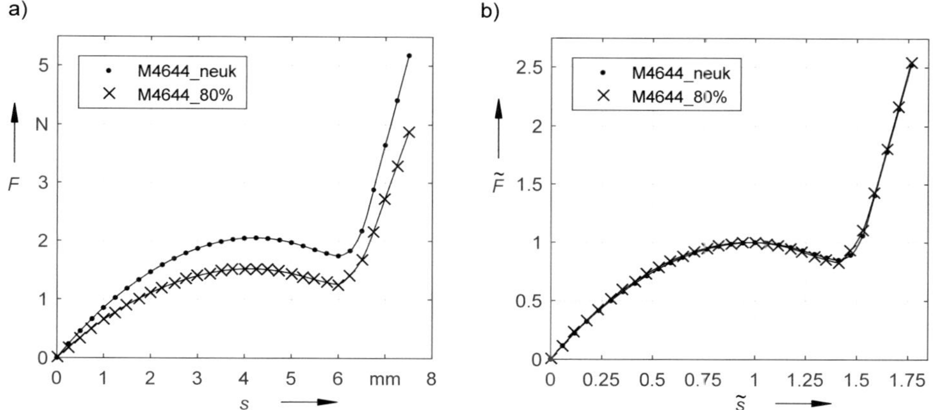

Abbildung 6.3: FEM-Ergebnisse zum Vergleich der Kraft-Verschiebungs-Kennlinie von ELASTOSIL® M 4644 simuliert mit der Neukurve (M4644_neuk) und für $\lambda_1 = 1.8$ (M4644_80%): (a) nicht normiert; (b) normiert auf F_{krit1} und s_1

Es ist festzustellen, dass die Verschiebungswerte der kritischen Kräfte, s_1 und s_2, für beide Simulationen identisch sind. Die kritischen Kräfte, F_{krit1} und F_{krit2}, simuliert mit dem Materialmodell M4644_80%, dem eine gleich große Dehnrate ($\lambda_1 = 1.8$) für alle Elemente zugrunde liegt, fallen hingegen mit 1.52 N bzw. 1.26 N um 26.0 % bzw. 27.7 % kleiner als mit dem Materialmodell M4644_neuk aus. Ursache hierfür ist das im Materialmodell M4644_80% hinterlegte, „weichere“ Materialverhalten. Dies wird beim Vergleich der Spannungs-Dehnungs-Verläufe für die ausgewählten drei Spannungszustände der beiden Materialmodelle deutlich (siehe Abbildung 6.4a).

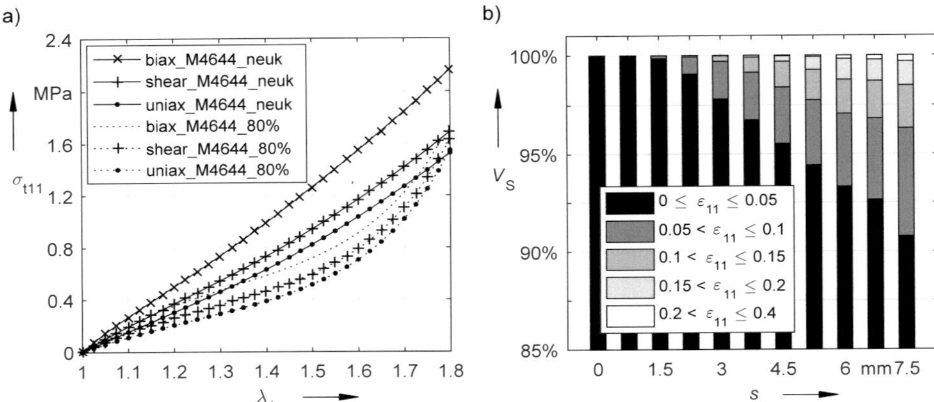

Abbildung 6.4: a) Technischer Spannungs-Dehnungs-Verlauf der in den Simulationen hinterlegten Materialmodelle M4644_neuk und M4644_80%; b) Volumenprozentverteilung der maximalen wahren Hauptdehnung ε_{11} im Sauggreifer in Abhängigkeit der Verschiebung s

Zudem fällt für gleiche Spannungszustände ein qualitativ unterschiedliches Verhalten der beiden Materialmodelle auf. Dies äußert sich bei M4644_80% durch die Abbildung der stationären Spannungs-Dehnungs-Kurven mit einem ausgeprägten, umgekehrt S-förmigen Verlauf. Obgleich dieser Unterschied besteht, ist eine gute Übereinstimmung der Verläufe der auf den Punkt (F_{krit1}, s_1) normierten Kraft-Verschiebungs-Kennlinien des Sauggreifers ersichtlich (siehe Abbildung 6.3b). Die relative Abweichung der normierten Kraft-Verschiebungs-Kennlinien beträgt maximal $\pm 4.3\,\%$. Ein qualitativer Einfluss auf das kinematische Bewegungsverhalten mit Durchschlag ist durch die Wahl des Materialgesetzes somit nicht feststellbar.

Um die Frage zu beantworten, ob das Materialgesetz basierend auf den Neukurven für die weitere Modellierung verwendet werden kann, sind die einzelnen Verzerrungszustände hinsichtlich der Dehnungen und Gleitungen auszuwerten. Bei der Auswertung der Verzerrungszustände über der ansteigenden Verschiebung der Membran in Richtung der Sauggreiferhalterung ist festzustellen, dass die maßgebenden Verzerrungen an der Sauggreiferstruktur Dehnungen sind. Diese werden durch Längenänderungen an der Struktur hervorgerufen. Besonders ausgeprägt sind diese an der Oberfläche der verzerrungsbestimmenden Strukturabschnitte, welche

- die Faltenseite mit der Dicke d_{F12} und
- die Übergänge zu den benachbarten Faltenseiten

sind. Daher ist es sinnvoll, die erste Hauptdehnung ε_{11} als maximale Dehnung im Hauptachsensystem zur Auswertung zu verwenden.

In Abbildung 6.4b sind die Volumenanteile von Elementgruppen für die angegebenen Hauptdehnungsbereiche in Bezug auf das Sauggreifergesamtvolumen V_S und in Abhängigkeit der aufgebrachten Verschiebung s dargestellt.

Es ist ersichtlich, dass mit steigender Verschiebung die Teilvolumina mit größeren Dehnungen zunehmen. Innerhalb des gesamten Verschiebungsbereichs haben stets mehr als 90.8 % des

Gesamtvolumens einen wahren Hauptdehnungswert von maximal 0.05. Erst bei einem Verschiebungswert von 7.5 mm weisen 0.3 % des Sauggreifervolumens Hauptdehnungen in einem Bereich zwischen $0.2 < \varepsilon_{11} \leq 0.4$ auf.

Wird die Gleichung 3.12 auf die Maximaldehnung von 0.4 angewendet, so berechnet sich die maximale technische Dehnung zu 49.2 %. Dieser Wert liegt unterhalb des in Kapitel 3.5 bestimmten Grenzwertes der zulässigen Maximaldehnung $\varepsilon_{\mathrm{t,zul}}$ (53.4%) für durch Biegung bewegende, aus ELASTOSIL® M 4644 bestehende FNA[57]. Daher kann das Materialgesetz M4644_neuk, welches auf den Neukurven basiert und den MULLINS-Effekt nicht berücksichtigt, für die weiterführenden FE-Untersuchungen verwendet werden.

Zusammengefasst wird für die untersuchten Materialmodelle geschlussfolgert, dass:

- sich die Materialmodelle M 4644_neuk und M4644_80% für qualitative Untersuchungen der nichtlinearen Federkennlinie des Sauggreifers eignen und die Materialmodelle das kinematische Bewegungsverhalten des Sauggreifers mit Durchschlag nicht beeinflussen,
- der zulässige Dehnungsgrenzwert von 53.4% für sich über Biegung bewegende FNA bei der Ermittlung der nichtlinearen Federkennlinie des Sauggreifers mit Nominalgeometrie unter Nutzung des Materialmodells M 4644_neuk nicht überschritten wird und
- der MULLINS-Effekt bei Verwendung des Materialmodells M 4644_neuk, basierend auf den Neukurven, keine Berücksichtigung findet.

Durch die Einhaltung des Dehnungsgrenzwertes werden die weiterführenden FEM-Analysen zur Untersuchung des Einflusses geometrischer Größen auf die Kennwerte des Durchschlages mit dem Materialgesetz M 4644_neuk durchgeführt. Hauptvorteil der Verwendung dieses Materialgesetzes ist, dass keine weiteren Materialuntersuchungen durchgeführt werden müssen. Weiterhin sind aus Materialsicht aufgrund des minimalen Anteils maximal gedehnter Elemente, die zu einer durchschnittlichen Spannungserweichung von 10% führen, neben qualitativen auch quantitative Aussagen betreffend der Federkennlinie des Sauggreifers möglich.

6.1.4 Vergleich von radialem Versatz und Verkippung des Formkerns

Um den Einfluss des radialen Formkernversatzes (Positionsabweichung) und der Verkippung des Formkerns (Lageabweichung) auf die charakteristischen Durchschlaggrößen vergleichend zu bewerten, wurden FEM-Simulationen am Sauggreifermodell durchgeführt. Die Untersuchung sollte die Frage beantworten, ob der Einfluss beider Größen ähnlich ist und folglich die Anzahl der Untersuchungsparameter für weitergehende FE-Untersuchungen reduziert werden kann.

Zur Bewertung des Parametereinflusses wurden basierend auf der Ausgangsgeometrie die radiale Abweichung a_{r} des Formkerns bis 0.5 mm in Schritten von 0.1 mm sowie die Verkippung δ in Schritten von 0.25° bis 1.75° variiert. In Abbildung 6.5a-d ist der Einfluss dieser Variationen auf die *charakteristischen Durchschlaggrößen / Auswertegrößen / Sauggreiferkennwerte* dargestellt.

[57] Infolge des Grenzwerts ergibt sich die durchschnittliche Spannungserweichung maximal gedehnter Elemente von 10%.

Diese sind die kritischen Kräfte des Durchschlags, F_{krit1} und F_{krit2}, deren Verschiebungswerte, s_1 und s_2, sowie die daraus bestimmten Differenzen, ΔF und Δs.

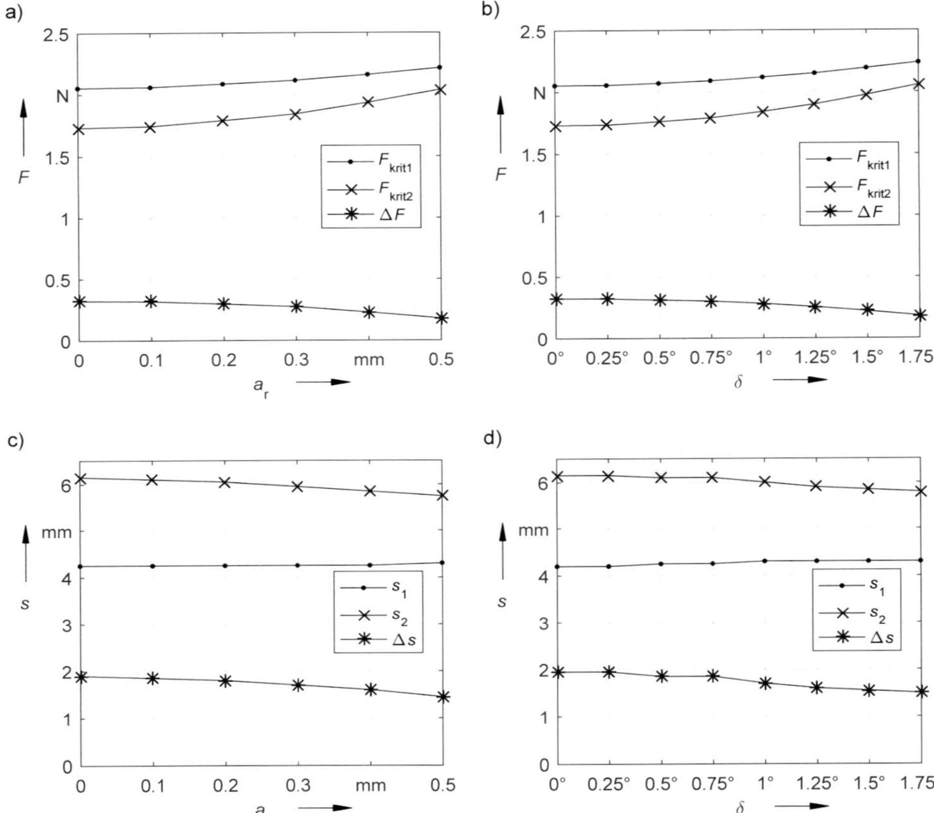

Abbildung 6.5: FEM-Ergebnisse zum Einfluss des radialen Formkernversatzes im Vergleich zur Verkippung des Formkerns: a) und b) auf die kritischen Kräfte an den charakteristischen Durchschlagpunkten, F_{krit1} und F_{krit2}, sowie deren Differenz ΔF; c) und d) auf die Verschiebungsstellen der kritischen Kräfte, s_1 und s_2, sowie deren Differenz Δs

Der Vergleich der kritischen Kräfte, F_{krit1} und F_{krit2}, und deren Differenz bei Variation des radialen Versatzes a_{r} mit denen bei Verkippung des Formkerns δ führt in den ausgewählten Wertebereichen, $a_{\mathrm{r}} = 0\,..\,0.5\,\mathrm{mm}$ und $\delta = 0\,..\,1.75°$, zu:

- einem qualitativ ähnlichen Verlauf und
- einer quantitativ gleichen Größenordnung.

Die simulierten Positionsungenauigkeiten haben einen höheren Einfluss auf das lokale Minimum (s_2; F_{krit2}) der Federkennlinie. Die Verschiebungsstelle des lokalen Maximums, s_1, bleibt von der Variation annähernd unberührt. Im betrachteten Wertebereich:

- steigt die kritische Kraft F_{krit1} von 2.05 N um 7.8% bzw. 9.0%,
- steigt die kritische Kraft F_{krit2} von 1.73 N um 17.6% bzw. 18.8%,

- steigt die Verschiebungsstelle des lokalen Kraftmaximums s_1 von 4.2 mm um jeweils 2.4% und
- fällt die Verschiebungsstelle des lokalen Kraftminimums s_2 von 6.15 mm um 6.5% bzw. 5.7%

jeweils bezogen auf den Wert der Ausgangsgeometrie. Dies führt zur signifikanten:

- Verkleinerung der Kräftedifferenz ΔF von 0.32 N um ca. 44.9% bzw. 43.6% und
- Verkleinerung der Verschiebungsdifferenz Δs um 25.6% bzw. 23.1%.

Weiterhin ist festzustellen, dass eine radiale Positionsabweichung ≤ 0.1 mm oder eine Verkippung des Formkerns (Lageabweichung) ≤ 0.5 nur eine geringe Änderung der Auswertegrößen hervorruft. Die Positions-/Lageabweichungen führen zu einer maximalen Änderung der Größen um 1.6% (F_{krit1}, F_{krit2}, s_1 und s_2). Die maximale Änderung der Differenzen, ΔF und Δs, übersteigt nicht den Wert von 5%.

Da für die Kennlinie des Durchschlags neben dem Dickenverhältnis der Faltenseiten zueinander auch die Dicke d_{F12} der Faltenseite der ersten Falte ausschlaggebend ist, ist diese ebenso näher zu betrachten. Hierfür wird die *Faltenschnittfläche* A_{F} ermittelt, die durch den Schnitt mit einem Kegel entsteht, dessen Mantelfläche senkrecht zu dieser Faltenseite steht und mittig durch diese Faltenseite führt.

Es kann festgestellt werden, dass bei einer radialen Verschiebung des Formkerns die Faltenschnittfläche konstant bleibt und bei einer Verkippung um 0.5° bzw. 1.75° diese um maximal 0.6% bzw. 1.9% abnimmt. Ein Zusammenhang zwischen der Schnittfläche und der Änderung der Auswertegrößen ist somit nicht ableitbar. Als Grund für die Änderung der Auswertegrößen ist die Veränderung des *Faltendicke-Seitenverhältnisses* k_{d} zu sehen, welches aus dem Verhältnis von minimaler zu maximaler Wanddicke in o. g. Faltenseite gebildet werden kann.

Bei einer radialen Abweichung von 0.5 mm beträgt dieses Verhältnis 0.51 (nominal 1), bei einer Verkippung von 1.75° ergibt sich ein Wert von 0.59. Als auf die Ergebnisgrößen unkritische Werte (radialer Formkernversatz 0.1 mm (0.88) oder Verkippung des Formkerns um 0.5° (0.86)), wurde $0.85 \leq k_{\text{d}} \leq 1$ festgelegt. Werte $k_{\text{d}} < 0.85$ führen bei der Verformung des Sauggreifers während des Durchschlages zu einem unsymmetrischen Verformungsbild. Dies äußert sich zudem in einer Differenz der Verschiebungswerte der beiden äußeren Membranrandpunkte in x-Richtung, die den Wert von 50 μm übersteigt.

Zusammenfassend kann aus den Ergebnissen geschlussfolgert werden, dass:

- die betrachteten Einflussparameter (a_{r}, δ) auf die radiale Positionsabweichung des Formkerns reduziert werden können, da eine Verkippung ein ähnliches (aber minder ausgeprägtes) Verhalten zeigt und
- eine radiale Positionsabweichung des Formkerns, die zu einer maximalen Wanddickenänderung von 7.5% ($k_{\text{d}} = 0.85$) bezogen auf die Ausgangswanddicke d_{F12} führt, akzeptabel ist, da diese die charakteristischen Durchschlaggrößen um maximal 5% ändert.

Im folgenden Abschnitt werden die Einflüsse der axialen Positionsabweichung (axialer Formkernversatz) modellbasiert untersucht, wobei vergleichend eine kombinierte radiale Positionsabweichung berücksichtigt wird.

6.2 Einflussbestimmung vom Versatz des Formkerns auf die Durchschlagkennwerte

In diesem Abschnitt wird der Einfluss des (aus radialem und axialem Versatz) kombinierten Versatzes auf die charakteristischen Durchschlaggrößen mit Hilfe der FEM-Methode untersucht. Abgeleitet daraus wird die Modellgleichung für den stabilen Verformungsbereich I ($0 \leq s \leq s_1$), die den Einfluss des axialen Versatzes auf die Federkennlinie abbildet, ermittelt. Der Abschnitt schließt mit einer Anwendungsbetrachtung bezüglich der vom Sauggreifer erzeugten Andruckkraft auf das Greifobjekt.

6.2.1 FEM-Analyse zum Versatz des Formkerns

Im Weiteren wird der Einfluss auf die Durchschlaggrößen von einem (aus radialem und axialem Versatz) kombinierten Versatz des Formkerns (Positionsabweichung des Formkerns) anhand der FEM-Analyse qualitativ und quantitativ bestimmt. Für die Parameterstudie wurden basierend auf der Ausgangsgeometrie:

- der radiale Versatz a_r des Formkerns bis 0.5 mm in Schritten von 0.1 mm sowie
- der axiale Versatz a_a des Formkerns von -0.6 bis 0.4 mm in Schritten von 0.2 mm

modellbasiert variiert. Aus diesen Simulationen wurden die einzelnen Ergebnisgrößen erfasst (siehe Abbildung 6.6)[58].

Für einen zunehmenden axialen Versatz a_a und einen fest gewählten, radialen Versatz a_r ist festzustellen, dass:

- die kritischen Kräfte, F_{krit1} sowie F_{krit2} und
- die Verschiebungsstellen der kritischen Kräfte, s_1 und s_2

annähernd linear zunehmen (siehe Abbildung 6.6a und c).

Unter Annahme des linearen Verhaltens lässt sich die Vermutung ableiten, dass für die gewählte Sauggreifer-Grundgeometrie ein bistabiles Bewegungsverhalten (negative F_{krit2}) für einen ausschließlich axialen Versatz des Formkerns bezüglich der Nominallage kleiner -0.76 mm möglich ist. Diese Vermutung soll in Kapitel 6.4.2 geprüft werden.

Werden die Ergebnisgrößen für einen gleich großen radialen Formkernversatz mit denen für einen gleich großen axialen Formkernversatz verglichen, so werden die Ergebnisgrößen durch

[58] Die simulierten Federkennlinien sind im Anhang A.8, Abbildung A.9 aufgeführt.

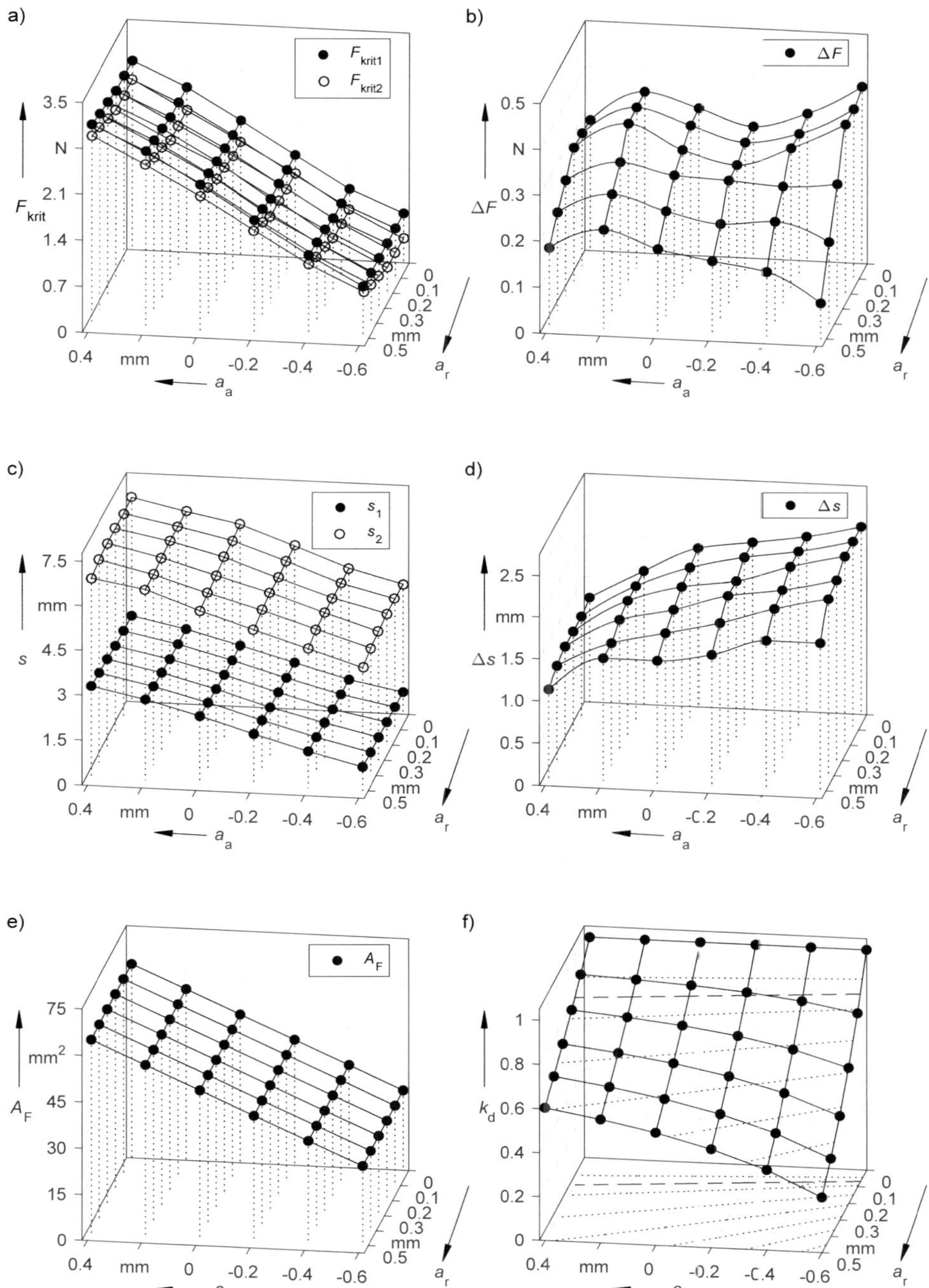

Abbildung 6.6: FEM-Ergebnisse zum Einfluss der radialen und axialen Abweichung des Formkerns auf: a) die kritischen Kräfte, F_{krit1} und F_{krit2}, an den Durchschlagpunkten sowie b) deren Kraftdifferenz ΔF; c) die Verschiebungsstellen, s_1 und s_2, der kritischen Kräfte sowie d) deren Differenz Δs; e) die Faltenschnittfläche A_F; f) das Faltendicke-Seitenverhältnis k_d

eine radiale Abweichung weniger stark beeinflusst. Wird die Differenz der kritischen Kräfte ΔF gebildet (siehe Abbildung 6.6b), so ist:

- für $a_\mathrm{a} = -0.6\,\mathrm{mm}$ mit $a_\mathrm{r} = 0\,\mathrm{mm}$ ein globales Maximum von 0.39 N,
- für $a_\mathrm{a} = -0.6\,\mathrm{mm}$ mit $a_\mathrm{r} = 0.5\,\mathrm{mm}$ ein globales Minimum von 0.08 N und
- für einen zunehmenden, radialen Versatz (mit a_a = konst.) eine progressive Abnahme der Kraftdifferenz ΔF

feststellbar.

Wird die Differenz der Verschiebungsstellen der kritischen Kräfte Δs gebildet (siehe Abbildung 6.6d), so ist:

- für $a_\mathrm{a} = -0.6\,\mathrm{mm}$ mit $a_\mathrm{r} = 0\,\mathrm{mm}$, $a_\mathrm{r} = 0.1\,\mathrm{mm}$ und $a_\mathrm{r} = 0.2\,\mathrm{mm}$ ein Maximalwert von 2.25 mm,
- für $a_\mathrm{a} = 0.4\,\mathrm{mm}$ mit $a_\mathrm{r} = 0.5\,\mathrm{mm}$ ein Minimalwert von 1.05 mm,
- für einen zunehmenden, axialen Versatz (mit a_r = konst.) eine abnehmende Differenz Δs und
- für einen zunehmenden, radialen Versatz (mit a_a = konst.) eine abnehmende Differenz Δs

feststellbar. Hauptursache hierfür ist die sich ändernde Faltenschnittfläche A_F, deren Werte in Abbildung 6.6e dargestellt sind.

Ist diese Fläche groß, führt dies zu einem insgesamt steiferen Verhalten der beim Durchschlag umschlagenden Faltenseite mit der Dicke d_F12 und in Folge zum Ansteigen der kritischen Kräfte. Eine Zunahme dieser Schnittfläche A_F wird durch einen zunehmenden, axialen Versatz verursacht. Ein radialer Versatz mit gleichbleibendem, axialem Versatz hat hingegen im betrachteten Parameterraum keinen Einfluss auf die Schnittfläche A_F.

Der radiale Versatz führt jedoch zur Beeinflussung des Faltendicke-Seitenverhältnisses k_d (siehe Abbildung 6.6f), als Maß für die Symmetrie des Sauggreifers. Ein reiner axialer Versatz verändert dieses Verhältnis nicht und führt zu einem Wert k_d=1 für axialsymmetrische Sauggreifer.

Wird ein maximaler Wert für k_d aus der Analyse des Verformungsverhaltens festgelegt, so kann für die Fertigung aus der idealen Geometrie der maximal zulässige, radiale Versatz wie folgt berechnet werden:

$$a_\mathrm{r} = f(\alpha, k_\mathrm{d}, a_\mathrm{a}, d_\mathrm{F12}) = \frac{(d_\mathrm{F12} + a_\mathrm{a}\cos\alpha)(1 - k_\mathrm{d})}{\sin\alpha(1 + k_\mathrm{d})}. \tag{6.1}$$

In Abbildung 6.6f sind die mit Gleichung 6.1 errechneten Werte für a_r als Höhenlinien im Abstand $\Delta k_\mathrm{d} = 0.1$ eingezeichnet, sowie auf die Ebene $k_\mathrm{d} = 0$ projiziert. Als gestrichelte Linie in dieser Ebene ist die Schnittlinie aus der Ebene $k_\mathrm{d} = 0.85$ mit der Funktion $k_\mathrm{d}(a_\mathrm{a}, a_\mathrm{r})$ abgebildet. Die Linie trennt zulässige und unzulässige Kombinationen der Versatzgrößen voneinander. Beispielsweise ist eine radiale Abweichung von $a_\mathrm{a} = 0.1$ mm für Sauggreifer mit einem axialen Versatz von $a_\mathrm{a} \leq -0.4$ mm unzulässig.

Bei Betrachtung des Verformungsverhaltens von Sauggreifern mit unterschiedlichem, axialem

Versatz a_a bei und nahe der kritischen Belastungen (siehe Tabelle 6.1) ist den Verformungsbildern an der Stelle s_1 gemein, dass hier die umschlagende Faltenseite annähernd waagerecht und somit parallel zum Greiferboden steht. Weiterhin wird deutlich, dass ein günstiges Zusammenfalten des Sauggreifers bei einer Geometrie mit $a_a = -0.6$ mm erreicht wird. Dies äußert sich in einem annähernd gleichbleibenden Faltenwinkel α während des Zusammenfaltens. Das Faltenseitenverhältnis $d_{\mathrm{F11}} : d_{\mathrm{F12}} : d_{\mathrm{F21}}$ liegt hierbei bei ca. 2.0 : 0.5 : 2.5.

Tabelle 6.1: Sauggreiferverformung am halbseitig dargestellten FEM-Halbmodell mit idealer Geometrie ($a_\mathrm{a} = 0$ mm) und den betrachteten Randfällen ($a_\mathrm{a} = -0.6$ mm und $a_\mathrm{a} = 0.4$ mm) an den Verschiebungsstellen s_1, s_2 sowie jeweils im Abstand $\frac{\Delta s}{2}$ und deren Zuordnung zu den Verformungsbereichen (VB) der Durchschlagkennlinie

s	$\approx s_1 - \frac{\Delta s}{2}$	s_1	$\approx s_1 + \frac{\Delta s}{2}$	s_2	$\approx s_2 + \frac{\Delta s}{2}$
$a_\mathrm{a} = -0.6$ mm	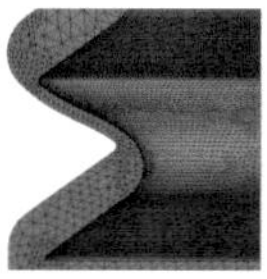	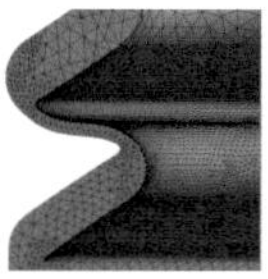	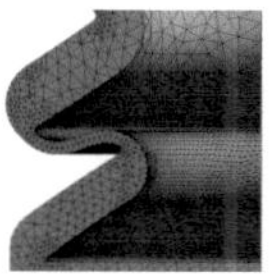	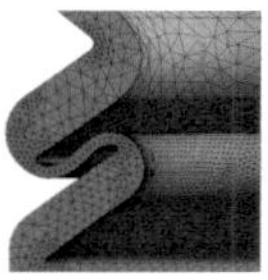	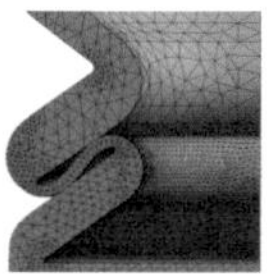
$a_\mathrm{a} = 0$ mm	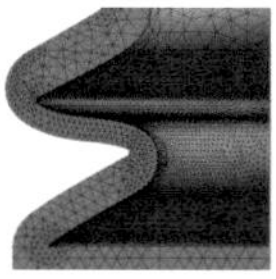	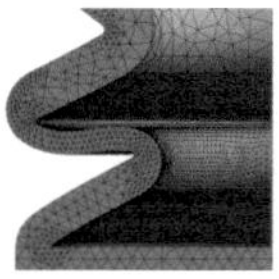	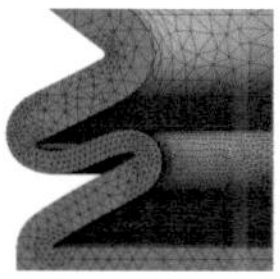	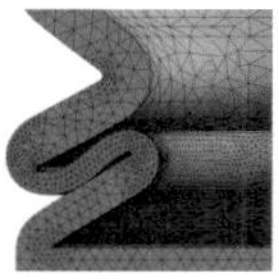	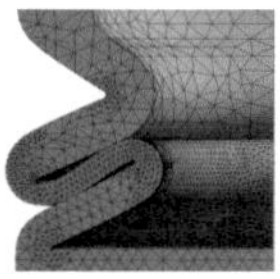
$a_\mathrm{a} = 0.4$ mm	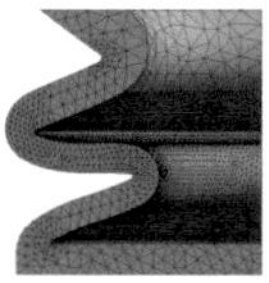	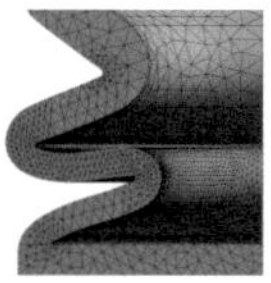	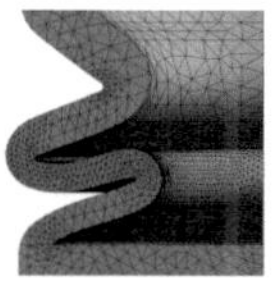	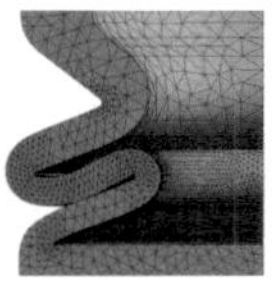	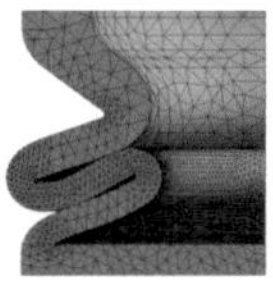
VB	I	I/II	II	II/III	III

In Abbildung 6.7a sind die elf auf den jeweiligen ersten kritischen Punkt A (siehe Tabelle 4.4) normierten Federkennlinien $\tilde{F}_i(\tilde{s})$ mit $i = 1, .., 11$ des Sauggreifermodells dargestellt. Es handelt sich hierbei um die Federkennlinien mit unterschiedlichem, axialem Versatz von $a_\mathrm{a} = -0.6$ mm bis $a_\mathrm{a} = 0.4$ mm in Schritten von 0.1 mm unter Ausschluss des radialen Versatzes. Festzustellen ist, dass alle normierten Kennlinien $\tilde{F}_i(\tilde{s})$ im Definitionsbereich $0 \leq \tilde{s} \leq 1$ mit $\tilde{s} = s/s(F_{\mathrm{krit1},i})$ und $i = 1, .., 11$ qualitativ den gleichen, monoton wachsenden Verlauf aufweisen.

Zur quantitativen Beurteilung wird in diesem Definitionsbereich aus den normierten Kennlinien $\tilde{F}_i(\tilde{s})$ eine gemittelte normierte Kennlinie $\bar{\tilde{F}}(\tilde{s})$ mit 101 Stützstellen im gleichen Abstand von $\Delta\tilde{s} = 0.01$ gebildet. Ein Vergleich der Kennlinien $\tilde{F}_i(\tilde{s})$ mit $\bar{\tilde{F}}(\tilde{s})$ liefert annähernd gleichgroße Werte und ergibt:

- die maximale relative Abweichung von $\epsilon_{\mathrm{rel,max}} = 5.0\%$,
- die über den Definitionsbereich und über alle Kurven gemittelte, relative Abweichung von $\bar{\epsilon}_{\mathrm{rel}} = 0.8\%$ und

- die maximale absolute Abweichung von $\epsilon_{\mathrm{rel,max}} = 0.0105$.

Zudem verlaufen alle normierten Kennlinien $\tilde{F}_i(\tilde{s})$ und die gemittelte Kennlinie $\tilde{\bar{F}}(\tilde{s})$ durch den Ursprung, den Punkt $(1;1)$ und weisen an der Stelle $\tilde{s} = 1$ den Anstieg Null auf.

Es wird zusammenfasst, dass im betrachteten Parameterraum:

- die Sauggreifer ein instabiles Bewegungsverhalten mit Durchschlag aufweisen,
- die normierten Kennlinien $\tilde{F}_i(\tilde{s})$ mit $i = 1, .., 11$ im Definitionsbereich $0 \leq \tilde{s} \leq 1$ mit $\tilde{s} = s/s(F_{\mathrm{krit1},i})$ quantitativ annähernd gleich groß sind,
- ein radialer Versatz zu einer unsymmetrischen Sauggreifergeometrie führt, die die charakteristischen Durchschlaggrößen (aus Anwendersicht Zielgrößen), F_{krit1} und F_{krit1} sowie s_1 und s_2, unerwünscht verändern,
- die unsymmetrische Geometrie über die Größe k_{d} beschreibbar ist,
- der zulässige, radiale Versatz, als Fertigungstoleranz für die Herstellung des Formwerkzeugs, über die Gleichung 6.1 durch Begrenzung von k_{d} ermittelbar ist,
- die charakteristischen Durchschlaggrößen annähernd linear vom axialen Versatz a_{a} abhängen,
- die Abhängigkeit der Durchschlaggrößen vom axialen Versatz auf die Faltenschnittfläche A_{F} zurückzuführen ist und
- festgelegte Durchschlaggrößen bei festgelegter Geometrie des Formkerns (Innenform) und festen, die Außenform bildenden Formwerkzeugbauteilen im begrenzten Rahmen durch den axialen Versatz a_{a} des Formkerns erreichbar sind.

Das Justieren des axialen Versatzes a_{a} führt, bei gewähltem Faltenwinkel α sowie gewähltem Sauggreiferinnendurchmesser D_{Si} und Sauggreiferaußendurchmesser D_{Sa}, zu einer Veränderung des Wertes für das Faltenseitenverhältnis $d_{\mathrm{F11}} : d_{\mathrm{F12}} : d_{\mathrm{F21}}$ von $1.5 : 1 : 2$ hin zu [94]:

- $1.2 : 1.3 : 1.7$ für $a_{\mathrm{a}} = 0.4$ mm und
- $2.0 : 0.5 : 2.5$ für $a_{\mathrm{a}} = -0.6$ mm.

Günstige Bedingungen für das Zusammenfalten werden bei größerem Faltenseitenverhältnis und somit für $a_{\mathrm{a}} = -0.6$ mm erreicht, da hier der Faltenwinkel α während der Verformung annähernd konstant bleibt.

Der erarbeitete Zusammenhang zur Abhängigkeit vom axialen Formkernversatz a_{a} soll folgend für die Entwicklung einer *Modellgleichung* genutzt werden.

6.2.2 Erarbeitung einer Modellgleichung zur Beschreibung der Federkennlinien im stabilen Verformungsbereich I

Teilziel der weiteren Betrachtung ist es, eine elementare, algebraische Funktion $F(s, a_{\mathrm{a}})$ herzuleiten, um die simulierten Durchschlagkurven F_i mit $i = 1, .., 11$ und $a_{\mathrm{r}} = 0$ mm im Definitionsbereich $0 \leq s \leq s_{1,i}$ analytisch bestimmen zu können. Als notwendige Bedingung für die Approximation wurde eine absolute Abweichung von ≤ 38 mN definiert. Dies entspricht der

Abweichung von ca. 5% bezogen auf den kleinsten kritischen Kraftwert $F_{\mathrm{krit1,min}} = 0.75\,\mathrm{N}$ bei $a_\mathrm{a} = -0.6$ mm. Für eine geringe Abweichung der Funktionswerte auch für kleine s Werte sollen alle relativen Abweichungen ϵ_rel bei den durchgeführten Approximationen ebenfalls $\leq 5\%$ sein.

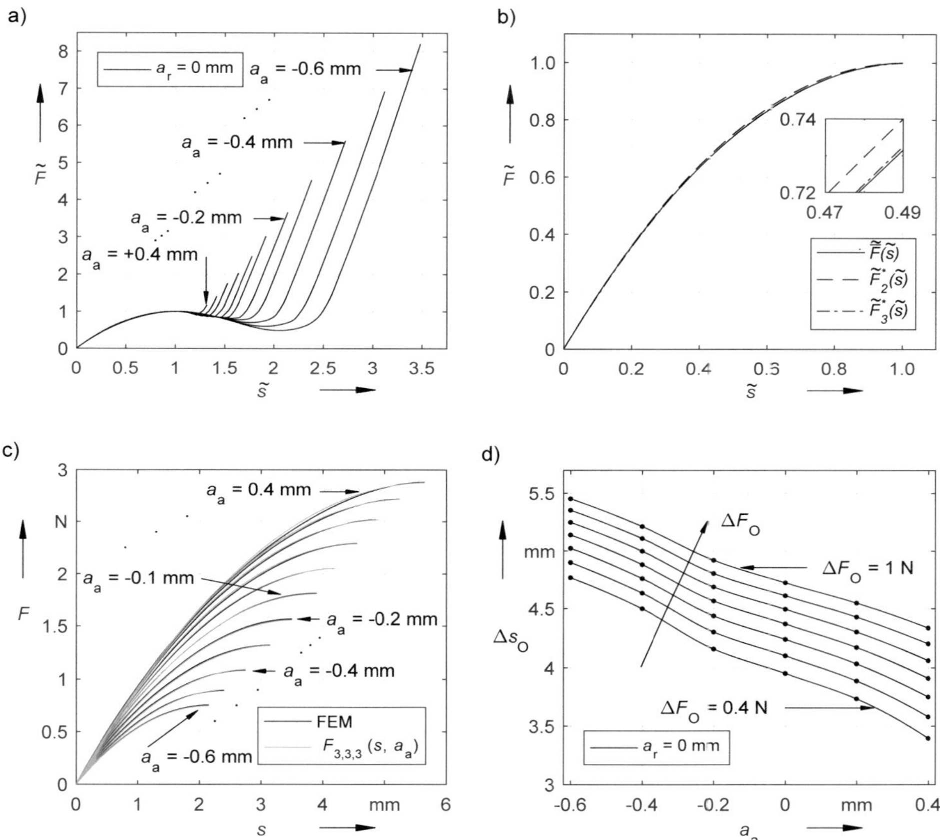

Abbildung 6.7: Federkennlinien mit $a_\mathrm{r} = 0$ mm innerhalb des stabilen Verformungsbereichs I: a) normiert auf den ersten kritischen Punkt $(F_{\mathrm{krit1},i}; s_i(F_{\mathrm{krit1},i}))$ mit $i = 1,..,11$; b) gemittelt, normiert mittels $\tilde{\tilde{F}}(\tilde{s})$ und approximiert mittels $\tilde{F}_2^*(\tilde{s})$ bzw. $\tilde{F}_3^*(\tilde{s})$ sowie die unter c) Simulationsergebnisse und analytische Lösung $F_{3,3,3}(s, a_a)$; d) der ermittelte Objektverschiebungsweite Δs_O für unterschiedliche Objektkraftänderungsweiten ΔF_O jeweils in Abhängigkeit der axialen Verschiebung a_a

Da es sich im betrachteten Definitionsbereich nicht um einen periodischen Verlauf handelt und die algebraische Funktion möglichst einfach sein soll, wurde die Betrachtung auf ganzrationale Funktionen (Polynome) mit einem maximalen Polynomgrad von drei beschränkt. Infolgedessen wurde für die Approximation der gemittelten normierten Kurve $\tilde{\tilde{F}}(\tilde{s})$ der allgemeine Ansatz aus Gleichung 6.2 gewählt, wobei l den Grad des Polynoms angibt:

$$\tilde{F}_l^*(\tilde{s}) = \sum_{i=0}^{l} \tilde{a}_i \tilde{s}^i. \tag{6.2}$$

Bei Einhaltung der Randbedingungen, $\tilde{F}_l^*(0) = 0$, $\tilde{F}_l^*(1) = 1$ und $\frac{\mathrm{d}}{\mathrm{d}\tilde{s}}\tilde{F}_l^*(1) = 0$, ergeben sich die

Gleichungen 6.3 und 6.4 für das quadratische bzw. kubische Polynom[59]:

$$\tilde{F}_2^*(\tilde{s}) = \tilde{a}_2\tilde{s}^2 + \tilde{a}_1\tilde{s} \tag{6.3}$$

$$\tilde{F}_3^*(\tilde{s}) = \tilde{a}_3\tilde{s}^3 + (2\tilde{a}_3 - 1)\tilde{s}^2 + \tilde{a}_1\tilde{s}. \tag{6.4}$$

In Abbildung 6.7b sind die gemittelte normierte Kurve $\bar{\tilde{F}}(\tilde{s})$ sowie die beiden Approximationen in der Form $\tilde{F}_2^*(\tilde{s})$ und $\tilde{F}_3^*(\tilde{s})$ gezeigt. Es ist festzustellen, dass mit der Funktion $\tilde{F}_3^*(\tilde{s})$ die normierte, gemittelte Kurve $\bar{\tilde{F}}(\tilde{s})$ mit einem geringeren Approximationsfehler als mit der Funktion $\tilde{F}_2^*(\tilde{s})$ angenähert werden kann. Das Kriterium $\epsilon_{\mathrm{rel,max}} \leq 5\%$ wird bei beiden Approximationen eingehalten. Somit werden beide Ansätze weiterverfolgt.

In Abbildung 6.8a und b sind die über das FEM-Modell ermittelten kritischen Kräfte $F_{\mathrm{krit1},i} = F_{\mathrm{k}}$ sowie die Verschiebungsstellen der kritischen Kräfte $s_{1,i} = f(F_{\mathrm{krit1},i}) = s_{\mathrm{k}}$ jeweils mit $i = 1, .., 11$ dem axialen Versatz a_{a} gegenübergestellt (siehe Abbildung 6.6a und c).

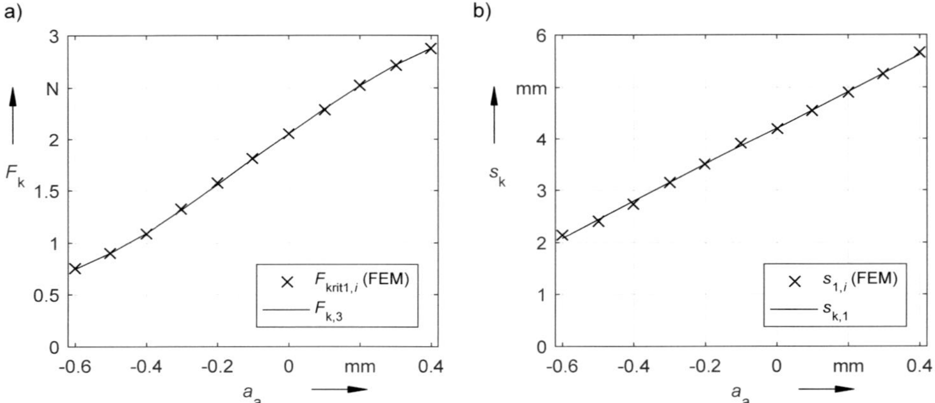

Abbildung 6.8: Über das FEM-Modell des Sauggreifers bestimmte a) kritische Kräfte $F_{\mathrm{krit1},i} = F_{\mathrm{k}}$ sowie b) die Verschiebungsstellen der kritischen Kräfte $s_{1,i} = f(F_{\mathrm{krit1},i}) = s_{\mathrm{k}}$ jeweils mit $i = 1, .., 11$ in Abhängigkeit der axialen Verschiebung des Formkerns a_{a} gegenüber den mit kubischer bzw. linearer Ansatzfunktion approximierten Verläufen von F_{k} bzw. s_{k}

Für die Annäherung werden folgende allgemeine Funktionen verwendet, wobei m und n den Grad des Polynoms angibt:

$$F_{\mathrm{k},m}(a_{\mathrm{a}}) = F_{\mathrm{k},m} = \sum_{j=0}^{m} a_{\mathrm{F},j} a_{\mathrm{a}}^{j} \tag{6.5}$$

$$s_{\mathrm{k},n}(a_{\mathrm{a}}) = s_{\mathrm{k},n} = \sum_{q=0}^{n} a_{\mathrm{s},q} a_{\mathrm{a}}^{q}. \tag{6.6}$$

Es ist festzustellen, dass mit der kubischen Approximation der kritischen Kraftwerte $F_{\mathrm{krit1},i}$ das Kriterium $\epsilon_{\mathrm{rel,max}} \leq 5\%$ erreicht wird. Dieses Kriterium wird ebenfalls über die Approxi-

[59] Im Anhang A.9, Tabelle A.19 befinden sich, für den unterschiedlichen Polynomgrad l, die numerischen Werte für die einzelnen Koeffizienten $\tilde{a}_i$ mit $i = 0, .., 3$ und der Wert für das Maximum der relativen Abweichung $\epsilon_{\mathrm{rel,max}}$ zum Vergleich.

mationen mit $n = 1, 2, 3$ für die Verschiebungsstellen der kritischen Kraftwerte $s_{1,i} = f(F_{\text{krit}1,i})$ mit $i = 1, .., 11$ erfüllt. Die Approximation über $F_{\text{k},3}(a_{\text{a}})$ und die Approximation (mit der geringsten Anzahl an Parametern) über $s_{\text{k},1}(a_{\text{a}})$ sind in Abbildung 6.8a und b dargestellt[60].

Werden die Gleichungen 6.5 und 6.6 in die Gleichung 6.2 eingesetzt und nach F aufgelöst, so ergibt sich eine allgemeine Gleichung für die Kraft F in der Form $F_{l,m,n}(s, a_a)$:

$$F_{l,m,n}(s, a_{\text{a}}) = \sum_{i=0}^{l} \tilde{a}_i \frac{s^i}{\left(\sum_{q=0}^{n} a_{\text{s},q} a_{\text{a}}^q\right)^i} \cdot \sum_{j=0}^{m} a_{\text{F},j} a_{\text{a}}^j = \sum_{i=0}^{l} \tilde{a}_i \frac{s^i}{s_{\text{k},n}{}^i} F_{\text{k},m}. \tag{6.7}$$

Unter Verwendung der Gleichungen 6.3 und 6.4 ergeben sich zwei Modellgleichungen für die gesuchte Abhängigkeit der Kraft F in der Form $F(s, a_a)$:

$$F_{2,m,n}(s, a_{\text{a}}) = F_{\text{k},m}(-s_{\text{k},n}^{-2} s^2 + 2 s_{\text{k},n}^{-1} s) \tag{6.8}$$

$$F_{3,m,n}(s, a_{\text{a}}) = F_{\text{k},m}\left(\tilde{a}_3 s_{\text{k},n}^{-3} s^3 + (2\tilde{a}_3 - 1) s_{\text{k},n}^{-2} s^2 + \tilde{a}_1 s_{\text{k},n}^{-1} s\right). \tag{6.9}$$

In Tabelle 6.2 sind die Teilergebnisse für den jeweiligen Polynomgrad m und n gemäß der Gleichungen 6.8 und 6.9 aufgeführt.

Tabelle 6.2: Parameter, l, m und n, sowie Auswertegrößen, $\epsilon_{\text{rel,max}}$, $\bar{\epsilon}_{\text{rel}}$, $\epsilon_{\text{abs,max}}$ und $\bar{\epsilon}_{\text{abs}}$, ausgewählter allgebraischer Funktionen $F_{l,m,n}(s, a_a)$

$F_{l,m,n}(s, a_a)$	Grad l $\tilde{F}_l^*(\tilde{s})$	Grad m $F_{\text{k},m}(a_a)$	Grad n $s_{\text{k},n}(a_a)$	$\epsilon_{\text{rel,max}}$ in %	$\bar{\epsilon}_{\text{rel}}$ in %	$\epsilon_{\text{abs,max}}$ in mN	$\bar{\epsilon}_{\text{abs}}$ in mN
$F_{2,3,1}$	2	3	1	2.52	0.94	51.5	11.8
$F_{2,3,2}$	2	3	2	2.49	0.92	48.3	11.7
$F_{2,3,3}$	2	3	3	2.28	0.85	50.7	11.3
$F_{3,3,1}$	3	3	1	3.74	0.88	30.2	8.1
$F_{3,3,2}$	3	3	2	3.71	0.89	27.0	8.0
$F_{3,3,3}$	3	3	3	3.47	0.86	29.4	7.6

Für den quantitativen Vergleich der einzelnen Approximationen sind die relativen und absoluten Abweichungen zur mittels FEM-Modells ermittelten Kurvenschar aufgeführt.

Für die Approximationen der Kurvenschar kann zusammengefasst werden, dass:

- die Werte für $\epsilon_{\text{rel,max}}$, $\bar{\epsilon}_{\text{rel}}$ und $\bar{\epsilon}_{\text{abs}}$ bei steigenden Polynomgrad n für $F_{2,3,n}$ wie auch für $F_{3,3,n}$ abnehmen,
- die notwendige Bedingung $\epsilon_{\text{rel,max}} \leq 38$ mN ausschließlich mit dem Ansatz $F_{3,3,n}$ erreicht wird und
- der geringste Wert für $\bar{\epsilon}_{\text{abs}}$ mit 7.6 mN über die Approximation $F_{3,3,3}$ erzielt wird.

[60] Im Anhang A.9 (siehe Tabelle A.10 sowie A.11) sind die Werte für die Koeffizienten $a_{\text{F},j}$ und $a_{\text{s},q}$ mit $j = 0, .., m$ bzw. $q = 0, .., n$ und deren Maxima für die relativen Abweichungen $\epsilon_{\text{rel,max}}$ für verschiedene Aproximationsansätze ergänzend zusammengefasst.

Diese Approximation der Kraftverläufe über $F_{3,3,3}$ ist in Abbildung 6.7c im Vergleich zu den Simulationsergebnissen in Schritten von $\Delta a_\mathrm{a} = 0.1$ mm dargestellt.

Zusammenfassend wurde in diesem Abschnitt verdeutlicht, dass die Federkennlinien des Sauggreifers für den stabilen Verformungsbereich I:

- im Allgemeinen über die Gleichung 6.7 in der Form $F_{l,m,n}(s, a_\mathrm{a})$ und
- im Speziellen über die Gleichung 6.7 in der Form $F_{3,3,n}$ für die Einhaltung des Grenzwertes von 5% sowohl für die maximale relative als auch die absolute Abweichung, wobei für n 1, 2 oder 3 zu wählen ist,

bestimmbar sind.

Die Modellgleichung für die Federkennlinien des Sauggreifers wurden für den stabilen Verformungsbereich I gefunden. Die Erweiterung der Modellgleichung auf die Verformungsbereiche II und III ist analog möglich, wurde jedoch im Rahmen dieser Arbeit nicht weiter untersucht.

6.2.3 Anwendungsbetrachtung zur Druckkraft aufs Greifobjekt

Oftmals ist über eine große Objektverschiebungsweite Δs_O eine gleiche Kraft auf das Greifobjekt mit einem vom Auftraggeber festgelegten Wert für die Änderung der Kraft ΔF_O gefordert. Hierzu wurde der Einfluss der axialen Abweichung analysiert. Da der radiale Versatz und die Verkippung des Formkerns unerwünscht sind, wurden diese nicht weiter betrachtet.

Hierfür wurde eine Änderung der Kraft ΔF_O von 0.4 N bis 1 N in Schritten von 0.1 N gewählt. Die Bereichsgrenzen wurden derart in die Federkennlinie des Sauggreifers gelegt, dass die Abstände zwischen oberer Bereichsgrenze und der kritischen Kraft F_krit1 sowie der unteren Bereichsgrenze und der kritischen Kraft F_krit2 gleich groß waren. Gleichzeitig lagen beide kritischen Kräfte innerhalb der Bereichsgrenzen. Die ermittelten Werte für die Objektverschiebungsweite Δs_O in Abhängigkeit von der axialen Verschiebung und der Kraftänderung ΔF_O sind in Abbildung 6.7d eingezeichnet[61].

Es kann festgestellt werden, dass die Objektverschiebungsweite Δs_O:

- für zunehmende Werte für a_a annähernd linear abnimmt und
- für zunehmende Werte für ΔF_O zunimmt.

Ursache hierfür ist, dass aufgrund der Form und der kleineren Anstiege der Durchschlagkurve für geringere axiale Verschiebungen ein größerer Bereich der Kennlinie innerhalb der definierten Kraftgrenzen liegt. Somit gilt: Wenn über eine möglichst große Objektverschiebungsweite Δs_O eine annähernd gleichgroße Kraft auf das Greifobjekt wirken soll, kann dies über einen großen axialen Versatz in negative y-Richtung erreicht werden.

[61] Im Anhang A.8 in Abbildung A.9 ist beispielhaft Δs_O für eine Änderung der Kraft ΔF_O um 0.5 N für unterschiedliche axiale Abweichungen a_a eingezeichnet.

6.3 FEM-basierte Untersuchung des Einflusses der Skalierung

Die über das FEM-Modell erarbeiteten Zusammenhänge zwischen dem axialen Versatz und den Durchschlaggrößen sollen experimentell validiert werden. Die Untersuchung an größeren, skalierten Funktionsmustern des Sauggreifers verbessert die Auflösung des axialen Versatzes und verringert die Anforderung betreffend der Lagetoleranzen des Formkerns. Die Frage, wie sich ausgewählte Ausgangsgrößen des Sauggreifers verändern, wenn dieser unter Beibehaltung aller geometrischen Proportionen vergrößert bzw. verkleinert wird, soll FEM-basiert beantwortet werden.

Hierbei wurde die in Kapitel 4.3.2 festgelegte Sauggreifer-Ausgangsgeometrie isometrisch mit dem Skalierungsfaktor $f_s = \{\frac{1}{3}, \frac{1}{2}, 1, 2, 3\}$ skaliert. In Abbildung 6.9a sind als Ergebnis dieser Skalierungsbetrachtung die Federkennlinien $F(s, f_s)$ gezeigt.

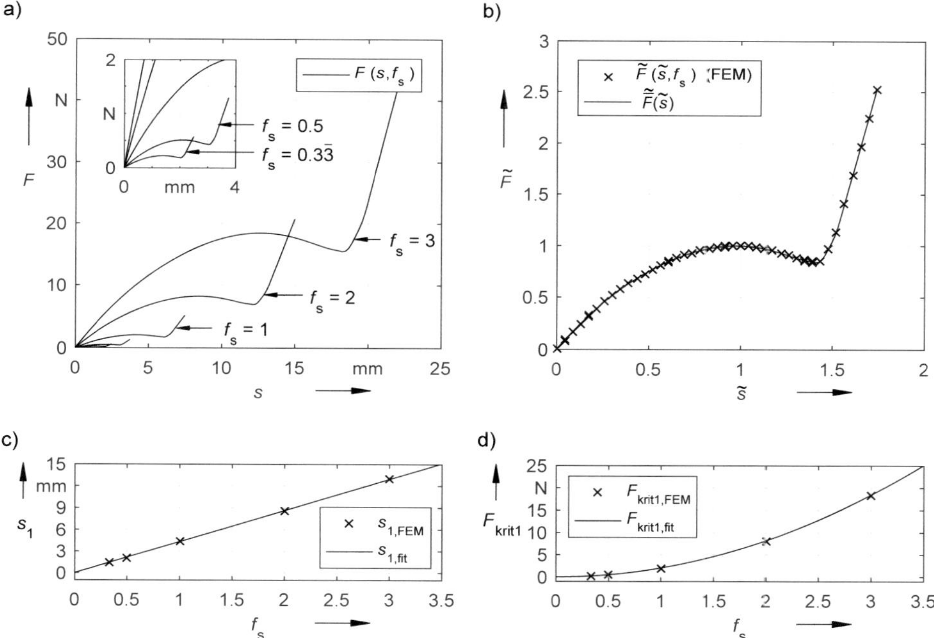

Abbildung 6.9: FEM-Ergebnisse bzgl. der Durchschlagkurven mit $f_s = \{\frac{1}{3}, \frac{1}{2}, 1, 2, 3\}$ als a) $F(s, f_s)$ sowie unter b) jeweils auf den ersten kritischen Punkt ($F_{\text{krit1},f_s}; s_{1,f_s}$) normiert als $\tilde{F}$ und gemittelt als $\tilde{\tilde{F}}(\tilde{s})$; c) und d) proportionale Zusammenhänge ausgewählter Ergebnisgrößen mit dem Skalierungsfaktor f_s

Um qualitative Zusammenhänge zu identifizieren, wurden die Federkennlinien auf den Punkt ($s_{1,f_s}; F_{\text{krit1},f_s}$) normiert und anschließend gemittelt. Die normierten Kurven $\tilde{F}(\tilde{s}, f_s)$ und die daraus arithmetisch gemittelte Kurve $\tilde{\tilde{F}}(\tilde{s})$ sind in Abbildung 6.9b dargestellt.

Es ist ersichtlich, dass die normierten Federkennlinien einen qualitativ gleichen Verlauf besitzen sowie quantitativ annähernd identisch sind. Bei Vergleich der normierten Federkennlinien mit der gemittelten normierten Federkennlinie wurde als größte Abweichung ein absoluter Wert von 0.0039 sowie eine gemittelte relative Abweichung von $\leq 0.1\%$ bestimmt.

Grund dieser Abweichung ist, dass die fünf untersuchten FEM-Modelle trotz ebenfalls durchgeführter Skalierung der festgelegten Netzeinstellungen (siehe Kapitel 6.1.2) eine geringe Vernetzungsvarianz aufweisen. Der Unterschied der Anzahl der Elemente betrug bei den genutzten Modellen maximal 2.7% bezogen auf die Anzahl der Elemente des Modells für $f_\mathrm{s} = 1$.

Aus dem Vergleich ergibt sich zudem, dass die skalierten Sauggreifer ein ähnliches Verformungsverhalten aufweisen. Ursache hierfür ist, dass die Verschiebung s proportional mit den Längengrößen sowie die Kraft F proportional mit den Flächengrößen skaliert, wodurch folgender Zusammenhang gilt:

$$s(f_\mathrm{s}) = f_\mathrm{s} \cdot s(1) \tag{6.10}$$

$$F(s, f_\mathrm{s}) = {f_\mathrm{s}}^2 \cdot F(s, 1). \tag{6.11}$$

Werden die Gleichung 6.10 oder die Gleichung 6.11 aus Anwendersicht genutzt, so kann bspw. der Durchschlagpunkt A (siehe Tabelle 4.4) bezüglich:

- des Betrags der kritischen Kraft F_krit1 *oder*
- der Verschiebungsstelle der kritischen Kraft s_1

aus einer bekannten (bspw. mittels FEM ermittelten) Federkennlinie über den Skalierungsfaktor f_s eingestellt werden.

In Abbildung 6.9c und d sind die FEM-Ergebnisse von s_1 und F_krit1 in Abhängigkeit vom Skalierungsfaktor f_s gezeigt. Zudem sind die Ergebnisse einer linearen bzw. quadratischen Ausgleichsrechnung für die ermittelten Werte von s_1 und F_krit1 mit den Proportionalitätsfaktoren $k_\mathrm{s1} = 4.313\,\mathrm{mm}$ und $k_\mathrm{Fkrit1} = 2.050\,\mathrm{N}$ aus den Gleichungen:

$$s_\mathrm{1,fit}(f_\mathrm{s}) = k_\mathrm{s1} \cdot f_\mathrm{s} \tag{6.12}$$

$$F_\mathrm{krit1,fit}(f_\mathrm{s}) = k_\mathrm{Fkrit1} \cdot {f_\mathrm{s}}^2 \tag{6.13}$$

dargestellt. Unter Anwendung der Gleichung 6.12 und 6.13 kann der Skalierungsfaktor f_s für:

- eine frei gewählte Verschiebungsstelle der kritischen Kraft von 7 mm zu 1.739 und
- eine frei gewählte kritische Kraft F_krit1 von 1 N zu 0.6985

bestimmt werden. Die modellbasiert ermittelten Ergebnisse sind aufgrund des festgestellten Zusammenhangs zwischen der Federkennlinie des Sauggreifers und dem Skalierungsfaktor (siehe Gleichung 6.10 und 6.11) auch für den Durchschlagpunkt B anwendbar. Ebenso kann der Zusammenhang auf einen anderen frei gewählten Punkt auf der Federkennlinie angewendet werden.

Werden ergänzend die Auswirkungen einer Skalierung auf den axialen und radialen Versatz, a_a und a_r, näher betrachtet, so ist festzustellen, dass die Größen wie folgt linear skalieren:

$$a_\mathrm{a}(f_\mathrm{s}) = f_\mathrm{s} \cdot a_\mathrm{a}(f_\mathrm{s} = 1) \tag{6.14}$$

$$a_\mathrm{r}(f_\mathrm{s}) = f_\mathrm{s} \cdot a_\mathrm{r}(f_\mathrm{s} = 1). \tag{6.15}$$

Das Faltendicke-Seitenverhältnis k_D bleibt bei einer Skalierung hingegen unberührt. Unter

Bezug auf den in Kapitel 6.1.4 festgelegten Bereich für k_D ergibt sich, bspw. bei einer Skalierung um den Faktor zwei, eine maximale Fertigungsabweichung, die ebenfalls um den Faktor zwei linear skaliert.

In diesem Abschnitt konnten die Zusammenhänge zwischen den charakteristischen Durchschlaggrößen und dem Skalierungsfaktor erarbeitet werden. Im folgenden Anschnitt sollen diese Zusammenhänge und die Abhängigkeit der Durchschlaggrößen vom axialen Versatz experimentell validiert werden.

6.4 Experimentelle Validierung des FEM-Modells und der Modellgleichungen

Zur Validierung der modellbasierten Sauggreiferuntersuchung folgt die Bestimmung der Kraft-Verschiebungs-Kennlinie (Federkennlinie) an Funktionsmustern mit unterschiedlicher Skalierung sowie axialer Formkernverschiebung. Aus den Kennlinien werden die Kennwerte des Durchschlags (F_{krit1} sowie s_1 und F_{krit2} sowie s_2) an den charakteristischen Durchschlagpunkten (A und B) ermittelt und mit denen des Modells verglichen.

6.4.1 Bestimmung der Federkennlinie – Vergleich mit FEM-Ergebnissen

Für die Bestimmung der Federkennlinie und einen ersten Vergleich der charakteristischen Durchschlagwerte mit den FEM-Ergebnissen wurden zehn unskalierte Funktionsmuster des Sauggreifers jeweils zehn Mal mit Hilfe des Versuchsaufbaus Ia untersucht. Die Funktionsmuster wurden mit dem in Kapitel 5.1.1 beschriebenen Formwerkzeug im erläuterten Spritzgießverfahren hergestellt. In Abbildung 6.10a ist die über alle Messungen gemittelte Kennlinie mit dem Toleranzband, in dem sich alle ermittelten Federkennlinien befinden, dargestellt.

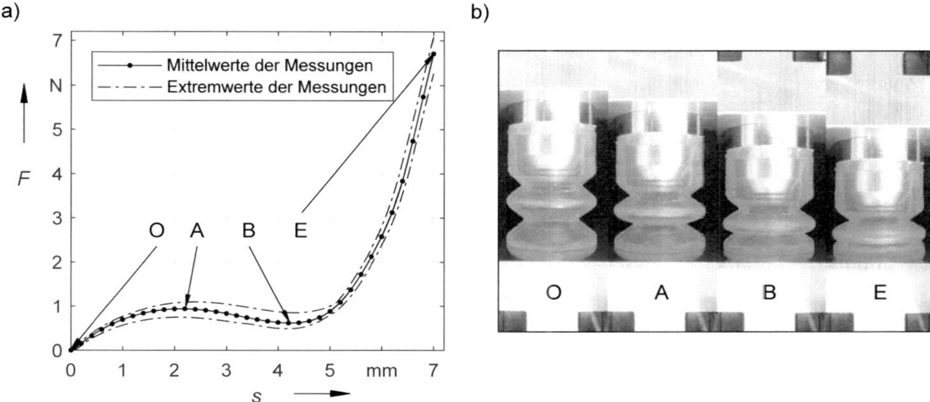

Abbildung 6.10: a) Gemittelte Kraft-Verschiebungs-Kennlinie mit Toleranzband der Messungen von $n = 10$ Sauggreifer-Funktionsmustern; b) Sauggreiferverformung im unbelasteten Zustand (O), im Zustand (A) und (B) an den beiden charakteristischen Durchschlagpunkten A und B sowie im Zustand bei Maximalbelastung (E)

In Abbildung 6.10b sind vier Verformungszustände des Sauggreifers beim Zusammenfalten, die der Federkennlinie zugeordnet sind, gezeigt. Aus den Verformungsbildern ist ersichtlich, dass sich lediglich die erste Falte (siehe Abbildung 4.4) zusammenfaltet. Folglich kann weiterhin die zweite Falte die konzipierte Funktion eines Kugelgelenks für Ausgleichsbewegungen übernehmen.

Es ist festzustellen, dass die gemittelte Federkennlinie bis zum Verschiebungswert von 2.14 mm auf den kritischen Wert von 0.94 N ansteigt und den ersten charakteristischen Durchschlagpunkt (A) ausbildet. Anschließend fällt die gemittelte Federkennlinie bis zum Verschiebungswert von 4.25 mm auf den zweiten kritischen Kraftwert von 0.61 N ab und bildet den zweiten charakteristischen Durchschlagpunkt (B) aus. Im weiteren Verschiebungsverlauf steigt die Kraft bis zum Maximum von ca. 6.70 N bis zum Verschiebungswert von 7 mm weiter streng monoton an.

Alle Funktionsmuster weisen eine Federkennlinie mit zwei Durchschlagpunkten sowie ein instabiles Bewegungsverhalten auf. Dies deutet darauf hin, dass es bestimmte Belastungen gibt, denen mehrere Gleichgewichtslagen zugeordnet werden können [209, 281]. Da die Kennlinie nur einen Verschiebungswert für $F = 0$ N aufweist, ist das Verhalten monostabil (siehe auch Abbildung 2.7). Mit der konzipierten Sauggreiferform wird somit das geforderte instabile Bewegungsverhalten mit Durchschlag erreicht.

Für den quantitativen Vergleich der Messergebnisse mit den FEM-Ergebnissen aus Kapitel 6.2 für eine ideale radiale Position ($a_\mathrm{r} = 0\,\mathrm{mm}$) wurden aus allen Messungen die Durchschlagkennwerte (kritische Kräfte, deren Verschiebungsstellen sowie deren Differenzen) extrahiert und gemittelt (siehe Abbildung 6.11). Zusätzlich wurde die aus der Fertigung resultierende axiale Formkernverschiebung aller zehn Sauggreifermuster über den Versuchsaufbau III zu $\bar{a}_\mathrm{a,ist} = -0.49\,\mathrm{mm}$ ermittelt.

Der quantitative Vergleich der Messergebnisse mit den FEM-Ergebnissen zeigt, dass:

- die gemessenen kritischen Kraftwerte (F_krit1 und F_krit2) um 4 mN bzw. 22 mN höher ausfallen, was der relativen Abweichung von 0.5% bzw. 3.8% entspricht (siehe Abbildung 6.11a, c) und
- die gemessenen Verschiebungsstellen der kritischen Kraftwerte (s_1 und s_2) um 0.34 mm bzw. 0.40 mm kleiner ausfallen, was der relativen Abweichung von 13.8% bzw. 8.6% entspricht (siehe Abbildung 6.11b, d).

Somit ist eine hinreichend genaue Übereinstimmung zwischen den Messergebnissen und den FEM-Ergebnissen angezeigt. Die Abweichungen zwischen den gemessenen und mittels FEM ermittelten Werten lassen sich im Wesentlichen auf:

- die Einflüsse aus dem Fertigungsprozess (bspw. Schwankungen im Mischungsverhältnis der zwei Silikonkomponenten, Durchmischungsgrad, Lufteinschlüsse im Vulkanisat, Vordehnung der Sauggreifermuster u. a.), die zu Materialinhomogenitäten führen,
- die Einflüsse des verwendeten Formwerkzeugs (bspw. Maßtoleranzen, Form- und Lagetoleranzen, elastische Verformung der im 3D-Druck gefertigten Formwerkzeugeinsätze aufgrund der Befestigungskräfte u. a.),

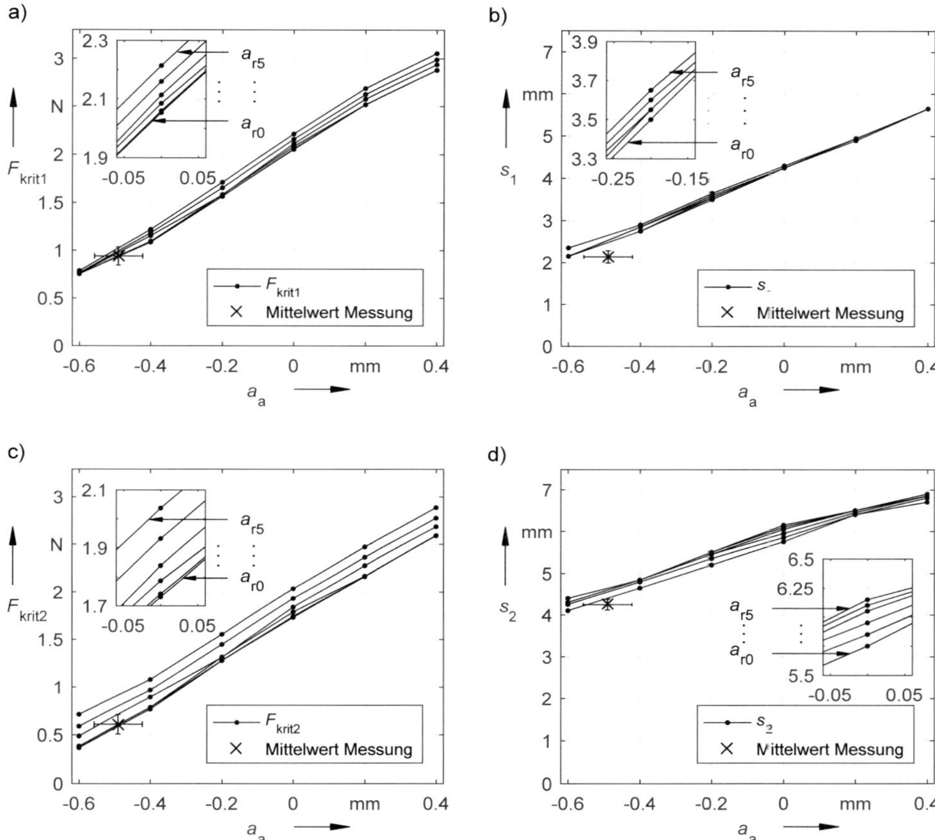

Abbildung 6.11: Vergleich der FEM-Ergebnisse mit den Messergebnissen für $n = 10$ Sauggreifer bezüglich der Durchschlagkennwerte (bei Messwerten unter Angabe der Mittelwerte und der Standardabweichungen): a) und c) kritische Kräfte, F_{krit1} und F_{krit2}, sowie b) und d) Verschiebungsstellen der kritischen Kräfte, s_1 und s_2, jeweils dargestellt über der axialen und radialen Formkernverschiebung a_a und $a_{ri} = i \cdot 0.1\,\mathrm{mm}$ mit $i \in \mathbb{N}$ und $i = 0, .., 5$

- die messtechnischen Fehlereinflüsse (bspw. Findung der Nullposition aufgrund wirkender Adhäsionskräfte zwischen Sauggreifer und ebener Objektfläche, Aufweitung des Sauggreifers im Bereich des Reibkontaktes mit der Sauggreiferhalterung, Winkelfehler zwischen Sauggreiferlängsachse und Verschiebungsrichtung u. a.) sowie
- die Einflüsse der Modellierung und Modellannahmen (bspw. Güte der aus Materialversuchen gewonnenen Materialparameter, gewählte Elementgröße, gewählte Schrittweite der Lastaufbringung, Materialmodell mit isotropem, elastischem Materialverhalten u. a.)

zurückführen.

Aus der Untersuchung der Sauggreifermuster wird zusammengefasst, dass:

- sich beim Falten des Sauggreifers ausschließlich die erste Falte zusammenfaltet und die

Funktion der zweiten Falte erhalten bleibt,

- der Sauggreifer ein instabiles Bewegungsverhalten mit Durchschlag und monostabiler Kennlinie aufweist und
- die gemessenen charakteristischen Durchschlaggrößen hinreichend genau mit denen des FEM-Modells übereinstimmen.

Aus dem durchgeführten Vergleich der Messergebnisse mit den FEM-Ergebnissen wird für die nachfolgenden Untersuchungen geschlussfolgert, dass das entwickelte FEM-Modell für weitere qualitative sowie quantitative Vergleiche verwendet werden kann.

6.4.2 Bestimmung der Durchschlagkennwerte an geometrisch variierten, skalierten Sauggreifern und Vergleich mit den FEM-Ergebnissen

Zur Validierung des entwickelten FEM-Modells des Sauggreifers sowie zur Prüfung der durchgeführten Skalierungsbetrachtungen wurden acht um den Faktor $f_s = 2$ skalierte Funktionsmuster hergestellt und untersucht. Darüber hinaus sollte die Vermutung, ob ein instabiles Bewegungsverhalten mit Durchschlag und *bistabiler* Kennlinie durch das gezielte Einstellen des axialen Formkernversatzes erreicht werden kann, geprüft werden.

Zur Herstellung der Funktionsmuster wurde das erweiterte Formwerkzeug verwendet und das beschriebene Spritzgießverfahren angewendet. Die axiale Formkernverschiebung der skalierten Funktionsmuster wurde im Bereich $-1.2\,\text{mm} \leq a_{a,soll} \leq +0.8\,\text{mm}$ mit einer frei gewählten Schrittweite von 0.4 mm variiert. Für den Nachweis der (Un-)Gültigkeit der Vermutung wurde ergänzend jeweils ein Sauggreifermuster mit $a_{a,soll} = -1.8\,\text{mm}$ und $a_{a,soll} = -1.6\,\text{mm}$ hergestellt. Die tatsächlich vorhandene axiale Verschiebung $\bar{a}_{a,ist}$ jedes Funktionsmusters wurde wie beschrieben mit dem Versuchsaufbau III quantifiziert (siehe Tabelle A.12). Mit Hilfe des vorgestellten Versuchsanordnung Ia wurden die Federkennlinien bestimmt und anschließend daraus deren Durchschlagkennwerte ermittelt.

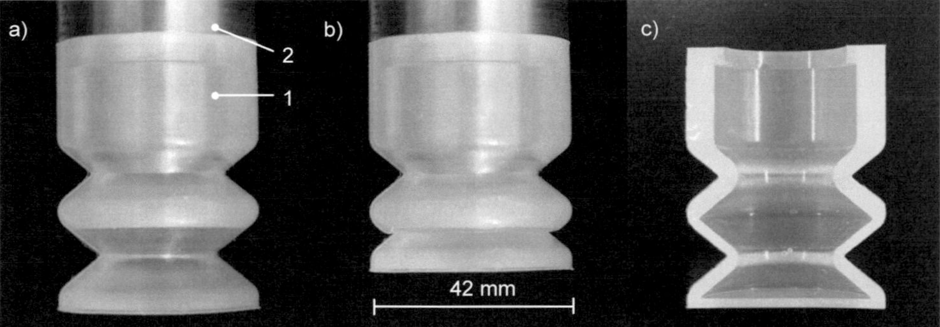

Abbildung 6.12: Sauggreifer-Funktionsmuster (1) mit $f_s = 2$ und instabilem Bewegungsverhalten mit Durchschlag und bistabiler Kennlinie montiert an der Sauggreiferhalterung (2) dargestellt in seinen beiden stabilen Lagen: a) und b) ohne äußere Krafteinwirkung; c) halbiertes Funktionsmusters gefertigt mit $a_{a,soll} = 0\,\text{mm}$

Zur Überprüfung der Fertigungsqualität der hergestellten Funktionsmuster wurde ein Funktionsmuster halbiert und der Dickenverlauf einer Sichtprüfung unterzogen. Diese ergab, ohne weiterführende Quantifizierung des radialen Versatzes, keinen zur Mittelachse bezogenen unsymmetrischen Verlauf (siehe Abbildung 6.12c). Deshalb wurden zum Vergleich der Messungen die mittels FEM ermittelten Federkennlinien für die ideale radiale Position ($a_r = 0\,\text{mm}$) ausgewählt.

Aufgrund der durchgeführten Skalierungsbetrachtungen wurden die FEM-Ergebnisse ohne Durchführung erneuter Simulationen mit den Gleichungen 6.10 und 6.11 auf die um den Faktor zwei skalierte Sauggreifergeometrie umgerechnet. Hierbei wurde modellbasiert über 16 Varianten der Bereich von $-2.0\,\text{mm} \leq a_a \leq +1.0\,\text{mm}$ mit der Schrittweite von 0.2 mm abgedeckt. In Abbildung 6.13 sind die über das FEM-Modell ermittelten Durchschlagkennwerte (kritische Kräfte und deren Verschiebungsstellen) im Vergleich zu den Gemessenen dargestellt.

Für F_{krit1} und s_1 ist zu erkennen, dass (siehe Abbildung 6.13a und b):

- die Kurve für die simulierten kritischen Kräfte F_{krit1} und deren Verschiebungsstellen s_1 im Bereich -2.0 mm $\leq a_a \leq$ 1.0 mm annähernd linear verlaufen ($R^2 = 0.991$ bzw. $R^2 = 0.999$),
- die gemessenen kritischen Kräfte F_{krit1} und deren Verschiebungsstellen s_1 im Bereich -1.8 mm $\leq a_a \leq$ 0.8 mm annähernd linear verlaufen ($R^2 = 0.994$ bzw. $R^2 = 0.999$),
- alle gemessenen kritischen Kraftwerte F_{krit1} oberhalb der simulierten Kraftwerte liegen ($\bar{\epsilon}_{\text{rel}} = 18.5\%$, $\bar{\epsilon}_{\text{abs}} = 0.87$ N) und
- alle gemessenen Verschiebungsstellen s_1 unterhalb der simulierten Verschiebungswerte liegen ($\bar{\epsilon}_{\text{rel}} = 9.7\%$, $\bar{\epsilon}_{\text{abs}} = 0.87$ mm).

Für die kritischen Kräfte F_{krit2} kann festgestellt werden, dass (siehe Abbildung 6.13c):

- die Kurve der simulierten kritischen Kräfte im Bereich -1.8 mm $\leq a_a \leq$ 1.0 mm annähernd linear verläuft ($R^2 = 0.994$),
- der Anstieg der Kurve für die simulierten kritischen Kräfte für $a_a < -1.6$ mm in negative Verschiebungsrichtung immer geringer wird,
- negative simulierte kritische Kräfte (Bereich in der Detaildarstellung grau hervorgehoben) für $a_a \leq -1.79$ mm erreicht werden,
- die gemessenen kritischen Kräfte annähernd linear verlaufen ($R^2 = 0.998$) und
- die gemessenen kritischen Kräfte von den Simulationswerten durchschnittlich relativ um 3.0% abweichen, was einer durchschnittlichen absoluten Abweichung von 0.34 N entspricht.

Zudem wurde für das Funktionsmuster mit dem geringsten Wert von $\bar{a}_{\text{a,ist}} = -1.783\,\text{mm}$ für die axiale Abweichung der kritische Kraftwert von $F_{\text{krit2}} = 81\,\text{mN}$ und ein instabiles Bewegungsverhalten mit *bistabiler* Kennlinie ermittelt. Die beiden stabilen Lagen ohne äußere Krafteinwirkung sind in Abbildung 6.12a und b gezeigt. Hierdurch konnte die Vermutung verifiziert werden, dass ein instabiles Bewegungsverhalten mit Durchschlag und *bistabiler* Kennlinie durch das gezielte Einstellen des axialen Formkernversatzes erreicht werden kann.

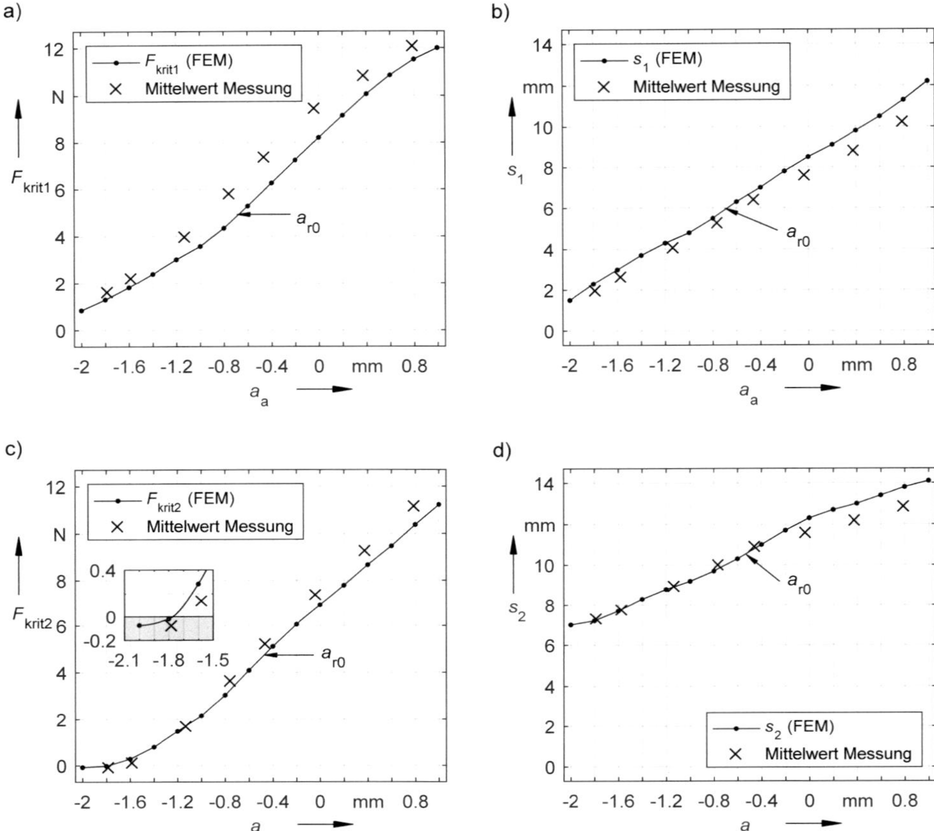

Abbildung 6.13: Vergleich der skalierten FEM-Ergebnisse ohne radialen Versatz (a_{r0}) mit den Messergebnissen der $n = 8$ mit $f_s = 2$ skalierten Funktionsmuster für unterschiedliche axiale Formkernverschiebungen a_a bezüglich der Durchschlagkennwerte: a) und c) kritische Kräfte, F_{krit1} und F_{krit2}, sowie b) und d) Verschiebungsstellen der kritischen Kräfte, s_1 und s_2

Für die Verschiebungsstellen der kritischen Kräfte s_2 kann festgestellt werden, dass (siehe Abbildung 6.13d):

- die Kurve der simulierten s_1-Werte im Bereich -2.0 mm $\leq a_a \leq 1.0$ mm annähernd linear verläuft ($R^2 = 0.993$),
- die Kurve der gemessenen s_1-Werte im Bereich -1.8 mm $\leq a_a \leq 0.8$ mm annähernd linear verläuft ($R^2 = 0.981$) und
- die gemessenen Verschiebungsstellen von den Simulationswerten durchschnittlich relativ um 1.6% abweichen, was der durchschnittlichen absoluten Abweichung von 0.22 mm entspricht.

Zusammenfassend wurde für den Verschiebungsbereich -1.8 mm $\leq a_a \leq 0.8$ mm in den FEM-basierten und experimentellen Untersuchungen am skalierten Sauggreifer festgestellt, dass:

- die gleiche, qualitative Abhängigkeit (jeweils lineare Abhängigkeit) der Durchschlagkennwerte (F_{krit1} und s_1 sowie F_{krit2} und s_2) von der axialen Formkernverschiebung a_{a} besteht und
- die quantitativen Abweichungen[62] zwischen FEM-basierten und experimentellen Untersuchungen am skalierten Sauggreifer hinreichend klein sind.

An dieser Stelle wird nochmals herausgestellt, dass der Vergleich der Messergebnisse für die skalierten Sauggreifermuster mit den über die Skalierungsgleichungen (Gleichung 6.10 und 6.11) umgerechneten FEM-Ergebnissen durchgeführt wurde. Daraus wird geschlussfolgert, dass über die Messungen an den skalierten Sauggreifermustern:

- das entwickelte FEM-Modell,
- die Skalierungsgleichungen (Gleichung 6.10 und 6.11) und somit auch
- die Modellgleichung(en) (Gleichung 6.9 in der Form $F_{3,3,n}$ mit $n = \{1, 2, 3\}$) für den Verformungsbereich I ($0 \leq s \leq s_1$)

validiert wurden. Somit können das FEM-Modell, die Skalierungsgleichung und die Modellgleichung für die gezielte Auslegung des Sauggreifers (u. a. Durchschlagkennwerte) verwendet werden. Auf Grundlage dieser Validierung werden in Kapitel 9.2 und 9.3 zwei allgemeine Vorgehensweisen abgeleitet, wie ein Sauggreiferkennwert über die axiale Formkernverschiebung bzw. die Skalierung eingestellt werden kann.

6.5 Alternative Methode zum Festlegen vom Außendurchmesser des Sauggreifers

Ziel des Abschnitts ist es, den Außendurchmesser des Sauggreifers mit instabilem Bewegungsverhalten bei festgelegtem Faltenseitenverhältnis sowie Faltenwinkel anhand der mehrkriteriellen Betrachtung *modellbasiert* zu ermitteln. Hierbei wird im Gegensatz zur beschriebenen Möglichkeit der greifobjektbasierten Auslegung der Sauggreifergeometrie das methodische Vorgehen der *sauggreiferkennwertebasierten* Auslegung aufgezeigt.

Hierzu wurde eine Parameterstudie mittels des vorgestellten FEM-Sauggreifermodells durchgeführt, bei dem der Außendurchmesser des Sauggreifers im Bereich von 13 mm $\leq D_{\text{Sa}} \leq$ 31 mm mit der Schrittweite von 2 mm variiert wurde. Die untere Bereichsgrenze ergab sich hierbei geometrisch aus der Forderung, dass D_{Si} einen positiven Wert annehmen muss. Weiterhin sollte im Ausgangszustand und während der Verformung des Sauggreifers die Berührung der beiden gegenüberliegenden *Bereiche* der innen liegenden Falzkante, in denen sich die Punkte C und D befinden (siehe Abbildung 4.4), vermieden werden. Die obere Bereichsgrenze hingegen wurde zur Begrenzung der Rechenzeit so gewählt, dass die Anzahl der Elemente bei den eingestellten Netzoptionen (siehe Kapitel 6.1.2) den Wert

[62]Ursachen für die quantitativen Abweichungen wurden in Kapitel 6.4.1 näher benannt.

von 450000 nicht überstieg. Ergänzt wurde die Studie mit der Untersuchung eines unendlich großen Außendurchmessers, bei dem die räumliche Ausdehnung in tangentiale Richtung auf 1 mm begrenzt wurde (siehe Tabelle 6.3).

Tabelle 6.3: Sauggreifergeometrie dargestellt im Ausschnitt des FEM-Halbmodells für die betrachteten Randfälle ($D_{\mathrm{Sa}} = 13$ mm und $D_{\mathrm{Sa}} = 31$ mm), für die ausgewählte Geometrie ($D_{\mathrm{Sa}} = 21$ mm) sowie für den unendlich großen Durchmesser D_{Sa}, jeweils mit dem Faltenseitenverhältnis $d_{\mathrm{F11}} : d_{\mathrm{F12}} : d_{\mathrm{F21}}$ von 1.5 : 1 : 2 und dem Faltenwinkel α von 80°

D_{Sa}	13 mm	21 mm	31 mm	∞
Geometrie				

In Abbildung 6.14a sind die Kraft-Verschiebungs-Kennlinien (Federkennlinien) im betrachteten Variationsbereich bis zur maximalen Verschiebung von $s_{\max} = 6.5$ mm gezeigt. Für den qualitativen Vergleich der Kennlinien wurden diese in Abbildung 6.14b auf die maximale Verschiebung $s_{\max}$, den Sauggreiferdurchmesser $D_{\mathrm{Sa,0}} = 21$ mm und die jeweilige Faltenschnittfläche $A_{\mathrm{F},i} = A_{\mathrm{F}}(D_{\mathrm{Sa},i})$ (definiert in Kapitel 6.1.4) normiert dargestellt, wobei die Fläche über die Gleichung 6.16:

$$A_{\mathrm{F}}(D_{\mathrm{Sa},i}) = \frac{\pi}{2}(D_{\mathrm{Sa},i} + D_{\mathrm{Si},i}) \cdot d_{\mathrm{F12}} \tag{6.16}$$

berechenbar ist.

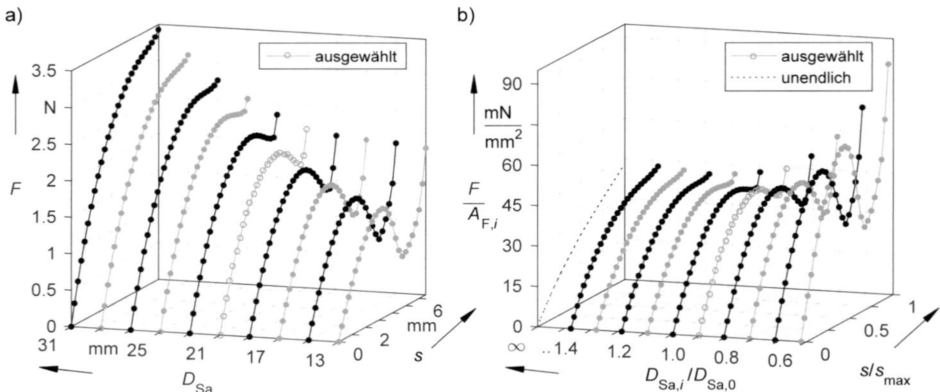

Abbildung 6.14: FEM-Ergebnisse der Federkennlinien mit $D_{\mathrm{Sa},i} = (21 + 2 \cdot i)$ mm für $\{i | i \in \mathbb{Z}, -4 \leq i \leq 5\}$ bei dem Faltenseitenverhältnis $d_{\mathrm{F11}} : d_{\mathrm{F12}} : d_{\mathrm{F21}}$ von 1.5 : 1 : 2 und einem Faltenwinkel α von 40°: a) nicht normiert und b) normiert auf $s_{\max} = 6.5$ mm, $D_{\mathrm{Sa,0}} = 21$ mm und die jeweilige Faltenschnittfläche $A_{\mathrm{F}}(D_{\mathrm{Sa},i})$

Aus den FEM-Simulationen ist ersichtlich, dass:

- die benötigte Kraft an gleichen Verschiebungsstellen bei steigendem Sauggreiferdurchmesser, aufgrund der zunehmenden Faltenschnittfläche A_{F} und somit des zunehmenden Flächenträgheitsmoments der Faltenseite, ansteigt,

- ein instabiles Bewegungsverhalten mit Durchschlag und monostabiler Kennlinie für Außendurchmesser < 27 mm feststellbar ist und
- ein degressiver Kennlinienverlauf für Außendurchmesser ≥ 27 mm auftritt, der mit steigendem Durchmesser abflacht und dem Verlauf bei unendlich großem Durchmesser entgegenstrebt.

Deutlich wird, dass die radiale Steifigkeit bei Abnahme des Außendurchmessers des Sauggreifers und der einhergehenden Zunahme der Krümmung zunimmt und das instabile Bewegungsverhalten mit Durchschlag hierdurch geometrisch erzwungen wird. Unterstützend wirken die gewählten unterschiedlichen Faltenseitendicken, die bei axialer Verschiebung das Durchwalken der Faltenseite mit der geringsten Dicke initiiert. Der Quotient $F/A_{\mathrm{F},i}$ kann als Größe der Materialbelastung interpretiert werden, welche den Anstieg der Materialbelastung bei geringer werdendem Außendurchmesser anzeigt.

Für die kennwertebasierte Auslegung des Sauggreifers müssen spezifische Kennwerte bzw. Kriterien ermittelt und ausgewählt werden. Die Wahl traf auf:

- die Differenz der kritischen Kräfte ΔF,
- die Differenz der Verschiebungsstellen der kritischen Kräfte Δs sowie
- die maximale radiale Vordehnung $\varepsilon_{\mathrm{rv,max}}$, die beim Entformen des Sauggreifers vom Vollkern auftritt (berechnet über Gleichung 5.1).

Ziel der mehrkriteriellen Optimierung ist es, ΔF sowie Δs zu maximieren und gleichzeitig die radiale Vordehnung zu minimieren. Es gilt, dass:

- je größer ΔF und Δs ist, desto ausgeprägter fällt das nichtlineare Bewegungsverhalten mit Durchschlag aus und
- je geringer die Vordehnung ist, desto geringer fällt die Spannungserweichung aus (siehe Kapitel 3.5).

In Abbildung 6.15a bis c sind die einzelnen Kriterien in Abhängigkeit des Sauggreiferdurchmessers im gewählten Variationsbereich dargestellt. Unter der Nebenbedingung, dass ein Durchschlag vorhanden sein soll, wurden in den grafischen Darstellungen der jeweilige optimale Durchmesser bezüglich des einzelnen Kriteriums gekennzeichnet. Es ist ersichtlich, dass die Einzelkriterien für unterschiedliche Außendurchmesser erreicht werden.

Daher wird die Zielfunktion Z:

$$Z(D_{\mathrm{Sa},i}) = 1 - \left(g_1 \cdot \frac{\Delta F(D_{\mathrm{Sa},i})}{\Delta F(D_{\mathrm{Sa,-4}})} + g_2 \cdot \frac{\Delta s(D_{\mathrm{Sa},i})}{\Delta s(D_{\mathrm{Sa,-1}})} + g_3 \cdot \frac{\varepsilon_{\mathrm{rv,max}}(D_{\mathrm{Sa},i})}{\varepsilon_{\mathrm{rv,max}}(D_{\mathrm{Sa,2}})} \right) \tag{6.17}$$

mit $\{i | i \in \mathbb{Z},\ -4 \leq i \leq 5\}$ für die mehrkriterielle Optimierung aufgestellt und anschließend minimiert. Der Einfluss der einzelnen Kriterien wird über Gewichtungsfaktoren g_j mit $j = \{1, 2, 3\}$ bemessen, wobei:

$$\sum_{j=1}^{3} g_j = 1 \tag{6.18}$$

festgelegt wurde.

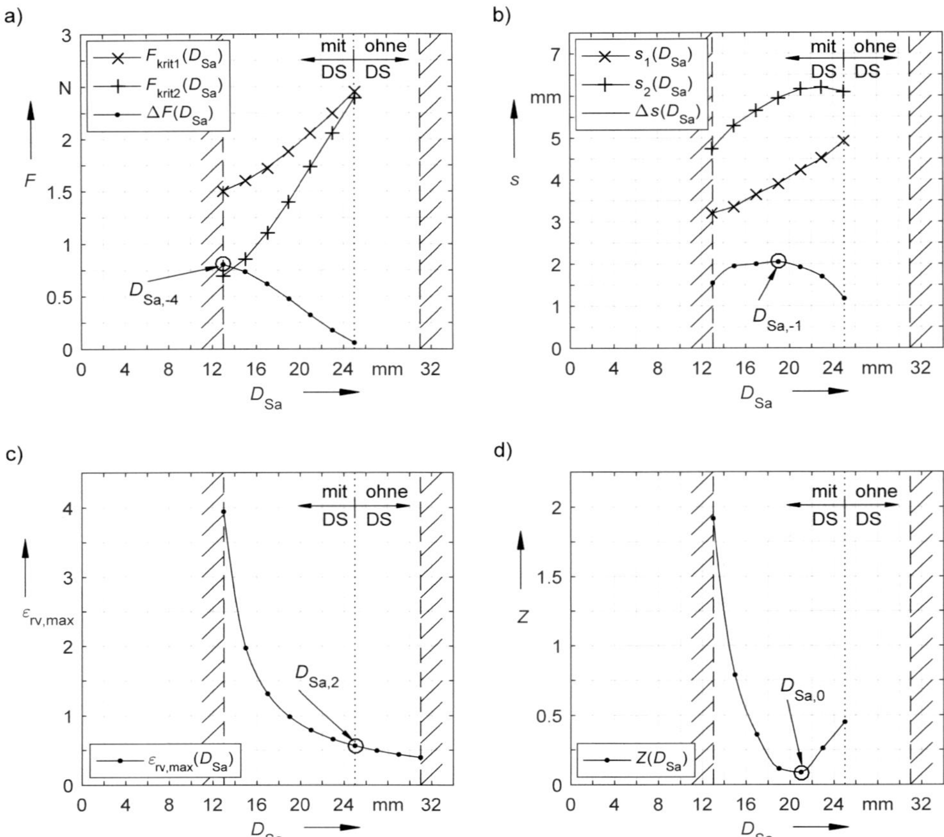

Abbildung 6.15: FEM-Ergebnisse der ausgewählten Kriterien: a) bis c) für die Optimierung und d) die festgelegte Zielfunktion Z jeweils im gekennzeichneten Variationsbereich $D_{\mathrm{Sa},i} = (21 + 2 \cdot i)\,\mathrm{mm}$ für $\{i | i \in \mathbb{Z},\ -4 \leq i \leq 5\}$ bei dem Faltenseitenverhältnis $d_{\mathrm{F11}} : d_{\mathrm{F12}} : d_{\mathrm{F21}}$ von $1.5 : 1 : 2$ und dem Faltenwinkel $\alpha = 40°$ sowie mit Kennzeichnung des Grenzwertes für das instabile Bewegungsverhalten mit Durchschlag (DS)

Bei der Gleichgewichtung der Kriterien ergibt sich für Z der minimale Zahlenwert von 0.13, wodurch die Auswahl des Durchmessers auf $D_{\mathrm{Sa},0} = 21$ mm fällt (siehe Abbildung 6.15). Hierbei gleicht der Wert für D_{Sa} dem in Kapitel 4.3.2 über die greifobjektbasierte Auslegung ermittelten Wert und zeigt somit die zweckmäßige Auswahl aus Sicht der gewählten Sauggreiferkennwerte.

Zusammenfassend wird festgestellt, dass, wie hier am Beispiel für die Festlegung des Außendurchmessers gezeigt, neben der greifobjektbasierten Auslegung die sauggreiferkennwertebasierte Auslegung über eine mehrkriterielle Optimierung zielführend ist. Weiterführend können die Kriterien der beiden Ansätze kombiniert werden. Für die mehrkriterielle Bewertung eignet sich insbesondere das Verfahren nach HANSEN [107], wobei dieses um die Paarbildungsmatrix nach [25] erweitert wird, um die möglichst objektive Verteilung der Gewichtsfaktoren zu erzielen.

6.6 Methoden zur Bestimmung der Anpassungsfähigkeit des Sauggreifers

Ziel dieses Abschnittes ist es, Methoden für die Beurteilung der Anpassungsfähigkeit des Sauggreifers an verschiedene Objektgeometrien und -lagen bereitzustellen. Für die Methodenentwicklung wird beispielhaft die Anpassungsfähigkeit des Sauggreifers an eine um den Winkel φ geneigte, ebene Greifobjektfläche untersucht. Dabei soll geprüft werden, ob die Bestimmung notwendiger Andruckwege und der (aufsummierten) Druckkraft, die senkrecht auf die Greifobjektfläche wirkt, modellbasiert erfolgen kann. Ebenso sind Möglichkeiten zur Ermittlung des maximalen Neigungswinkels zu erörtern, die der Sauggreifer ausgleichen kann.

Für die Untersuchung der real vorhandenen Anpassungsfähigkeit wurden drei um den Faktor $f_s = 2$ skalierte Sauggreifermuster mit einem axialen Versatz von $a_{\varepsilon,\text{soll}} = 0$ mm aus ELASTOSIL® M 4644 mittels des erweiterten Formwerkzeugs im erläuterten Spritzgießverfahren hergestellt. Mit Hilfe des Versuchsaufbaus Ib ist der Neigungswinkel φ, definiert als der Winkel zwischen Sauggreifermembran und ebener Objektoberfläche, einstellbar und die Kraft-Verschiebungs-Kennlinien $F(s, \varphi) = F_\varphi(s)$ für konstante Neigungswinkel bestimmbar. Die Kraft F_φ ist dabei die auf das Greifobjekt senkrecht wirkende Druckkraft und kann über Winkelbeziehungen aus der gemessenen Kraft bestimmt werden (siehe Abbildung 6.19b).

In Abbildung 6.16a-d sind exemplarisch vier Verformungszustände für $\varphi = 20°$ beim Anschmiegen des Sauggreifers an das ebene Greifobjekt gezeigt. Vergleichend sind die über das FEM-Modell bestimmten Verformungszustände für gleiche Verschiebungswerte in Abbildung 6.16e-h dargestellt.

Für die Simulation wurde aufgrund der unsymmetrischen Verformung das beschriebene 3D-Halbmodell des Sauggreifers mit der Nominalgeometrie verwendet. Dieses wurde um die Sauggreiferhalterung und das Greifobjekt erweitert. Auf die Stirnseite des Sauggreifers sowie der Halterung wurde die Verschiebung in minus y-Richtung unter Sperrung der beiden anderen Verschiebungsfreiheiten aufgebracht. Das Greifobjekt wurde zudem fest eingespannt.

Der Kontakt zwischen dem Sauggreifer und dessen Halterung wurde im Bereich der Wulst als Verbund und in allen übrigen Bereichen als reibungsloser Kontakt modelliert. Ebenso wurden axial gegenüberliegende Faltenseiten, die während der Verformung in Kontakt treten können, mit einem reibungslosen Kontakt versehen.

Für das erfolgreiche Ergreifen des Objekts mit dem geschlossenen Sauggreifer muss generell die Sauggreifermembran mit dem Objekt einen geschlossenen Kontaktring aufweisen. Aus diesem Grund wurde der Kontakt zwischen diesen beiden Kontaktpartnern als rau[63] definiert und der Kontaktstatus der Membranknoten während des Anschmiegens an das Greifobjekt ausgewertet.

In Abbildung 6.16i-l ist die Veränderung des Kontaktstatus der Membranknoten bis zur Schließung des Kontaktrings den Verformungszuständen zugeordnet und in die $y=0$ Ebene transformiert gezeigt. Der offene bzw. geschlossene Kontaktring wurde durch Auswertung des Kontaktstatus der Membranknoten ermittelt.

[63] Die gewählte Kontaktdefinition ermöglicht keine Gleitung zwischen den Kontaktpartnern und ist eine Modellvereinfachung. Grund hierfür ist, dass das Augenmerk auf der Methodenentwicklung liegt.

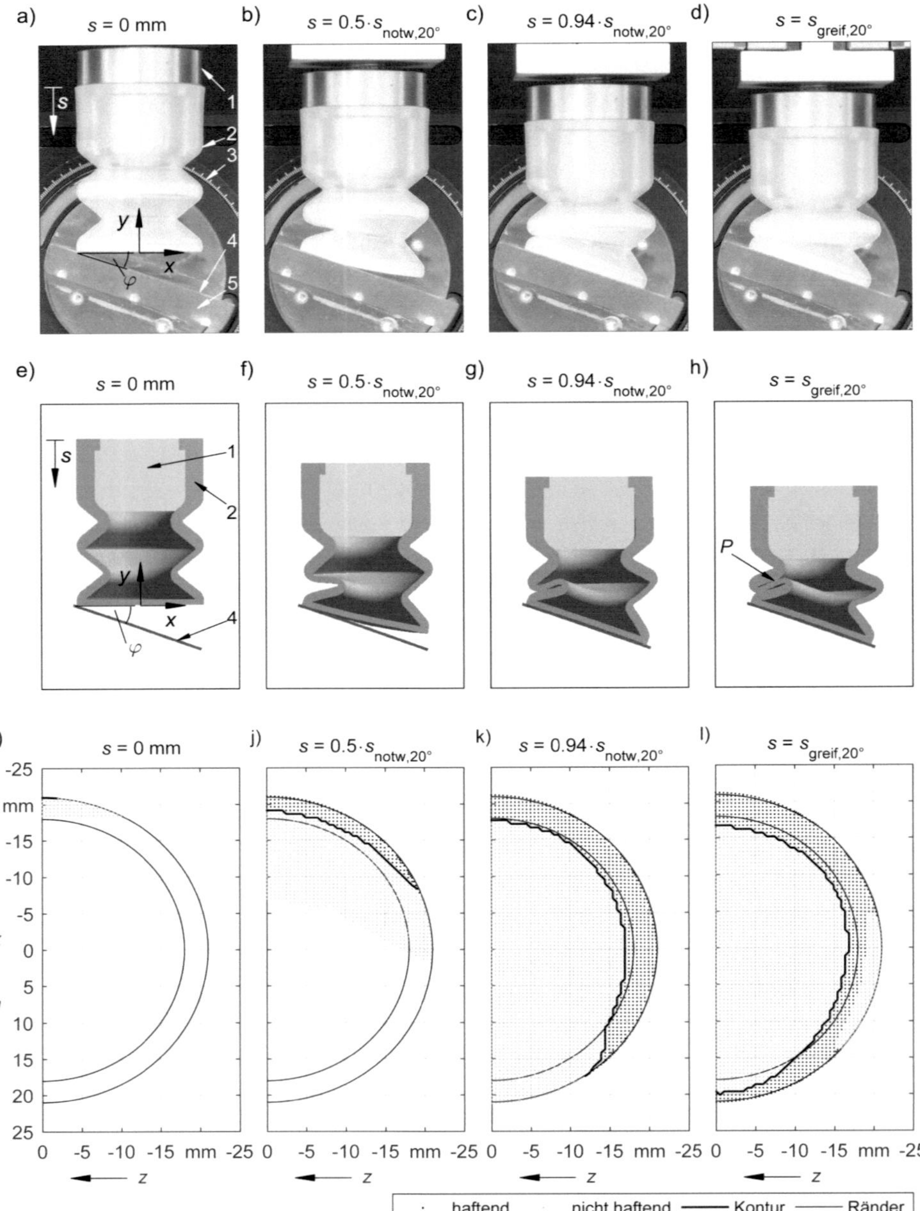

Abbildung 6.16: Anschmiegen des Sauggreifers an eine geneigte, ebene Objektfläche beispielhaft für $\varphi = 20°$: a)-d) reale Sauggreifer-Verformungen mit (1) Sauggreiferhalterung, (2) Sauggreifer, (3) Winkelskala, (4) ebene Objektoberfläche und (5) Objekt; e)-h) simulierte Sauggreifer-Verformungen mit Berührungspunkt (P) der Faltenseiten mit den Dicken d_{F21} und d_{F12} und i)-l) den Verformungszuständen zugeordnete Kontaktstati der Sauggreifermembranknoten

Dabei wurde der Übergang von haftenden und nicht haftenden Knoten identifiziert (Knoten mit Kontaktstatus „far" sind in Abbildung 6.16i-l nicht dargestellt). Der Übergang wurde mit einer Linie markiert und als Kontur bezeichnet. Ist die Kontur in sich geschlossen und berührt zweimalig die x-Achse, so gilt der Kontaktring als ausgebildet. Der Verlauf der sich einstellenden Kontur ist in den Darstellungen in Bezug auf die Ränder der Kreisringfläche dargestellt[64]. Voraussetzung für die zeilen- und reihenweise Auswertung des Kontaktstatus der Membranknoten war die Generierung eines gleichförmigen Gitternetzes auf den Sauggreiferboden. Für die gewählte Maschenweite wurde der Wert von 0.5 mm gewählt.

Die Simulation zur Adaption des Sauggreifers an das Greifobjekt wurde mittels vier Lastschritte in vier Phasen unterteilt: Kontaktfindungsphase (I) sowie Phase vor (II), während (III) und nach (IV) der geschlossenen Kontaktringausbildung. Die Verschiebung s in minus y-Richtung wurde in der Kontaktfindungsphase sowie im Bereich während der Kontaktringausbildung mit der Schrittweite von 0.1 mm und in allen übrigen Phasen mit 0.5 mm aufgelöst. Die maximale Verschiebung $s_{\max}$ wurde in Abhängigkeit des Neigungswinkels auf maximal 22 mm festgelegt.

Zur Findung des *notwendigen Andruckwegs* $s_{\text{notw},\varphi}$ wurde die Phase (III) während der Kontaktringausbildung für die Winkel φ von 0° bis 30° in Schritten von 5° ausgewertet. Die Verschiebungsstelle, ab der der Kontaktring geschlossen ist und somit ein erfolgreiches Sauggreifen möglich ist, wurde dem notwendigen Andruckweg zugeordnet. Der sich für diese Verschiebungsstelle einstellende Kontaktstatus der Knoten, der Verlauf der Kontur und die durch die Kontur eingeschlossene Überdruckfläche A_φ sind in Abbildung 6.17a-g jeweils für unterschiedliche Neigungswinkel dargestellt. Ergänzend ist in Abbildung 6.17h der Verlauf der auf $A_{0°}$ normierten, eingeschlossenen Überdruckfläche $\tilde{A}_\varphi$ in Abhängigkeit vom Neigungswinkel aufgeführt.

Der Auswertung des simulierten Anschmiegeprozesses ist zu entnehmen, dass:

- ein nicht haftender Bereich (A) mit der Fläche A_φ und ein haftender Kontaktbereich (B) ausgebildet werden,
- ein zweiter nicht haftender Bereich (C) im Randbereich der Sauggreifermembran für Winkel $\varphi \geq 20°$ entsteht, der auf ein im Vergleich zu $\varphi < 20°$ schlechteres Anschmiegen der Membranfläche hindeutet,
- die Fläche A_φ für den Winkel $\varphi = 0°$ kreisrund ist und diese vom inneren Rand der Kreisringfläche begrenzt wird,
- die kreisrunde Fläche A_φ für größer werdende Winkel in eine ovale Form übergeht,
- die Fläche A_φ für $\varphi = 10°$ ihr Maximum erreicht und um ca. 5% größer als die Fläche $A_{0°}$ ist und
- die sich einstellende Fläche A_φ für Winkel $\geq 22.3°$ kleiner als die Fläche $A_{0°}$ ist.

Da die Untersuchung der Größe der Greifkraft nicht Gegenstand der Arbeit ist, wurde der Einfluss der Fläche A_φ und somit des Neigungswinkels auf die Greifkraft nicht weiter untersucht.

In Abbildung 6.18a sind die mittels FEM ermittelten Kraft-Verschiebungs-Kennlinien für Neigungswinkel von 0° bis 30° in Schritten von 5° dargestellt. Zum Vergleich sind diesen die

[64]Die Ränder der Kreisringfläche sind die auf die Membranunterseite projizierten Ränder der Ringfläche A_{ring}, die der Berührungsfläche der gefalteten Teilstruktur mit der Membran entspricht (siehe Abbildung 4.4).

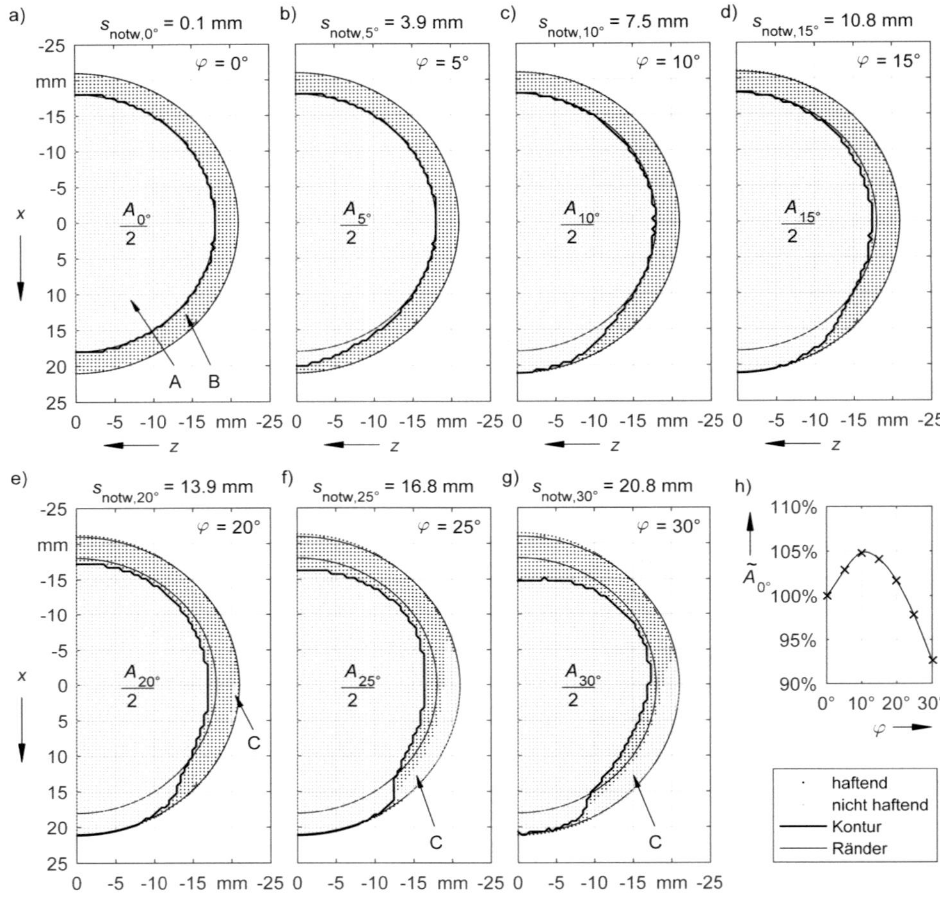

Abbildung 6.17: Fläche A_φ sowie Kontaktstatus zwischen Membran des Sauggreifers mit $f_s = 2$ und einer um den Winkel φ geneigten Greifobjektebene: a) bis g) für $\varphi = 0°$ bis 30° in Schritten von 5°; h) die auf $A_{0°}$ normierte Fläche $\tilde{A}_{0°}$ in Abhängigkeit von φ; (A) nicht haftender Kontaktbereich; (B) haftender Kontaktbereich; (C) äußerer Bereich nicht haftender Kontakte

arithmetisch gemittelten Kennlinien der drei Sauggreifermuster in Abbildung 6.18b gegenübergestellt.

Die Verschiebungen sind jeweils auf den in Vorversuchen gemessenen *Verschiebungswert zur Greifkraftermittlung* für nicht geneigte Objektebenen $s_{\text{greif},0°}$=13.5 mm normiert. Es handelt sich hierbei um den Verschiebungswert des Sauggreifers, bei dem die Greifkraft des Sauggreifers ermittelt werden kann. Bei diesem Verschiebungswert liegen die einzelnen Faltenseiten aneinander und bei der Zuschaltung eines negativen Überdrucks faltet sich der Sauggreifer nicht weiter zusammen, wodurch ein gegriffenes Greifobjekt nicht angehoben wird.

Die Kräfte sind auf die in der Simulation bestimmte, kritische Kraft $F_{\text{krit1,FEM}}$=9.11 N bzw. auf

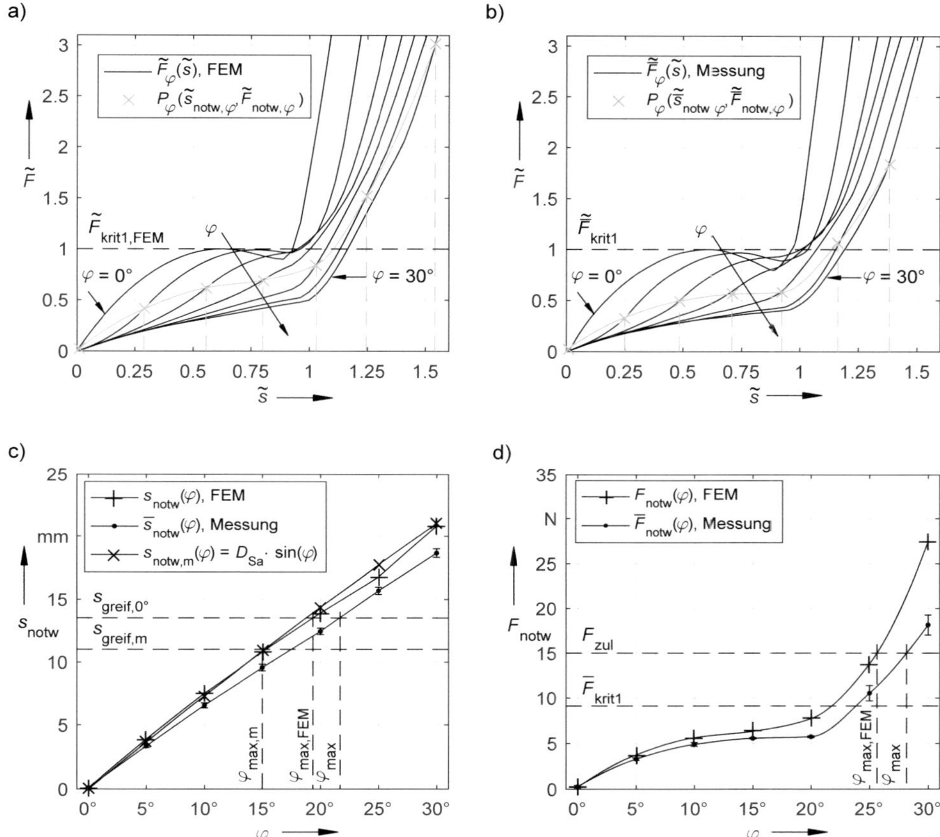

Abbildung 6.18: Normierte Kraft-Verschiebungs-Kennlinien in Abhängigkeit des Neigungswinkels φ von 0° bis 30° in Schritten von 5° sowie Punkte P_φ, die einen geschlossenen Kontaktring auf betreffender Kennlinie kennzeichnen: a) ermittelt über ein FEM-Modell und b) experimentell ermittelt über Messungen an $N = 3$ Funktionsmustern; c) verschiebungsbasierte und d) kraftbasierte Ermittlung vom maximalen Neigungswinkel mit Hilfe von Messungen, des FEM-Modells und des analytischen Modells anhand unterschiedlicher Vorgaben

die gemittelte, kritische Kraft $\overline{F}_{krit1}$=9.89 N der drei Funktionsmuster normiert[65]. Weiterhin sind die Punkte P_φ auf den Kraft-Verschiebungs-Kennlinien gekennzeichnet, ab denen der Kontaktring geschlossen ist. Die Ermittlung von $s_{notw,\varphi}$ und zugehöriger Kraft $F_{notw,\varphi}$ in diesen Punkten wurde für die drei Funktionsmuster wie in Kapitel 5.2.1 beschrieben durchgeführt, wobei diese Werte für jedes Sauggreifermuster fünf Mal bestimmt und anschließend über alle Versuche arithmetisch gemittelt wurden.

Aus der Gegenüberstellung der Kraft-Verschiebungs-Kennlinien ist festzustellen, dass:

- der qualitative Verlauf der modellbasierten und in den Versuchen bestimmten Kraft-Verschiebungs-Kennlinien gleich ist,

[65] Die Ermittlung wurde jeweils für den Neigungswinkel von 0° durchgeführt.

- die quantitative Übereinstimmung aller Kennlinien für den Bereich $0 \leq \tilde{s} \leq 1$ hinreichend genau ist ($\bar{\epsilon}_{\text{rel}} \leq 9.8\%$),
- das instabile Bewegungsverhalten mit Durchschlag für $\varphi \leq 5°$ besteht, welches für $\varphi > 5°$ in stabiles Bewegungsverhalten (mit streng monoton wachsendem Verlauf) übergeht und
- der Anstieg der Kennlinien für $\varphi > 5°$ ab dem Erreichen der Verschiebungstelle $s_{\text{greif},0°}$ um ein Vielfaches zunimmt[66].

Die Kontakte zwischen Sauggreifer und dessen Halterung sowie zwischen den sich berührenden Faltenseiten wurden als reibungslos modelliert. Dies führt zu einem geringfügig veränderten Verformungsverhalten des FEM-Modells im Vergleich zur Realität, weshalb die Anstiege für $\tilde{s} \geq 1$ verschieden sind. An dieser Stelle wird darauf hingewiesen, dass die Zunahme der Verschiebung nach Zusammenfalten des Sauggreifers zur unzweckmäßigen Zunahme der Beanspruchung des Materials im Sauggreifer führt, wodurch die Anzahl der maximalen Wiederholungszyklen begrenzt wird [160]. Zur Begrenzung der Materialbeanspruchung wird deshalb der Grenzwert von $\tilde{s} = 1$ vorgeschlagen (entspricht $s_{\text{greif},0°}$).

In Abbildung 6.18c und d sind der notwendige Andruckweg s_{notw} und die zugehörige Kraft F_{notw} in Abhängigkeit des Neigungswinkels φ gezeigt. Der Gegenüberstellung von den mittels FEM-Modell und messtechnisch ermittelten Kennlinien ist zu entnehmen, dass:

- die qualitativen Verläufe beider Größen, s_{notw} und F_{notw}, jeweils für beide Ermittlungsmethoden übereinstimmen,
- die mittels FEM-Modell ermittelten Werte für den notwendigen Andruckweg durchschnittlich um 10.6% größer sind,
- die mittels FEM-Modell ermittelten Werte für die notwendige Andruckkraft durchschnittlich um 25.7% größer sind,
- der notwendige Andruckweg annähernd linear vom Neigungswinkel abhängt und
- sich die notwendige Andruckkraft im Bereich $7.5° \leq \varphi \leq 20°$ nur geringfügig ändert.

Als Ursache für die größeren Abweichungen der Kraftwerte für die Neigungswinkel >20° wird der MULLINS-Effekt vermutet (siehe Kapitel 3.5). Dieser führt, wie beschrieben, zum Absinken der Spannungs-Dehnungs-Kennlinie (durch Spannungserweichung) in Strukturbereichen des Sauggreifers mit real auftretenden Dehnungen über $\varepsilon_{\text{t}} \geq \varepsilon_{\text{t,zul}}$.

Aus den Darstellungen für s_{notw} und F_{notw} lassen sich verschiedene Größen für den untersuchten Sauggreifer in Abhängigkeit der gesuchten Ergebnisgröße ableiten. Beispielsweise ist es möglich, den maximal zulässigen Neigungswinkels φ_{max} *verschiebungsbasiert* oder *kraftbasiert* festzulegen. Wird der zulässige Andruckweg auf den vorgeschlagenen Wert von $s_{\text{greif},0°}$ begrenzt, ergeben sich als maximale Objektneigungswinkel $\varphi_{\text{max,FEM}}$=19.4° und φ_{max}=21.7°. Bezogen auf die Geometrie des Sauggreifers entspricht dies annähernd einem Viertel des Faltenwinkels α.

Zum Zweck des Vergleichs werden die Größen s_{notw} und $s_{\text{greif},0°}$ auf Grundlage der geometrischen Größen des Sauggreifers abgeschätzt. Zur Erklärung der Modellannahmen für $s_{\text{notw,m}}$ dient die Skizze in Abbildung 6.19a. Für $s_{\text{greif,m}}$ wird die Skizze in Abbildung 6.19c verwendet.

[66] Ab dieser Verschiebungsstelle ist der Sauggreifer zusammengefaltet und die einzelnen Faltenseiten kontaktieren einander (siehe Abbildung 6.16h bzw. 6.19d).

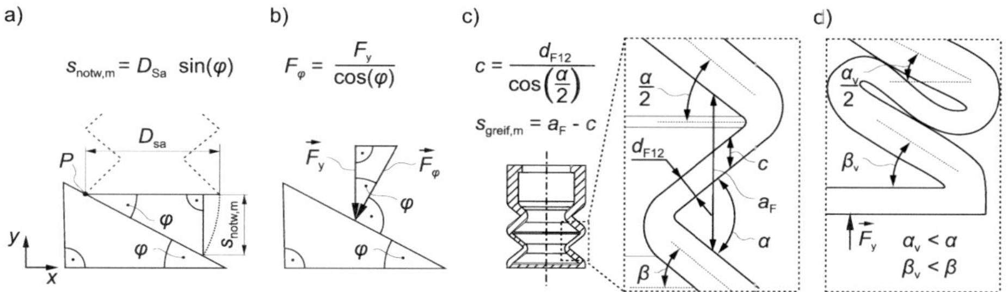

Abbildung 6.19: a) Skizze zur modellgestützten Abschätzung des notwendigen Andruckwegs; b) Skizze zur Berechnung der Objektkraft; c) Ansicht sowie Detailansichten des Sauggreifers im Ausgangszustand sowie d) im verformten (gefalteten) Zustand

Für die Abschätzung von $s_{\text{notw,m}}$ wird davon ausgegangen, dass die Membran starr ist und sich um den Berührungspunkt P auf die Objektoberfläche dreht. Über Gleichung:

$$s_{\text{notw,m}} = D_{\text{Sa}} \cdot \sin\varphi \tag{6.19}$$

ergibt sich ein aus der Geometrie des Sauggreifers bestimmter Wert für $s_{\text{notw,m}}$. Dieser ist um maximal 15.5% höher als die messtechnisch ermittelten Werte (siehe $s_{\text{notw,m}}(\varphi)$ im Vergleich zu $\bar{s}_{\text{notw}}(\varphi)$ in Abbildung 6.18c).

Der aus der Geometrie abgeleitete Wert für $s_{\text{greif,m}}$ ist mit Hilfe der Gleichung:

$$s_{\text{greif,m}} = a_{\text{F}} - \frac{d_{\text{F12}}}{\cos(0.5\alpha)} \tag{6.20}$$

bestimmbar. Die dabei getroffenen Annahmen sind, dass die Faltenwinkel α und der Fußwinkel β während der Verformung konstant bleiben.

Da der reale Sauggreifer jedoch eine Nachgiebigkeit besitzt, die zur Neigung der Sauggreiferfaltenseiten und somit zur Verringerung der Winkel führt (vergleiche Abbildung 6.19c mit d), gilt, dass $s_{\text{greif,m}} = 11$ mm $< s_{\text{greif,0°}} = 13.5$ mm ist. Zur Bestimmung des maximalen Neigungswinkels sind die Gleichungen 6.19 und 6.20 gleichzusetzen und nach φ umzustellen:

$$\varphi_{\text{max,m}} = \arcsin\left(\frac{a_{\text{F}} \cdot \cos(0.5\alpha) - d_{\text{F12}}}{D_{\text{Sa}} \cdot \cos(0.5\alpha)}\right). \tag{6.21}$$

Der so aus der Geometrie bestimmte maximale Neigungswinkel $\varphi_{\text{max,m}}$ beträgt annähernd 15° (entspricht 75% des Werts von 0.25α). Im Vergleich fällt der so bestimmte, maximale Neigungswinkel verglichen mit dem über das FEM-Modell bzw. über die Messung bestimmten Winkel um 22.7% bzw. 30.9% kleiner aus. Folglich führt der über die Geometrie ermittelte Wert zur Unterschätzung des maximal zulässigen Neigungswinkels und somit zur Abschätzung in Richtung sicheren Greifens (siehe Abbildung 6.18c).

Im Gegensatz dazu haben die messtechnischen Untersuchen gezeigt, dass Objekte auch mit größerem Neigungswinkel ($\varphi \geq 0.25\alpha$) noch gut gegriffen werden können. Hierbei wird jedoch neben der Anpassungsfähigkeit resultierend aus dem instabilen Bewegungsverhalten auch zunehmend die Nachgiebigkeit des Materials ausgenutzt, wodurch für größer werdende Neigungswinkel die zweite Falte zunehmend verformt wird.

Wie erwähnt, steigen durch die stärkere Verformung die Materialbeanspruchung für Neigungswinkel $\varphi \geq 0.25\alpha$ als auch die notwendige Druckkraft auf das Objekt um ein Vielfaches (siehe Abbildung 6.18d). Wird der zulässige Neigungswinkel kraftbasiert über die (frei gewählte) maximal zulässige Objektdruckkraft F_{zul} von bspw. 15 N bestimmt, so beträgt der maximale Objektneigungswinkel $\varphi_{\mathrm{max,FEM}}$=25.6° bzw. φ_{max}=28.2°.

Aufgrund des flachen Anstiegs im Kurvenverlauf der Kraft $F_{\mathrm{notw}}(\varphi)$ führen kleine Kraftänderungen zu großen Winkeländerungen. Folglich fallen bei der kraftbasierten Bestimmung des zulässigen Neigungswinkels im Bereich $0.4F_{\mathrm{krit1}} \leq F_{\mathrm{zul}} \leq 0.9F_{\mathrm{krit1}}$ die Differenzen, gebildet aus den maximalen Objektneigungswinkeln beider Methoden, im Vergleich zu anderen Kraftbereichen größer aus. Wird $\bar{F}_{\mathrm{krit1}}$ als Sauggreiferkennwert zur Bestimmung des maximalen Objektneigungswinkels herangezogen, so ergibt sich $\varphi_{\mathrm{max,FEM}}$=21.8° bzw. φ_{max}=23.8°. Diese Werte sind um 9% bzw. 19% größer als 0.25α.

In diesem Abschnitt wurde gezeigt, dass:

- der Anschmiegeprozess des Sauggreifers an ein geneigtes, ebenes Greifobjekt und somit auch die vom Neigungswinkel abhängige Kraft-Verschiebungs-Kennlinen mittels des entwickelten FEM-Modells (ohne Funktionsmusterbau) bestimmt werden können,
- der für den erfolgreichen Sauggreifprozess benötigte Andruckweg mittels der erarbeiteten Methode der kontaktstatusbasierten Auswertung der Membranknoten erfolgen kann,
- aus dem ermittelten Kennlinienfeld der Kraft-Verschiebungs-Kennlinen die Festlegung des maximalen Objektneigungswinkels verschiebungs- und kraftbasiert möglich ist,
- aufgrund des Kennlinienverlaufs die Ermittlung des maximalen Objektneigungswinkels verschiebungsbasiert erfolgen soll und
- die Bestimmung des maximalen Neigungswinkels mit den beschriebenen Annahmen prinzipiell auch über Gleichung 6.21 möglich ist, jedoch zur Unterschätzung der Adaptivitätsfähigkeit des Sauggreifers führt.

Als wesentliches Ergebnis für die Bestimmung des maximalen Neigungswinkels und der notwendigen Objektkraft ist die Rückführung auf die zwei Sauggreiferkennwerte, α und F_{krit1}, festzuhalten. So ist:

- die Adaptivität des Sauggreifer an geneigte, ebene Greifobjektflächen für $\varphi_{\mathrm{max}} \leq \pm 0.25\alpha$ durch die Sauggreiferstruktur gegeben und führt zu moderaten Materialbelastungen, was zweckdienlich für möglichst hohe Greifzyklenzahlen ist, und
- die notwendige Andruckkraft, die für das Sauggreifen benötigt wird, für $\varphi_{\mathrm{max}} \leq \pm 0.25\alpha$ kleiner als F_{krit1}.

Die Analyse der Adaptivität mittels der beschriebenen FEM-basierten Methode sowie die Bestimmung des maximalen Neigungswinkels und der notwendigen Objektkraft über die Sauggreiferkennwerte, α und F_{krit1}, sind analog auf andere Sauggreifertypen anwendbar.

7 Experimentelle Untersuchungen zum Einfluss eines Werkstoffkennwerts auf das Durchschlagverhalten – Modellgleichungen für die Synthese

In diesem Kapitel wird der Einfluss der SHORE-Härte auf das kinematische Bewegungsverhalten sowie auf die Durchschlagkennwerte des Sauggreifers untersucht. Anhand empirischer Untersuchungen von Sauggreifern unterschiedlicher SHORE-Härte wird eine Modellgleichung ermittelt, deren zwei Parameter (b_0 und b_1) materialabhängige und geometrische Aspekte des Sauggreifers voneinander trennen. Hierbei werden jeweils zwei Methoden zur experimentellen und simulationsgestützten Ermittlung der Parameter b_0 und b_1 entwickelt und erläutert.

Durch eine zweite Stichprobenreihe, bei der neben der SHORE-Härte auch der axiale Versatz (geometrische Einflussgröße) variiert wird, werden die erarbeiteten Zusammenhänge und die entwickelten Methoden validiert.

7.1 Bestimmung der Durchschlagkennwerte von Sauggreifern mit variabler SHORE-Härte zur Ableitung einer Modellgleichung

Ziel dieses Abschnittes ist es, den Einfluss der SHORE-Härte auf das kinematische Bewegungsverhalten sowie auf die Durchschlagkennwerte des Sauggreifers zu ermitteln. Darauf aufbauend soll geprüft werden, ob ein analytisches Modell abgeleitet werden kann, mit dessen Hilfe methodisch ein oder mehrere Kennwert(e) der Federkennlinie des Sauggreifers eingestellt werden können.

Zur Untersuchung des Einflusses der SHORE-Härte A auf die Durchschlagkennwerte des Sauggreifers wurden die zum Einstellen der SHORE-Härte mischbaren Materialien, ELASTOSIL® VARIO 15 und 40 (WACKER CHEMIE AG), verwendet. Für die Untersuchungen wurden zehn skalierte Sauggreifer (f_s=2) mit variierter SHORE-Härte mit dem in Kapitel 5.1.2 beschriebenen, erweiterten Formwerkzeug hergestellt. Messungen an parallel hergestellten Silikonprüfplatten ergaben die SHORE-Härte A im Bereich von $H_\mathrm{A} = 15.4$ bis 41.6 (siehe Tabelle 5.3).

Für die Herstellung der Sauggreifer kam das erweiterte Formwerkzeug mit dem in Kapitel 5.1.3 erläuterten Spritzgießverfahren zur Anwendung. Um den geometrischen Einfluss auf die Durchschlagkennwerte des Sauggreifers zu minimieren, wurde das Formwerkzeug nach jeder Demontage auf die axiale Verschiebung des Formkerns von $a_{\varepsilon,\mathrm{soll}} = 0$ mm eingestellt. Zur Überprüfung der Einstellung wurde nach Fertigung der Sauggreifer die vorhandene, axiale Verschiebung des Formkerns $a_{\mathrm{a,ist}}$ über das in Kapitel 5.2.3 vorgestellte Verfahren quantifiziert. Als akzeptable Spannweite der aus Messerwerten berechneten Werte für $\bar{a}_{\mathrm{a,ist}}$ zwischen den zehn Sauggreifern wurde ein Wert von 50 μm festgelegt.

Zur Bestimmung der Federkennlinien wurde der Versuchsaufbau Ia verwendet und wie im Kapitel 5.2 beschrieben vorgegangen. Die zehn aus je zehn Messungen arithmetisch gemittelten

Federkennlinien $F(s)$ der Funktionsmuster in Abhängigkeit von deren SHORE-Härte H_A sind in der Abbildung 7.1a gezeigt. Es ist festzustellen, dass alle Federkennlinien ein instabiles kinematisches Bewegungsverhalten mit monostabiler Kennlinie und zwei Durchschlagpunkten aufweisen. Weiterhin ist eine Zunahme der Kraftwerte mit steigender SHORE-Härte bei gleichen Verschiebungswerten ersichtlich.

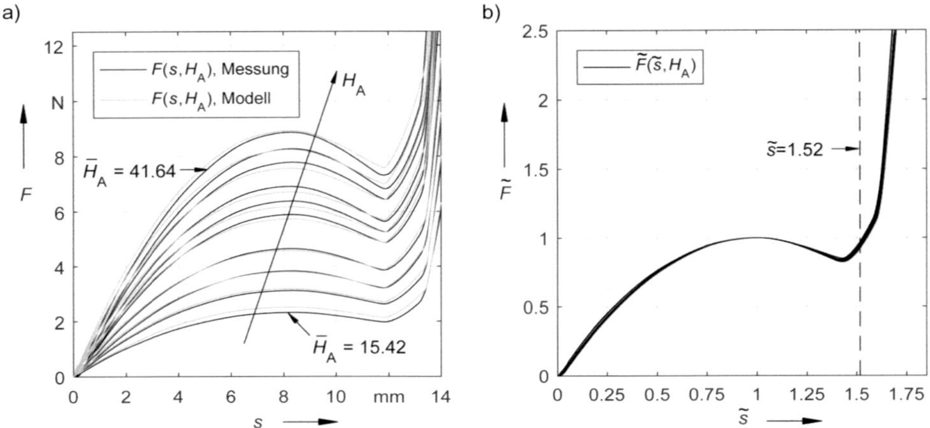

Abbildung 7.1: Messwerte der $N = 10$ Sauggreifer ($f_s = 2$) mit unterschiedlicher SHORE-Härte H_A im Bereich von ca. 15.4 bis 41.6: a) gemittelte Federkennlinien sowie Kennlinien des analytischen Modells; b) auf $F_{\text{krit}1}$ und s_1 normierte Federkennlinien $\tilde{F}(\tilde{s}, H_A)$

Werden die Kennlinien jeweils auf deren ersten charakteristischen Durchschlagpunkt A (siehe Abbildung 6.10a) normiert, so entsteht eine Kurvenschar mit annähernd identischem Kurvenverlauf (siehe Abbildung 7.1b). Werden Stützstellen im Abstand von $\Delta\tilde{s} = 6 \cdot 10^{-4}$ ($\widehat{=} \Delta s = 5\,\mu\text{m}$) gebildet, so ergibt sich die relative Abweichung ϵ_{rel} der normierten Kraftwerte zwischen zwei normierten Kurven zu maximal 4.8%.

Dieser Maximalwert bezieht sich auf das normierte lokale Kraftmaximum $\tilde{F} = 1$ und gilt für alle Kurvenabschnitte mit einem Anstieg $\tilde{m} < 2$ (siehe Abbildung 7.2a). Das dabei für $\tilde{s}$ entstehende Intervall $0 \leq \tilde{s} \leq 1.52$ schließt beide Durchschlagpunkte ein.

In Abbildung 7.2b sind die Verschiebungsstellen s_1 und s_2 der Durchschlagpunkte aufgetragen gegenüber der axialen Verschiebung a_a dargestellt. Die arithmetisch gemittelte, axiale Verschiebung $\bar{a}_{\text{a,ist}}$ beträgt $+55\,\mu$m. Die Spannweite für $\bar{a}_{\text{a,ist}}$ liegt mit dem Wert von $43\,\mu$m unter dem festgelegten Wert von $50\,\mu$m (siehe ergänzend Tabelle A.13).

Folgend wird der in Kapitel 6.2 beschriebene lineare Zusammenhang zwischen axialem Versatz a_a und den Durchschlagstellen für die geringe Spannweite von $\bar{a}_{\text{a,ist}}$ überprüft. Über lineare Regression entstehen die beiden, in Abbildung 7.2b eingezeichneten Funktionen $s_1(a_a)$ und $s_2(a_a)$. Anhand der Funktionen ist festzustellen, dass, wie am erweiterten unskalierten Sauggreifermodell, die Werte für die Verschiebungsstellen der Durchschlagpunkte mit steigender axialer Verschiebung linear zunehmen (siehe auch Abbildung 6.6c). Somit kann der in Kapitel 6.2 simulativ festgestellte Zusammenhang ein weiteres Mal experimentell bestätigt werden.

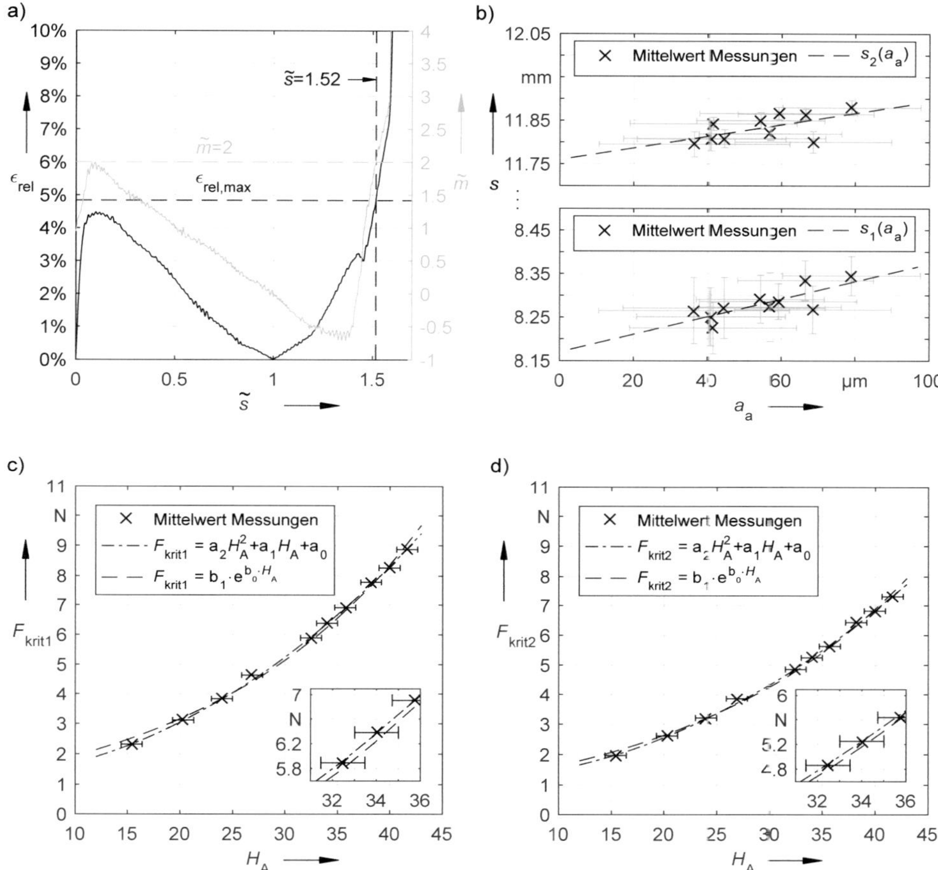

Abbildung 7.2: Messwerte der $N = 10$ Sauggreifer ($f_s = 2$) mit unterschiedlicher SHORE-Härte H_A im Bereich von ca. 15.4 bis 41.6: a) relative Abweichung ϵ_{rel} und Anstieg $\tilde{m}$ der gemittelten, normierten Federkennlinien über $\tilde{s}$; b) s_1 und s_2 in Abhängigkeit von der axialen Verschiebung a_a sowie deren linearen Approximationen; c) und d) F_{krit1} und F_{krit2} in Abhängigkeit von H_A sowie deren Approximationen

Weiterhin werden die Federkennlinien hinsichtlich ihrer absoluten Werte für s_1 und s_2 verglichen. Die gemessenen maximalen Unterschiede zweier Sauggreifer für s_1 bzw. s_2 betragen 120 μm bzw. 84 μm (siehe Abbildung 7.2b). Diese Unterschiede von maximal 0.9% bezogen auf s_{max} werden den Einflüssen aus Fertigung und messtechnischer Untersuchung zugeordnet. Einen Einfluss der Shore-Härte auf die Verschiebungsstellen der Durchschlagpunkte ist somit nicht feststellbar.

In Abbildung 7.2c und d sind die ermittelten kritischen Kraftwerte der zehn Funktionsmuster, F_{krit1} und F_{krit2}, gegenüber der gemessenen SHORE-Härte H_A gezeigt. Beide Kraftgrößen steigen mit Zunahme der SHORE-Härte.

Mit Hilfe der Methode der kleinsten Quadrate wurden die Funktionen, $F_{krit1}(H_A)$ und $F_{krit2}(H_A)$, erzeugt, mit denen der Zusammenhang der Größen approximiert werden kann. Die kleinste Fehlerquadratsumme von 0.0132 N^2 bzw. 0.0143 N^2 konnte jeweils für eine quadratische Ansatzfunktion erreicht werden (siehe ergänzend Tabelle A.14). Die Approximationen beider Zusammenhänge über natürliche Exponentialfunktionen sind mit Werten von 0.1488 N^2 bzw. 0.0729 N^2 für die Fehlerquadratsumme minimal schlechter (siehe ergänzend Tabelle A.15). Beim Vergleich der beiden Ansatzfunktionen erscheint die Reduktion auf nur zwei Unbekannte bei der Approximation über die e-Funktion zweckmäßig zu sein.

Werden die Koeffizienten b_0 für $F_{\text{krit1}}(H_{\text{A}})$ und $F_{\text{krit2}}(H_{\text{A}})$ verglichen, fällt auf, dass diese annähernd gleich groß sind. Zur Überprüfung dieser Gleichheit wird weiterführend für die in Abbildung 7.1a dargestellte, gemessene Kurvenschar an jeder im Abstand von 5 μm interpolierten Stelle s, eine Approximation mit der gewählten Exponentialfunktion durchgeführt. Als Ergebnis ergibt sich die Modellgleichung:

$$F(s, H_{\text{A}}) = b_1(s) \cdot e^{b_0(s) H_{\text{A}}}. \tag{7.1}$$

Die Koeffizienten, b_0 und b_1, hängen von der Stelle s der Verschiebung ab. Die auf die arithmetisch gemittelte Stelle der lokalen Kraftmaxima $\bar{s}_1$ normierten, arithmetisch gemittelten Verläufe $b_0(\tilde{s})$ und $b_1(\tilde{s})$ sind in Abbildung 7.3a dargestellt.

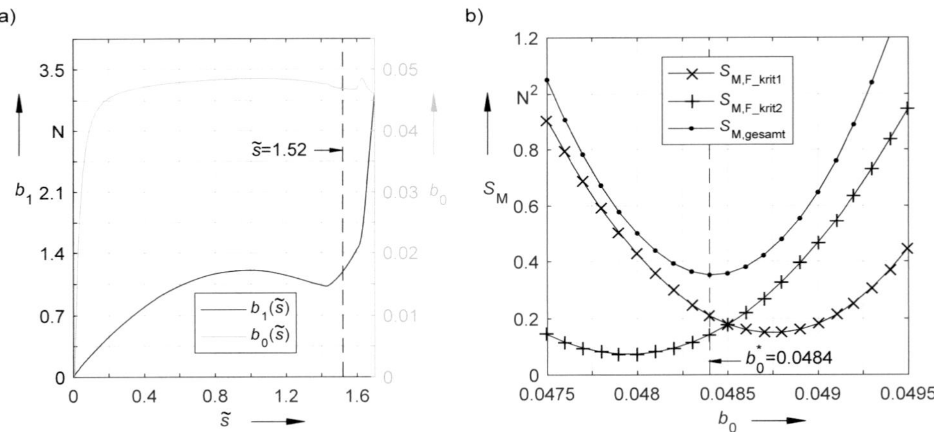

Abbildung 7.3: a) Arithmetisch gemittelter Verlauf der Funktionen, $b_0(\tilde{s})$ und $b_1(\tilde{s})$, in Abhängigkeit von der normierten Verschiebung $\tilde{s}$ der zehn Sauggreifer mit $f_{\text{s}} = 2$ und $a_{\text{a,soll}} = 0$ mm; b) Optimierung von b_0 anhand zweier einzelner Fehlerkriterien, $S_{\text{M,F\_krit1}}$ und $S_{\text{M,F\_krit2}}$, sowie des kombinierten Fehlerkriteriums $S_{\text{M,gesamt}}$

Es ist festzustellen, dass der qualitative Verlauf des Koeffizienten $b_1(\tilde{s})$ dem qualitativen Verlauf der normierten Federkennlinie $\tilde{F}(\tilde{s}, H_{\text{A}})$ aus Abbildung 7.1b gleicht. Weiterhin nimmt der Koeffizient b_0 für Werte $\tilde{s} > 0.2$ einen hinreichend gleich großen Wert an. Zur Überprüfung dieses Sachverhaltes wird Gleichung 7.1 umgestellt und der proportionale Zusammenhang:

$$H_{\text{A}} \sim \ln \frac{F(\tilde{s}, H_{\text{A}})}{b_1(\tilde{s})} = k_1(\tilde{s}, H_{\text{A}}) \tag{7.2}$$

sowie die Konstanz des Faktors k_1 geprüft. Hierfür wurde $k_1(\tilde{s},\, H_{\text{A}})$ für jedes Funktionsmuster im Bereich $0 \leq \tilde{s} \leq 1.52$ im Abstand $\Delta\tilde{s} = 6 \cdot 10^{-4}$ berechnet. Die Berechnungspunkte von

$k_1(\tilde{s},\, H_\mathrm{A})$ für die Funktionsmuster sind in Abbildung 7.4a gezeigt.

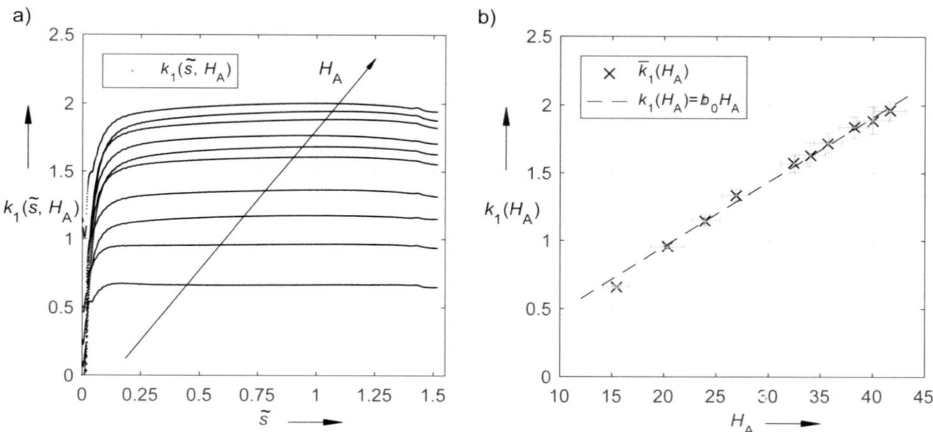

Abbildung 7.4: Darstellung des Faktors k_1 in Abhängigkeit von: a) der auf s_1 normierten Verschiebung $\tilde{s}$ sowie der SHORE-Härte H_A; b) der SHORE-Härte H_A

Für jedes Funktionsmuster können für Werte $\tilde{s} \geq 0.1$ hinreichend gleich große Werte für k_1 ermittelt werden. Diese sind von der SHORE-Härte abhängig und steigen mit Zunahme dieser an. Auf Grundlage dieser Ergebnisse wird weiterführend von keiner Abhängigkeit des Faktors k_1 von $\tilde{s}$ ausgegangen.

Zur Beschreibung der Abhängigkeit des Faktors k_1 von der SHORE-Härte werden die ermittelten k_1-Werte jedes Funktionsmusters im Bereich $0.1 \leq \tilde{s} \leq 1.52$ arithmetisch zu $\bar{k}_1(H_\mathrm{A})$ gemittelt. Die Werte von $\bar{k}_1(H_\mathrm{A})$ gegenüber der Shore-Härte sind in Abbildung 7.4b dargestellt. Weiterhin ist die über lineare Regression ermittelte Funktion:

$$k_1(H_\mathrm{A}) = b_0 H_\mathrm{A} \tag{7.3}$$

eingezeichnet. In der Gleichung ist b_0 der Proportionalitätsfaktor und somit eine Konstante mit einem Wert von 0.0478 im betrachteten Verschiebungsbereich.

Aus der Analyse der durchgeführten Versuche und der Prüfung des proportionalen Zusammenhanges wird geschlussfolgert, dass in der Approximation mittels der gewählten natürlichen Exponentialfunktion:

- der Parameter b_0 *material*abhängige Aspekte und
- der Parameter $b_1(s)$ *geometrische* Aspekte berücksichtigt.

Als Nächstes wird unter der Annahme, dass der Koeffizient b_0 konstant ist, das optimale b_0^* gesucht. Mit diesem sollen über die reduzierte Modellgleichung:

$$F(s, H_\mathrm{A}) = b_1(s) \cdot e^{b_0^* \cdot H_\mathrm{A}} \tag{7.4}$$

die von der SHORE-Härte abhängigen je $N = 10$ Messwerte, $F_{\mathrm{krit1},i}$ und $F_{\mathrm{krit2},i}$ mit $i = 1, .., N$, am besten abgebildet werden.

Als Ansatz zur Ermittlung des Faktors b_0^* wird die Zielfunktion:

$$S_{\mathrm{M,gesamt}} = \sum_{i=1}^{N} [\overbrace{(F_{\mathrm{krit1},i} - F^*_{\mathrm{krit1},i}(b_0, H_{\mathrm{A},i}))^2}^{S_{\mathrm{M,F\_krit1}}} + \overbrace{(F_{\mathrm{krit2},i} - F^*_{\mathrm{krit2},i}(b_0, H_{\mathrm{A},i}))^2}^{S_{\mathrm{M,F\_krit2}}}] \longrightarrow \mathrm{Min.} \quad (7.5)$$

gebildet und minimiert. Für die Zielfunktion wird die Summe der Fehlerquadrate aus der Differenz von gemessenen, $F_{\mathrm{krit1},i}$ und $F_{\mathrm{krit2},i}$, und den über die reduzierte Modellgleichung ermittelten charakteristischen Durchschlagwerten, $F^*_{\mathrm{krit1},i}$ und $F^*_{\mathrm{krit2},i}$, gebildet. In Abbildung 7.3b ist der Verlauf der Einzelfehler, $S_{\mathrm{M,F\_krit1}}$ und $S_{\mathrm{M,F\_krit2}}$, sowie $b_0^* = 0.0484$ als Ergebnis zur Minimierung des Gesamtfehlers $S_{\mathrm{M,gesamt}}$ gezeigt.

Zur quantitativen Prüfung der reduzierten Modellgleichung 7.4 werden die Federkennlinien der Sauggreifer für die zehn gewählten SHORE-Härten in deren Gesamtheit über die reduzierte Modellgleichung erzeugt. Die über diese Gleichung ermittelten Kennlinien sind in Abbildung 7.1a den gemessenen Kennlinien der Sauggreifer gegenübergestellt.

Der qualitative Vergleich der analytischen Kennlinien mit den Kennlinien aus den Messungen zeigt hinreichend gute Übereinstimmung. Beim quantitativen Vergleich kann festgestellt werden, dass im Bereich $0 \leq \tilde{s} \leq 1.52$:

- die arithmetisch gemittelte, maximale relative Abweichung bezogen auf das jeweilige lokale Kraftmaximum einen Wert von 5.2% und
- die über den Verlauf aller Kennlinien gebildete, arithmetisch gemittelte, relative Abweichung einen Wert von 2.3% nicht überschreitet.

Die Ergebnisse belegen, dass

- der Faktor b_0^* über die vorgestellte Methode auf Grundlage der Messdaten analytisch ermittelt werden kann,
- über den Faktor b_0^* die Modellgleichung 7.1 auf die Gleichung 7.4 reduziert werden kann und
- die reduzierte Modellgleichung 7.4 geeignet ist, um damit die gemessenen Federkennlinien der Sauggreifer mit unterschiedlicher SHORE-Härte A im Bereich $15.4 \leq H_{\mathrm{A}} \leq 41.6$ qualitativ sowie quantitativ abzubilden.

Für einen Praxisbezug werden die erarbeiten Zusammenhänge in der Methode zum Einstellen *eines* Kraftwertes F_{soll} von *einem* beliebigen Punkt $(F(s_{\mathrm{soll}}), s_{\mathrm{soll}})$ der Federkennlinie des Sauggreifers über die SHORE-Härte zusammengefasst. Die Methode ist in Abbildung 7.5 dargestellt.

Soll am Sauggreifer beispielsweise der Betrag der kritischen Kraft an der Stelle s_1 einen Wert von $F_{\mathrm{krit1,soll}} = 5\,\mathrm{N}$ annehmen, so ist der Wert $b_1(s_1)$ aus $b_1(s)$ zu entnehmen und dieser mit dem Kraftzielwert in die umgestellte Gleichung 7.4 einzusetzen:

$$H_{\mathrm{A,soll}} = \frac{1}{b_0^*} \ln \frac{F_{\mathrm{soll}}}{b_1(s^*)} \quad (7.6)$$

Die im Herstellungsprozess einzustellende SHORE-Härte $H_{\mathrm{A,soll}}$ ergibt sich für dieses Beispiel

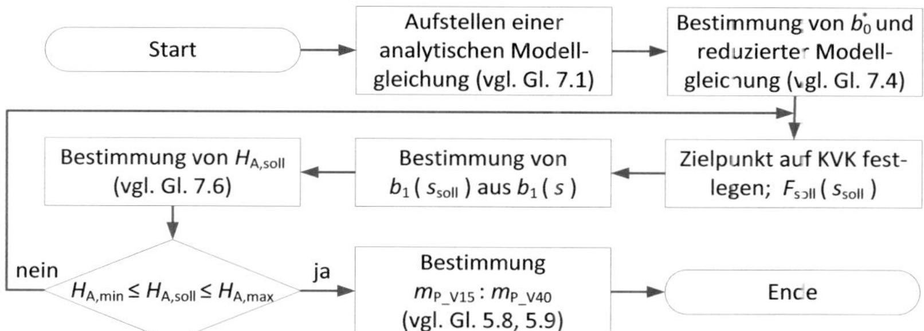

Abbildung 7.5: Methode zum Einstellen eines Kraftwertes der Kraft-Verschiebungs-Kennlinie (KVK) des Sauggreifers durch einen bestimmten Punkt über die SHORE-Härte

zu ca. 29.7. Generell muss geprüft werden, ob der errechnete Wert im Bereich der erreichbaren Grenzen ($15.42 \leq H_{A,soll} \leq 41.64$) liegt. Ist dies der Fall kann das Massenverhältnis aus VARIO 15 zu VARIO 40, $m_{V15} : m_{V40}$, über die Gleichungen 5.8 und 5.9 zu ca. 24.5% : 75.5% ermittelt werden. Somit ist der Kraftwert an der ausgewählten Verschiebungsstelle über die SHORE-Härte einstellbar.

Zusammenfassend betrachtet konnte auf Grundlage einer messtechnischen Untersuchung einer Stichprobenreihe aus zehn geometrisch gleichen Sauggreifern mit unterschiedlich groß gewählter SHORE-Härte die Modellgleichung 7.1 abgeleitet werden. Deren Ansatz basiert auf der Approximation über eine Exponentialfunktion mit den beiden Parametern b_0 und b_1.

Auf Grundlage der Messdaten konnte die Konstanz des Parameters b_0 festgestellt werden und über b_0^* die reduzierte Modellgleichung 7.4 aufgestellt werden. Mit Hilfe dieser können die Federkennlinien für Sauggreifer unterschiedlicher SHORE-Härte generiert werden. Weiterhin konnte für die beiden Parameter der gewählten Exponentialfunktion gezeigt werden, dass der Parameter b_0 materialspezifische und der Parameter b_1 geometriespezifische Aspekte widerspiegelt.

Mit der vorgeschlagenen Methode (siehe Abbildung 7.5) kann an *einer* ausgewählten Verschiebungsstelle der Kraft-Verschiebungs-Kurve des Sauggreifers *der zugehörige* Kraftwert über die SHORE-Härte eingestellt werden. Entsprechend der Methode sind:

- die Modellgleichung (siehe Gleichung 7.1) für den Sauggreifer aufzustellen,
- b_0^* für die reduzierte Modellgleichung 7.4 zu bestimmen,
- die einzustellende Verschiebungsstelle auf der Kraft-Verschiebungs-Kennlinie (Federkennlinie) auszuwählen,
- der Sollwert für den Kraftwert F_{soll} an dieser Verschiebungsstelle festzulegen,
- der Parameter b_1 an der ausgewählten Verschiebungsstelle zu bestimmen,
- der Sollwert für die SHORE-Härte $H_{A,soll}$ auszurechnen (siehe Gleichung 7.6) und
- unter Prüfung der Grenzen für die SHORE-Härte das Massenverhältnis für VARIO 15 zu VARIO 40 über die Gleichungen 5.8 und 5.9 zu bestimmen.

Herauszustellen ist, dass das *qualitative* kinematische Bewegungsverhalten des Sauggreifers über die SHORE-Härte *nicht* verändert werden kann.

7.2 Erarbeitung einer alternativen Methode zur modellbasierten Ermittlung des Koeffizienten b_0^*

Ziel dieses Abschnittes ist es, den in Kapitel 7.1 über Optimierung gefundenen Koeffizienten b_0^* auf eine andere u. U. einfachere Art und Weise zu bestimmen. Weiterhin soll im Vergleich zur Untersuchung der Sauggreifer im vorhergehenden Kapitel eine Betrachtung an einem weniger komplexen, ähnlich beanspruchten System durchgeführt werden. Dabei soll der qualitative Verlauf der Koeffizienten b_0 und b_1 analysiert werden.

In Kapitel 6.1.3 wurde bei Analyse der Verzerrungszustände des Sauggreifers festgestellt, dass die maßgebende Verzerrung an der Struktur Dehnungen in eine Vorzugsrichtung sind. Ein im Vergleich zum Sauggreifer einfacheres System, in dem die maßgebende Verzerrungsgröße ebenfalls die Dehnung in eine Vorzugsrichtung ist, ist ein Zugstab.

Analog zur Vorgehensweise im vorangegangenen Kapitel wurde das uniaxiale Spannungs-Dehnungs-Verhalten an uniaxialen Zugproben in Abhängigkeit der SHORE-Härte untersucht. Die Proben wurden (zeitgleich) aus den gleichen Mischungs-Chargen der Materialien ELASTOSIL® VARIO 15 und 40 hergestellt, aus denen die Sauggreifer mit unterschiedlicher SHORE-Härte aus Kapitel 7.1 gefertigt wurden. Die Zugproben wurden in beschriebener Probekörperform und mit beschriebenem Spritzgießverfahren hergestellt. Anschließend wurden diese mit dem in Abbildung 3.2 gezeigten Aufbau für uniaxiale Zugversuche untersucht. Über den Versuchsaufbau wurden die ersten Belastungskurven (Neukurven) der Zugproben bestimmt.

Von den aus zehn SHORE-Härte-Mischungen gefertigten Zugproben wurden jeweils drei bis auf eine technische Dehnung ε_{t11} von 155% einmalig gedehnt. Deren Spannungs-Dehnungs-Verlauf wurde anschließend arithmetisch gemittelt. In Abbildung 7.6a sind die Neukurven der zehn unterschiedlichen Materialmischungen gezeigt.

Alle uniaxialen Neukurven weisen ein nichtlineares Verhalten mit umgekehrt S-förmigem Verlauf auf. Die Kennlinien zeigen einen anfänglich degressiven Verlauf, der bei Dehnungen ab 33 bis 68% je nach SHORE-Härte dann in einen progressiven Verlauf übergeht. Dieser setzt bei steigender SHORE-Härte früher ein (siehe hierzu die in Abbildung 7.6a mit „x" gekennzeichnete Wendepunkte der Neukurven).

Um analog zur Untersuchung der Sauggreiferkennlinien vorzugehen, wurde der Dehnungsbereich gesucht, in denen der qualitative Verlauf der Neukurven ähnlich ist. Als Kriterium hierfür wurde die maximale relative Abweichung zwischen zwei normierten Spannungswerten bei gleichem Dehnungswert mit einem festgelegten, zulässigen Wert von $\epsilon_{abs} = 5\%$ verwendet. Aus diesem Wert ergibt sich für den Dehnungsbereich ein Maximum bei der Normierung an der Stelle $\varepsilon_{t11} = 0.4$. Der Dehnungsbereich, in dem die Zugproben aus Materialmischungen ein qualitativ ähnliches uniaxiales Materialverhalten aufweisen, ergibt sich hierdurch zu $0 \leq \varepsilon_{t11} \leq 48.4\%$ (siehe Abbildung 7.6b).

Für diesen Dehnungsbereich kann analog der beschriebenen Vorgehensweise eine Modellgleichung abgeleitet werden. Zur Herleitung der Modellgleichung für uniaxiale Zugproben unterschiedlicher SHORE-Härte werden die Spannungswerte für die in Abbildung 7.6a gezeig-

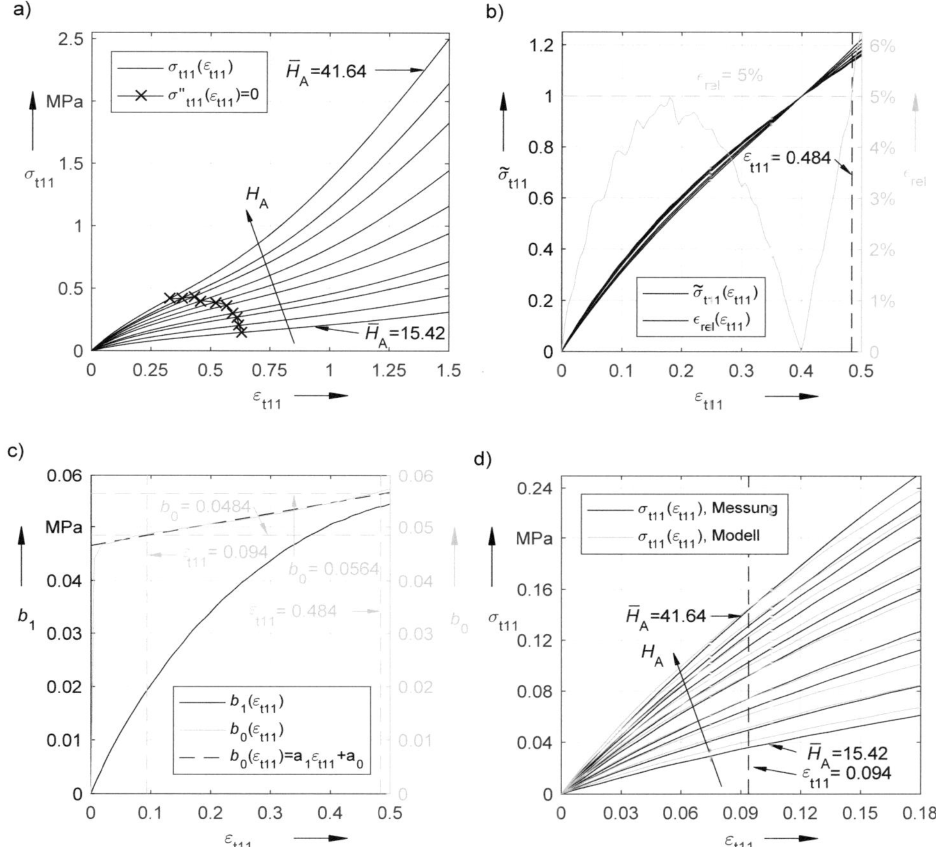

Abbildung 7.6: Ergebnisse zum Spannungs-Dehnungs-Verlauf der zehn verwendeten Materialmischungen aus ELASTOSIL® VARIO: a) Spannungs-Dehnungs-Verläufe (Neukurven); b) normierte Spannungs-Dehnungs-Verläufe; c) Bestimmung der Koeffizienten b_0 und b_1 für die uniaxialen Zugproben; d) Ausschnitt des Spannungs-Dehnungs-Verlaufs im Vergleich zum analytischen Modell mit $b_0^* = 0.0484$

ten Kennlinien im genannten Dehnungsbereich im Abstand von $\Delta\varepsilon_{t11} = 0.5\%$ interpoliert. Folgend liegen für jeden Dehnungswert die jeweiligen Spannungswerte der Neukurven für unterschiedliche SHORE-Härten vor. Werden diese für jede Dehnungsstelle mit der gewählten natürlichen Exponentialfunktion approximiert, ergeben sich für die Modellgleichung der Materialmischungen aus ELASTOSIL® VARIO:

$$\sigma(\varepsilon_{t11}, H_A) = b_1(\varepsilon_{t11}) \cdot e^{b_0(\varepsilon_{t11})H_A} \tag{7.7}$$

die Verläufe der Parameter $b_0(\varepsilon_{t11})$ und $b_1(\varepsilon_{t11})$. Diese sind in Abbildung 7.6c dargestellt.

Es ist festzustellen, dass der Verlauf des Parameters $b_1(\varepsilon_{t11})$ sowie der Verlauf der normierten Spannungs-Dehnungs-Kennlinien $\tilde{\sigma}_{t11}(\varepsilon_{t11}, H_A)$ degressiv sind und somit einander qualitativ ähneln. Der Verlauf des Parameters b_0 zeigt im Gegensatz zur Konstanz beim Sauggreifer nach anfänglicher Stabilisierung einen linearen Zusammenhang mit der technischen Hauptdehnung ε_{t11}.

Durch lineare Regression im oben angegebenen Dehnungsbereich, verringert um 3% Dehnung im Anfangsbereich, werden die beiden Koeffizienten, a_1 und a_0, der Gleichung:

$$b_0(\varepsilon_{t11}) = a_1\varepsilon_{t11} + a_0 \tag{7.8}$$

ermittelt[67]. Die Kennlinie für die lineare Regression ist in Abbildung 7.6c ergänzt.

Nachfolgend wird die These, dass der Faktor b_0^* für den Sauggreifer aus der Gleichung 7.8 bestimmt werden kann, untersucht. Hierfür wird *ein* Dehnungswert benötigt. Die *volumenbezogene* mittlere technische Dehnung $\bar{\varepsilon}_{t11}$, als ein repräsentativer Dehnungswert, ist mit Hilfe des FE-Sauggreifermodells und der in Kapitel 3.6 vorgestellten Methode ermittelbar. Diese wird über die wahre Dehnung $\varepsilon_{11,e}$ und das Volumen V_e jedes finiten Elementes $e = 1..e_{\max}$ mit $e \in \mathbb{N}$ über die Gleichungen 3.11 und 3.12 bestimmt.

Im Sauggreifer gibt es bei maximaler Verschiebung um $s_{\max}$ mehrere Bereiche (bzw. Elemente), in denen die Dehnung des Silikonmaterials gering ist. Folglich sind diese Elemente gering beansprucht und tragen zur Verformung des Greifers nur geringfügig bei. Die Berücksichtigung dieser Elemente in Gleichung 3.11 verringert infolgedessen irreführend den *volumenbezogenen* mittleren technischen Dehnungswert $\bar{\varepsilon}_{t11}$.

Um eine Verfälschung zu vermeiden wird die Methode zur Bestimmung einer *volumenbezogenen* mittleren technischen Dehnung $\bar{\varepsilon}_{t11}$ angepasst. Hierbei werden in einem ersten Schritt die Elemente aufsteigend nach ihrer Dehnung sortiert. Das Element $e_{\max}$ besitzt somit den größten Dehnungswert. Wird anschließend die Summe von dem Produkt aus Elementvolumen und Elementdehnung einer *Elementauswahl* gebildet und diese durch das Gesamtvolumen der Elementauswahl dividiert, kann $\bar{\varepsilon}_{11}$ über die Gleichung 7.9 ermittelt werden:

$$\bar{\varepsilon}_{11} = \frac{\sum\limits_{e_{\min}}^{e_{\max}} V_e \cdot \varepsilon_{11,e}}{\sum\limits_{e_{\min}}^{e_{\max}} V_e}. \tag{7.9}$$

Der so berechnete und anschließend mit Gleichung 3.12 umgerechnete Dehnungswert bildet im Fall des Sauggreifers, als faltbarer FNA, die *volumenbezogene* mittlere technische Dehnung der „verformungsverursachenden“ Elemente besser ab, als ein über Gleichung 3.11 ermittelter Dehnungswert.

Die Elementauswahl richtet sich nach einer festzulegenden Mindestdehnung. Als Grenzwert wurde der Wert von $\varepsilon_{11} = 5\%$ gewählt, wodurch sich die Elementgrenze $e_{\min}$ ergibt. Bei Wahl dieses Dehnungsgrenzwertes ist 18.2% des Sauggreifervolumens selektiert. Die *volumenbezogene* mittlere technische Dehnung $\bar{\varepsilon}_{t11}$ berechnet sich bei maximaler Verschiebung $s_{\max}$ zu 9.4%. Über die Gleichung 7.8 kann anschließend der Koeffizient b_0^* zu 0.0484 bestimmt werden[68].

---

[67] Die ermittelten Werte sind im Anhang A.12, Tabelle A.16 aufgeführt

[68] In der Tabelle A.18 sind die berechneten Ergebnisse aus der Simulation für den Sauggreifer mit $a_a = 0$ mm zusammengefasst. Zum Vergleich sind die Werte zur Bestimmung von b_0^* aus den Simulationen für Sauggreifer mit geometrischen Extremwerten für a_a aufgeführt.

Als Ergebnis kann festgestellt werden, dass der auf diese Art ermittelte Wert für b_0^* dem Wert aus Kapitel 7.1 gleicht. Die entwickelte Methode basiert auf einer Sauggreifersimulation und bedarf der Untersuchung des uniaxialen Materialverhaltens verschiedener Materialmischungen aus VARIO 15 und 40. Somit wurde das Ziel erreicht, den Koeffizienten b_0^* über eine andere Methode zu bestimmen.

Als Nächstes wird geprüft, inwieweit sich auch das uniaxiale Spannungs-Dehnungs-Verhalten der Zugproben aus den zehn Materialmischungen unter Berücksichtigung von b_0^* in der Modellgleichung 7.7 ermitteln lässt. Die Modellgleichung reduziert sich durch Einsetzen von b_0^* zu:

$$\sigma(\varepsilon_{\mathrm{t11}}, H_{\mathrm{A}}) = b_1(\varepsilon_{\mathrm{t11}}) \cdot e^{b_0^* H_{\mathrm{A}}}. \tag{7.10}$$

Die uniaxialen Neukurven für die ausgewählten SHORE-Härten, erzeugt über die reduzierte Modellgleichung, sind im Vergleich zu den Messungen in Abbildung 7.6d dargestellt.

Bei einem quantitativen Vergleich der beiden Kurvenscharen an der Stelle $\bar{\varepsilon}_{\mathrm{t11}} = 9.4\%$ ist festzustellen, dass die arithmetisch gemittelte, relative Abweichung über alle Spannungs-Dehnungs-Kurven, bezogen auf die gemessenen Spannungswerte, bei 3.8% liegt. Werden die Kurvenscharen im Bereich $0\% \leq \bar{\varepsilon}_{\mathrm{t11}} \leq 18\%$ miteinander verglichen, so überschreitet die arithmetisch, gemittelte relative Abweichung bezogen auf die Messwerte über den Verlauf aller Spannungs-Dehnungs-Kurven den Wert 5.6% nicht.

Dieser Dehnungsbereich wird bei Auswertung der Sauggreifersimulation ($a_{\mathrm{a}} = 0$ mm) bei s_{max} von 98.8% des Sauggreifervolumens nicht überschritten. Somit kann mit dem ausgewählten b_0^*-Wert das uniaxiale Materialverhalten von Strukturabschnitten des Sauggreifers mit technischen Dehnungen bis 18% für die untersuchten SHORE-Härten mit der Modellgleichung 7.4 hinreichend genau abgebildet werden.

Es wird zusammengefasst:

- Der Koeffizient b_0^* konnte alternativ aus der *Kombination* von *einer* Sauggreifersimulation und der materialseitigen, uniaxialen Untersuchung von Mischungen aus VARIO 15 und 40 ermittelt werden. In der Simulation wurde die volumenbezogene mittlere technische Hauptdehnung $\bar{\varepsilon}_{\mathrm{t11}}$ bei Maximalbeanspruchung (ausgelöst durch s_{max}) bestimmt. Diese wurde in die Gleichung 7.8 für $b_0(\epsilon_{\mathrm{t11}})$ aus Modellgleichung 7.7 für uniaxiale Neukurven unterschiedlicher SHORE-Härte eingesetzt, wodurch b_0^* errechnet werden konnte.
- Das Systemverhalten für ausgewählte Belastungszustände im Vergleich zu den experimentellen Messungen konnte über Modellgleichungen in Form einer natürlichen Exponentialfunktion an zwei unterschiedlichen Systemen hinreichend genau abgebildet werden. Auf der einen Seite handelt es sich mit dem Zugstab um ein einfaches System, welches einer reinen Zugbeanspruchung unterliegt. Auf der anderen Seite handelt sich es beim Sauggreifer um ein komplexes System mit einer starken geometrischen Nichtlinearität. Bei Bestimmung der Federkennlinie dieses Systems wird die Faltenseite mit der Dicke d_{F12} durch eine steigende Biegebeanspruchung durchgewalkt. Beiden Systemen gemein ist, dass die maßgebende Verzerrungsgröße an der Struktur Dehnungen in *einer* Vorzugsrichtung sind.

Es ist anzumerken, dass erst die Anwendung der Methode auf die nichtlineare Kennlinie des Sauggreifers und die anschließende Ermittlung der Verläufe der Koeffizienten b_0 und b_1 einen objektiven Zusammenhang des Koeffizienten b_1 mit den geometrischen Aspekten und des Koeffizienten b_0 mit den materialseitigen Aspekten vermuten ließen. Derartige Zusammenhänge lassen sich anhand einer ausschließlich auf einen Zugstab begrenzten Betrachtung schwer ableiten.

7.3 Validierung der Methode zum Erreichen eines festgelegten Sauggreiferkennwerts durch die SHORE-Härte

In diesem Abschnitt soll die in Kapitel 7.1 vorgestellte Methode zum Einstellen der Federkennlinie des Sauggreifers über die SHORE-Härte sowie die Methode zur Bestimmung des Koeffizienten b_0^* aus Kapitel 7.2 validiert werden.

Für diesen Zweck wurde eine 2. Stichprobenreihe von Sauggreifern mit $f_s = 2$ mit dem beschriebenen, erweiterten Formwerkzeug sowie dem erläuterten Spritzgießverfahren hergestellt. Die Einstellung des erweiterten Formwerkzeugs wurde derart vorgenommen, dass die zu erwartende Differenz der kritischen Kräfte ΔF_{krit} maximal bzw. minimal ausfiel (siehe Abbildung 6.13e). Die Werte für die axiale Verschiebung wurden daher am Formwerkzeug auf $a_{\text{a,soll}} = -1.2\,\text{mm}$ bzw. $a_{\text{a,soll}} = +0.8\,\text{mm}$ eingestellt. Infolge entstanden somit zwei geometrisch unterschiedliche Sauggreifertypen.

Weiterhin wurde für die zwei Sauggreifertypen die Mischungsverhältnisse aus VARIO 15 und 40 derart gewählt, sodass eine minimale, mittlere und maximale SHORE-Härte erreicht wurde (siehe Abbildung 7.7f sowie ergänzend im Anhang A.13, Tabelle A.17). Aus Kombination der Parameter ergaben sich somit sechs Sauggreifer-Funktionsmuster.

Um den Einfluss der geometrischen Parameter auf die Federkennlinie möglichst gering zu halten, wurde die akzeptable Fertigungstoleranz für Sauggreifer mit gleichem $a_{\text{a,soll}}$ festgelegt. Der dafür als Differenz aus maximal und minimal vorhandenem axialem Versatz gebildete Wert entspricht der Spannweite von $\bar{a}_{\text{a,ist}}$ und betrug $50\,\mu\text{m}$.

Die erreichte Spannweite für $\bar{a}_{\text{a,ist}}$, ermittelt über Versuchsaufbau III, lag für die Funktionsmuster mit $a_{\text{a,soll}} = -1.2\,\text{mm}$ bzw. $a_{\text{a,soll}} = +0.8\,\text{mm}$ durch Aussortierung von Ausreißern bei $29\,\mu\text{m}$ bzw. $20\,\mu\text{m}$ (siehe ergänzend im Anhang A.13, Tabelle A.17). Somit konnte der festgelegte Wert von $50\,\mu\text{m}$ eingehalten werden.

Die hergestellten Sauggreifer wurden mit dem Versuchsaufbau Ia zur Bestimmung der Federkennlinien untersucht. In Abbildung 7.7a und c sind die aus jeweils zehn Messungen gemittelten Federkennlinien der jeweils drei Sauggreifer mit $a_{\text{a,soll}} = -1.2\,\text{mm}$ bzw. $a_{\text{a,soll}} = +0.8\,\text{mm}$ dargestellt.

Festzustellen ist, dass alle Federkennlinien ein instabiles kinematisches Bewegungsverhalten mit monostabiler Kennlinie und zwei Durchschlagpunkten aufweisen. Weiterhin ist bei steigender SHORE-Härte eine Zunahme der Kraftwerte bei gleichen Verschiebungswerten zu verzeichnen.

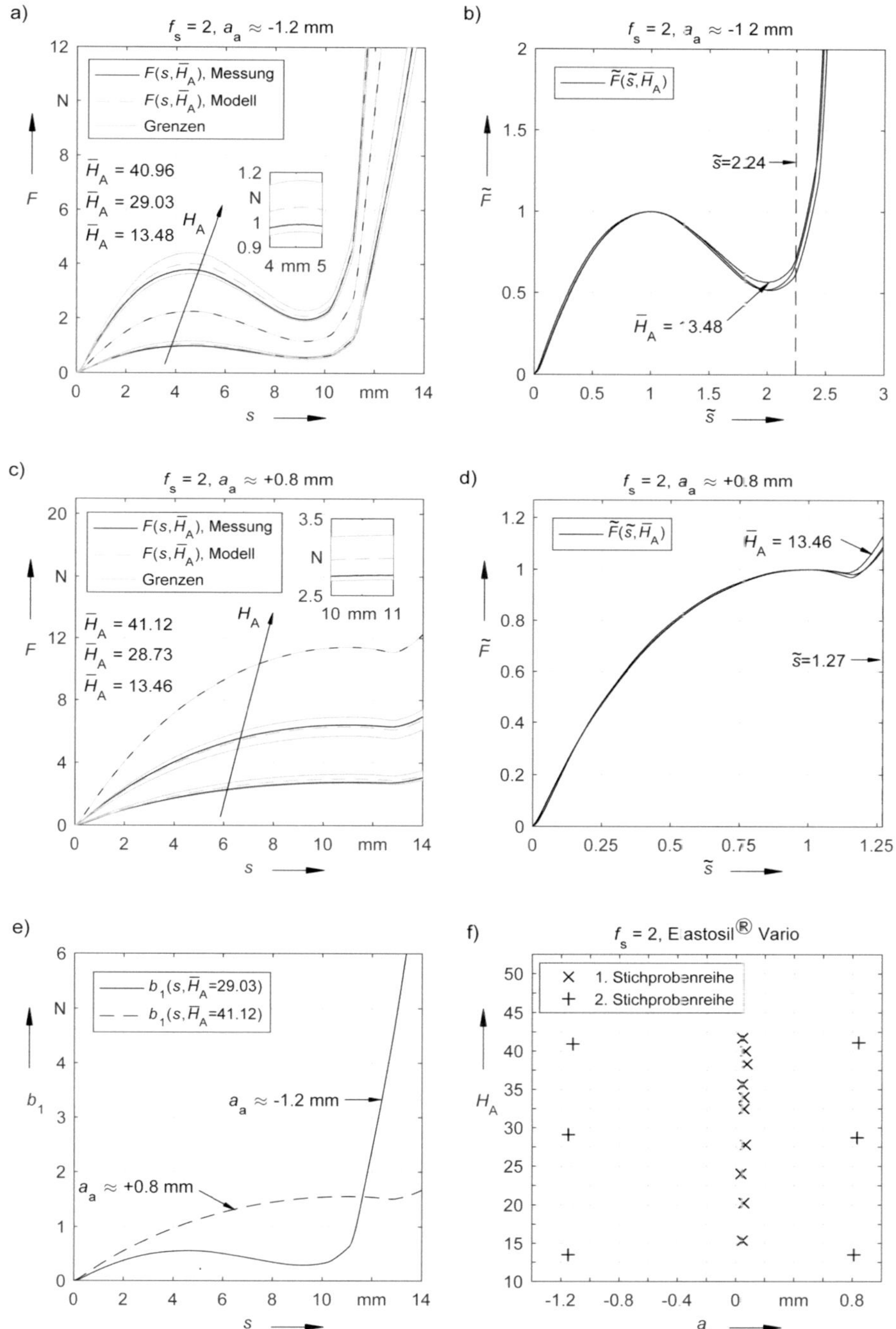

Abbildung 7.7: Messergebnisse sowie Ergebnisse des analytischen Modells bzgl. weiterer Sauggreifer-Stichproben: a) bzw. c) Federkennlinien und b) bzw. d) normierte Federkennlinien von Sauggreifern mit $a_{a,soll} = -1.2\,\mathrm{mm}$ bzw. $a_{a,soll} = +0.8\,\mathrm{mm}$; e) b_1 Verläufe zweier Proben; f) Verteilung aller Stichproben bzgl. SHORE-Härte und axialer Verschiebung

Zur Untersuchung des qualitativen Kurvenverlaufs werden die Kennlinien auf den ersten charakteristischen Durchschlagpunkt normiert. In Abbildung 7.7b und d sind die so entstehenden zwei Kurvenscharen mit ähnlichem Kurvenverlauf dargestellt.

Werden die normierten Kraftwerte an den jeweils im gleichen Abstand gebildeten ca. 2800 Stützstellen von $\tilde{s}$ verglichen, so kann der Verlauf der relativen Abweichung ϵ_{rel} zwischen zwei normierten Kurven bezogen auf das lokale Kraftmaximum ermittelt werden. Für die Funktionsmuster mit $a_{\mathrm{a,soll}} = -1.2\,\mathrm{mm}$ bzw. $a_{\mathrm{a,soll}} = +0.8\,\mathrm{mm}$ kann in allen Kurvenabschnitten mit dem Anstieg $\tilde{m} \leq 2.25$ bzw. $\tilde{m} \leq 2.37$ festgestellt werden, dass die maximale relative Abweichung $\epsilon_{\mathrm{rel,max}}$ den Wert von 5.2% bzw. 3.6% nicht übersteigt. Das dabei für $\tilde{s}$ entstehende Intervall von $0 \leq \tilde{s} \leq 2.24$ bzw. $0 \leq \tilde{s} \leq 1.27$ schließt jeweils die beiden charakteristischen Durchschlagpunkte ein (siehe Abbildung 7.7b und d und ergänzend Abbildung A.10a und b). Somit kann der qualitativ ähnliche Kurvenverlauf der Federkennlinien für die untersuchten zwei Sauggreifertypen mit gleicher axialer Verschiebung des Formkerns bestätigt werden.

Zum Aufstellen der reduzierten Modellgleichung werden die Koeffizienten b_0^* sowie $b_1(s)$ benötigt. Die Koeffizient b_0^* wurden für beide Sauggreifertypen, wie in Kapitel 7.2 beschrieben, simulationsgestützt über die volumenbezogene mittlere technische Dehnung $\bar{\varepsilon}_{\mathrm{t}11}$ bestimmt. Hierzu wurden die FE-Simulationen der geometrisch angepassten Sauggreifermodelle an der Stelle der maximalen Verschiebung ausgewertet. Für die Elementauswahl zur Bestimmung der Koeffizienten b_0^* wurde ebenso der Grenzwert von $\varepsilon_{11} = 5\%$ angewendet.

Da in Kapitel 6.1.3 festgestellt wurde, dass das qualitative Verhalten nur begrenzt vom gewählten Materialmodell abhängt und weiterhin die Zusammenhänge zur Skalierung hergeleitet wurden, sind abweichend zur Realität für die beiden Simulationen:

- das Modell mit $f_{\mathrm{s}} = 1$,
- das in Kapitel 6.1.3 beschriebene Materialmodell, OGDEN 3.Ordnung, für die Neukurven des Materials ELASTOSIL® M4644 und
- der über Gleichung 6.14 für $f_{\mathrm{s}} = 1$ angepasste axiale Versatz a_{a}

verwendet worden. Für die Sauggreifer mit $a_{\mathrm{a}} = -1.2\,\mathrm{mm}$ bzw. $a_{\mathrm{a}} = +0.8\,\mathrm{mm}$ ergaben sich so die Werte $b_0^* = 0.0483$ bzw. $b_0^* = 0.0485$ (siehe ergänzend Tabelle A.18).

Für die Ermittlung von $b_1(s)$ wird eine Referenz-Federkennlinie $F_{\mathrm{ref}}(s)$ des jeweiligen Sauggreifertyps benötigt. Diese kann:

- entweder *simulationsgestützt* über eine FE-Simulation mit dem Materialmodell für eine ausgewählte SHORE-Härte einer ELASTOSIL® VARIO Mischung[69] oder
- *experimentell* über eine Messung an einem geometrisch gleichen Funktionsmuster mit frei gewählter SHORE-Härte einer ELASTOSIL® VARIO Mischung

ermittelt werden. Beide Referenz-Federkennlinien wurden für die Sauggreifertypen mit $a_{\mathrm{a,soll}} = -1.2\,\mathrm{mm}$ bzw. $a_{\mathrm{a,soll}} = +0.8\,\mathrm{mm}$ über Messungen an dem Funktionsmuster mit mittlerer bzw. maximaler SHORE-Härte bestimmt.

[69] Zum Aufstellen des Materialmodells müssen entsprechende Materialversuche durchgeführt werden.

Der Verlauf von $b_1(s)$ wurde jeweils über die Referenz-Federkennlinien $F_{\text{ref}}(s)$ sowie über die in Versuchsaufbau VI bestimmte SHORE-Härte $H_{\text{A,ref}}$ mit Gleichung:

$$b_1(s) = \frac{F_{\text{ref}}(s)}{e^{b_0^* \cdot H_{\text{A,ref}}}} \tag{7.11}$$

berechnet. Die Verläufe von $b_1(s)$ für beide Sauggreifer sind in Abbildung 7.7e dargestellt.

Werden die Verläufe $b_1(s)$ mit den zugehörigen Federkennlinien der Sauggreifertypen verglichen, so kann wiederum die qualitative Gleichheit festgestellt werden. Weiterhin bestätigt sich erneut, dass der Faktor b_1 geometrische Aspekte des zu untersuchenden Bauteils widerspiegelt.

Wird Gleichung 7.11 in die reduzierte Modellgleichung eingesetzt, ergibt sich:

$$F(s, H_{\text{A}}) = b_1(s) \cdot e^{b_0^* \cdot H_{\text{A}}} = F_{\text{ref}}(s) \cdot \frac{e^{b_0^* \cdot H_{\text{A}}}}{e^{b_0^* \cdot H_{\text{A,ref}}}} = F_{\text{ref}}(s) \cdot \left(\frac{e^{H_{\text{A}}}}{e^{H_{\text{A,ref}}}} \right)^{b_0^*}. \tag{7.12}$$

Über die Gleichung können jeweils die Modell-Kennlinien der Sauggreifer mit den beiden anderen gewählten (oder auch beliebigen) SHORE-Härten ermittelt werden (siehe grau gestrichelte Linien in Abbildung 7.7a und c).

Wie aus Gleichung 7.12 ersichtlich ist, gibt es einen Einfluss auf die Modellkennlinien von der hinterlegten Referenzkennlinie, dem Faktor b_0^* und der aus den Messungen bestimmten SHORE-Härte. Im Folgenden wird der Einfluss der SHORE-Härte-Messung auf das Modellergebnis näher betrachtet. Hierzu wird der Faktor H_{A} um den Term $\pm\Delta H_{\text{A}}$ ergänzt, wodurch die erweiterte Modellgleichung 7.14 entsteht:

$$F(s, H_{\text{A}}) = F_{\text{ref}}(s) \cdot \left(\frac{e^{H_{\text{A}} \pm \Delta H_{\text{A}}}}{e^{H_{\text{A,ref}} \pm \Delta H_{\text{A}}}} \right)^{b_0^*} = F_{\text{ref}}(s) \cdot \left(\frac{e^{H_{\text{A}}}}{e^{H_{\text{A,ref}}}} \right)^{b_0^*} \cdot \left(\frac{e^{\pm \Delta H_{\text{A}}}}{e^{\pm \Delta H_{\text{A}}}} \right)^{b_0^*} \tag{7.13}$$

$$F(s, H_{\text{A}}) = F_{\text{ref}}(s) \cdot \left(\frac{e^{H_{\text{A}}}}{e^{H_{\text{A,ref}}}} \right)^{b_0^*} \cdot f_{\text{B}}(\Delta H_{\text{A}}, b_0^*). \tag{7.14}$$

Über den Faktor f_{B} wird der Einfluss des Faktors b_0^* sowie der Messgenauigkeit der SHORE-Härte abgebildet, wodurch die obere und untere Grenze jeder Modellkurve entsteht. Die Extrema für den Faktor f_{B} werden über die Gleichung:

$$f_{\text{B}} = \begin{cases} e^{2 \cdot \Delta H_{\text{A}} \cdot b_0^*} & \text{für} \quad f_{\text{B,max}} \\ e^{-2 \cdot \Delta H_{\text{A}} \cdot b_0^*} & \text{für} \quad f_{\text{B,min}} \end{cases} \tag{7.15}$$

bestimmt. Die in diese Gleichung 7.15 einzusetzenden, konkreten Werte ergeben sich aus der FEM-Auswertung des entsprechenden Sauggreifertyps zusammen mit Gleichung 7.8 und einer Abschätzung zur Messgenauigkeit von $\Delta H_{\text{A}} = 1$ für die SHORE-Härte[70]. Mit diesen Werten berechnen sich über die erweiterte Modellgleichung 7.14 die Grenzen und daraus abgeleitet die Bereiche für die Modellkennlinien für bestimmte SHORE-Härten.

Zur quantitativen Beurteilung werden die über die erweiterte Modellgleichung 7.14 ermittelten

[70] Als Wiederholgenauigkeit des verwendeten SHORE-Härte-Prüfgerätes ist ein Wert von 1% des Maximalwertes angegeben [203].

Grenzen für die Federkennlinien relativ auf die über die reduzierte Modellgleichung 7.12 ermittelten Federkennlinien des Sauggreifers bezogen. Am Beispiel für die Kurven, betreffend des Sauggreifertyps mit $a_a = +0.8\,\mathrm{mm}$, ergibt sich für die Grenzen der Federkennlinien, dass diese relativ bis zu 9.2% kleiner bzw. 10.2% größer als die über die reduzierte Modellgleichung 7.12 bestimmten Federkennlinien ausfallen. Für die zwei Funktionsmuster jedes Sauggreifertyps sind in Abbildung 7.7a und c alle sich so ergebenden Bereiche für die Federkennlinien sowie die über Gleichung 7.12 berechneten und durch Messungen ermittelten Federkennlinien dargestellt.

Der Vergleich der Kennlinien zeigt, dass alle gemessenen Federkennlinien der Sauggreifer-Stichproben innerhalb der berechneten Modellgrenzen liegen. Wird beispielsweise der über die vier generierten Modellkennlinien ermittelte, erste kritische Kraftwert jeweils relativ auf den entsprechenden über die Messung ermittelten Kraftwert bezogen, so übersteigt die relative Abweichung einen Wert von 7.9% nicht.

Um den Einfluss der Parameter b_0^* und ΔH_A zu vergleichen, wird im Folgenden der Maximalwert von b_0^* gesucht. Dieser ist im festgelegten, mittleren Hauptdehnungsbereich $0 \leq \bar{\varepsilon}_{t11} \leq 0.484$ des qualitativ ähnlichen uniaxialen Materialverhaltens der ELASTOSIL® VARIO Mischungen zu bestimmen und beträgt 0.0564 (siehe Abbildung 7.6c).

Mit einem unveränderten Wert von $\Delta H_A = 1$ ergibt sich für die über die Modellgleichung 7.14 ermittelten Grenzen der Federkennlinien, dass die Grenzen relativ bezogen auf die über die reduzierte Modellgleichung bestimmte Federkennlinie bis zu 10.7% kleiner bzw. 11.9% größer ausfallen. Aus dem Vergleich des Einflusses beider Parameter wird geschlussfolgert, dass der Wert für die Messgenauigkeit der SHORE-Härte-Messung möglichst gering zu halten ist, da deren Einfluss auf die Modellgrenzen maßgeblich ist.

Es kann zusammengefasst werden, dass

- der Faktor b_0^* für beide Sauggreifertypen anhand der in Kapitel 7.2 vorgeschlagenen Methode simulationsgestützt über das FEM-Modell und die Verwendung der Gleichung 7.8 ermittelt werden konnte und die Methode somit validiert wurde,
- der Parameter $b_1(s)$ experimentell (wie in Kapitel 7.1) sowie auch simulationsgestützt ermittelt werden konnte,
- die in Kapitel 7.1 vorgestellte Methode zur Generierung der Sauggreiferkennlinie mit der hergestellten 2. Stichprobenreihe im betrachteten Variationsbereich der SHORE-Härte und der axialen Verschiebung über die reduzierte Modellgleichung erfolgreich angewendet und validiert werden konnte und
- die Messgenauigkeit der SHORE-Härte, als maßgebende Einflussgröße zu erhöhen ist, um den aus der erweiterten Modellgleichung ermittelten Bereich für die Federkennlinien zu verringern.

Besonders hervorzuheben ist, dass bei der simulationsgestützten Ermittlung von b_0^* beim FEM-Modell *nicht zwingend* das spezifische Materialmodell für das verwendete Material hinterlegt werden muss. Dies ist möglich, da der Verzerrungszustand für gleichgroße Verschiebungswerte des Sauggreifers bei ähnlichen Materialtypen qualitativ gleich ausfällt (siehe Kapitel 6.1.3). Eine aufwendige Materialuntersuchung für die Generierung eines möglichst genauen Materialgesetzes entfällt hierdurch. Weiterhin kann bei bekannten Skalierungszusammenhängen, wie gezeigt, die Simulation des Sauggreifers in einem anderen Maßstab durchgeführt werden.

Aus den in diesem Kapitel 7 erarbeiteten Zusammenhängen wird in Kapitel 9.4 eine verallgemeinerte Methode zur Auslegung von Kennlinien von aus Silikon bestehenden nachgiebigen Systemen über die SHORE-Härte abgeleitet.

8 Implementierung einer inhärenten Sensorik auf Basis leitfähiger Silikone

In diesem Kapitel werden einleitend ausgewählte Anwendungsfelder und -aufgaben von Sensoren in Handhabungseinrichtungen erläutert. Um die Verformungseigenschaften des Sauggreifers möglichst nicht zu beeinflussen, ist die Verwendung einer nachgiebigen Sensorik erforderlich. Zur Entwicklung einer inhärenten und gleichzeitig nachgiebigen Sensorik werden verschiedene Wirkprinzipien auf Basis leitfähiger Silikone vorgeschlagen, von denen zwei ausgewählt werden.

Für die Anwendung des Schalter-Prinzips zur Auswertung des Greifzustands (Objekt gegriffen oder Objekt nicht gegriffen) sind Unterschiede in der Verformung des Sauggreifers notwendig, die über ein FEM-Modell identifiziert werden. Darauf aufbauend werden verschiedene Lösungskonzepte zur Umsetzung des Schalter-Prinzips erarbeitet. Zum Zwecke des Machbarkeitsnachweises wird für ausgewählte Konzepte die stoffkohärente Integration elektrisch leitfähiger Strukturabschnitte in den Sauggreifer sowie die Funktionalität der Sensorik geprüft.

Weiterhin werden ausgewählte elektromechanische Eigenschaften von den in Kapitel 5.1.4 hergestellten, verschiedenen kapazitiven Sensormustern spezifiziert. Anschließend wird ein ausgewählter kapazitiver Sensor zur Erfassung von Druckkräften und zur Detektion verschiedener Phasen des Greifprozesses in einen Sauggreifer implementiert.

Am sensorisierten Sauggreifer werden vergleichende Untersuchungen durchgeführt und drei unterschiedliche Greifprozesse ausgewertet. Darüber hinaus wird modellbasiert eine Alternative der gewählten Sensorposition gegenübergestellt und diese diskutiert.

8.1 Sensorik in Sauggreifanlagen sowie prinzipielle Lösungen

Um die Anforderung zur Implementierung einer inhärenten Sensorik bei gleichzeitig stoffkohärentem Aufbau des Sauggreifers zu erfüllen, wird nachfolgend ein Überblick über Anwendungsfelder sensorisierter Handhabungseinrichtungen und darin integrierte Sensorarten gegeben. Besonderes Augenmerk liegt hierbei auf Lösungskonzepten für die Realisierung einer nachgiebigen Sensorik.

Um die Verformungseigenschaften des Sauggreifers möglichst gering zu beeinflussen, bildet eine Sensorik auf Basis leitfähiger Silikone den Kern der Betrachtung. Hierfür werden unterschiedliche Wirkprinzipien dargelegt, von denen zwei für die Realisierung und Erprobung ausgewählt werden.

8.1.1 Anwendungsfelder, Sensorarten und Lösungskonzepte für sensorisierte Handhabungseinrichtungen mit Sauggreifern

Handhabungseinrichtungen mit Sauggreifern (siehe Abbildung 4.1) werden für die Automatisierung von Prozessen bzw. für die Rückführung von Messgrößen an den Bediener mit unterschiedlichen Sensoren ausgestattet. Es werden bspw.:

- die Objektlage (Drehlage und Position) sowie die Objektgeometrie [271],
- der Volumenstrom [118] oder der Druck des Saugmittels [28, 228],
- der Abstand zwischen Sauggreifer und Objekt vor dem Sauggreifen [141] oder nach dem Sauggreifen [4] und
- Kräfte [4, 220]

gemessen bzw. bestimmt. Als mögliche Sensoren werden hierbei u. a. Druckschalter bzw. -sensoren [28, 228], Näherungsschalter [124] bzw. -sensoren [134], Berührungssensoren [159], Volumenstromsensoren [118], Hall-Sensoren [4], Fotodioden [4], Kraftsensoren [220], kapazitive Sensoren [148], Kolorimeter [156], Kameras [271] bzw. CCD-Kameras [290] verwendet.

Mit der Sensorik werden überwiegend anspruchsvolle Anwendungsaufgaben gelöst, von denen, ohne Anspruch auf Vollständigkeit, folgend eine Auswahl genannt wird:

- die Druckluftsteuerung zur Einsparung von Druckluft [141, 225, 228], zur Steuerung der Ejektor-Zustandsgrößen [224] oder zum Auslösen des Saugvorganges [28],
- die Detektion von Objekten (Präsenzkontrolle) [134, 141] und deren Zustandsbeurteilung [148],
- die Positionsüberwachung und Anwesenheitskontrolle des gehaltenen Objektes [4],
- das Positionieren eines Sensors [156],
- die Kraftmessung am Anlageabschnitt des Sauggreifers [4],
- die Ermittlung der Qualität des Greifvorganges (Greiffehlerermittlung) [220],
- die Überwachung des Funktionszustandes der Handhabungsvorrichtung [118] und
- die Schwingungsüberwachung zur Ermittlung unpassender Prozessparameter wie bspw. überhöhte Taktraten, Bewegungsabläufe mit zu großen Beschleunigungen, verschlissene oder unangebrachte Werkzeuge [243].

Die Sensoren können betreffend der hierarchischen Struktur der Handhabungseinrichtung (siehe Abbildung 4.1a) in der Sauggreiferanlage, bspw. im Industrieroboter selbst (bspw. [135, 185]), oder im Vakuumsystem (bspw. [140, 220]) integriert sein. Bei den Sensoren handelt es sich meist um *zusätzliche Systemteile*, welche in den wenigsten Fällen strukturintegriert sind.

Für eine strukturintegrierte Lösung der Sensorik steht auch die unterste Ebene, der Sauggreifer selbst, zur Verfügung. Für eine Funktionsintegration auf dieser Ebene ist die Sensorik bei Realisierung eines *stoffkohärenten Aufbaus* am Ende der Herstellung untrennbar, räumlich mit der mechanisch-stofflichen Komponente des Sauggreifers verbunden. Die Sensorik ist somit nicht mehr als eigenständige Einheit bzw. Baugruppe abzugrenzen.

Bei der Recherche nach einer geeigneten nachgiebigen Sensorik ist festzustellen, dass derzeit untersucht wird, dehnfähige flexible Sensoren in Silikonsubstrate einzubetten [169]. Unterschiedliche Lösungsansätze sind im Bereich der Mensch-Roboter-Kollaboration für eine weiche sensorisierte Haut (engl. soft skin) in Form von:

- leitfähigen Geweben [83, 110, 259],
- elektroaktiven Polymeren [198],
- leitfähigen Flüssigmetallen [195, 213],
- piezoelektrischen Keramiken [238] und
- piezoresitiven Polymerverbunden [240, 249].

Gegenstand von Untersuchungen. Im Bereich der FNA haben:

- faseroptische Sensoren [88, 244],
- Dünnfilmsensoren (sogenannte Flex-Sensoren) [85, 216] sowie
- Sensoren auf Basis von niedrigschmelzenden Legierungen (bspw. eGaIn - Sensoren) [108, 109, 165, 195, 239]

als Sensortechnologien besondere Beachtung erfahren.

Um für den Sauggreifer aus der Vielfalt von nachgiebigen Sensoren einen geeigneten Sensortyp auszuwählen, ist neben der Anforderung an die Genauigkeit der Sensorik (bspw. Mess- und Wiederholgenauigkeit, Signal-Rausch-Verhältnis u. a.) auch eine Betrachtung der Sensormaterialeigenschaften erforderlich. Da die Verformungseigenschaften des Sauggreifers durch die Integration des Sensormaterials in die Struktur des Sauggreifers nur gering beeinflusst werden sollen, muss das Spannungs-Dehnungs-Verhalten des Sensormaterials ähnlich dem des Sauggreifermaterials sein. Ebenfalls muss der elastische Dehnungsbereich des Sensormaterials so groß sein, dass dieser innerhalb der Bereichsgrenzen liegt, die durch die Maximaldehnung des Materials vom Sauggreifer ohne Sensorik bei unterschiedlichen Verwendungsszenarien festgelegt werden.

In Kapitel 6.1.3 wurde eine Maximaldehnung von 49% bei Ermittlung der Federkennlinie des Sauggreifers und in Kapitel 5.1.3 eine maximale Vordehnung von 79% bei der Herstellung ermittelt. Derart hohe elastische Dehnungen bei gefordertem, gleichem Spannungs-Dehnungs-Verhalten werden nur von elastomeren Materialien erfüllt. Daher wird im Weiteren Verlauf der Arbeit eine Sensorik auf Silikonbasis entwickelt.

8.1.2 Sensorik auf Basis leitfähiger Silikone – Wirkprinzipien und Auswahl

Bei Raumtemperatur liegen die elektrischen Eigenschaften von Silikon-Elastomeren in den Größenordnungen bekannter Isolierstoffe [231]. Durch den Einsatz von leitenden Zusatzstoffen als Füllstoffe im Silikonkautschuk kann dessen spezifische Leitfähigkeit soweit erhöht werden, dass eine elektrische Leitfähigkeit erreicht wird. Die so entstandene Kombination aus Silikonkautschuk und Füllstoff wird als Verbundwerkstoff bezeichnet (siehe Kapitel 2.2.2).

Beim Überschreiten einer Grenzkonzentration des Füllstoffes (Perkolationsschwelle) tritt ein plötzliches und mit weiter zunehmender Konzentration stetiges Anwachsen der elektrischen

Leitfähigkeit auf [265]. Als Füllstoffe kommen Kohlenstoff aus der Serie der Nichtmetalle in Form von bspw. Leitfähigkeitsruß, Graphit, Carbon-Fasern, Carbon-Nanotubes sowie Metalle in Form von Partikeln, Legierungen, metallisch beschichteten Fasern in Frage [231].

Mit Hilfe des so erzeugten leitfähigen Silikonkautschuks sind unterschiedliche Arten von Sensoren realisierbar. Überwiegend handelt es sich um Berührungs- bzw. Drucksensoren [149, 269] und Dehnungssensoren [6, 9], mit denen entsprechend Druck- oder Zugbelastungen detektiert werden können. Verwendung finden diese u. a. im Bereich der Soft-Robotik [123, 214].

Für die geforderte Detektion des Greifzustands des Sauggreifers (siehe Kapitel 4.2) und zur Identifizierung oder auch Quantifizierung von Druckkräften auf das Greifobjekt ist beim Einsatz der auf leitfähigen Silikonen basierenden Sensoren zwingend eine Verformung dieser notwendig. Diese ist bei Kontakt des Sauggreifers mit dem Greifobjekt gegeben. Beim Kontakt kommt es innerhalb des Sauggreifers zu örtlich unterschiedlichen Belastungszuständen des Materials (bspw. Zug, Druck, Biegung), die prinzipiell den Einsatz verschiedener Sensorarten erlaubt.

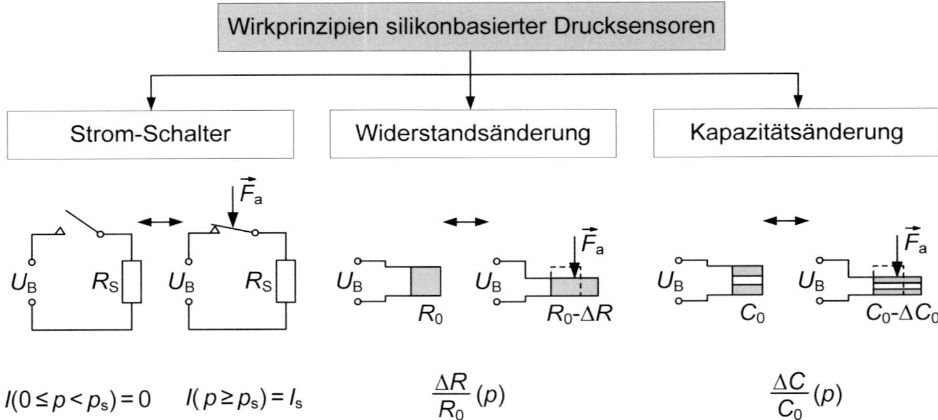

Abbildung 8.1: Wirkprinzipien von Drucksensoren mit leitfähigem Silikon als Sensorkomponente

Im Rahmen dieser Arbeit wird die Umsetzung einer *Drucksensorik* favorisiert. Drucksensoren auf Basis von Silikon können auf verschiedenen Wirkprinzipien beruhen (siehe Abbildung 8.1):

- Bei sogenannten Switch-Sensoren wird bei Überschreiten einer äußeren Belastung, bspw. eines einstellbaren Schaltdruckes p_S, über das leitfähige Silikon ein Strom I_S geschaltet (Schalter-Prinzip) [78, 143].
- Weiterhin kann der piezoresistive Effekt bei aus leitfähigem Silikon bestehenden Sensorelementen genutzt werden. Bei diesen führt eine Verformung zu einer einhergehenden Dehnungsänderung, die eine Änderung des Ausgangswiderstandes R_0 bewirkt [127, 128].
- Ebenso können kapazitive Sensoren aufgebaut werden, deren Elektroden aus leitfähigem und deren Dielektrikum aus nicht leitfähigem Silikon bestehen. Bei diesen Sensoren wird die Veränderung der Ausgangskapazität C_0 unter Druckbelastung ausgewertet [10, 21].

Da die Verwendung von Sensoren basierend auf dem piezoresistiven Effekt aufgrund der

Abhängigkeit:

- des spezifischen Widerstands von der Temperatur und
- des gemessenen elektrischen Widerstands von der Anzahl der Belastungszyklen, von der Belastungsgeschwindigkeit und von Relaxationsprozessen des Materials

zu erhöhtem Aufwand bei der Auswertung der Sensorsignale führt [18, 202, 256], wird dieses Messprinzip nicht weiter betrachtet.

Daher werden im Rahmen dieser Arbeit für den Sauggreifer Drucksensoren basierend auf dem Strom-Schalter-Prinzip (Konzepte siehe Kapitel 8.2.1 und Realisierung siehe Kapitel 8.2.2) und auf Basis der elektrischen Kapazitätsänderung (Voruntersuchungen siehe Kapitel 8.3.1 sowie Realisierung siehe Kapitel 8.3.2) entwickelt.

8.2 Sensorisierung des Sauggreifers mittels des Schalter-Prinzips

In diesem Abschnitt werden Konzepte basierend auf dem Schalter-Prinzip für eine Funktionsintegration bei gleichzeitiger stofflicher Kohärenz vorgestellt. Ausgewählte Sensorkonzepte werden aufgebaut und im Rahmen erster Versuche näher untersucht.

8.2.1 Sensorisierungskonzepte zum Schalter-Prinzip sowie deren Auswahl

Um den Greifzustand des Sauggreifers anzuzeigen, ist ein Sensorsignal notwendig, welches eine qualitative Aussage ermöglicht. Das beschriebene Schalter-Prinzip erlaubt im Allgemeinen eine Unterscheidung von zwei Zuständen, weshalb sich dieses Prinzip zur Detektion des Greifzustandes eignet.

Dabei ist es erforderlich, Unterschiede zwischen den Verformungen des Sauggreifers bei anliegendem negativen Überdruck für den Zustand mit und ohne gegriffenes Greifobjekt zu identifizieren. In Abbildung 8.2 sind diese beiden Verformungszustände im Vergleich gezeigt. Auf einer Halbseite des Sauggreifers ist jeweils ein reales Funktionsmuster und auf der anderen Seite das Viertelmodell eines FEM-Modells zu sehen.

Werden bei der Betrachtung des FEM-Modells die Verzerrungsgrößen für beide Zustände ausgewertet und die Werte der ersten Hauptdehnungsrichtung innerhalb der Abbildung 8.2 verglichen, so unterscheiden sich die Maximalwerte mit 0.34 (entspricht der Ingenieurdehnung von 40.5%) und 0.27 nur geringfügig. Diese Maximalwerte sind zudem nur einem kleinen Bereich innerhalb des Sauggreifers zuordenbar, wodurch eine Unterscheidung der Zustände über diese nicht zielführend ist.

Es ist festzustellen, dass sich die beiden Verzerrungszustände durch das Bild ihrer Verformung unterscheiden lassen. Grund hierfür sind die unterschiedlich großen Verschiebungswerte der

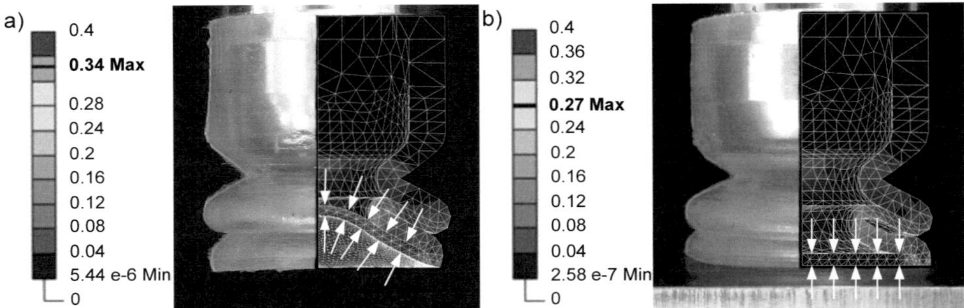

Abbildung 8.2: Funktionsmuster mit überlagertem Simulationsmodell des Sauggreifers unter Darstellung der maximalen Hauptdehnung im FE-Viertelmodell bei einem negativen Überdruck von 600 mbar: a) ohne Greifobjekt und b) mit ebenem Greifobjekt (Pfeile markieren Sauggreiferboden)

Sauggreifermembran (vergleiche Abbildung 8.2a mit b). Für den Fall, dass kein Greifobjekt vorhanden ist, unterscheidet sich die Verformung wie folgt:

- Die Sauggreifermembran wölbt sich konkav nach innen (vergleiche Abbildung 8.2a mit b, unterschiedliche Membranverschiebung ist mit Pfeilen markiert).
- Die Sauggreifermembran tritt mit der sich anschließenden Faltenwandung im Inneren des Sauggreifers in Kontakt.

Diese festgestellten Unterschiede werden nachfolgend für die Detektion der beiden Zustände genutz.

Um die Sensorik unter Verwendung leitfähiger Silikone über das Schalter-Prinzip zu realisieren, wurden unterschiedliche Lösungskonzepte erarbeitet, von denen zwei ausgewählt wurden. Diese unterscheiden sich darin, über welche Körper die elektrische Kontaktschließung realisiert wird:

- Einerseits kann der Sauggreifer einen leitfähigen Strukturabschnitt aufweisen, der an geeigneter Stelle mit der Sauggreiferhalterung in Kontakt tritt. Diese Lösungsvariante wird folgend als *Sauggreifer-Halterung-Kontakt-Lösung* bzw. *SHK-Lösung* bezeichnet.
- Andererseits kann der Sauggreifer zwei oder mehr voneinander getrennte, leitfähige Strukturabschnitte aufweisen, die untereinander in Kontakt treten können. Diese Lösungsvariante wird folgend als *Sauggreifer-Sauggreifer-Kontakt-Lösung* bzw. *SSK-Lösung* bezeichnet.

In Abbildung 8.3 sind Schnittansichten dieser beiden Möglichkeiten im Prinzip gezeigt, wobei der Sauggreifer jeweils in verschiedenen Verformungszuständen dargestellt ist.

Bei der SHK-Lösung sind elektrische Signalleitungen innerhalb der Sauggreiferhalterung luftdicht von außen an das der Sauggreifermembran zugewandte Ende der Sauggreiferhalterung zuzuführen (siehe Abbildung 8.3a). Der Abstand a_{SB} zwischen elektrischer Signalleitung und dem elektrisch leitfähigen Strukturabschnitt in der Sauggreifermembran ist bspw. über die Länge der Sauggreiferhalterung einstellbar.

Dieser Abstand ist so groß zu wählen, dass bei einer festgelegten, maximalen Objektkrümmung

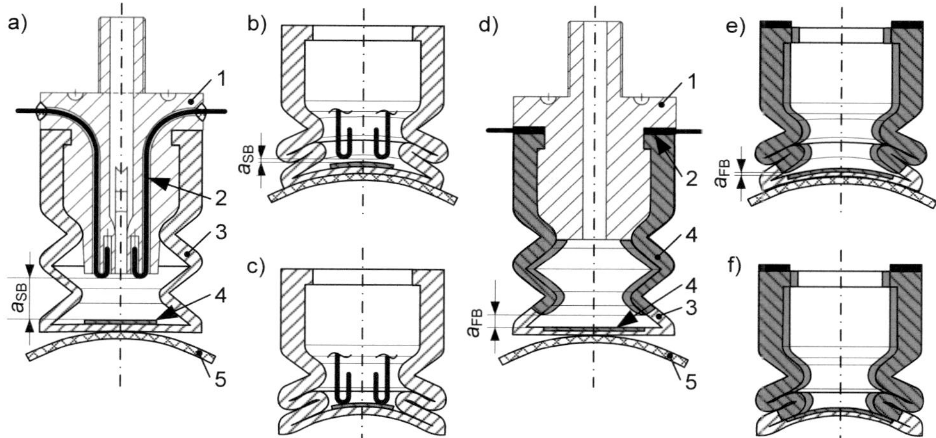

Abbildung 8.3: Lösungskonzepte zur Realisierung des Schalter-Prinzips im Halbschnitt: a) SHK-Lösung und b) SSK-Lösung eines Sauggreifers bestehend aus nicht leitfähigen (3) und leitfähigen Strukturabschnitten (4) fixiert auf einer Sauggreiferhalterung (1) mit elektrischen Signalleitungen (2) und zylindrischem Greifobjekt (5) im mechanisch spannungslosen Zustand sowie vereinfachte Darstellungen unterschiedlicher Verformungszustände unter negativem Überdruck mit Greifobjekt in b) und e) sowie ohne Greifobjekt in c) und f) jeweils mit angedeuteten Signalleitungen und ohne Sauggreiferhalterung

unter negativem Überdruck im Zustand mit gegriffenem Greifobjekt ein Abstand $a_{\mathrm{SB}} > 0\,\mathrm{mm}$ erhalten bleibt. Der Stromkreis wird somit nicht geschlossen. Im Zustand ohne Greifobjekt und mit vorhandenem negativem Überdruck ist hingegen dieser Abstand nicht gegeben, wodurch der elektrische Stromkreis geschlossen wird (vergleiche Abbildung 8.3b mit c).

Bei der Realisierung einer SSK-Lösung sind leitfähige Strukturbereiche innerhalb der gefalteten Teilstruktur des Sauggreifers zu integrieren. Diese sind bis in die hohlzylinderförmige Teilstruktur (siehe Abbildung 4.4) zu führen und dort mit den Signalleitungen der Sauggreiferhalterung zu kontaktieren.

Gleichzeitig weisen diese leitfähigen Strukturbereiche eine räumliche Trennung von einem weiteren leitfähigen elektrischen Strukturabschnitt in der Sauggreifermembran auf, wodurch der Abstand a_{FB} gebildet wird (siehe Abbildung 8.3d). Dieser Abstand ist wie bei der SHK-Lösung so groß zu wählen, dass dieser bei vorhandenem negativem Überdruck im Zustand mit gegriffenem Greifobjekt größer 0 mm ist und im Zustand ohne Greifobjekt nicht vorhanden ist. Analog bleibt der Stromkreis geöffnet oder wird geschlossen (vergleiche Abbildung 8.3e mit f).

In Tabelle 8.1 sind, geordnet innerhalb einer Klassifizierung, Konzeptideen zur Realisierung der Sensorisierung des Sauggreifers über das Schalter-Prinzip dargestellt[71]. Die Konzepte sind nach SHK- und SSK-Lösungen sowie der Anzahl realisierter Stromkreise getrennt aufgeführt.

Durch das Vorhandensein eines zweiten elektrischen Stromkreises kann eine zusätzliche sensorische Funktion durch den Sauggreifer realisiert werden (Funktionsintegration). Zum Beispiel ist es möglich, den zweiten Stromkreis über ein elektrisch leitfähiges Greifobjekt zu schließen.

[71] Weitere Konzepte zur Sensorisierung des Sauggreifers sind in [95] zu finden.

Tabelle 8.1: Konzepte für eine inhärente Sensorik des Sauggreifers unterteilt nach der Art der Kontaktschließung und der Anzahl der Stromkreise: (1) leitfähiger Strukturabschnitt; (2) nicht leitfähiger Strukturabschnitt; (3) mantelförmige Struktur; (4) Membran

		mögliche Anordnungen für inhärente Sensorik über			
		einen Stromkreis			zwei Stromkreise
Realisierung des Schalter-Prinzips als	SHK-Lösung	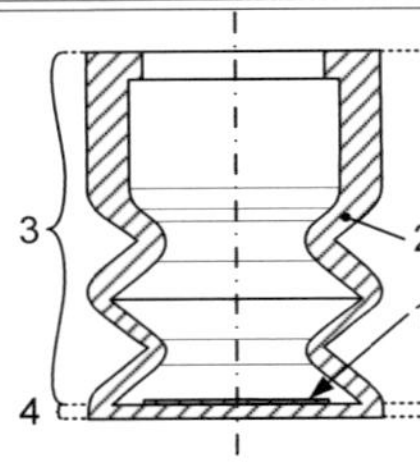	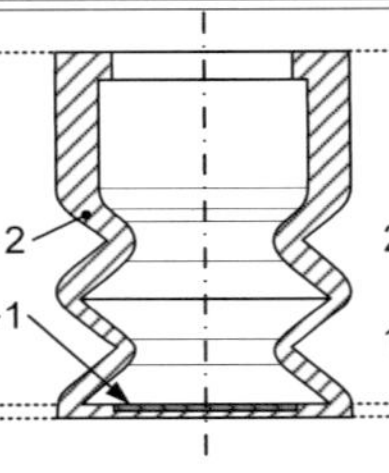	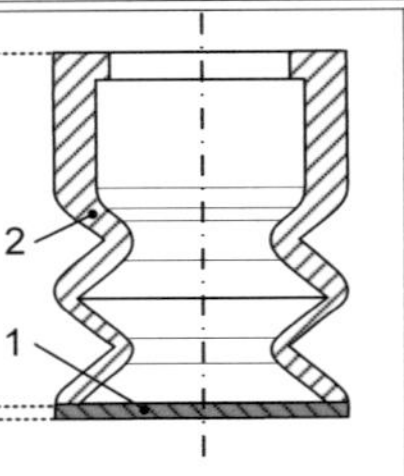	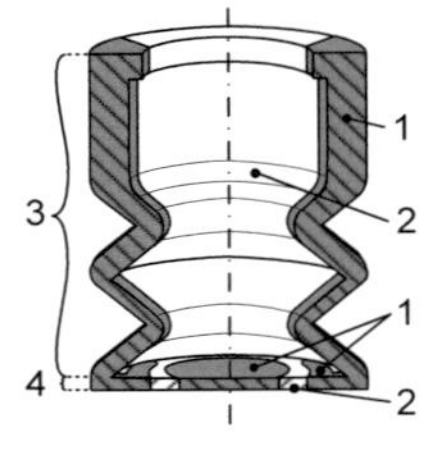
	SSK-Lösung	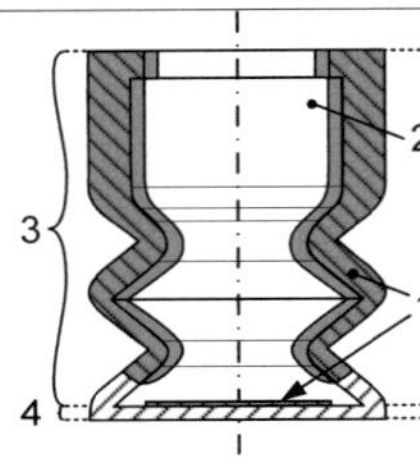	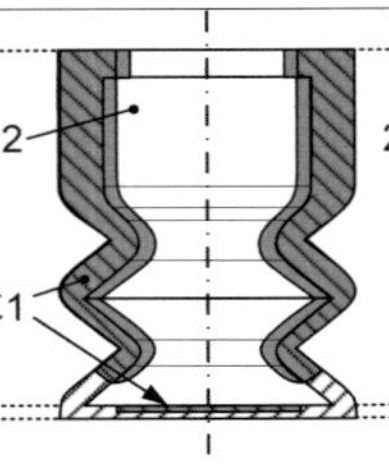	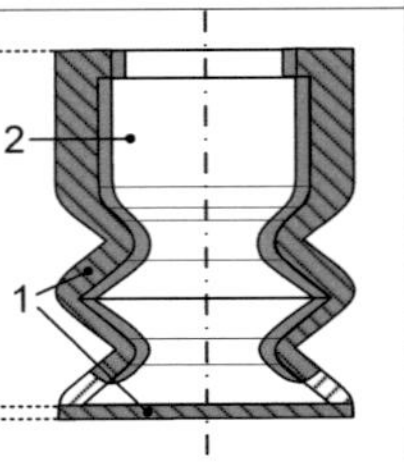	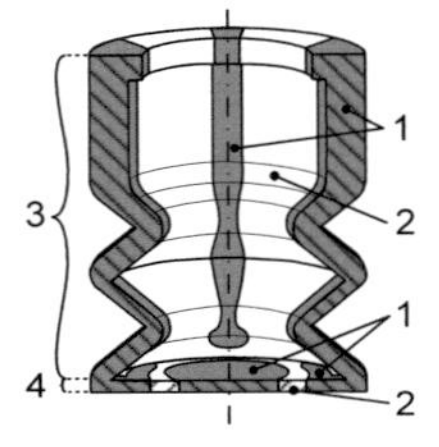

Dadurch ist es möglich, elektrisch leitende und nicht leitende Greifobjekte zu sortieren.

Hierzu ist beim Sauggreifer unter negativem Überdruck zuerst über den ersten Stromkreis der Greifzustand zu überprüfen. Zeigt dieser das ergriffene Greifobjekt an, ist anschließend das Signal des zweiten Stromkreises zur elektrischen Leitfähigkeit des Greifobjektes auszuwerten.

Für den zweiten Stromkreis sind zwei weitere elektrisch leitfähige Strukturabschnitte im Sauggreifer notwendig, die von der gefalteten Teilstruktur des Sauggreifers bis in den Greiferboden reichen und vom ersten Stromkreis elektrisch getrennt sind (siehe Tabelle 8.1 letzte Spalte).

Von den in Tabelle 8.1 aufgeführten Sensorisierungskonzepten wurden drei unterschiedliche SHK-Konzepte (siehe Tabelle 8.1 Zeile SHK-Lösung v.l.n.r.: 1., 3. und 4. Konzept) für eine Realisierung ausgewählt. Grund hierfür ist die geringere Gesamtanzahl der leitenden Strukturabschnitte innerhalb des Sauggreifers im Vergleich zur jeweiligen SSK-Lösung.

Anhand der ausgewählten Konzepte soll die Herstellbarkeit sowie die Ermittlung des Greifzustandes sowie, im Fall des Konzeptes mit zwei Stromkreisen, zusätzlich die Unterscheidung von elektrisch leitenden und nicht leitenden Greifobjekten überprüft werden.

Zusammenfassend ist festzustellen, dass bei einem Vorhandensein leitfähiger und nicht leitfähiger Strukturabschnitte innerhalb des Sauggreifers:

- die Umsetzung des Schalter-Prinzips als strukturintegrierte Sensorik erfolgen kann,
- der Greifzustand ausgewertet werden kann und
- zwischen elektrisch leitfähigen und nicht leitfähigen Greifobjekten unterschieden werden kann.

Ergänzend wird an dieser Stelle erwähnt, dass eine matrixförmige Anordnung mehrerer, über das Schalter-Prinzip sensorisierter Sauggreifer möglich ist. In dieser Anordnung sind dann Aussagen über Größe, Form und/oder Lage des Greifobjektes im begrenzten Ausmaß möglich[72].

Die Überprüfung der Realisierbarkeit der ausgewählten Konzepte sowie die Funktionsprüfung wird im folgendem Kapitel ausgeführt.

8.2.2 Realisierte Sensorkonzepte basierend auf dem Schalter-Prinzip

Bei der Umsetzung der gewählten SHK-Konzepte sind ein bzw. zwei voneinander getrennte Stromkreise innerhalb des Sauggreifers zu verwirklichen. Damit die Möglichkeit eines schnellen Sauggreiferwechsels, bspw. im Falle des Verschleißes, besteht, sollen die Sauggreifer über die Sauggreiferhalterung kraftschlüssig elektrisch kontaktiert werden.

Infolge der unterschiedlichen Stromkreisanzahl wurden zwei Sauggreiferhalterungen entwickelt. Über diese wird gleichzeitig der Sauggreifer mit dem Saugmedium verbunden, die Abdichtung zum Umgebungsmedium gewährleistet und die elektrischen Signalleitungen ins Innere des Sauggreifers geführt (siehe Prinzipbild in Abbildung 8.3a sowie Sauggreiferhalterung in Abbildung 8.4a und d).

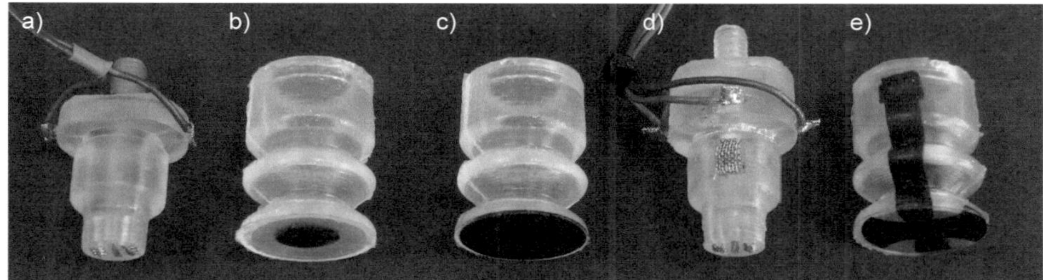

Abbildung 8.4: Aufgebaute Funktionsmuster der SHK-Lösungen mit entsprechender Sauggreiferhalterung: a) bzw. d) benötigt für unterschiedliche Sauggreifer mit einem leitenden Strukturabschnitt in b) und c) bzw. drei leitenden Strukturabschnitten in e) für einen bzw. zwei voneinander getrennte(n) Stromkreis(e)

Die Sauggreiferhalterungen wurden im Stereolithography-Verfahren mit einem SLA 3D-Drucker (Form 1+, Formlabs Inc.) hergestellt. Für die elektrische Signalleitung wurden Kupferdrahtnetze verwendet, die in die räumlich gewundenen Kanäle eingebracht wurden. Die durch das Kupferdrahtnetz vergrößerte Oberfläche unterstützt die Kontakterstellung mit den elektrisch leitfähigen Strukturabschnitten.

Zur Abdichtung des Saugmediums zum Umgebungsmedium wurden die Kanäle mittels eines photoaktiven Polymers, welches mit einem Laserpointer gehärtet wurde, verschlossen. Zudem wurde der Kanal für das Saugmedium über eine Ringdichtung am Gewinde der Sauggreiferhalterung abgedichtet.

[72]Das Konzept zur Ermittlung der Größe, Form und Lage des gegriffenen Greifobjekts über das Schalter-Prinzip ist im Anhang A.14 aufgeführt.

Für die drei ausgewählten SHK-Lösungen mit einer inhärenten Sensorik wurden drei verschiedene Funktionsmuster gefertigt, in denen ein Werkstoffverbund zwischen elektrisch leitfähigen und nicht leitfähigen Strukturabschnitten realisiert wurde (siehe auch Abbildung 2.8). Für die leitfähigen Strukturabschnitte wurden Scheiben unterschiedlicher Dicke und verschiedenartig ausgeformte Streifen aus leitfähigem Silikon benötigt, die, wie in Kapitel 5.1.5 beschrieben, hergestellt wurden.

Der Werkstoffverbund zwischen elektrisch leitfähigen und nicht leitfähigen Strukturabschnitten wurde für den Sauggreifer:

- der SHK-Lösung 1. Konzept durch nachträgliches (nach der Sauggreiferherstellung) Aufkleben einer leitfähigen Scheibe mit Silikonkleber ELASTOSIL® E 41 im Inneren des Sauggreifers in der Mitte des Sauggreiferbodens,
- der SHK-Lösung 3. Konzept durch Einlegen einer leitfähigen Scheibe in das Formwerkzeug zwischen Rahmen und Formwerkzeugeinsätzen unterhalb des Formkerns in der Vorbereitungsphase (siehe Kapitel 5.1.3) vor dem Spritzgießen und
- der SHK-Lösung 4. Konzept ebenso durch Einlegen der leitfähigen Strukturabschnitte in das Formwerkzeug zur Realisierung von zwei Stromkreisen

erreicht.

Nach der Herstellung wurden alle Funktionsmuster mit der dazu passenden Sauggreiferhalterung geprüft (siehe Abbildung 8.4a und d). Anhand aller Funktionsmuster konnte der Greifzustand detektiert und somit zwischen erfolgreichen und nicht erfolgreichen Greifprozess unterschieden werden. Zusätzlich konnte mit dem realisierten Sauggreifermuster für das SHK-Konzept mit zwei Stromkreisen (siehe Abbildung 8.4) zwischen elektrisch leitfähigen und nicht leitfähigen Greifobjekten unterschieden werden.

Unter Berücksichtigung des Schwierigkeitsgrades der Herstellung sowie der im Versuch gewonnenen Erkenntnisse kann aus den untersuchten Sauggreifern Folgendes geschlussfolgert werden:

- Durch das Aufkleben einer leitfähigen Scheibe im Inneren auf den Sauggreiferboden wird dieser verdickt, wodurch das Verformungsverhalten geringfügig verändert wird. Die Scheibe ist somit möglichst dünn zu gestalten oder im Design der Sauggreifermembran vorzuhalten, wodurch deren Leitfähigkeit sinkt.
- Mit steigender Massenkonzentration der Carbon-Kurzfasern innerhalb des leitfähigen Silikons wird die Leitfähigkeit erhöht, jedoch sinkt dessen elastische Dehngrenze. Durch Überschreiten der Dehngrenze werden plastische Verformungen hervorgerufen.
- Das Ersetzen der Sauggreifermembran durch die Membran aus leitfähigem Silikon gestaltete sich in der Herstellung am einfachsten.
- Um einen ungewollten Stromfluss über das Greifobjekt auszuschließen, ist der Einsatz einer Isolierungsschicht bspw. in Form einer nicht elektrisch leitfähigen Silikonschicht notwendig.

Es kann zusammengefasst werden, dass durch die Herstellung von drei verschiedenen Funktionsmustern und deren Funktionsprüfung ein allgemeiner Nachweis der Machbarkeit erbracht wurde, eine inhärente Sensorik auf Basis des Schalter-Prinzips zu realisieren. Insbesondere die Lösung, bei der die Sauggreifermembran aus leitfähigem Silikon besteht, wird aufgrund der einfachen Herstellbarkeit als marktfähige Variante bewertet.

Bei allen Varianten wurden durch den realisierten Werkstoffverbund die stoffliche Kohärenz sowie die Funktionsintegration erreicht. Beim Funktionsmuster mit zwei separaten Stromkreisen sind neben der Detektion des Greifzustands auch Aussagen zur Leitfähigkeit des Greifobjektes möglich.

8.3 Sensorisierung des Sauggreifers mittels kapazitiver Sensoren

In diesem Abschnitt werden ausgewählte elektromechanische Eigenschaften der hergestellten kapazitiven Sensormuster auf Silikonbasis sowie eines sensorisierten Sauggreifers untersucht. Hierzu wurde ein Sensormuster stoffkohärent in die Struktur des Sauggreifers integriert. In diesem Zusammenhang wird mit dem sensorisierten Sauggreifer die quantitative Druckkrafterfassung geprüft, der Sauggreifprozess analysiert und eine alternative Sensorpositionen diskutiert.

8.3.1 Elektromechanische Charakterisierung kapazitiver Sensormuster

Um die Eignung von kapazitiven Sensoren auf Silikonbasis für die Erfassung von Druckkräften für einen späteren Einsatz im Sauggreifer zu prüfen, wurden Voruntersuchungen an hergestellten Sensormustern durchgeführt. Innerhalb dieser wurden ausgewählte elektromechanische Eigenschaften quasistatisch anhand der *nicht in Silikon eingebetteten* Sensormuster untersucht.

Ein besonderes Augenmerk lag hierbei auf der Untersuchung des Einflusses der Dielektrikumsdicke auf den Kapazitätswert, auf der Bestimmung der Sensorkennlinie und der Empfindlichkeit der Sensormuster. Weiterhin wurde für unterschiedliche Druckbelastungen die Sprungantwort des Sensormusters und die Wiederholbarkeit einzelner Sensorwerte untersucht.

Zur elektromechanischen Charakterisierung wurden vier kapazitive Sensormuster mit einer Dielektrikumsdicke d_F von $20\,\mu$m, $50\,\mu$m, $100\,\mu$m und $200\,\mu$m gefertigt. Die Herstellung der Sensormuster erfolgte gemäß des in Kapitel 5.1.4 beschriebenen Prozesses. Ein hergestelltes Sensormuster ist in Abbildung 8.5a dargestellt.

Zur Untersuchung der elektromechanischen Eigenschaften wurde der beschriebene Versuchsaufbau II benutzt. Die Untersuchungen wurden abhängig vom Untersuchungsziel (siehe Tabelle 5.1) wie in Kapitel 5.2.2 beschrieben durchgeführt. In Abbildung 8.6a sind die aus zehn Messungen gemittelten Ausgangskapazitätswerte $\overline{C_0}$ der vier Sensormuster im Vergleich zu den theoretisch über Gleichung 5.2 ermittelten Kapazitätswerten $C_{0,t}$ gezeigt. Des Weiteren ist der theoretische Verlauf der Kapazität $C_{0,t}(d_F)$ in Abhängigkeit von der verwendeten Foliendicke d_F dargestellt.

Es ist festzustellen, dass die gemessenen Ausgangskapazitätswerte geringer als die theoretisch

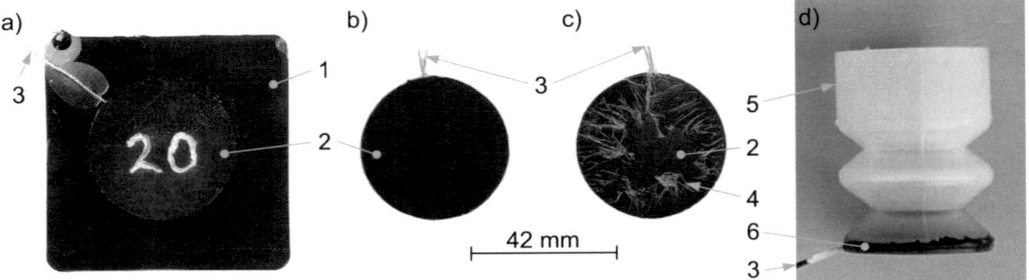

Abbildung 8.5: a) Draufsicht des kapazitiven Sensormusters; b) und c) Drauf- und Rückansicht des kapazitiven Sensors; d) sensorisiertes Sauggreifermuster; (1) Dielektrikum mit darunterliegender Elektrode; (2) Elektrode; (3) Kabel für elektrische Anbindung; (4) umgeschlagenes Dielektrikum; (5) Sauggreifer mit (6) kapazitivem Sensor

ermittelten Werte ausfallen und deren Differenz bei Abnahme der Foliendicke von 1.9% über 8.4% und 10.4% bis auf 20.5% monoton ansteigt. Die Hauptursache hierfür wird im Prozessschritt V (manuelles Kleben) des Herstellungsprozesses (siehe Abbildung 5.4) vermutet, der zu Lufteinschlüssen zwischen Elektrode und Dielektrikum führt. Hierdurch wird der Abstand zwischen den Elektroden vergrößert und folglich die Kapazität verringert.

Unter der Annahme von ähnlich großen Lufteinschlüssen bei allen vier Sensoren, ist deren Einfluss auf die Kapazität bei einer kleineren Dicke des Dielektrikums größer. Dieser Sachverhalt führt zu steigenden Anforderungen an den Herstellungsprozess bei Verwendung kleinerer Dielektrikums-Dicken.

In Abbildung 8.6b sind die Ergebnisse für die Kapazitätsänderung ΔC normiert auf die jeweilige Ausgangskapazität $\overline{C}_0$ von allen vier Sensormustern für eine steigende Druckbelastung bis 50 kPa, gemittelt aus jeweils zehn Versuchsreihen, gezeigt[73]. Es ist festzustellen, dass das Auflegen einer Wägeschale, welche einen vernachlässigbaren Druck erzeugt, zu einer anfänglichen Kapazitätsänderung von bis zu 0.7% führt. Dieser Offset verliert sich mit abnehmender Foliendicke. Weiterhin weisen die Messpunkte auf einen *stetigen, stückweise linearen* Zusammenhang hin, welcher über lineare Regression in den zwei gewählten Abschnitten ermittelt werden kann.

Aus den Anstiegen der Regressionsgeraden können die Empfindlichkeiten S der Sensormuster (siehe Gleichung 8.1) mit Hilfe der Gleichung:

$$S = \frac{\mathrm{d}\left(\frac{\Delta C}{C_0}\right)}{\mathrm{d}p} = \frac{\mathrm{d}\Delta\tilde{C}}{\mathrm{d}p} \tag{8.1}$$

ermittelt werden.

Die Werte für die Empfindlichkeit der Sensormuster sind für die unterschiedlichen Sensormuster im betrachten Druckbereich in Abbildung 8.6c dargestellt. Dabei führt der stetige, stückweise lineare Zusammenhang zwischen Kapazitätsänderung ΔC und der Druckbelastung zu Sprüngen im Verlauf der Empfindlichkeit der Sensormuster.

[73]Der Grenzwert von 50 kPa wurde gewählt, da dieser der Druckbelastung im Sauggreifer mit $f_s = 2$ entspricht, die von der gefalteten Teilstruktur auf den Randbereich der Membran beim vollständigen Zusammenfalten übertragen wird.

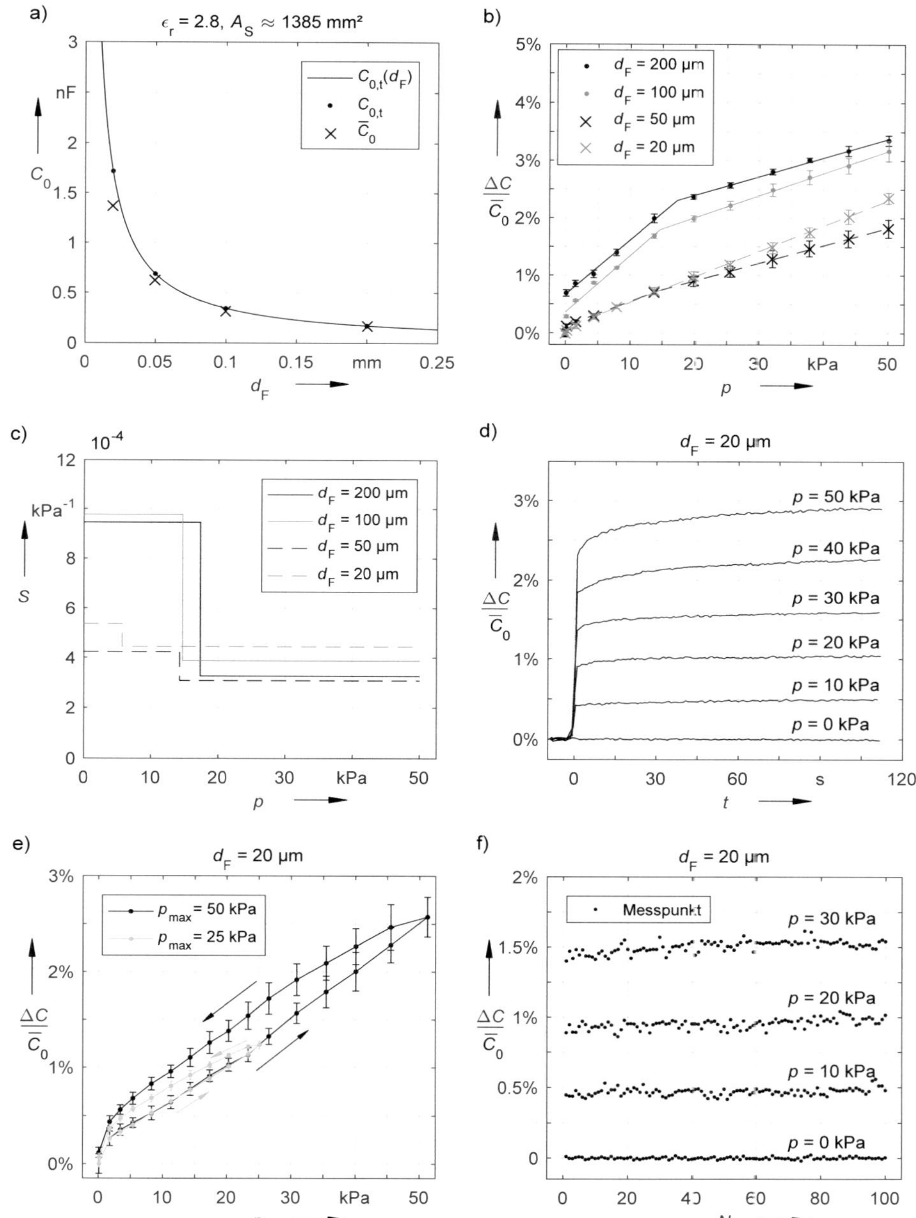

Abbildung 8.6: Messergebnisse der Untersuchungen zu kapazitiven Sensoren basierend auf leitfähigem Silikon: a) theoretische und gemessene Ausgangskapazität C_0; b) normierte Kapazitätsänderungs-Druck-Verläufe und c) Empfindlichkeits-Druck-Verläufe bei unterschiedlicher Dicke des Dielektrikums d_F; d) zeitlicher Verlauf der normierten Kapazitätsänderung bei unterschiedlich großen, konstanten Drücken; e) Be- und Entlastungskurve der normierten Kapazitätsänderung bei unterschiedlichen Maximaldrücken p_{max} und f) Verlauf der normierten Kapazitätsänderung bei unterschiedlichen Druckbelastungen über N=100 Wiederholungen jeweils für $d_F = 20\,\mu m$

Es kann festgestellt werden, dass:

- sich der Sprung innerhalb des Empfindlichkeitsverlaufs der Sensormuster für eine abnehmende Dielektrikumsdicke hin zu einer kleiner werdenden Druckbelastung bewegt und
- sich der Abfall der Empfindlichkeit der Sensormuster, ermittelt aus der Differenz der beiden Empfindlichkeitswerte, mit einer kleiner werdenden Dielektrikumsdicke verringert.

Für Druckbelastungen oberhalb von 17.5 kPa sind die erreichten Empfindlichkeiten der Sensormuster mit einem arithmetisch gemittelten Wert von $3.7 \cdot 10^{-4}$ kPa^{-1} annähernd gleich groß.

Eine mögliche Ursache der stetigen, stückweise linearen Sensorkennlinien kann im Versuchsaufbau und dem daraus resultierenden Zusammenspiel der unterschiedlichen Kontaktpaarungen der in Berührung stehenden fünf Schichten gefunden werden. Zur Analyse des Zusammenspiels der unterschiedlichen Kontaktpaarungen wurde ein FEM-Modell entwickelt.

Das Modell ermöglicht u. a. die Kapazitäts- sowie Empfindlichkeitsbestimmung der Sensormuster aus den Knotenverschiebungen der Folienschicht (Dielektrikum). Durch die Wahl des Reibungskoeffizienten der Kontaktpaarungen wurde auf die Empfindlichkeit und auf den Verlauf der Empfindlichkeit Einfluss genommen. Es konnte der Wert für den Reibkoeffizienten gefunden werden, der im Vergleich zum realen Sensormuster zu einem ähnlichen Kennlinienverlauf bei ähnlich großen Empfindlichkeitswerten führte (Details siehe Anhang A.16).

Das FEM-Modell bietet einen Ansatz für die Untersuchung der Vorgänge an den Grenzschichten nicht in Silikon eingebetteter Sensoren (= kein Stoffverbund), was nicht Gegenstand dieser Arbeit ist. Die für das FEM-Modell entwickelte Methode zur modellgestützten Kapazitätsauswertung wird jedoch in Kapitel 8.3.3 zur modellgestützten Untersuchung unterschiedlicher Sensorpositionen im Sauggreifer verwendet.

Zur Vereinfachung des unstetigen Empfindlichkeitsverlaufs der Sensormuster wird für den Sensor mit der Foliendicke von $d_{\mathrm{F}} = 20\,\mu$m ein rein lineares Verhalten über den gesamten Druckbereich angenommen. Über lineare Regression ergibt sich ein Empfindlichkeitswert von $4.5 \cdot 10^{-4}\,\mathrm{kPa}^{-1}$ mit einem Bestimmtheitsmaß von 99.9%, wodurch die Zulässigkeit der Annahme nachgewiesen wird.

Neben der linearen Sensorkennlinie führt die im Vergleich zu den übrigen Sensormustern größer ausfallende Anfangskapazität C_0 im Nanofaradbereich zu einem größeren Signal-Rausch-Verhältnis und somit zu einer geringeren Störanfälligkeit. Aus diesen Gründen werden alle folgenden Untersuchungen ausschließlich mit diesem Funktionsmuster durchgeführt.

In Abbildung 8.6d ist der mit einer Abtastfrequenz von ca. 1 Hz aufgenommene, zeitliche Verlauf der Sensorsignale für konstant gehaltene Druckbelastungen von 0 bis 50 kPa in Schritten von 10 kPa gezeigt. Als Sensorsignal ist die auf die Ausgangskapazität normierte Kapazitätsänderung $\Delta\tilde{C}$ dargestellt, die jeweils aus drei Versuchen arithmetisch gemittelt wurde[74]. Bei Analyse des zeitlichen Verlaufs der Sensorkapazität ist festzustellen, dass:

[74]Für eine übersichtliche Darstellung sind nur die Mittelwertkurven dargestellt.

- alle Verläufe ein gewisses Schwanken der Sensorwerte zeigen (Grundrauschen) und
- für eine Druckbelastung >0 kPa sich nach Abschluss der Druckaufbringung eine im Mittel stetige Zunahme der Kapazitätsänderung zeigt, die nach einer Minute der Lastaufbringung noch nicht abgeschlossen, jedoch reversibel ist (Drift).

Die Hauptursache für den Signaldrift kann aus mechanischer Sicht im viskoelastischen Materialverhalten des leitfähigen Silikons vermutet werden, welches zur Dehnungszunahme bei gleicher Druckspannung führt (Kriechen). Die weitere Untersuchung zeitlich anhängiger Prozesse sowie die Ursachenerforschung auf stofflicher Ebene (bspw. Veränderung der Leitfähigkeit) sind nicht Gegenstand dieser Arbeit und wurden daher nicht weiter durchgeführt.

Für eine Analyse des Sensorsignals wurde die Sprungantwort weitergehend untersucht. Eine gute Approximation der Sprungantworten gelang mit der Funktion des Typs:

$$\Delta\tilde{C}(t) = a_1 \cdot \mathrm{e}^{-\frac{t}{a_2}} + a_3 t. \tag{8.2}$$

Diese setzt sich aus einem Funktionsanteil für Sprungantworten von PT1-Gliedern[75] und einem linearen Funktionsanteil zur Abbildung des Drifts zusammen. Im Anhang A.15 sind die Approximationen in Abbildung A.12 dargestellt und die Werte der Parameter a_i mit $i = 1, 2, 3$ in Tabelle A.19 aufgeführt.

Als arithmetisch gemittelte Zeitkonstante wurde für $\bar{a}_2$ ein Wert von 1.3 s ermittelt. Daraus folgend wurde die Zeitspanne zur Erfassung des Kapazitätswertes nach Lastaufbringung für die Untersuchung der Wiederholbarkeit auf 4 s festgelegt. Dieser dreifache Zeitkonstantenwert führt zu einer Änderung des Ausgangssensorsignals von ca. 95% des Eingangssignals.

In Abbildung 8.6e ist das elektromechanische Verhalten des Sensormusters für eine in 10 bzw. 15 Schritten ansteigende Druckbelastung auf maximal 25 kPa bzw. 50 kPa und anschließende schrittweise Entlastung auf 0 kPa gezeigt. Die Ergebnisse sind aus jeweils fünf Versuchen arithmetisch gemittelt. Es ist festzustellen, dass:

- die gemessenen Mittelwerte der normierten Kapazitätsänderung in der Belastungsphase für die ansteigenden Druckbelastungen annähernd gleich groß ausfallen sowie
- die Differenz der normierten Kapazitätsänderungswerte, gebildet für gleiche Druckbelastungen aus Entlastungs- und Belastungswert, für die Maximalbelastung bis 50 kPa im Vergleich zur Maximalbelastung bis 25 kPa größer ausfallen.

Als Hauptursache der unterschiedlichen Differenzen sind die im Versuch erzeugten Randbedingungen an den Kontaktflächen zwischen Sensor und Wägeschale zu vermuten. Eine steigende Druckbelastung zwischen Sensor und Wägeschale führt:

- zur Zunahme der Adhäsion durch Vergrößerung der Anlageflächen und
- zum radialen Gleiten aufgrund der Sensorflächenzunahme, die aus der Sensordickenabnahme und der Volumenkonstanz des Silikons resultiert.

[75] Als PT1-Glieder werden Übertragungsglieder bezeichnet, die ein proportionales Übertragungsverhalten mit Verzögerung 1. Ordnung aufweisen.

Für die Verwendung dieses untersuchten, kapazitiven Sensortyps im Sauggreifer soll dieser stoffkohärent in den Sauggreifer eingebettet werden. Dadurch ändern sich die Randbedingungen gegenüber dem hier durchgeführten Vorversuch. Folglich sollte für eine quantitative Bestimmung von Druckkräften eine Kalibrierung des Sensors durch Versuche im eingebetteten Zustand erfolgen (siehe Kapitel 8.3.2).

Für die in Abbildung 8.6f dargestellten Ergebnisse wurde die Wiederholbarkeit der Messwerte für unterschiedliche maximale Druckbelastungen geprüft. Hierfür wurde jede Druckbelastung 100 Mal aufgebracht und der Sensorwert nach 4 s erfasst. Die Spannweite der Sensorwerte in Form von $\Delta\tilde{C}$ beträgt für den unbelasteten Sensor 0.04%. Für die unterschiedlichen maximalen Druckbelastungen von 10 kPa über 20 kPa auf 30 kPa ist nach Abzug des über lineare Regression bestimmten Driftanteils:

- eine Zunahme der Mittelwerte für $\Delta\tilde{C}$ von 0.45% über 0.91% auf 1.45% und
- eine Zunahme der Spannweite für $\Delta\tilde{C}$ von 0.13% über 0.14% auf 0.15% zu erkennen.

Somit sind eine geringe Wiederholbarkeit der Messwerte und folglich eine geringe Präzision für steigende Druckwerte feststellbar.

Es kann für die durchgeführten Voruntersuchungen zusammengefasst werden, dass:

- kapazitive Sensormuster aus der gewählten Materialkombination im Heizpressverfahren mit anschließendem manuellem Verkleben herstellbar sind,
- der gewählte Herstellungsprozess für das Erreichen der theoretischen Sensorkapazität $C_{0,\mathrm{t}}$ für Foliendicken $< 200\,\mu$m nur bedingt geeignet ist,
- eine Ausgangskapazität im Nanobereich bei den gewählten Sensorabmessungen und bei Verwendung einer ELASTOSIL® FILM Folie mit einer Dicke von $20\,\mu$m als Dielektrikum möglich ist,
- alle Sensormuster bei steigender Druckbelastung einen linearen bzw. stetigen, stückweise linearen Zusammenhang mit der Kapazitätszunahme zeigen,
- die Empfindlichkeiten der Sensormuster für Druckbelastungen größer 17.5 kPa einen ähnlich großen Wert von ca. $3.7 \cdot 10^{-4}\,\mathrm{kPa}^{-1}$ ergeben,
- die Sprungantwort des Sensors für konstante Druckbelastungen das Verhalten eines PT1-Gliedes sowie einen linearen Anteil aufweist,
- das Kalibrieren des Sensors erst eingebettet im Sauggreifer erfolgen soll und
- die Präzision der Sensorwerte für größere Druckwerte abnimmt.

Die erreichte Empfindlichkeit für die Sensormuster liegt im Bereich der in der Literatur beschriebenen Empfindlichkeitswerte (bspw. $7 \cdot 10^{-4}\,\mathrm{kPa}^{-1}$ [10]). Eine Erhöhung der Empfindlichkeitswerte für Drucksensoren wurden durch ein mikroporöses Dielektrikum auf Silikonbasis auf $0.0121\,\mathrm{kPa}^{-1}$ [10] oder durch Verwendung von im Vergleich zu ELASTOSIL® FILM weicheren Silikonen wie bspw. ECOFLEX® [44] (SHORE-Härte Skala 00) als Dielektrikum auf $0.093\,\mathrm{kPa}^{-1}$ [245] erreicht.

Aus den Voruntersuchungen wurde ersichtlich, dass sich die hergestellten, kapazitiven Sensoren für eine kurzzeitliche *quantitative* Erfassung von Druckkräften, die senkrecht zur Elektrodenfläche eingeprägt werden, eignen. Zwischen zwei Messungen sollte eine Pausenzeit eingehalten werden, deren Länge vom Anwendungsfall separat zu bestimmen ist, da diese u. a. von der Maximalbelastung abhängt.

Im folgenden Abschnitt wird ein Sauggreifer mit stoffkohärent eingebettetem, kapazitivem Sensor hergestellt und die Möglichkeit der Erfassung von Druckkräften während des Greifprozesses geprüft.

8.3.2 Elektromechanische Charakterisierung des sensorisierten Sauggreifers

Um die Eignung des entwickelten und im Sauggreifer eingebetteten, kapazitiven Sensors zur Erfassung von Druckkräften zu prüfen, wurden die Voruntersuchungen mit dem sensorisierten Sauggreifer durchgeführt. Die Untersuchungen umfassen den Nachweis der grundlegenden Machbarkeit sowie die Betrachtung des Messsignals in den Greifphasen.

Ausgangspunkt für die Untersuchungen war die stoffkohärente Integration des kapazitiven Sensormusters in die Struktur eines skalierten Sauggreifers ($f_s = 2$) mit $a_{a,soll} = 0$ mm. Bei diesem wurde die Sauggreifermembran durch den nachgiebigen Sensor ersetzt (siehe Abbildung 8.5b-d). Dieser wurde wie in Kapitel 5.1.4 beschrieben mit einem 20 μm dicken Dielektrikum (Silikonfolie) hergestellt.

Zur erneuten Überprüfung der in Kapitel 7.1 beschriebenen Methode zum Einstellen eines Kraftwertes des Sauggreifers über die SHORE-Härte, wurde für den sensorisierten Sauggreifer als Sollgröße für die kritischen Kraft $F_{krit1,soll}$ ein Wert von 5 N festgelegt. Die einzustellende SHORE-Härte $H_{A,soll}$ ergab sich über die Gleichung 7.6 zu ca. 29.7.

Für die zeitsynchrone Erfassung des Sensorsignals[76] mit der Kraft-Weg-Kennlinie des sensorisierten Sauggreifers wurde die beschriebene Versuchsanordnung Ic verwendet.

Vor der Untersuchung der Federkennlinie, wurden von den Herstellungsparametern des sensorisierten Sauggreifers die SHORE-Härte und die axiale Verschiebung überprüft. Der mit Versuchsaufbau IV bestimmte Wert der SHORE-Härte an einer aus der gleichen Charge des Silikongemischs hergestellten Silikonplatte ergab einen Mittelwert von 28.2. Dieser ist um 1.5 niedriger als der geforderte SHORE-Härtewert $H_{A,soll}$.

Da der Sensor ins Formwerkzeug eingelegt wurde, kann eine Messung der axialen Verschiebung des Formkerns mit der in Kapitel 5.2.3 vorgeschlagenen Methode nur dann erfolgen, wenn die Membran beim Einbau zwischen Formkern und Gegenstück (siehe Abbildung 5.2) keiner Druckspannung ausgesetzt wurde. Dies kann nicht ausgeschlossen werden, ist jedoch für einen grundlegenden Machbarkeitsnachweis unrelevant. Die dennoch mit Versuchsaufbau III und Gleichung 5.7 ermittelte, mittlere axiale Verschiebung des Formkerns $\bar{a}_{a,ist}$ liegt bei 0.344 mm und entspricht somit auch der Abweichung Δa_a vom Sollwert.

[76] Innerhalb der Zugmaschine wird die Kapazität über eine Integrationszeit von 0.1 s aus dem periodischen Rechtecksignal des Schwingkreises berechnet, wodurch aus der Phasenverschiebung mit der Traversengeschwindigkeit von $v_T = 25$ mm/min ein Versatz zwischen Kraft- und Kapazitätssignal von 42 μm folgt.

Untersuchungen der Federkennlinie des sensorisierten Sauggreifers

Zur Überprüfung der elektromechanischen Eigenschaften des sensorisierten Sauggreifermusters wurde dessen Federkennlinie[77] untersucht. In Abbildung 8.7a ist die Federkennlinie des sensorisierten Sauggreifers gemittelt aus $N=10$ Messungen für die Be- und Entlastungsphase dargestellt. In der Belastungsphase sind die charakteristischen Durchschlagpunkte A und B sowie der Punkt C, welcher im stabilen Verformungsbereich III ($s \geq s_2$) liegt und den gleichen Kraftwert F_{krit1} wie Punkt A aufweist, gekennzeichnet.

Es ist festzustellen, dass das mechanische Verhalten und damit die Federkennlinie durch die Sensorintegration nicht wesentlich beeinflusst wird. Im Unterschied zu den in den vorangegangenen Kapiteln untersuchten Funktionsmustern, weist der Sauggreifer im stabilen Verformungsbereich I ($0 \leq s \leq s_1$) neben dem monoton steigenden Kennlinienabschnitt einen zusätzlichen Wendepunkt auf.

Ursache für den Wendepunkt ist eine geringe konvexe Wölbung der Sauggreifermembran in Richtung Objekt (siehe Abbildung 8.8a). Diese entsteht durch die radiale Vorspannung, die durch die geringfügige Schwindung des Silikon-Elastomers vom restlichen Sauggreiferkörper, während der Vulkanisation im Formwerkzeug, auf die schon vulkanisierte Membran aufgeprägt wird. Infolge schmiegt sich zu Beginn der ansteigenden, axialen Verschiebung des Sauggreifers, die zum Zusammenfalten des Sauggreifers führt, überlagernd die Membran an sein Gegenüber an bis diese eine planare Form erreicht.

Der gemessene Mittelwert für die kritische Kraft $\bar{F}_{\mathrm{krit1}}$ ist um 1.1 mN größer als $F_{\mathrm{krit1,soll}}$. Somit fällt die Abweichung vom Zielwert gering aus. Die in Kapitel 7.1 beschriebene Methode zum Einstellen eines Kraftwertes des Sauggreifers über die SHORE-Härte konnte somit erneut validiert werden.

Alle gemessenen Kraftwerte der Belastungsphase liegen über denen der Entlastungsphase. Ursache hierfür sind die durch das viskoelastische Verhalten des Silikons hervorgerufenen Relaxationsprozesse. Hierdurch ist bspw. die kritische Kraft F_{krit1} der Entlastungsphase gegenüber der Belastungsphase um ca. 4.3% reduziert.

Die Mittelwerte der Verschiebungsstellen $\bar{s}_1$ und $\bar{s}_2$ können für die Belastungsphase zu 8.759 mm und 12.858 mm bestimmt werden. Die entsprechenden Werte für die Entlastungsphase sind annähernd identisch.

In Abbildung 8.7b ist die zeitsynchron aufgezeichnete, gemittelte $C(s)$-Kennlinie gezeigt. Weiterhin sind die Punkte A, B und C gekennzeichnet, die den Verschiebungsstellen s_1, s_2 und s_3 der Federkennlinie zuzuordnen sind.

Bei Analyse der $C(s)$-Kennlinie ist zunächst festzustellen, dass:

- die Messwerte der Kapazitätsmessung bezogen auf den lokalen Maximumwert ein größeres Rauschen als die Messwerte der Kraftmessung aufweisen,
- die gemessene, mittlere Ausgangskapazität $\overline{C}_0$ für 95% der normalverteilten Messwerte

[77] Die Federkennlinie wird in der Phase der Adaption bzw. des Anschmiegens des Sauggreifers an das Greifobjekt durchlaufen.

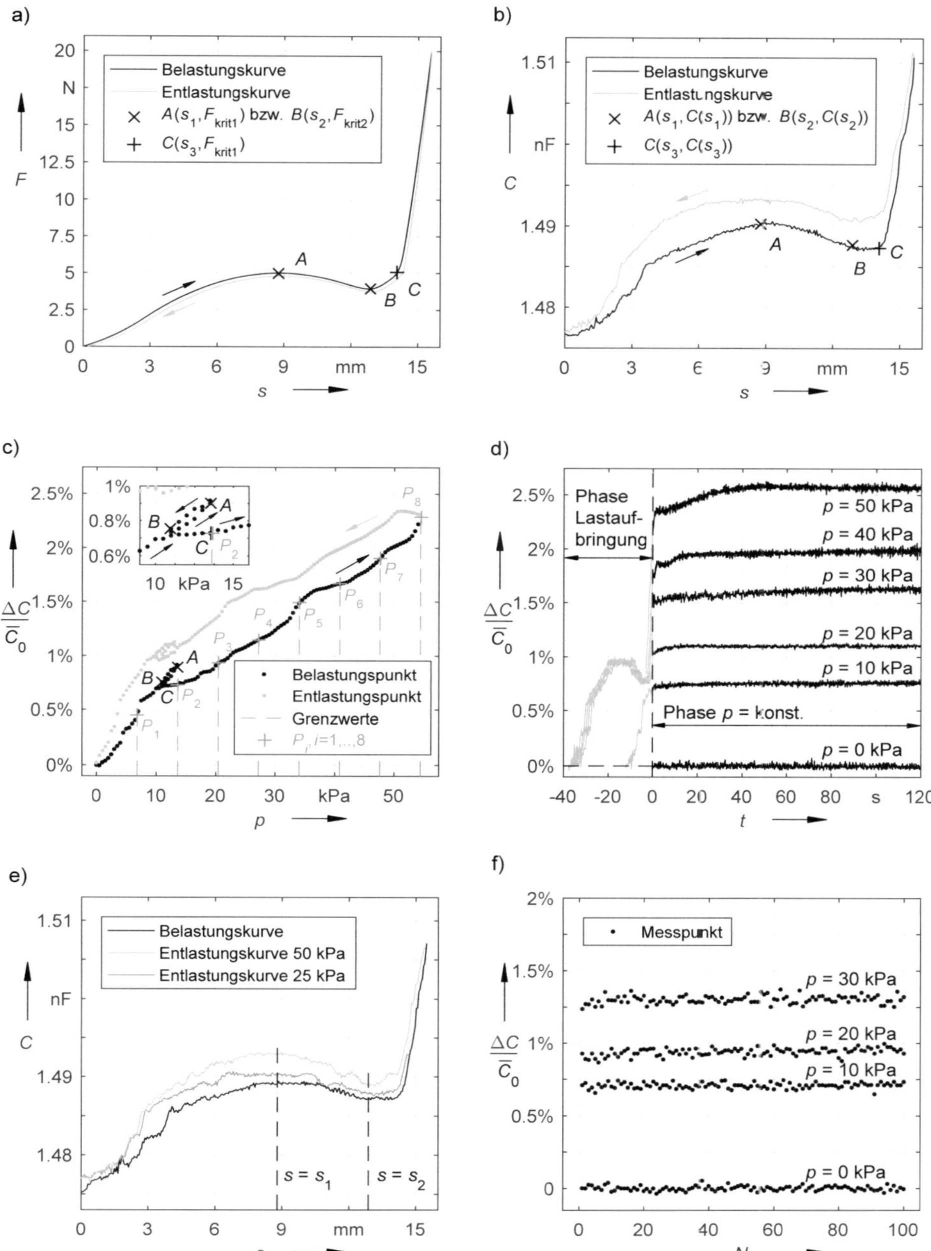

Abbildung 8.7: Messergebnisse zum Sauggreifer mit kapazitivem Sensor: a) Federkennlinie; b) Kapazitäts-Verschiebungs-Kennlinie; c) normierter Kapazitätsänderungs-Druck-Verlauf; d) zeitlicher Verlauf der normierten Kapazitätsänderung bei unterschiedlichen konstanten Drücken; e) Be- und Entlastungskurve der normierten Kapazitätskurve bei unterschiedlichen Maximaldrücken $p_{\max}$; f) Verlauf der normierten Kapazitätsänderung bei unterschiedlichen Druckbelastungen über $N=100$ Wiederholungen

mit einem Wert von 1477.5 pF ± 0.5 pF dem Wert von 86% der theoretischen Sensorkapazität $C_{0,\mathrm{t}}$ entspricht,

- sich beim Vergleich mit der Federkennlinie alle qualitativen Merkmale des monostabilen, instabilen kinematischen Bewegungsverhaltens in $C(s)$ wiederfinden,
- die Verschiebungsstellen s_1 und s_2 für die kritischen Kräfte, ermittelt aus der $C(s)$-Kennlinie der Belastungsphase, jeweils einen um 0.49 mm größeren Wert aufweisen, was einer relativen Abweichung zu den aus der Federkennlinie ermittelten Werten von 5.5% bzw. 3.8% entspricht,
- alle Kapazitätswerte der Entlastungsphase für gleiche Verschiebungswerte größer als die der Belastungsphase sind,
- aus einem gemessenen Kapazitätswert ohne das Wissen über den Kapazitätsverlauf nicht auf einen Verschiebungswert geschlossen werden kann und
- ein Ansteigen der Kapazitätswerte beim Übergang von der Be- in die Entlastungsphase von der Stelle s_{max} an, hin zu kleineren s-Werten zu verzeichnen ist.

Insbesondere der im letzten Punkt aufgelistete Anstieg der Kapazitätswerte ist deutlicher zu sehen, wenn die Ergebnisse für die Kapazitätsänderung ΔC auf die Ausgangskapazität $\overline{C}_0$ normiert werden und über der Druckbelastung dargestellt werden (siehe Abbildung 8.7c)[78].

Bei Analyse der normierten Kennlinie fällt im Bereich $10.7\ \mathrm{kPa} \leq p \leq 13.6\ \mathrm{kPa}$ ein schleifenförmiger Verlauf der normierten Kennlinie auf. Ursache hierfür ist die nichtlineare Federkennlinie. Weiterhin zeigt die Kennlinie, dass in diesem Bereich für gleiche Druckbelastungen unterschiedliche Kapazitätswerte ausgegeben werden.

Somit ergibt sich *einschränkend*, dass eine eindeutige Zuordnung der Sensorsignale auf entsprechende Druckbelastungen im Bereich $10.7\ \mathrm{kPa} \leq p \leq 13.6\ \mathrm{kPa}$ nicht möglich ist.

Um die Empfindlichkeit des sensorisierten Sauggreifers zu ermittelt, werden über lineare Regression für die stabilen Verformungsbereiche I und III Geradengleichungen aufgestellt. Die aus den Anstiegen ermittelte Empfindlichkeit für die Bereiche $0\ \mathrm{kPa} \leq p \leq 13.6\ \mathrm{kPa}$ und $10.7\ \mathrm{kPa} \leq p \leq 54.4\ \mathrm{kPa}$ beträgt 6.7 und $3.1 \cdot 10^{-4}\ \mathrm{kPa}^{-1}$ (siehe Gleichung 8.1).

Zur Bildung einer eineindeutigen, stetigen und stückweise linearen Sensorkennlinie des in den Sauggreifer *eingebetteten* Sensors kann der Schnittpunkt beider linearen Regressionen gebildet werden. Durch anschließende Umstellung und Umrechnung der Druckbelastung kann die Sensorkennlinie zur quantitativen Erfassung von Druckkräften in der Form:

$$F(\Delta C) = \begin{cases} 0.375\frac{\mathrm{N}}{\mathrm{pF}} \cdot \Delta C & \text{für } 0\ \mathrm{pF} \leq \Delta C \leq 11.3\ \mathrm{pF} \\ 0.798\frac{\mathrm{N}}{\mathrm{pF}} \cdot \Delta C - 4.786\ \mathrm{N} & \text{für } 11.3\ \mathrm{pF} \leq \Delta C \leq 31.0\ \mathrm{pF} \end{cases} \tag{8.3}$$

angegeben werden. Aufgrund der oben genannten Einschränkung sind Sensorwerte im Bereich $10.3\ \mathrm{pF} \leq \Delta C \leq 13.8\ \mathrm{pF}$ kritisch zu bewerten.

Um die Ursachen der Mehrdeutigkeit des Sensorsignals zu untersuchen, wurde ein rotati-

[78] Die Normalkraft wurde hierfür auf die Ringfläche A_{ring} bezogen, die der Berührungsfläche der gefalteten Teilstruktur mit der Membran entspricht (siehe Abbildung 4.4), und in die entsprechende Druckbelastung umgerechnet.

onssymmetrisches FEM-Modell (Modellbeschreibung siehe Anhang A.17) des sensorisierten Sauggreifers mit dessen Kontaktpartnern (Sauggreiferhalterung und Greifobjekt) erstellt (siehe Abbildung A.17a). Stellvertretend für andere Verformungen, die zu gleichen Druckbelastungen jedoch unterschiedlich großen Sensorwerten führen, wurden die Verzerrungszustände für die Verschiebungsstellen s_1 und s_3 verglichen.

Als Unterschied wurde eine Lagerkraft in x-Richtung (Tangentialkraft) festgestellt, die für den Verzerrungszustand an der Verschiebungsstelle s_1 um ca. 19% größer ist. Dies führt zu größeren radialen Verschiebungen innerhalb der Membran bzw. des Sensors.

Aufgrund der Volumenkonstanz des Silikons verringert sich u. a. die Dicke des Dielektrikums, wodurch im Vergleich zum Zustand an der Verschiebungsstelle s_3 bei gleicher axialer Belastung eine größere Kapazitätsänderung festzustellen ist. Ursache der Mehrdeutigkeit von den Kapazitätswerten ist somit die geometrische Struktur des Bauteils sowie die gewählte Sensorposition und nicht die gewählten Randbedingungen des Versuchsaufbaus.

In Abbildung 8.7d sind die Ergebnisse zum normierten Sensorsignal aus Versuchen mit einer äußeren Druckbelastung von 0 kPa bis 50 kPa in Schritten von 10 kPa (konstant gehalten für eine Dauer von jeweils 120 s) dargestellt. Im Gegensatz zur Untersuchung am Sensormuster handelt es sich nicht um Sprungantworten, da erst die Federkennlinie des Sauggreifers für die entsprechenden Druckbelastungen mit der Materialprüfmaschine in der Phase der Lastaufbringung „durchfahren“ werden muss.

Bei Analyse des normierten Sensorsignals kann festgestellt werden, dass:

- alle Verläufe ein Schwanken der Sensorwerte (Grundrauschen) zeigen[79],
- die Kapazitätswerte in der Phase der konstanten Druckbelastung weiter ansteigen (Drift[80]) und
- der Drift für Druckbelastungen >30 kPa in den ersten 40 s nicht vernachlässigbar ist.

In Abbildung 8.7e sind die Be- und Entlastungskurve der $C(s)$-Kennlinie für unterschiedliche Maximalbelastungen von 25 kPa und 50 kPa gezeigt. Beim Vergleich der Kennlinien für die unterschiedlichen Maximalbelastungen kann festgestellt werden, dass:

- die Belastungskennlinien identisch sind,
- die Kapazitätswerte für die Entlastung von der geringeren Maximalbelastung kleiner als von der größeren Maximalbelastung ausfallen und
- sich bspw. die Differenz der Kapazitätswerte zwischen Be- und Entlastungskurve an den Verschiebungsstellen s_1 und s_2 für die beiden Maximalbelastungen jeweils etwa um den Faktor drei unterscheiden.

[79] Das Grundrauschen fällt im Gegensatz zur Untersuchung am Sensormuster größer aus, da es sich um die Darstellung eines Einzelversuchs handelt.

[80] Der Sauggreiferkörper und der Sensor sind mechanisch in einer Reihenschaltung (Federn) angeordnet, wobei beide aus Silikon bestehen. Unter konstanter Druckbelastung finden viskoelastische Verformungen des Silikons statt (Kriechen). Folglich ist aus mechanischer Sicht der gemessene Drift durch beide Kriechprozesse verursacht.

Als eine Ursache für das festgestellte, zeitliche Nacheilen der Kapazitätswerte sowie die von der Maximalbelastung abhängigen Entlastungskennlinien wird das viskoelastische Materialverhalten des leitfähigen Silikons vermutet, welches im Rahmen dieser Arbeit nicht weiter untersucht wurde.

Des Weiteren liegt die gemessene mittlere Ausgangskapazität $\overline{C}_0$ 14% unter der theoretisch berechneten Kapazität. Dies lässt Lufteinschlüsse an der Grenzschicht zwischen Dielektrikum und aufgeklebter Elektrode vermuten. Durch Komprimierung der Lufteinschlüsse können an der Grenzschicht Adhäsionseffekte auftreten, die den gemessenen Kapazitätswert besonders in der Entlastungsphase kurzfristig erhöhen.

Für die in Abbildung 8.7f dargestellten Ergebnisse wurde die Wiederholbarkeit der Messwerte für unterschiedliche maximale Druckbelastungen von 0 kPa bis 30 kPa in Schritten von 10 kPa untersucht. Es wurden jeweils $N=100$ Wiederholungen durchgeführt. Um den Einfluss der viskoelastischen Materialeigenschaften gering zu halten, wurde eine Wartezeit von 5 s zwischen zwei einzelnen Messungen eingehalten und der Kapazitätswert zeitsynchron mit Erreichen des Zieldruckes ermittelt.

Ausgehend von der mittleren Ausgangskapazität wurde eine arithmetisch gemittelte Kapazitätsänderung von 9.0 pF, 11.8 pF und 17.2 pF gemessen. Es kann festgestellt werden, dass nach Abzug des über lineare Regression bestimmten Driftanteils bei steigender Druckbelastung:

- die Mittelwerte für $\Delta\tilde{C}$ von 0% über 0.71% und 0.92% auf 1.24%,
- die Spannweite der Mittelwerte für $\Delta\tilde{C}$ von 0.09% über 0.10% und 0.12% auf 0.13% und somit
- die Spannweite für die Kraftermittelung über die Sensorkennlinie von 0.50 N über 0.55 N und 1.41 N auf 1.53 N

zunehmen.

Somit ist, wie bei Untersuchung des nicht eingebetteten Sensormusters, eine geringere Wiederholbarkeit der Messwerte und somit auch eine geringere Präzision für steigende Druckwerte feststellbar. Weiterhin liegen die ermittelten Werte für die Mittelwerte und die Spannweite der Mittelwerte für $\Delta\tilde{C}$ beim quantitativen Vergleich im Bereich derer vom Sensormuster.

In Summe zeigen die am sensorisierten Sauggreifer durchgeführten Untersuchungen qualitativ ähnliche Ergebnisse, wie die der Voruntersuchungen am nicht eingebetteten Sensormuster aus Kapitel 8.3.1. Aus den Untersuchungen werden folgende Ergebnisse als wesentlich gesehen:

- Mit dem gewählten Herstellungsverfahren kann ein kapazitiver Sensor in den Sauggreifer stoffkohärent integriert werden.
- Die Ermittlung der Sensorkennlinie muss im eingebetteten Zustand erfolgen und gilt nur für die zugrunde gelegten Randbedingungen (bspw. Taktzeiten, Objektgeometrie usw.).
- Die quantitative Erfassung von Druckkräften ist in der Phase der Adaption des Sauggreifers (Durchlaufen der Federkennlinie) an ein ebenes Greifobjekt über die ermittelte Sensorkennlinie in der Belastungsphase möglich.

- Eine eindeutige Zuordnung der Sensorsignale auf entsprechende Kraftwerte ist im Bereich 10.3 pF $\leq \Delta C \leq$ 13.8 pF nicht möglich.
- Ursache der Mehrdeutigkeit von den Sensorwerten ist die geometrische Struktur des Bauteils sowie die gewählte Sensorposition und nicht die gewählten Randbedingungen des Versuchsaufbaus.

Zur Vermeidung der Mehrdeutigkeit des Sensorsignals ist weiterführend eine alternative Position des Sensors zu suchen. Ein erster modellgestützter Ansatz hierfür wird in Kapitel 8.3.3 aufgezeigt.

Ergänzend wird an dieser Stelle erwähnt, dass die in Kapitel 7.1 beschriebene Methode zum Einstellen eines Kraftwertes des Sauggreifers über die SHORE-Härte mit dem hergestellten sensorisierten Sauggreifermuster erneut validiert werden konnte.

Aus den in diesem Abschnitt erarbeiteten Erkenntnissen wird für Demonstrationszwecke eine Anlage zur Druckkraftdetektion am Sauggreifer mittels integrierter kapazitiver Sensorik konzipiert und aufgebaut. Diese wird in Kapitel 9.6 vorgestellt.

Untersuchung des Sauggreifprozesses am sensorisierten Sauggreifer

Zur Prüfung, ob eine Zuordnung zu den jeweiligen Phasen des Sauggreifprozesses aus den Sensorsignalen beim Sauggreifprozess gelingt, wurde mit dem sensorisierten Sauggreifer ein Greifprozess untersucht. Hierfür wurde der Versuchsaufbau Ic verwendet, bei dem eine T-förmige PVC-Platte mit einer Masse von ca. 520 g angehoben wurde.

Für eine erste Interpretation der Sensorsignale wurde der Greifprozess so gestaltet, dass das Sauggreifen in einem Verformungszustand des Sauggreifers *vor* Erreichen der kritischen Kraft F_{krit1} (Verformungsbereich I, $0 \leq s \leq s_1$) ausgelöst wurde. Der Greifprozess wurde zur Analyse in fünf Phasen eingeteilt:

I *Zustellphase* (Phase, in der ausgehend von einer Ausgangslage des Sauggreifers an der Stelle $s = +5$ mm der Abstand zwischen Greifer und Objekt von $a_{\text{OG}} = 5$ mm bis zum mechanischen Kontakt auf Null reduziert wird),

II *Wartephase* (Phase, in der die Zustellbewegung für 5 s zur eindeutigen Trennung der Zustellphase von der Adaptionsphase stoppt),

III *Adaptionsphase* (Phase, in der der Greifer nach Berührung um weitere 7 mm zugestellt wird, aufgrund der Federkennlinie des Sauggreifers eine Druckkraft auf das Greifobjekt ausgeübt wird sowie sich der Greifer an die Greifobjektgeometrie und -lage anpasst),

IV *Sauggreifphase* (Phase von 5 s zeitlicher Länge, in der der negative Überdruck von 600 mbar manuell zugeschaltet und das Greifobjekt angehoben wird, wobei sich ein Abstand zwischen Objekt und Unterlage a_{OU} einstellt) und

V *Transportphase* (Phase, in der der Sauggreifer mit Greifobjekt an die Stelle der Ausgangslage des Sauggreifers bewegt wird, wodurch sich der Abstand a_{OU} weiter vergrößert).

Die in Abbildung 8.8a-d gezeigten Verformungszustände des Greifers kennzeichnen den Anfang von Phase I, die Übergänge von einer Phase zur Nächsten sowie das Ende der Phase V.

Der Mess- und Steuergrößenverlauf des Greifprozesses über die Zeit ist in Abbildung 8.8e

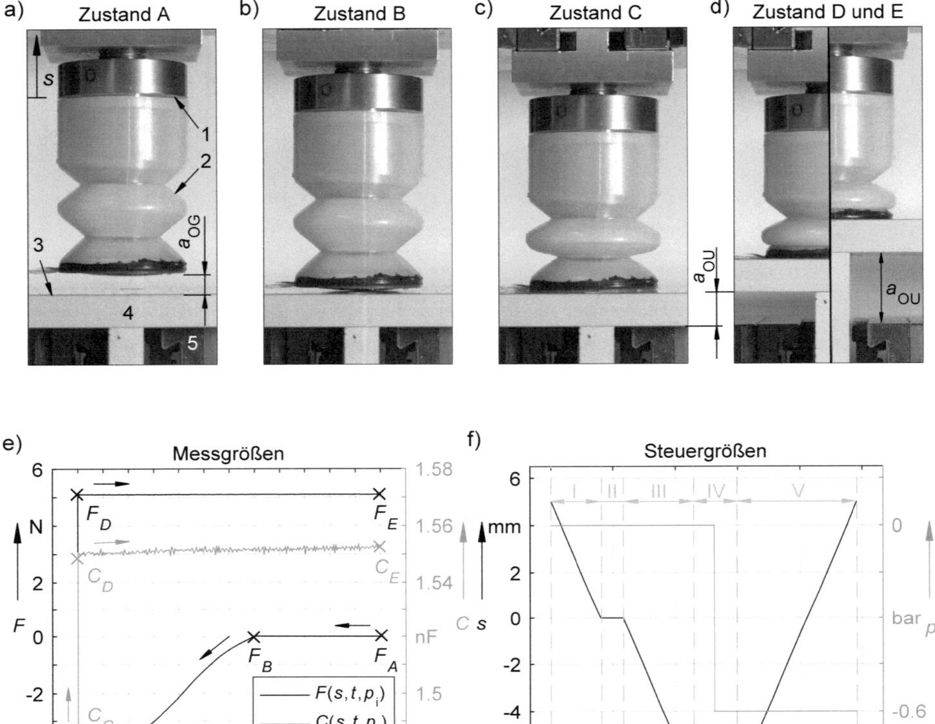

Abbildung 8.8: Erfolgreicher Sauggreifprozess mit sensorisiertem Sauggreifermuster beim Auslösen des Sauggreifens vor Durchlaufen der beiden kritischen Kräfte: a)-d) den Phasen I-V zugeordnete Verformungszustände A-E; (1) Sauggreiferhalterung; (2) sensorisierter Sauggreifer; (3) Oberfläche des Greifobjektes (4); (5) unten liegende Spannbacke; e) Messgrößenverlauf gemittelt aus N=3 Sauggreifvorgängen (gemessene Druckkräfte gekennzeichnet mit negativem Vorzeichen) sowie f) zugehöriger Steuergrößenverlauf

und f dargestellt, wobei die Messgrößen aus $N = 3$ Sauggreifvorgängen arithmetisch gemittelt wurden. Die Kraft- und Kapazitätswerte der gezeigten Verformungszustände A-E sind als Punkte mit entsprechendem Index gekennzeichnet.

Der Vergleich der beiden Kennlinien, $F(s,t,p_\mathrm{i})$ und $C(s,t,p_\mathrm{i})$, zeigt einen qualitativ ähnlichen Verlauf innerhalb jeder Greifprozessphase. Die Analyse des Sensorsignals in Bezug auf das Kraftsensorsignal und den Steuergrößenverlauf (vergleiche Abbildung 8.8e mit f) zeigt, dass:

- in der Zustellphase (I) der Kapazitätswert von C_A auf C_B geringfügig ansteigt,
- in der Wartephase (II) keine wesentliche Kapazitätsänderung feststellbar ist,
- in der Adaptionsphase (III) der Kapazitätswert von C_B auf C_C in Abhängigkeit der

Druckkraft auf das Greifobjekt zunimmt,

- in der Sauggreifphase (IV) der Kapazitätswert von C_C auf C_D aufgrund des zugeschalteten Überdrucks sprunghaft ansteigt und
- in der Transportphase (V) der Kapazitätswert von C_E auf C_F trotz gleich groß bleibender äußerer Kräfte geringfügig ansteigt.

Somit kann das gemessene Sensorsignal (sowie das parallel dazu gemessene Kraftsignal) den einzelnen Greifprozessphasen eindeutig zugeordnet werden.

Weiterführend werden die Kapazitätsänderungen diskutiert und an geeigneter Stelle in Bezug zu den Vorversuchen am sensorisierten Sauggreifer gebracht:

- Der geringfügige Anstieg der Kapazitätswerte in der Zustellphase (I) ist vermutlich auf Störeinflüsse zurückzuführen.
- Über die Kapazitätsänderung in der Adaptionsphase (III) kann die Druckkraft auf das Greifobjekt mit Hilfe der Sensorkennlinie (siehe Gleichung 8.3) bestimmt werden.
- Der Kapazitätssprung in der Adaptionsphase (IV) zeigt den erfolgreichen Greifprozess an. Die Differenz der beiden Kapazitätswerte, C_C und C_D, lässt eine hier nicht weiter untersuchte Aussage zum Gewicht des Greifobjektes zu. Die Gewichtskraft wird zudem im Punkt F_D angezeigt.
- Die Kapazitätsänderung in der Transportphase (V) ähnelt der im Versuch mit konstanter äußerer Druckbelastung (siehe Abbildung 8.7d), wodurch die Kapazitätsänderung dem Sensordrift zugeordnet wird. Im Vergleich zum Vorversuch ist das Sensormaterial jedoch einer komplexeren Beanspruchung ausgesetzt. Diese wird durch den negativen Überdruck im Inneren des Sauggreifers sowie den negativen Überdruck zwischen Objekt und Membran sowie der Druckbelastung zwischen Membran und Objekt hervorgerufen.

Im Anhang A.18 ist ergänzend die Untersuchung der Sensorsignale für einen erfolgreichen Greifprozess aufgeführt, der in einem Verformungszustand *nach* Erreichen der kritischen Kraft (Verformungsbereich III, $s \geq s_2$) ausgelöst wurde (siehe Abbildung A.18). Ebenfalls wurden die Sensorsignale für einen Greifprozess analysiert, bei dem das Greifobjekt festgehalten und ein Verlust der Haltefunktion provoziert wurde (siehe Abbildung A.19).

Aus dem durchgeführten und ausgewerteten Sauggreifprozess wird zusammengefasst, dass:

- die auf das Greifobjekt ausgeübte Druckkraft in der Adaptionsphase (III) mit dem in den Sauggreifer eingebetteten kapazitiven Sensor über die Sensorkennlinie (Gleichung 8.3) bestimmbar ist (*Quantifizierung der Druckkraft*),
- generell ein Sauggreifen mit dem sensorisierten Sauggreifer gelingt und
- alle Phasen des Greifprozesses detektiert werden können (*Phasendetektion des Greifprozesses*).

Aufgrund der Sensorgröße und da der Sensor ebenfalls bei negativem Überdruck auf Zugbelastungen senkrecht zur Elektrodenfläche reagiert, können unterschiedliche Lastfälle vergleichbare Sensorsignale verursachen. Folglich sollten für eine weiterführende Signalauswertung wesentliche Parameter des Greifprozesses (Bewegungstrajektorien, Beschleunigungen, Merkmale und

Eigenschaften des Greifobjektes usw.) bekannt sein.

Um eine sichere Phasendetektion des Greifprozesses bzw. Zustandsdetektion des Sauggreifers zu gewährleisten, ist eine intensive Analyse und Bewertung des Sensorsignals bei wiederholten, gleichen Greifprozessen mit den möglichen Abweichungen notwendig. Für den industriellen Einsatz ist die Auswertung für jeden Anwendungsfall separat anzupassen.

Weiterentwicklungspotenziale bieten sich u. a. in der Miniaturisierung sowie dem Fertigungsprozess des Sensors und dem zugehörigen Schaltkreis sowie in der Auswahl der Bauform, der Anzahl und der Position sowie der Lage der Sensoren innerhalb des Sauggreifers.

Weiterführender Untersuchungsgegenstand kann die Untersuchung des viskoelastischen Materialverhaltens sein, wobei eine Berücksichtigung dieses Verhaltens in der Sensorkennlinie zur Steigerung der Präzision der Druckkraftmessung führt.

8.3.3 Modellbasierte Untersuchung zu einer alternativen Sensorposition

In diesem Abschnitt soll ein FEM-basierter Ansatz zur Bewertung von Sensorpositionen im Sauggreifer erarbeitet werden. Beispielhaft sollen hierfür die verwendete Sensorposition mit einer alternativen Sensorposition verglichen werden. Zum Vergleich soll die erläuterte, FEM-basierte Methode zur Kapazitätsermittelung (Ablaufdetails siehe Anhang A.16) verwendet werden. Die Anwendbarkeit dieser Methode soll nun für in Silikon-Elastomer eingebettete Sensoren im Sauggreifer (Materialverbund) geprüft werden. Hierfür wurde das in Kapitel 8.3.2 entwickelte FEM-Modell verwendet und erweitert (siehe Abbildung 8.9d).

In das Modell wurde neben der im Sauggreifmuster realisierten Sensorposition (Ersatz der Sauggreifermembran durch den kapazitiven Sensor) eine weitere Sensorposition implementiert. Für die zweite Sensorposition wurde eine Anordnung des Sensors in der Faltenseite mit der Dicke d_{F22} in der zur Sauggreifermembran parallelen Lage gewählt. Beide Positionen[81] im FEM-Modell sind in Abbildung 8.9d dargestellt.

Ausgewählt wurde die alternative Sensorposition F22 in Vorabsimulationen, weil:

- im Vergleich zur Sensorposition M eine aufgeprägte axiale Verschiebung, die den Sauggreifer zusammenfaltet, zu geringeren radialen Verschiebungen und somit radialen Dehnungen des Sensormodells führte und
- kein mechanischer Kontakt des Sensors mit der Sauggreiferhalterung auftrat.

Im FEM-Modell wurden die jeweiligen Materialmodelle den einzelnen Körpern zugewiesen und die jeweiligen Kontakteinstellungen zwischen den Körpern definiert (verwendete Materialmodellparameter sowie gewählte Einstellungen sind im Anhang A.17 aufgeführt). Auf den Stirnseiten des Sauggreifermodells und der Halterung wurde eine maximale Verschiebung von $s_{\mathrm{max}} = 15$ mm in minus y-Richtung aufgeprägt, die zum Zusammenfalten des Sauggreifermodells gegenüber dem fest eingespannten, ebenen Greifobjekt führte. Ausgewertet

[81] Im weiteren Verlauf werden die beiden Sensorpositionen *Sensorposition M* und *Sensorposition F22* genannt.

wurden die y-Komponente der Lagerreaktionskraft des Festlagers sowie die Sensorkapazität. Die Sensorkapazität wurde für beide Sensorpositionen, M und F22, über die überlappenden Elektrodenbereiche anhand der Knotenkoordinaten und deren Verschiebungen berechnet (Berechnungsdetails siehe Anhang A.16).

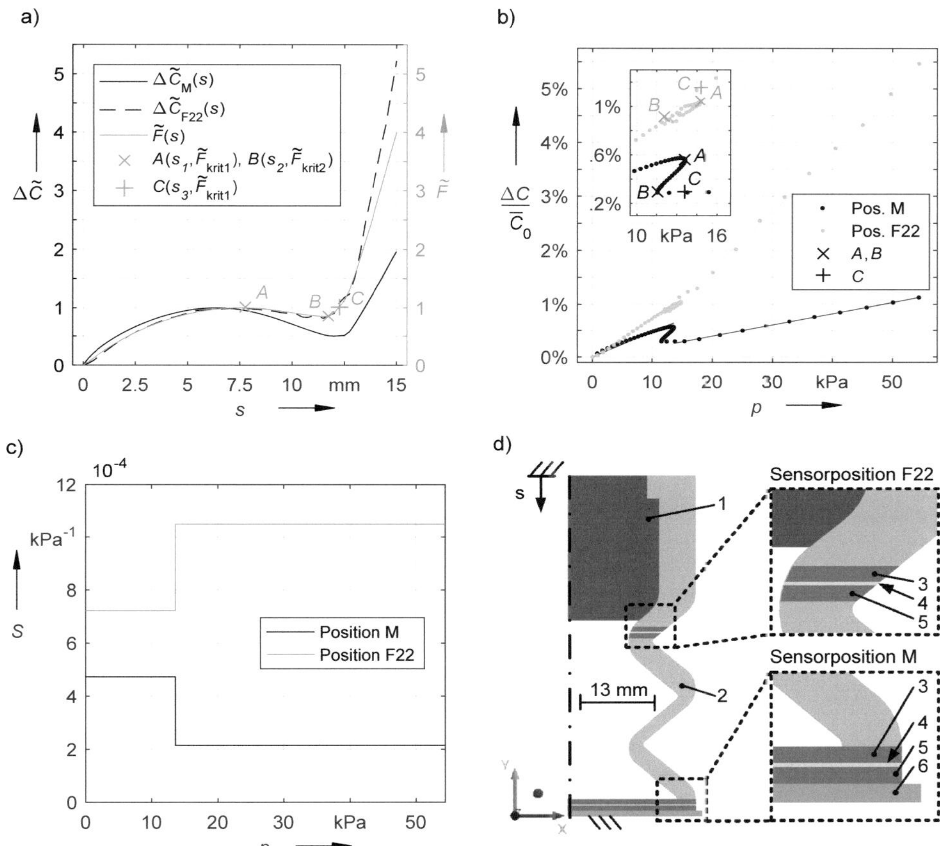

Abbildung 8.9: FEM-Ergebnisse zur Untersuchung der Sensorposition M und F22: a) auf das lokale Maximum normierte Kraft-Verschiebungs-Kennlinie sowie normierte Kapazitätsänderungs-Kennlinie; b) normierte Kapazitätsänderungs-Druck-Verläufe; c) Empfindlichkeits-Druck-Verläufe; d) Körper des rotationssymmetrischen FEM-Modells mit Verschiebungsrandbedingungen: (1) Sauggreiferhalterung; (2) Sauggreifer mit strukturintegrierten Sensoren bestehend aus zwei Elektroden (3) und (5) sowie Dielektrikum (4) sowie Greifobjekt (6)

In Abbildung 8.9a sind die über das FEM-Modell ermittelte Federkennlinie $\widetilde{F}$ sowie die mit diesem Modell ermittelten Kapazitätsänderungs-Kennlinien $\Delta\widetilde{C}$ beider Sensorpositionen jeweils normiert auf deren lokales Maximum dargestellt. Auf der Federkennlinie sind die charakteristischen Durchschlagpunkte, $A(s_1, \widetilde{F}_{\text{krit1}})$ und $B(s_2, \widetilde{F}_{\text{krit2}})$, sowie der Punkt $C(s_3, \widetilde{F}_{\text{krit1}})$, welcher im stabilen Verformungsbereich III ($s \geq s_2$) liegt, gekennzeichnet.

Beim Vergleich der Kapazitätsänderungs-Kennlinien beider Sensorpositionen mit der Federkennlinie (siehe Abbildung 8.9a) kann festgestellt werden, dass:

- die Verschiebungstelle für das lokale Kapazitätsmaximum bei der Sensorposition F22 besser mit der Verschiebungstelle s_1 für das lokale Kraftmaximum im Punkt A übereinstimmt,
- die Verschiebungstelle für das lokale Kapazitätsminimum bei der Sensorposition F22 besser mit der Verschiebungstelle s_2 für das lokale Kraftminimum im Punkt B übereinstimmt und
- die Kennlinienform für die Sensorposition F22 besser mit der Form der normierten Federkennlinie übereinstimmt.

Mit der simulierter Dielektrikumsdicke von $d_\mathrm{F} = 200\,\mu\mathrm{m}$ ergeben sich die Ausgangskapazitäten $C_{0,\mathrm{M}} = 171.7$ pF und $C_{0,\mathrm{F22}} = 49.9$ pF für die Sensorposition M und F22. Die Ausgangskapazitätswerte wurden über die Geometrie (Knotenkoordinaten) und mit Hilfe der Gleichung A.16 bestimmt.

In Abbildung 8.9b sind die Kapazitätsänderungs-Druck-Verläufe normiert auf die jeweilige Ausgangskapazität gezeigt. Im Bereich 10.7 kPa $\leq p \leq$ 13.6 kPa ist eine Mehrdeutigkeit der Signale durch den Messpunktverlauf (umgekehrt s-förmig bei Sensorposition M und schleifenförmig bei Sensorposition F22) angezeigt. Der im Modell bei einer Sensorsignalauswertung im Bereich der Mehrdeutigkeit entstehende Fehler für die Druck- bzw. -kraftbestimmung ist bei der Sensorposition F22 im Vergleich zur Sensorposition M geringer.

Die Sensorkennlinien für die simulierten Sensorpositionen können mittels Regression vereinfacht werden. Nur im Falle der Sensorposition F22 kann über das Modell eine stetige und stückweise lineare Kennlinie eingeführt werden, bei der eine eindeutige Zuordnung von Kapazitäts- zu Druckwerten gelingt[82]. Die Eindeutigkeit und die Stetigkeit bilden die Grundlage für eine analoge Auswertung des Sensorsignals.

In Abbildung 8.9b sind die Regressionsgeraden für beide Sensorpositionen für die Bereiche 0 kPa $\leq p \leq$ 13.6 kPa und 13.6 kPa $\leq p \leq$ 54.4 kPa eingezeichnet. Aus den Geraden wurde mit Hilfe der Gleichung 8.1 die Empfindlichkeit der Sensormuster bestimmt. Diese sind in Abbildung 8.9c dargestellt. Für die Sensorpostion M betragen die Sensorempfindlichkeiten in den beiden Druckbereichen $4.7 \cdot 10^{-4}$ kPa^{-1} und $2.2 \cdot 10^{-4}$ kPa^{-1} und sind für die Sensorposition F22 um 53% bzw. 388% größer.

Eine Ursache der größeren Sensorempfindlichkeit für die Sensorposition F22 besteht darin, dass der Kraftfluss durch die gesamte Sensorfläche geleitet wird. Bei der Sensorposition M hingegen wird überwiegend nur die äußere Ringfläche des Sensors belastet.

Ergänzend wird ein Vergleich der gemessenen Kennlinie des sensorisierten Sauggreifers in der Belastungsphase mit der mittels FEM ermittelten Sensorkennlinie für die Sensorposition M durchgeführt (vergleiche die Kennlinien aus Abbildung 8.7c mit Abbildung 8.9b). Es ist festzustellen, dass die:

- gemessene Sensorkennlinie keinen umgekehrt s-förmiger Verlauf zeigt und

[82]Eine eineindeutige Zuordnung ist nicht zwingend erforderlich.

- die simulierten Empfindlichkeitswerte um ca. 30% niedriger ausfallen

Ursachen hierfür können modellseitig:

- die Verwendung von nur auf uniaxialen Zugdaten basierenden hyperelastischen und nicht-viskoelastischen Materialmodellen,
- die Wahl des Reibungskoeffizienten zwischen Greifer und Greifobjekt oder auch
- die verwendete Netzeinstellung

sein. Auf Seiten des Funktionsmusters sind die Fertigungseinflüsse zu nennen, die:

- im Vergleich zur theoretischen Ausgangskapazität (bestimmt über Gleichung 5.2) zu einer um 14% geringeren Ausgangskapazität und
- zur konvexen Wölbung der Membran in Richtung des Greifobjekts

führen, wodurch u. a. das Anschmiegeverhalten der Membran an das Objekt beeinflusst wird.

Für die modellbasierte Untersuchung der beiden Sensorpositionen wird zusammengefasst, dass:

- die Sensorposition M eine um den Faktor 3.5 größere Ausgangskapazität hervorruft als die Sensorposition F22,
- mit der Sensorposition F22 ein Sensor mit einer eindeutigen, stetigen und stückweise linearen Sensorkennlinie realisiert werden kann, welche die Voraussetzung für eine analoge Sensorsignalauswertung ist, und
- für die Sensorposition F22 die Empfindlichkeitswerte in den betrachteten Druckbereichen um den Faktor 1.5 bzw. 5 größer als für die Sensorposition M ausfallen.

Die Steigerung der Empfindlichkeit kann bei einer gleichbleibenden Anforderung bezüglich der Sensorauflösung zur Reduzierung der benötigten Sensorfläche dienen.

Für den vorgestellten, modellbasierten Ansatz kann geschlussfolgert werden, dass dieser für in Silikon-Elastomer eingebettete Sensoren auf Silikonbasis geeignet ist, um:

- die Kapazität und deren Änderung zu ermitteln und
- verschiedene Sensorpositionen miteinander zu vergleichen.

Die vorgestellten Ergebnisse eröffnen den Weg für die Suche einer optimalen Position und Lage (Orientierung) des Sensors. Als Ziele einer solchen Optimierung sind das Vermeiden einer Mehrdeutigkeit der Sensorsignale, das Maximieren der Ausgangskapazität sowie der Sensorempfindlichkeit bei einer möglichst linearen Sensorkennlinie zu nennen.

9 Verallgemeinerte Beiträge der Arbeit und Demonstrationsanlagen

In diesem Kapitel werden erarbeitete Vorgehensweisen in Form von Schritt für Schritt Anweisungen und Ablaufschemata zusammengefasst. Dies betrifft insbesondere folgende Schwerpunkte:

- die Materialkennwertermittlung für die Simulation von Elastomerbauteilen und von nachgiebigen Systemen (siehe Kapitel 9.1),
- das Erreichen eines festgelegten Sauggreiferkennwerts[83] des entwickelten Sauggreifers durch die Verschiebung des Formkerns (siehe Kapitel 9.2),
- das Erreichen eines festgelegten Sauggreiferkennwerts durch den Skalierungsfaktor (siehe Kapitel 9.3),
- die Synthese eines nachgiebigen Systems und das Beeinflussen der ermittelten Kennlinie durch die SHORE-Härte (siehe Kapitel 9.4).

Weiterführend werden zur Demonstration der multifunktionalen Eigenschaften des Sauggreifers zwei Demonstrationsanlagen aufgebaut, der Funktionsumfang dieser genannt und Einblicke in Abschnitte deren Entwicklung gegeben (siehe Kapitel 9.5f).

9.1 Ablaufschema zur Materialkennwertermittlung mittels Dehnungsgrenzwerts für die FEM-Analyse quantitativer Eigenschaften nachgiebiger Systeme

Im Folgenden wird die erarbeitete Vorgehensweise zur Ermittlung der Materialparameter für Analysen der *quantitativen* Eigenschaften von Elastomerbauteilen und nachgiebigen Systemen in Form eines präzisierten Ablaufschemas (siehe Abbildung 9.1) verallgemeinert zusammengefasst.

Bei der vorgeschlagenen Methode sind nach der Struktur- und Maßsynthese des zu entwickelnden nachgiebigen Systems folgende fünf Phasen zu durchlaufen:

1. Elementare Material-Voruntersuchung (uniaxiale Neukurvenermittlung zur Auswahl des Materialmodells und Bestimmung der Materialparameter)
2. FEM-Voruntersuchung des nachgiebigen Systems (zur Identifizierung der Hauptbeanspruchungsart, zur Auswahl und Auswertung der maßgebenden Verzerrungsgröße(n) und zur Festlegung des(r) durchzuführenden Materialversuchs(e))
3. Erweiterte Materialuntersuchung(en) entsprechend der festgelegten Materialversuche unter Berücksichtigung des(r) Maximalwerts(e) der maßgebenden Verzerrungsgröße(n) (bspw. Neukurvenermittlung, Ermittlung der stationären Spannungs-Dehnungs-Kennlinien zur Vorbereitung der Bewertung des MULLINS-Effektes)

[83] definiert in Kapitel 6.1.4

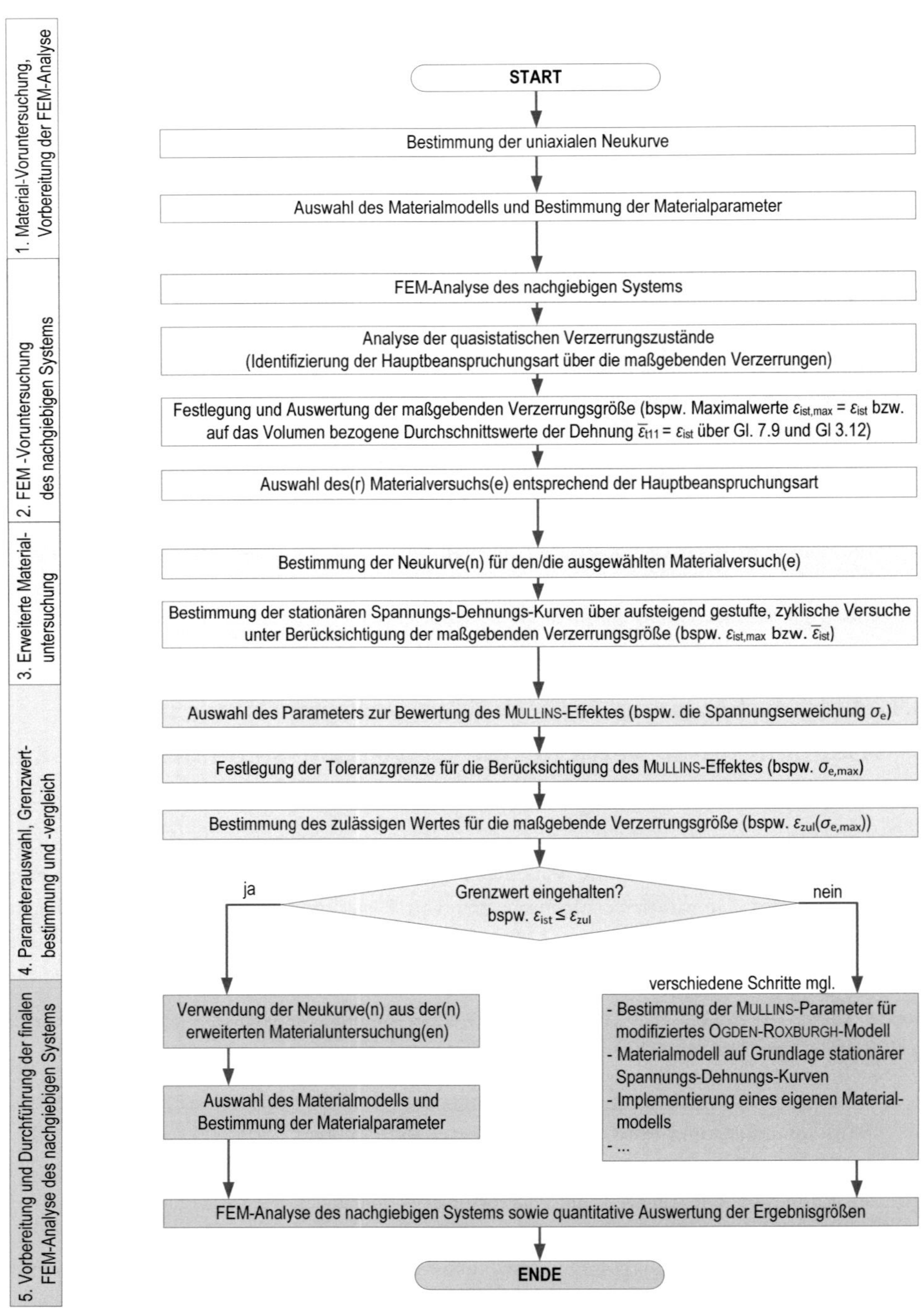

Abbildung 9.1: Ablaufschema der Methode zur Materialkennwertermittlung für die quantitative Eigenschaftsbestimmung anhand von FEM-Analysen

4. Parameterauswahl, Grenzwertbestimmung und Grenzwertvergleich (zur Bewertung des MULLINS-Effektes)
5. Vorbereitung und Durchführung der finalen FEM-Simulation (zur Analyse der quantitativen Eigenschaften des nachgiebigen Systems)

Um die Eigenschaften des aus einem Elastomer bestehenden nachgiebigen Systems mittels der FEM zu analysieren, muss ein Materialmodell ausgewählt werden, welches das nichtlineare, elastische Materialverhalten hinreichend genau abbildet. Aus Sicht des Autors ist eine hinreichend genaue Abbildung des elastischen Materialverhaltens erreicht, wenn die relative Abweichung zwischen Materialmodell und Materialversuch verursacht durch die Spannungserweichung des MULLINS-Effektes $\leq 10\%$ ist. Ausgangspunkt der verallgemeinerten Methode bildet das unbekannte Materialverhalten eines Elastomers. Im Ablaufschema wird zudem der MULLINS-Effekt berücksichtigt, sofern es im Hinblick auf die Genauigkeit notwendig ist.

Steht für die FEM-Untersuchung kein Materialmodell eines ähnlichen Materialtyps zur Verfügung, ist es zweckmäßig eine uniaxiale Zugprüfung des unbekannten Materials zur Neukurvenermittlung durchzuführen. Nach Auswahl eines Materialmodells (siehe Tabelle A.2), können dessen Parameter bestimmt (siehe Kapitel 6.1.3) und diese in der Simulationssoftware hinterlegt werden.

Aus der FEM-Untersuchung des nachgiebigen Systems können anhand der Verzerrungszustände die maßgebenden Materialbeanspruchungen betreffend ihrer Art und Höhe identifiziert werden. Bei der Ermittlung der Maximalwerte der Verzerrungsgrößen ist es wichtig, dass alle während der Benutzung des Systems auftretenden Verformungszustände des Systems über die Simulation abgebildet werden. Aus der Identifizierung (siehe Kapitel 6.1.3) der maßgebenden Verzerrungsgröße (bspw. maximale Hauptdehnung) folgt die Auswahl der Materialversuche für die erweiterten Materialuntersuchungen.

Zur Bewertung des MULLINS-Effektes ist ein Parameter von vielen auszuwählen. Wird als Parameter die Spannungserweichung gewählt, so ist/sind:

- zur Erfassung der Abhängigkeit der Spannungserweichung von der maßgebenden Verzerrungsgröße stationäre Spannungs-Dehnungs-Kurven zu ermitteln (siehe Abbildung 3.4a),
- der Grenzwert für die Spannungserweichung festzulegen und
- der zulässige Grenzwert für die maßgebende Verzerrungsgröße zu bestimmen (siehe Abbildung 3.4d).

Bei Überschreitung des Grenzwertes für die maßgebende Verzerrungsgröße ist der MULLINS-Effekt bspw. durch Anwendung des modifizierten OGDEN-ROXBOUGH-Materialmodells [190] zu berücksichtigen. Wird der zulässige Grenzwert für die maßgebende Verzerrungsgröße hingegen eingehalten, so ist/sind:

- ein Materialmodell auf Grundlage der *erweiterten* Materialuntersuchungen auszuwählen (siehe Tabelle A.2)[84] und

[84]Bei der Auswahl des Materialmodells besteht die Möglichkeit die Materialmodelle über den Fehlerrestwert miteinander zu vergleichen. Weiterhin ist eine Plausibilitätsprüfung der Materialmodellkennlinien (siehe Kapitel 3.2) durchzuführen.

- die Materialparameter des Materialmodells zu bestimmen.

Es ist zudem zu berücksichtigen, dass eine Belastungshistorie infolge des Herstellungsprozesses vorliegt. Hier ergeben sich vier mögliche Fälle:

Fall 1: Die uniaxiale Vordehnung ist größer als die spätere maximale Hauptdehnung und liegt in Richtung dieser. Folglich ist der Vordehnungswert mit der maximal zulässigen Dehnung zu vergleichen.

Fall 2: Die uniaxiale Vordehnung ist größer als die spätere maximale Hauptdehnung und liegt senkrecht zu dieser. Für diesen Fall ist die Anisotropie des MULLINS-Effektes relevant und der aus der Vordehnung resultierende Wert für die maximale bzw. mittlere Spannungserweichung in Richtung der maximalen Hauptdehnung zu ermitteln. Dieser ist mit dem festgelegten zulässigen Wert der Spannungserweichung zu vergleichen.

Fall 3 und 4: Die uniaxiale Vordehnung ist kleiner als die spätere maximale Hauptdehnung und liegt entweder in derselben Richtung oder senkrecht zu jener. In beiden Fällen ist der maximale Hauptdehnungswert mit der maximal zulässigen Dehnung zu vergleichen.

Über die abschließende FEM-Analyse können dann die *quantitativen* Eigenschaften des nachgiebigen Systems bestimmt werden. Die Verformungszustände vom nachgiebigen System können über verschiebungsgesteuerte und/oder kraftgesteuerte Simulationen erreicht werden. Erfahrungsgemäß bieten sich für die FEM-Analyse von *nachgiebigen Mechanismen* verschiebungsgesteuerte Simulationen und für die FEM-Analyse von *fluidmechanischen nachgiebigen Aktuatoren* hingegen kraftgesteuerte Simulationen an.

9.2 Vorgehensweise zum Erreichen eines festgelegten Sauggreiferkennwerts mittels axialer Formkernverschiebung

Zum Einstellen *eines* Durchschlag-Kennwerts des entwickelten Sauggreifers kann die axiale Verschiebung des Formkerns a_{a} (als eine ausgezeichnete von vielen möglichen geometrischen Eingangs-/Einflussgröße) genutzt werden. Die Ergebnisse der axialen Verschiebung des Formkerns sollen verallgemeinert zusammengefasst werden.

Zur Erklärung ist in Abbildung 6.8 der approximierte Verlauf der ersten kritischen Kraft F_{krit1} und deren Verschiebungsstelle s_1 in Abhängigkeit der axialen Verschiebung des Formkerns gezeigt. Bei den approximierten Verläufen wurde als Zielgröße eine maximale relative Abweichung von $\leq 5\%$ eingehalten. In den Tabellen A.10 sowie A.11 sind die Werte der Koeffizienten für die entsprechende kubische und lineare Approximation, $F_{\mathrm{k},3} = F_{\mathrm{krit1}}(a_{\mathrm{a}})$ und $s_{\mathrm{k},1} = s_1(a_{\mathrm{a}})$, angegeben.

Soll ein geforderter Wert (Sollgröße) für die kritische Kraft oder deren Verschiebungsstelle erreicht werden, so ist dieser in die Gleichung 6.5 bzw. 6.6 einzusetzen und nach der axialen Verschiebung umzustellen und zu lösen. Durch Einsetzen der geforderten Kraft $F_{\mathrm{krit1,soll}}$ in die kubische Gleichung und anschließendem Lösen der Gleichung mittels der Gleichung von

CARDANO ergibt sich eine negative Diskriminante und somit drei reelle Lösungen. Von diesen ist für die axiale Verschiebung die Lösung:

$$a_{\mathrm{a,soll}}(F_{\mathrm{krit1,soll}}) = -\sqrt{-\frac{4}{3}p_{\mathrm{SC}}} \cdot \cos\left(\frac{1}{3}\arccos\left(-\frac{q_{\mathrm{SC}}}{2} \cdot \sqrt{-\frac{27}{p_{\mathrm{SC}}^3}} + \frac{\pi}{3}\right)\right) - \frac{a_{\mathrm{F},2}}{3a_{\mathrm{F},3}} \tag{9.1}$$

mit den Substitutionen:

$$p_{\mathrm{SC}} = \frac{9a_{\mathrm{F},3}a_{\mathrm{F},1} - 3a_{\mathrm{F},2}^2}{9a_{\mathrm{F},3}^2} \tag{9.2}$$

$$q_{\mathrm{SC}} = \frac{2a_{\mathrm{F},2}^3 - 9a_{\mathrm{F},3}a_{\mathrm{F},2}a_{\mathrm{F},1} + 27a_{\mathrm{F},3}^2\left(a_{\mathrm{F},0} - F_{\mathrm{krit1,soll}}\right)}{27a_{\mathrm{F},3}^3} \tag{9.3}$$

auszuwählen.

Für die Lösung der linearen Gleichung für den geforderten Verschiebungswert der kritischen Kraft $s_{1,\mathrm{soll}}$ ergibt sich die Verschiebung des Formkerns zu:

$$a_{\mathrm{a,soll}}(s_{1,\mathrm{soll}}) = \frac{s_{1,\mathrm{soll}} - a_{\mathrm{s},0}}{a_{\mathrm{s},1}}. \tag{9.4}$$

Wird beim entwickelten Sauggreifer die Kraft von 1 N gefordert, so ergibt sich ein axiale Verschiebung des Formkerns von -0.45 mm. Soll der Verschiebungswert für die kritische Kraft bei 3 mm liegen, so ergibt sich die axiale Verschiebung des Formkerns von -0.34 mm.

Die erarbeiteten Gleichungen sind auf alle Kennlinienpunkte des stabilen Verformungsbereichs I des entwickelten Sauggreifers (siehe Abbildung in Tabelle 4.4) im betrachteten Verschiebungsbereich des Formkerns anwendbar. Grund hierfür ist, dass das qualitative Verhalten in diesem Bereich für unterschiedliche Formkernverschiebung gleich ist und über die Modellgleichung 6.9, in Form einer der Gleichungen $F_{3,3,n}$ mit $n = 1, 2, 3$, beschrieben werden kann. Die Ermittlung der Modellgleichung für einen anderen Sauggreifertyp (bspw. mit anderem Außendurchmesser (siehe Tabelle 6.3)) ist Voraussetzung für die analoge Anwendung der beschriebenen Vorgehensweise auf diesen anderen Sauggreifertyp.

9.3 Vorgehensweise zum Erreichen eines festgelegten Sauggreiferkennwerts mittels Skalierung

Die Skalierung kann dazu genutzt werden, die Kennlinie quantitativ zu verändern, wobei *ein* Sauggreiferkennwert einstellbar ist. Um die Ergebnisse auf andere Sauggreifergeometrien anzuwenden, wurde die in Kapitel 6.3 beschriebene Vorgehensweise verallgemeinert und in einem Ablaufschema (siehe Abbildung 9.2) zusammengefasst.

Zum Einstellen eines Sauggreiferkennwerts sind die folgenden sechs Schritte:

1. Festlegung des *Sollwerts des Zielparameters* (Sauggreiferkennwert),

2. Entwurf einer Sauggreifergeometrie,
3. FEM-Analyse des Verformungsverhaltens und Auswertung der Kraft-Verschiebungs-Kennlinie (nur eine Simulation notwendig),
4. Prüfung des qualitativen Kennlinienverlaufs auf Existenz des Zielparameters (bspw. Existenz der kritischen Kraft),
5. Übernahme des Zielparameterwerts als Istwert im Falle des Vorhandenseins des Zielparameters oder erneuter Sauggreiferentwurf bei Nichtexistenz des Zielparameters,
6. Berechnung des Skalierungsfaktors vom Sauggreifer zum Erreichen des Sollwerts des Zielparameters

abzuarbeiten, wobei die Anpassung der Federkennlinie auf *einen* (markanten) Verschiebungswert oder *einen* Kraftwert erfolgt.

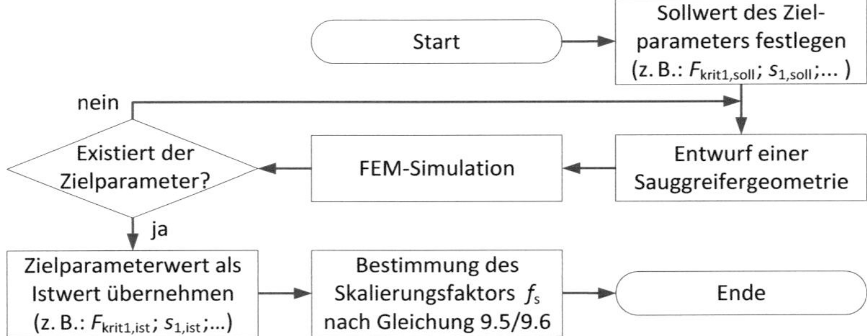

Abbildung 9.2: Ablaufschema der Methode zum Erreichen eines Sauggreiferkennwerts mittels des Skalierungsfaktors

Der Skalierungsfaktor wird über die Gleichung 9.5 bzw. 9.6 berechnet:

$$f_s = \frac{s_{\text{soll}}}{s_{\text{ist}}} \tag{9.5}$$

$$f_s = \sqrt{\frac{F_{\text{soll}}}{F_{\text{ist}}}}. \tag{9.6}$$

Die vorgestellte Vorgehensweise ist ebenfalls auf *eine* Größe eines frei gewählten Punktes auf der Kraft-Verschiebungs-Kennlinie des Sauggreifers anwendbar und nicht zwingend auf markante Größen, wie den kritischen Kraftwert F_{krit1} oder dessen Verschiebungswert s_1, beschränkt. Das qualitative Verhalten des Sauggreifers kann durch die Skalierung *nicht* beeinflusst werden.

9.4 Synthesemethode für nachgiebige Systeme und die Beeinflussung deren Kennlinien durch die SHORE-Härte

Am Beispiel des Sauggreifers konnte in Kapitel 7.1 das gezielte Erreichen eines Sauggreiferkennwerts durch die SHORE-Härte belegt werden. Gezeigt wurde, dass ausschließlich die Kraftgröße der Federkennlinie durch die SHORE-Härte quantitativ beeinflusst wird. Folglich ermöglicht die gezielte Wahl der SHORE-Härte das Verschieben der Federkennlinie in einen (eingeschränkt) frei wählbaren Punkt im Kraft-Weg-Diagramm. Einschränkungen ergeben sich aus dem qualitativen Federkennlinienverlauf und dem Variationsbereich der SHORE-Härte von den verwendeten Materialmischungen. Am Beispiel des Zugstabes konnte dieser Zusammenhang für die Spannungs-Dehnungs-Kennlinie nachgewiesen werden. Hier ist die Spannungsgröße durch die SHORE-Härte quantitativ beeinflussbar.

Aufbauend auf diesen Zusammenhängen empfiehlt sich ein iteratives Durchlaufen der vorgeschlagenen Vorgehensweise gemäß Abbildung 9.3.

Die Methode wird in folgende Phasen eingeteilt:

1. Entwurf eines nachgiebigen Systems zur Erfüllung der *qualitativen* Kennlinienform,
2. FEM-Voruntersuchung zur Bestimmung einer *volumenbezogenen* mittleren technischen Hauptdehnung $\bar{\varepsilon}_{t11}$,
3. Material-Voruntersuchung zur Bestimmung von $b_0(\varepsilon_{t11})$ und $b_1(\varepsilon_{t11})$ der Modellgleichung zur Beschreibung der Materialmischungen,
4. Bestimmung einer Referenzkennlinie über eine modellbasierte oder eine (kombinierte) modell- und messungsbasierte Herangehensweise,
5. Bestimmung der Parameter b_0^* und b_1 der Modellgleichung des nachgiebigen Systems, der Sollgröße $H_{A,soll}$ sowie des Silikonmischungsverhältnisses für die Funktionsmusterfertigung,
6. Fertigung und messtechnische Untersuchung eines Funktionsmusters des nachgiebigen Systems aus der Materialmischung mit in Phase fünf bestimmter SHORE-Härte und
7. Verifikation der Kennlinie bzw. Eigenschaften des nachgiebigen Systems.

Für den Entwurf eines nachgiebigen Systems bestehend aus Silikon in Phase 1 gibt es in der Literatur verschiedene Ansätze [119, 272]. Um ein System mit einem bestimmten qualitativen Bewegungsverhalten (bspw. instabiles Bewegungsverhalten mit Durchschlag) zu erhalten ist oftmals eine gewisse Erfahrung für die geometrische Auslegung notwendig. Als Mittel zur Auslegung eignet sich die FEM unter Einbeziehung iterativer Anpassungen, die wechselseitig aus einzelnen Analyse- und Syntheseschritten bestehen.

Innerhalb der Voruntersuchung in Phase 2 des nachgiebigen Systems mittels FEM ist eine volumenbezogene mittlere technische Hauptdehnung zu bestimmen (siehe Kapitel 7.2). Für diese Größe ist eine Mindestdehnung im Hauptachsensystem festzulegen. Dies ist notwendig, damit nur der zur Verformung beitragende Volumenanteil des Systems für die Berechnung der mittleren Hauptdehnung berücksichtigt wird. Als Wert für die Mindestdehnung wird $\varepsilon_{11} = 5\%$ vorgeschlagen.

In Phase 3 der Material-Voruntersuchung werden die Neukurven von Materialmischungen mit ausgewählten Materialmischungsverhältnissen untersucht. Aus den Neukurven wird eine Modellgleichung für die Materialmischungen aufgestellt (siehe Gleichung 7.7), die den Einfluss der SHORE-Härte und der Hauptdehnung auf die entsprechende Hauptspannung beschreibt. Um einen großen Einstellbereich der Kennlinie zu erhalten, ist es zweckmäßig,

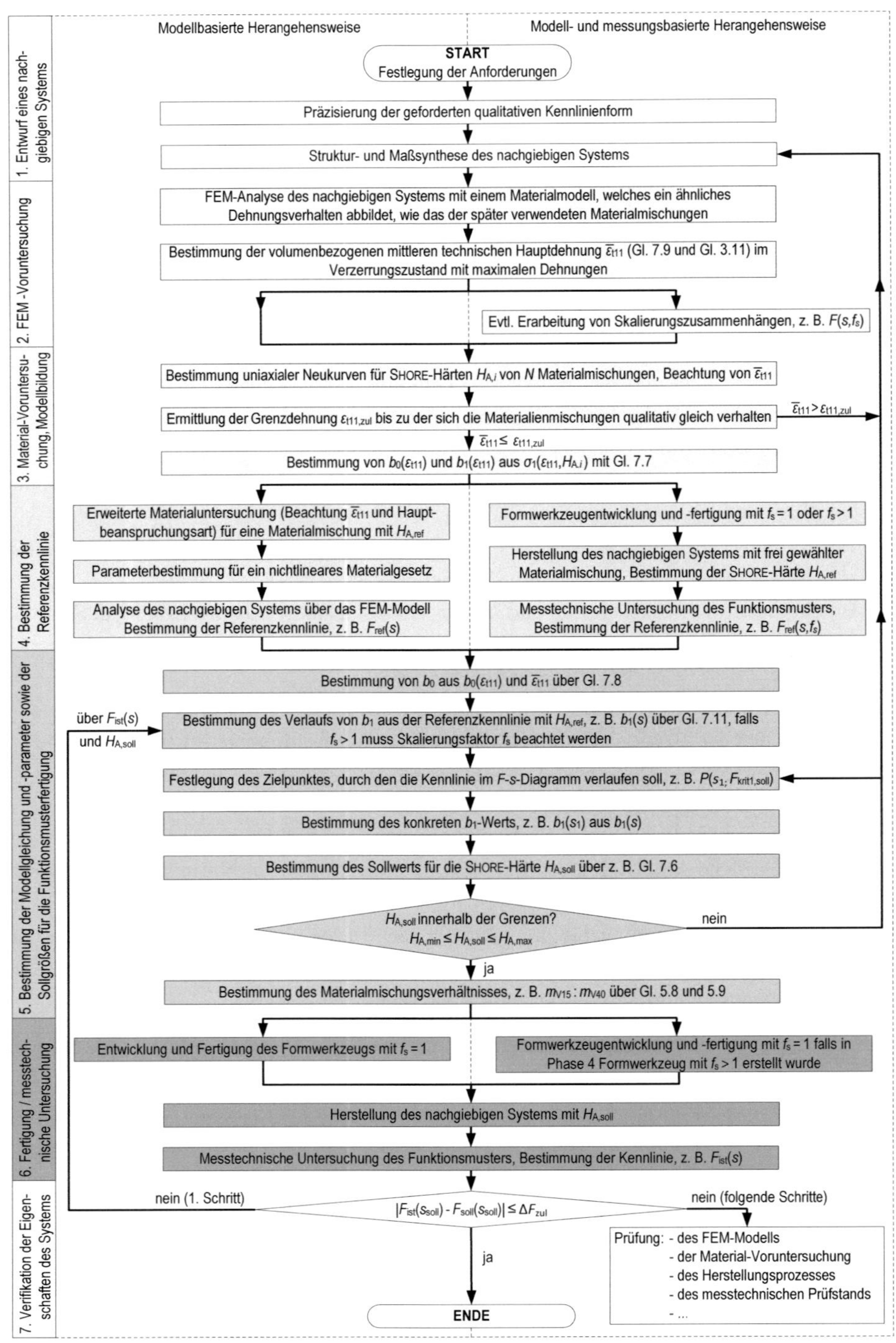

Abbildung 9.3: Verallgemeinerte Synthesemethode zur Entwicklung eines aus Silikon bestehenden nachgiebigen Systems und der Beeinflussung dessen Kennlinie durch die SHORE-Härte

dass die realisierbaren Materialmischungen einen großen SHORE-Härtebereich abdecken. Zwingende Voraussetzung zur Anwendung der in Abbildung 9.3 dargestellten Methode ist, dass das *qualitative* Spannungs-Dehnungs-Verhalten der Materialmischungen innerhalb eines zu bestimmenden Dehnungsbereichs gleich ist.

Die Verwendung der Neukurven für unterschiedliche nachgiebige Systeme ist gegeben, wenn die maximalen Dehnungen im System einen zu bestimmenden Grenzwert nicht überschreiten (siehe Kapitel 3.5 und 9.1). Nur in diesem Fall können die Neukurven für ein hyperelastisches Materialmodell verwendet werden, ohne den MULLINS-Effekt zu berücksichtigen. Zur Bestimmung einer Grenzdehnung eignet sich die Bewertung der Spannungserweichung über die stationären Spannungs-Dehnungs-Kennlinien (siehe Kapitel 3.5).

Generell gilt bei der Verwendung der Neukurven, dass bei größer ausfallender mittlerer Hauptdehnung die Spannungserweichung zunimmt und somit der Modellfehler für eine simulierte Silikonstruktur größer wird. Das modellierte Systemverhalten ist dann steifer. Um die Modellfehler gering zu halten, wird für die Bestimmung des Dehnungsgrenzwerts der Maximaldehnung in dieser Arbeit für die Spannungserweichung ein Wert von 10% vorgeschlagen.

In Phase 4 der Synthesemethode wird die Referenzkennlinie des nachgiebigen Systems bestimmt. Die Bestimmung der Referenzkennlinie kann auf dem modellbasierten oder dem (kombinierten) modell- und messungsbasierten Weg erfolgen.

Der modellbasierte Weg erscheint aufgrund der erweiterten Materialuntersuchung für das Material mit konkretem SHORE-Härtewert aufwendig. Jedoch kann das abgeleitete Materialmodell für spätere Entwicklungen hilfreich sein.

Wird die Referenzkennlinie modell- und messungsbasiert erzeugt, so ist die Herstellung eines Referenz-Funktionsmusters des nachgiebigen Systems mit einer möglichst hohen SHORE-Härte zu empfehlen. Infolge des steiferen Systemverhaltens fällt der Einfluss von Störkräften[85] auf die gemessene Kennlinie des nachgiebigen Systems geringer aus.

Für den modell- und messungsbasierten Weg ist weiterhin die Fertigung eines isometrisch skalierten nachgiebigen Systems zu prüfen. Sinnvoll ist dieser Schritt insbesondere dann, wenn geometrische Fertigungstoleranzen, bspw. ein Zehntel der Wanddicke von verformungsbestimmenden Strukturabschnitten, übersteigen. Unabhängig vom eingeschlagenen Weg sollte die Bestimmung der Referenz-SHORE-Härte mit dem Prüfgerät hoher Genauigkeit (bspw. $\Delta H_\mathrm{A} \leq 1$) erfolgen, da hierdurch die Genauigkeit der Modellgleichung maßgeblich verbessert wird (siehe Kapitel 7.3).

In Phase 5 wird die reduzierte Modellgleichung des nachgiebigen Systems aufgestellt und der Sollwert der SHORE-Härte für die Funktionsmusterfertigung bestimmt (siehe Gleichung 7.6). Die reduzierte Modellgleichung (siehe Gleichung 7.4) beschreibt die Abhängigkeit der Kennlinie des nachgiebigen Systems von der SHORE-Härte und hat die Form einer natürlichen Exponentialfunktion. Hierbei werden die material- und geometrieseitigen Aspekte des nachgiebigen Systems zweckmäßig über den Faktor b_0^* und die Funktion b_1 voneinander getrennt.

Der Faktor b_0^* wird über die in Phase 2 bestimmte, volumenbezogene mittlere technische

[85] Störkräfte sind bspw. statische Anziehungskräfte und Adhäsionskräfte, die bei Annäherung oder beim Kontakt von Körpern entstehen.

Hauptdehnung (siehe Gleichung 3.11 bzw. 7.9) und die in Phase 3 bestimmte Modellgleichung des Materials (siehe Gleichung 7.8) bestimmt. Die Funktion b_1 wird aus der festgelegten Funktionsform der Modellgleichung, der Referenzkennlinie und der bestimmten Referenz-Shore-Härte sowie ggf. über die Skalierungszusammenhänge ermittelt.

Mit Hilfe der Festlegung des Punktes im Diagramm (bspw. Kraft-Verschiebungs-Diagramm), durch den die Kennlinie des nachgiebigen Systems verlaufen soll, kann die Shore-Härte des nachgiebigen Systems und das entsprechende Mischungsverhältnis der Materialmischung festgelegt werden. Sofern die ermittelte Shore-Härte außerhalb des realisierbaren Bereiches liegt, ist die Punktwahl zu überprüfen oder gegebenenfalls der Entwurfprozess erneut zu durchlaufen.

In Phase 6 wird das nachgiebige System mit der ermittelten SHORE-Härte gefertigt und dessen Kennlinie bestimmt.

In Phase 7, der Verifikation, ist das Erreichen des Zielparameters zu prüfen. Sind die Abweichungen zwischen der messtechnisch erhobenen und der über das Modell erzeugten Kennlinie zu groß, kann über die messtechnisch erhobene Kennlinie ein erneuter Durchlauf zur Bestimmung der Modellparameter erfolgen (Austausch der Referenzkennlinie). Erweist sich dieser Schritt als nicht zielführend, so wird eine Fehlersuche innerhalb der einzelnen Phasen notwendig.

Es kann zusammengefasst werden, dass mit der vorgeschlagenen Synthesemethode für nachgiebige Systeme:

- die Kennlinie *qualitativ* ausschließlich in der Phase 1 verändert werden kann und
- die kraftbasierte/kraftbezogene Größe der Kennlinie *quantitativ* durch die SHORE-Härte an *einem* ausgewählten Wert der Weggröße einstellbar ist.

Die vorgeschlagene Methode ermöglicht u. a. das nachträgliche Justieren der Kennlinie über die SHORE-Härte *nach* Entwurf und Fertigung eines Formwerkzeugs. Sie eignet sich ausschließlich für nachgiebige Systeme:

- mit einer überwiegenden Biege- oder uniaxialen Zugbeanspruchung bei Belastung und
- mit einer volumenbezogenen, mittleren technischen Hauptdehnung, die kleiner oder gleich der bestimmten zulässigen Grenzdehnung der verwendeten Materialmischungen ist, in der die Materialmischungen ein gleiches qualitatives Verhalten aufweisen.

Inwiefern die vorgeschlagene Methode auch für nachgiebige Systeme mit einer überwiegenden, biaxialen Zugbeanspruchung gültig ist, ist in weiterführenden Arbeiten zu untersuchen. Es gilt für diesen Fall zudem, die Frage zu beantworten, ob die Neukurven der biaxialen Zugbeanspruchung zur Bestimmung der Modellgleichung für die Materialmischungen zugrunde gelegt werden müssen oder ob ebenfalls die Neukurven der uniaxialen Zugprüfung verwendet werden können.

9.5 Anlage zur Präsentation multifunktionaler Eigenschaften des Sauggreifers

Um die Multifunktionalität (Eigenschaften zusammengefasst und aufgelistet in Kapitel 10) des Sauggreifers präsentieren zu können, wurde eine Demonstrationsanlage aufgebaut. Hierzu wurde ein pneumatischer und elektronischer Schaltplan entworfen sowie ein Programm geschrieben. Der Aufbau der Demonstrationsanlage soll im Folgenden beschrieben werden.

Für eine manuelle Steuerung über Schalter und die anschließende Zustandsanzeige über LEDs sowie für die Verarbeitung der Daten von Sensoren wurde ein Mikrocontroller-Board verwendet. Ein wesentlicher Vorteil der Programmierung eines Mikrocontrollers ist, dass anschließend der Aufbau ohne PC Unterstützung betrieben werden kann.

Pneumatischer Schaltplan der Demonstrationsanlage

Über einen externen Druckluftanschluss von 2.5 bar bis 13 bar wird der Sauggreifer mit Überdruck versorgt. Für das Sauggreifen wird ein negativer Überdruck von bis zu -600 mbar bereitgestellt. Für das gezielte Ablösen des Greifobjektes wird ein positiver Überdruck bis 100 mbar verwendet. In Abbildung 9.4 sind der pneumatische Schaltplan und die aufgebaute Demonstrationsanlage gezeigt.

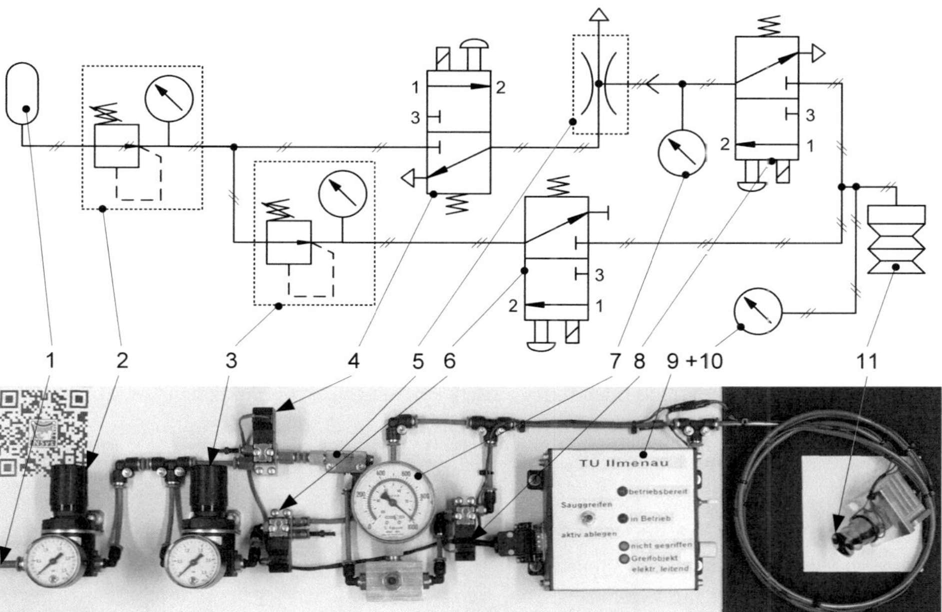

Abbildung 9.4: Pneumatischer Schaltplan für die Demonstrationsanlage und deren reale Umsetzung: (1) Druckluftversorgung; (2) und (3) manueller Druckregler mit Manometer; (4), (6) und (8) 3/2-Wege-Magnetventil geschlossen mit Federrückstellung; (5) Vakuumsaugdüse; (7) Manometer; (9) Steuerungs- und Anzeigeeinheit; (10) Drucksensor; (11) sensorisierter Sauggreifer (SHK-Lösung mit zwei Stromkreisen)

Es wurden drei 3/2-Wege-Magnetventile (YSV20, Streubel Automation), eine Vakuumsaugdüse (VAD-1/8, Festo AG & Co. KG), zwei manuelle Druckregler mit Manometer (Art.-Nr. 17109A.D, Winkler-Stiefel Hydraulik-Pneumatik GmbH) und ein handelsübliches Manometer verwendet. Über den ersten manuellen Druckregler (2) und die Vakuumsaugdüse (6) kann der maximale negative Überdruck im Sauggreifer, der über das Manometer (7) abgelesen wird, eingestellt werden.

Durch das Betätigen der Ventile (4) und (8) oder des Ventils (5) kann der Sauggreifer (10) mit negativem oder positivem Überdruck versorgt werden. Der positive Überdruck kann über einen weiteren manuellen Druckregler (3) eingestellt werden. Um den Sauggreifer wieder zu entlüften ist das Ventil (8) zu betätigen.

Elektrischer Aufbau der Demonstrationsanlage

Alle elektrischen Bauelemente des Demonstrators, wie bspw. LEDs, Ventile, Schalter und Drucksensor, werden mit einem Mikrocontroller-Board (Arduino Uno, Arduino S.r.l.) gesteuert bzw. ausgelesen. Des Weiteren können die Signale der mittels des Schalter-Prinzips sensorisierten Sauggreifer verarbeitet werden. Der Schaltplan des Aufbaus ist im Anhang A.19, Abbildung A.20 dargestellt.

Softwaretechnische Umsetzung des Demonstrators

Die manuelle Steuerung ermöglicht über einen Schalter die beiden Zustände, „Sauggreifen" und „Abstoßen", für den Sauggreifer einzustellen. Über LEDs wird der Betrieb, sowie verschiedene Zustände, „nicht gegriffen" und „Greifobjekt elektrisch leitend", des mit dem Schalter-Prinzip sensorisierten Sauggreifers angezeigt. Weiterhin ist über einen zweiten Schalter ein Wechsel zwischen dem teilautomatisierten und dem manuellen Sauggreifprogramm möglich. Im teilautomatisierten Programm greift der Sauggreifer abhängig von den mit dem Drucksensor erfassten Druckschwankungen selbstständig. Der Greifprozess wird anschließend zeitlich variabel, gesteuert beendet. Der Programmablaufplan (PAP) für das umgesetzte Programm ist im Anhang A.20, Abbildung A.21 aufgeführt.

Durch die Demonstrationsanlage wird gezeigt, dass:

- der Greifprozess manuell oder teilautomatisiert ausgelöst werden kann,
- das Adhäsionskräfte zwischen Greifermembran und Greifobjekt über einen positiven Überdruck überwunden bzw. das Greifobjekt zeitlich sowie örtlich gezielt abgelegt werden kann,
- mit Verwendung des über das Schalter-Prinzip sensorisierten Saugreifers der Greifzustand detektiert und optional zwischen leitenden und nicht leitenden Greifobjekten unterschieden werden kann und
- der Aufwand zur Umsetzung und die erforderliche Hardware geringen Umfang hat.

Mit der entwickelten Demonstrationsanlage konnte die technische Umsetzung aufgezeigt und wesentliche Aspekt für eine Produktentwicklung erprobt werden.

9.6 Anlage zur Druckkraftdetektion am Sauggreifer mittels integrierter Sensorik

Die bisherigen Untersuchungen zur Sensorisierung des Sauggreifers mit einem kapazitiven Sensor wurden im Aufbau einer weiteren Anlage für Demonstrationszwecke praktisch umgesetzt. Zielstellung dieser Demonstrationsanlage war es, die quantitative Erfassung von Druckkräften in der Adaptionsphase des Greifprozesses (Greifprozessphase III) zu veranschaulichen. In dieser Phase wird der Sauggreifer zusammengefaltet, schmiegt sich ans Greifobjekt an und wird nicht durch Überdruck belastet. Die Anlage sollte ohne PC Unterstützung betrieben werden.

Für die Verwirklichung der Demonstrationsanlage wurde ein elektronischer Schaltplan entworfen, in dem der Schaltkreis zur Kapazitätsermittlung[86] integriert wurde (siehe im Anhang A.21, Abbildung A.22). Zudem wurde ein Programm zur Datenverarbeitung und Ansteuerung geschrieben, für welches ein Programmablaufplan erstellt wurde (siehe im Anhang A.22, Abbildung A.23). Die aufgebaute Demonstrationsanlage ist in Abbildung 9.5 dargestellt.

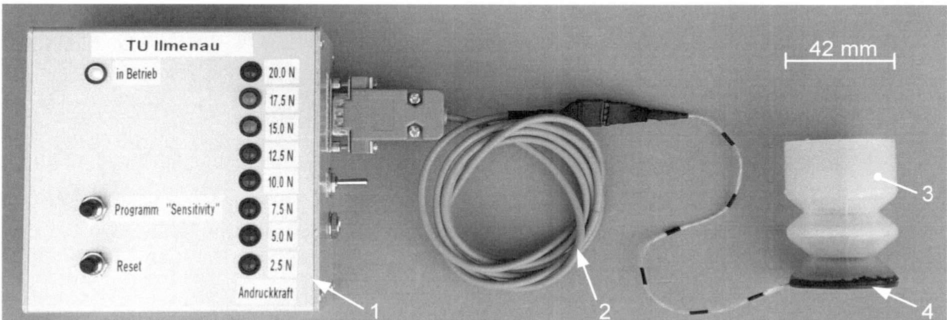

Abbildung 9.5: Demonstrationsanlage für die quantitative Erfassung von Druckkräften mittels Sauggreifers mit kapazitivem Sensor: (1) Steuer- und Anzeigeeinheit; (2) Anschlusskabel; (3) sensorisierter Sauggreifer ($f_s = 2$); (4) stoffkohärent integrierter, kapazitiver Sensor aus leitfähigem Silikon

Um die Sensorwerte anzuzeigen, wurden die beiden ermittelten Einschränkungen:

- die festgestellte Spannweite des Sensorsignals, die zur einer Spannweite bei der Druckkraftermittlung von bis zu 1.53 N führt und
- die Mehrdeutigkeit der Sensorsignale im Bereich 10.3 pF $\leq \Delta C \leq$ 13.8 pF für die gewählte Sensorposition

beachtet. Zur Verringerung der Spannweite der ermittelten Druckkraftwerte wurde eine Mittelwertbildung aus jeweils 25 Sensorwerten realisiert. Um der Mehrdeutigkeit der Sensorsignale im genannten Bereich (siehe Abbildung 8.7c) Rechnung zu tragen, wurde eine *stufenweise quantitative* Erfassung der Druckkräfte realisiert.

Für die Ermittlung der Schwellwerte wurde die (Belastungs-)Sensorkennlinie in N_L=8 gleich

[86]Der Schaltkreis zur Kapazitätsermittlung wurde mit der in Kapitel 5.2.1 beschriebenen Methode ausgelegt.

große Druck(kraft)bereiche unterteilt (siehe Abbildung 8.7c). Zu den hierdurch entstandenen Schnittpunkten P_i mit $i = 1, .., N_\mathrm{L}$ wurden die Kapazitätsänderungen ΔC_i ermittelt und im entworfenen Programm für das Mikrocontroller-Board (ARDUINO UNO, Arduino S.r.l.) hinterlegt. Gemäß der ermittelten Sensorkapazität C wird die LED-Anzeige aktualisiert.

Der Bediener kann optional durch das Betätigen des Schalters S2 in ein Programm wechseln, in dem er durch Aufbringen einer frei gewählten Maximallast auf den Sensor den maximalen Kapazitätswert C_max festlegen kann. Hierfür wird von einer als konstant angenommenen Empfindlichkeit des Sensors die Kapazitätsänderungen ΔC_i neu ermittelt. Somit wird in diesem Modus der Empfindlichkeitswert auf unbekannte Sensormuster angepasst und folglich die Schwellwerte auf Grundlage einer angenommenen linearen Sensorkennlinie ersetzt.

Es konnte festgestellt werden, dass es mit der realisierten Demonstrationsanlage zur Druckkraftdetektion möglich ist:

- die Druckkräfte vom Sauggreifermuster auf das Greifobjekt in der Adaptionsphase des Greifprozesses (III) mit dem eingebetteten, kapazitiven Sensor *stufenweise quantitativ* zu erfassen,
- die im Programm hinterlegten Schwellwerte eines spezifischen Sauggreifermusters auf die Schwellwerte einer linearen Sensorkennlinie eines unbekannten Sauggreifermusters ohne Hardwareänderungen anzupassen und
- die Druckkräfte über eine LED-Anzeige zu veranschaulichen.

Wie auch mit der Demonstrationsanlage zur Präsentation der multifunktionalen Eigenschaften des Sauggreifers konnte die technische Machbarkeit aufgezeigt werden. Die Demonstrationsanlage zur quantitativen Erfassung von Druckkräften bildet somit die Grundlage für die Produktentwicklung notwendigen vertiefenden Betrachtungen.

10 Zusammenfassung und Ausblick

Diese Arbeit leistet einen Beitrag zur Entwicklung und Charakterisierung von fluidmechanischen nachgiebigen Aktuatoren (FNA). Diese finden in Form von Greifern für Handhabungsaufgaben zunehmend Verbreitung. Aufgrund der stoffschlüssigen Bauweise ermöglichen FNA-basierte Greifer die Integration verschiedener Funktionen auf Strukturebene.

Im Rahmen dieser Arbeit wurden am Beispiel eines geschlossenen Sauggreifers die Entwicklung und Charakterisierung von FNA und insbesondere die Funktionsintegration sowie Methoden zur Untersuchung dieser detailliert betrachtet. Die aus den Untersuchungen dieser Sauggreiferart gewonnenen Erkenntnisse sind in Form von abgeleiteten Vorgehensweisen und als Synthesemethode zusammengefasst.

Die aus den Erkenntnissen abgeleiteten Methoden zum Erreichen vorgegebener Kennwerte oder Kennlinien von multifunktionalen Sauggreifern sind teilweise auf FNA sowie im Allgemeinen auf nachgiebige Systeme auf Basis von Elastomeren übertragbar.

Für die erste Zielstellung der Arbeit war es zunächst notwendig, die bestehende Systematik von nachgiebigen Mechanismen auf den Bereich der FNA zu übertragen. Hierfür wurden bestehende Einteilungskriterien nachgiebiger Mechanismen aus der Literatur übernommen, neue Einteilungskriterien erarbeitet (bspw. Einteilung nach der Bewegung, Einteilung nach dem werkstoffseitigen Aufbau) sowie teils bestehende Einteilungen um Klassen erweitert (bspw. N-stabile FNA, FNA mit wandernder Biegung).

Im Zuge dieses Systematisierungsprozesses wurde die Klassifikation auf die im Rahmen dieser Arbeit entwickelten FNA angewendet. Der entwickelte Sauggreifer wurde nach der durchgeführten Klassifizierung von bekannten Sauggreiferlösungen in die erarbeite Klassifikation für Sauggreifer sowie in die Klassifikation für FNA eingeordnet. Wesentliches Merkmal der FNA ist die Deformation nachgiebiger Strukturabschnitte der aus Elastomeren bestehenden Sauggreiferstruktur.

Für die Modellierung des Elastomerverhaltens und zur quantitativen Eigenschaftsbestimmung der FNA war es notwendig, das Materialverhalten von Elastomeren experimentell zu bestimmen. In diesem Zusammenhang wurde die Anwendbarkeit bekannter Ansätze zur Beschreibung des elastischen Materialverhaltens in Form von hyperelastischen Materialgesetzen sowie die für die Eigenschaftsabsicherung des Sauggreifers getroffene Annahmen überprüft.

Ein besonderes Augenmerk wurde dabei auf die Bestimmung eines Grenzwertes für die zulässige Maximaldehnung gelegt, der die Grenze zur Berücksichtigung des MULLINS-Effekts im FEM-Modell kennzeichnet. Zur Beurteilung wurde als Parameter die *volumenbezogene, mittlere Hauptdehnung* erarbeitet. Zudem wurde der anisotrope MULLINS-Effekt für das Material ELASTOSIL® M 4644 experimentell nachgewiesen.

Als Ergebnis dieser Materialuntersuchungen wurde als ein Beitrag dieser Arbeit ein Ablaufschema zur Materialkennwertermittlung über einen Dehnungsgrenzwert für die modellbasierte Analyse der quantitativen Eigenschaften von nachgiebigen Systemen auf Elastomerbasis abgeleitet.

Der als Entwicklungsbeispiel gewählte geschlossene Sauggreifer weist als eine Besonderheit objektseitig eine Membran auf, die die Trennung des Mediums zur Überdruckerzeugung im Inneren des Sauggreifers vom Umgebungsmedium ermöglicht. Hierdurch ist das aktive, zeitlich sowie örtlich gezielte Ablegen von Greifobjekten möglich.

In der Entwicklungsphase des Sauggreifers wurde der Beispielgreifer so ausgelegt, dass das Greifen eines 100 ml Becherglases möglich war. Für den Sauggreifer wurde neben der gewählten *greifobjektbasierten* Auslegung als Alternative auch die *sauggreiferkennwertebasierte* Auslegung erarbeitet. Dabei wird als Methode die mehrkriterielle Optimierung zur Findung des Außendurchmessers angewendet.

Als weitere Besonderheit wurde im Beispielgreifer eine nichtlineare Federkennlinie realisiert. Aus dieser folgte ein instabiles Bewegungsverhalten mit Durchschlag und mit monostabiler Federkennlinie. Der Nutzen dieses instabilen Bewegungsverhaltens ist, dass die Adaption an verschiedene Objektlagen und -formen ermöglicht wird. Zur Beurteilung der Adaptionsfähigkeit des Sauggreifers wurde im Rahmen der Arbeit eine *FEM-basierte Methode zur Abschätzung des ausgleichbaren Neigungswinkels* zwischen Sauggreifermembran und Objektebene bereitgestellt.

Die zweite Zielstellung der Arbeit war das Erarbeiten allgemeingültiger Vorgehensweisen für das Einstellen von Durchschlagkennwerten am Beispielgreifer. Hierfür wurden in Modellbetrachtungen und experimentellen Untersuchungen ausgewählte Geometrie- und Materialparameter identifiziert, durch die die Durchschlagkennwerte gezielt beeinflussbar sind.

Für die modellseitig untersuchte Abhängigkeit der Federkennlinie von der axialen Formkernverschiebung wurde die Modellgleichung für den ersten stabilen Verformungsbereich des Sauggreifers erarbeitet. Mit dieser ist es u. a. möglich, *einen* geforderten Sauggreiferkennwert, wie die erste kritische Kraft des Durchschlags oder deren Verschiebungsstelle, über die axiale Verschiebung des Formkerns zu erreichen. Ebenso wurde modellbasiert die Abhängigkeit der Federkennliniengrößen von dem Skalierungsfaktor untersucht und in Gleichungen erfasst. Mit diesen ist der Skalierungsfaktor des Sauggreifers auswählbar, sodass bspw. *ein* geforderter Sauggreiferkennwert erreicht wird.

Darüber hinaus wurde die Abhängigkeit der Federkennlinie von der Shore-Härte messtechnisch bestimmt. Aus den ermittelten Daten wurde eine Modellgleichung für den Sauggreifer aufgestellt. In dieser Gleichung konnten die materialabhängigen und geometrischen Aspekte über zwei Parameter voneinander getrennt werden. Die Modellgleichung wurde anhand von Funktionsmustern messtechnisch verifiziert.

Die erarbeitete Vorgehensweise wurde auf den uniaxialen Zugstab übertragen. Hierbei wurden Zusammenhänge zur volumenbezogenen, mittleren Dehnung festgestellt, durch die eine Verbindung zum Parameter der Modellgleichung, der die materialabhängigen Aspekte widerspiegelt, abgeleitet wurde.

Alle gefundenen Zusammenhänge und Modellgleichungen zur Beschreibung des Einflusses ausgewählter Parameter (axiale Formkernverschiebung, Skalierungsfaktor, Shore-Härte) auf die Federkennlinie sowie auf die kraftbezogenen oder wegbezogenen Größen wurden über experimentelle Untersuchungen an Funktionsmustern des Sauggreifers validiert. Daraus wurden als Ergebnis zwei verallgemeinerte Ablaufpläne zum Erreichen festgelegter Sauggreiferkennwerte bspw. durch die axiale Formkernverschiebung und durch die Skalierung abgeleitet.

Zudem wurde eine Synthesemethode für nachgiebige Systeme unter Berücksichtigung der Kennlinienbeeinflussung durch die Variation der SHORE-Härte erarbeitet. In dieser werden die modellbasierte sowie die modell- und messungsbasierte Herangehensweise als zwei mögliche Wege erläutert.

Für die dritte Zielstellung der Arbeit wurde unter der Prämisse die Verformbarkeit des Sauggreifers zu erhalten, eine nachgiebige Sensorik auf Basis leitfähiger Silikone stoffkohärent in den Sauggreifer integriert. Für eine inhärente Sensorlösung, bei der die Sensorik Teil der mechanischen Sauggreiferstruktur ist, wurden zwei verschiedene Wirkprinzipien ausgewählt, bei denen elektrisch leitende und nicht leitende Strukturabschnitte kombiniert wurden.

Als Ergebnis der stoffkohärenten Sensorintegration wurde über Anwendung des Schalter-Prinzips die Auswertung des Greifzustands (Objekt gegriffen oder Objekt nicht gegriffen) ermöglicht. Ebenfalls sind Aussagen zur Objektleitfähigkeit möglich. Die Umsetzung der inhärenten Sensorik in Form kapazitiver Sensoren sowie deren elektromechanische Eigenschaften wurden im Rahmen von grundlegenden Versuchen ermittelt.

Ein ausgewählter Sensor wurde in das Sauggreifermaterial stoffkohärent integriert und messtechnisch untersucht. Es konnte gezeigt werden, dass durch solche Sensoren die quantitative Ermittlung von Druckkräften auf das Greifobjekt während der Adaptionsphase des Greifprozesses und eine Unterscheidung hinsichtlich der einzelnen Greifprozessphasen möglich ist. Eine FEM-basierte Methode, die es erlaubt, den Sensor im eingebetteten Zustand innerhalb des FNAs anhand der Sensorkennlinie zu beurteilen, wurde zur Optimierung der Sensorposition, -lage und -form vorgestellt.

Für Präsentationszwecke wurden zwei Demonstratoren für die Sauggreifermuster aufgebaut. Diese erlaubten die grundlegende Erprobung der multifunktionalen Eigenschaften der Sauggreifer wie auch die Druckkraftdetektion am Sauggreifer mittels kapazitiven Sensors.

In der Zusammenschau weist der entwickelte, stoffkohärent aufgebaute Sauggreifer eine *neuartige Kombination von Eigenschaften* auf. Von diesen wurden in der vorliegenden Arbeit:

- die Adaption des Sauggreifers an verschieden geneigte, ebene Greifobjektoberflächen durch die Verwendung des Durchschlageffekts mit monostabiler Kennlinie (siehe Kapitel 6.6),
- die Auswertung des Greifzustands (siehe Kapitel 8.2),
- das Sortieren von leitenden und nicht leitenden Greifobjekten (siehe Kapitel 8.2) und
- die Messbarkeit von Druckkräften auf das Greifobjekt mit einer inhärenten Sensorik (siehe Kapitel 8.3 sowie Kapitel 9.6), die eine Regelung des Greifprozesses ermöglichen und zur Erhöhung der Prozesssicherheit beitragen kann,

untersucht.

Zu diesen Eigenschaften wurden u. a. mit der Demonstrationsanlage aus Kapitel 9.5 nicht weiter quantifizierte Eigenschaften des Sauggreifers, wie:

- die Adaption des Sauggreifers an verschiedenartig gewölbte Greifobjektoberflächen infolge der stofflichen Nachgiebigkeit (siehe Abbildung 10.1a und b),
- die Adaption des Sauggreifers an eine ungenaue Position des Greifobjekts durch die Verwendung des Durchschlageffekts mit monostabiler Kennlinie (siehe Abbildung 10.1c),
- das aktive, gesteuerte Ablegen sowie das gezielte Überwinden von Adhäsionskräften zwischen Sauggreifer und Greifobjekt durch konvexes Wölben der Sauggreifermembran bei Überdruck im Inneren des Sauggreifers (siehe Abbildung 10.1d),
- die Möglichkeit des automatisierten Auslösens des Sauggreifprozesses infolge eines Überdrucks beim Aufsetzen des Sauggreifers auf das Greifobjekt und
- die höhere Querkraftstabilität des Sauggreifers im zusammengefalteten Zustand mit gegriffenem Objekt im Vergleich zur Ausgangslage

festgestellt. Diese Multifunktionalität des Sauggreifers wird durch die unterschiedliche geometrische Ausgestaltung der einzelnen Teilstrukturen, durch die Nachgiebigkeit des verwendeten Materials (reversible Verformbarkeit) und durch die Kombination von leitenden und nicht leidenden Silikonen erreicht.

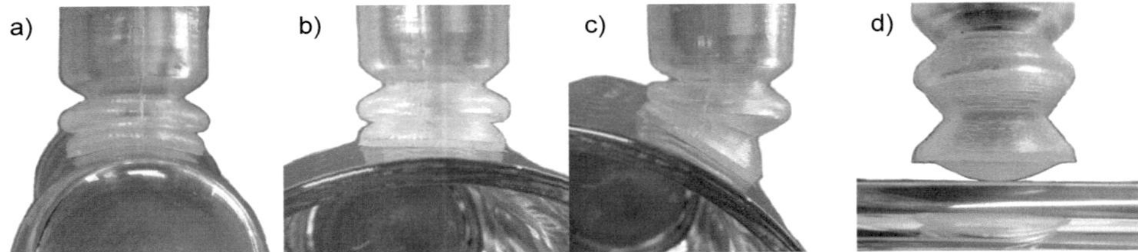

Abbildung 10.1: Unterschiedliche Sauggreifer-Greifobjekt-Konfigurationen: a) und b) beim Saugreifen in idealer Saugreifer-Greifobjekt-Position eines zylindrischen Glasobjekts mit $R_O = 25$ mm und $R_O = 42$ mm; c) beim Saugreifen in nicht idealer Sauggreifer-Greifobjekt-Position eines zylindrischen Greifobjekts mit $R_O = 25$ mm; d) beim aktiven Abstoßen eines Greifobjekts

Infolge der Summe der Eigenschaften erscheint der Sauggreifer des im Rahmen der Arbeit vorgestellten Aufbaus besonders für die Anwendungen in Reinräumen geeignet zu sein. Weiterhin ergeben sich aus dem untersuchten Eigenschaftsbündel vielfältige Möglichkeiten im Bereich der Verpackungsindustrie, die den Ausgangspunkt der Betrachtungen in dieser Arbeit bildete. So ist das Greifen, Manipulieren (z. B. Sortieren oder Orientieren über die inhärente Sensorik) und Transportieren von medizinischen und pharmazeutischen Produkten denkbar.

Für weiterführende Forschungsarbeiten ergeben sich u. a.:

- die Anwendung der Synthesemethode auf FNA zum Erreichen von der Zielverformung bei gefordertem Überdruck unter Berücksichtigung der SHORE-Härte,
- die Optimierung des Seitenfaltenverhältnisses *offener* Sauggreifer unter Berücksichtigung des Einflusses vom Faltenwinkel, Sauggreiferinnen- sowie -außendurchmesser mit dem Ziel der Maximierung der Adaptionsfähigkeit,
- die Optimierung der Sensorposition und -lage innerhalb des geschlossenen Sauggreifers,

- Analyse des Sensorsignals für weitere Lastfälle und auftretende dynamische Kräfte (bspw. beim Beschleunigen des Greifobjekts senkrecht zur Greiferlängsachse bei dazu parallel liegender Gewichtskraft),
- die Integration des Sensorsignals in eine Handhabungseinrichtung zur Regelung dieser,
- die tiefergehende Betrachtung zur Dimensionierung und zum Nutzungspotential multistabiler FNA,
- die Miniaturisierung des kapazitiven Sensors bei gleichzeitiger Maximierung der Ausgangskapazität durch Prüfung alternativer Kondensatorbauformen (Vielschichtkondensatoren, Wickelkondensatoren u. a.),
- Berücksichtigung des viskoelastischen Materialverhaltens und dessen Wirkung auf das Sensorsignal zur Steigerung der Präzision der Messung,
- Integration verschiedener, kapazitiver Sensoren im Sauggreifer mit dem Ziel der Positionsüberwachung des gehaltenen Objekts oder der Kraftmessung auf Anlageabschnitte des Greifobjekts,
- Anwendung der Methode zur Beurteilung der Adaptionsfähigkeit auf verschiedene Objektformen sowie auf verschiedene Objektlagen zur Identifizierung maximal ausgleichbarer Objektkrümmungen und maximal ausgleichbarer Objektversätze.

Insbesondere der erstgenannte Punkt weist Potential auf, um die benötigten Überdrücke für die am Menschen eingesetzten FNA und somit die resultierenden Kräfte auf das menschliche Gewebe (bspw. in der FNA Entwicklung für Cochlea-Implantate) zu minimieren und bedarf besonderer Beachtung.

Anhang

A.1 Multistabiler FNA

Um zu zeigen, dass die Belastungskurve eines FNAs bei $\Delta p = 0\,\text{mbar}$ mehr als zwei stabile Gleichgewichtslagen aufweisen kann, wurde ein multistabiler FNA mit drei stabilen Lagen entwickelt und ein Demonstrator aufgebaut. Besonderes Augenmerk bei der Entwicklung des FNAs lag darin, dass die Teilhübe zwischen den stabilen Gleichgewichtslagen möglichst gleich groß ausfallen.

Zur Erfüllung der Aufgabe wurde eine fünffach-gewölbte rotationssymmetrische Grundstruktur ausgewählt. Von dieser wurde ein FEM-Modell mit parametrisierter Geometrie erstellt. Mit Hilfe der FEM-Analyse wurde die Geometrie im ersten Schritt derart angepasst, sodass ein instabiles kinematisches Bewegungsverhalten der Belastungskurve mit drei stabilen Lagen erreicht werden konnte. Im Wesentlichen gelang dies durch die Modellierung eines unterschiedlichen Wanddickenverlaufs. Im nächsten Schritt wurde die Lage der drei Gleichgewichtslagen optimiert. Hierfür wurde aus den beiden Teilhüben, welche zwischen den stabilen Lagen gemessen werden, das Verhältnis gebildet. Dieses wurde ausgewertet und durch sukzessives Anpassen der Geometrie des FNAs auf den Faktor eins optimiert.

Für den optimierten FNA wurde anschließend ein Formwerkzeug entworfen und aufgebaut. In Abbildung A.1 ist der FNA dargestellt, wobei die vier erreichbaren stabilen Gleichgewichtslagen in positiver Hubrichtung für eine Innen- und Umgebungsdruck-Gleichheit ($\Delta p = 0$ mbar) zu sehen sind.

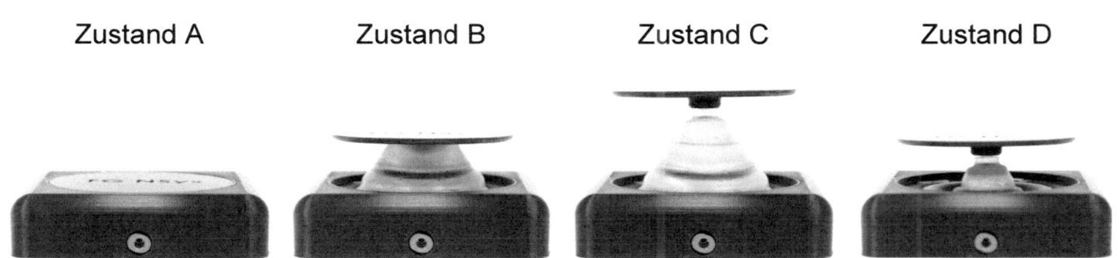

Abbildung A.1: Stabile Lagen des multistabilen FNAs in positiver Hubrichtung für $p = 0$ mbar

Ausgehend vom spannungsfreien Ausgangszustand (Zustand A) entfalten sich bei Innendruckerhöhung zuerst die äußere und anschließend die radial innenliegende Falte. Beide Falten weisen ein statisch instabiles Bewegungsverhalten mit Durchschlag auf, wobei diese einzeln gesehen bistabil (siehe Kapitel 2.2.2) sind.

Hierdurch können die stabilen Zustände B und C nach jeweiliger Entfaltung und anschließender Reduzierung des Druckes auf den Umgebungsdruck ($\Delta p = 0\,\text{mbar}$) erreicht werden. Die FE-Simulation ergab einen Hub für die stabile Zwischen- bzw. Endlage von 21.6 mm bzw. 42.8 mm. Das Verhältnis gebildet aus den beiden Teilhüben ergibt einen Wert von 0.98, womit die beiden Teilhübe annähernd die geforderte gleiche Größe aufwiesen.

Wird ausgehend vom Zustand C der Aktuator mittels eines negativen Innendruckes belastet, so faltet sich zuerst die radial außenliegende Falte und anschließend die radial innenliegende Falte zusammen. Die so erzeugte Faltungs-Reihenfolge ist ein Spezifikum der entwickelten Aktuatorgeometrie. Die zweite stabile Zwischenlage (Zustand D) weist mit 21.9 mm einen ähnlich großen Wert wie die Zwischenlage bei Zustand B auf. Beide Zustände unterscheiden sich im Verformungsbild sowie in ihrer Steifigkeit in Richtung des Hubes und quer dazu.

Es kann zusammengefasst werden, dass der entwickelte multistabile FNA in *positiver* Hubrichtung insgesamt *vier stabile Lagen* (einschließlich der Ausgangslage) besitzt. Die unterschiedliche Steifigkeit der beiden Zwischenlagen in axialer Richtung (Zustand B und D) führt bspw. zu einer unterschiedlich großen Empfindlichkeit gegenüber axialen Kräften.

Für eine Anwendung können Druckimpulse bei einer gleichzeitigen Messung des Innendruckes ausgewertet werden. Durch Auswertung der Druckimpulse ist es möglich unterschiedlich große axiale (Grenz-)Kräfte zu detektieren oder berührend eine Abstandsmessung durchzuführen.

Die gewählte Geometrie weist zusätzlich weitere stabile Lagen in negativer Hubrichtung auf, die in Abbildung A.1 nicht dargestellt sind. Diese Lagen können für weitere Anwendungen, die bspw. die unterschiedliche Steifigkeit längs bzw. quer zur Hubrichtung nutzen, verwendet werden.

A.2 Gestufte, zyklische, uniaxiale Zugversuche der Sensorgrundmaterialien

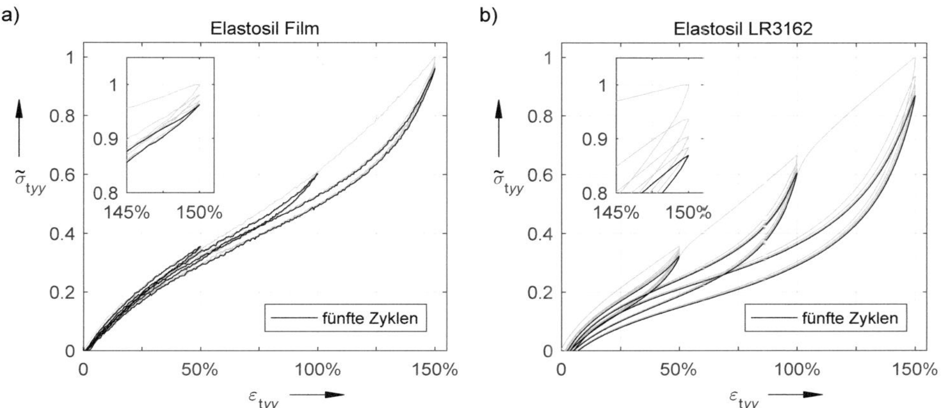

Abbildung A.2: Ermittelter technischer Spannungs-Dehnungs-Verlauf für gestufte, zyklische Zugversuche an einem uniaxialen Prüfkörper aus dem Material: a) ELASTOSIL® FILM und b) ELASTOSIL® LR3162

Tabelle A.1: Maximalwert der Normalspannung des ersten Zyklus ermittelt aus gestuften, zyklischen Zugversuchen von einer Stichprobe der in dieser Arbeit verwendeten Elastomere

	ELASTOSIL® Silikonprodukte				
Verwendung für	Sauggreiferkörper			Sensorik	
Maximalwert der Normalspannung	M 4644	VARIO 15	VARIO 40	LR 3162	FILM
$\sigma_{tyy,1}(\varepsilon_{tyy} = 0.5)$ in MPa	0.7546	0.1472	0.5808	0.6043	0.4288
$\sigma_{tyy,1}(\varepsilon_{tyy} = 1.0)$ in MPa	1.6526	0.2368	1.3142	1.1361	0.7265
$\sigma_{tyy,1}(\varepsilon_{tyy} = 1.5)$ in MPa	2.4611	0.3635	2.3646	1.6324	1.1610

A.3 Berechnung der Spannung für unterschiedliche Materialversuche bei hyperelastischen Materialmodellen

Das elastische Potenzial W kann in einen dilatatorischen (hydrostatischen) sowie deviatorischen (isochoren) Anteil aufspaltet werden [193, 199]. Somit ergibt sich:

$$W = W_{\text{iso}}(\bar{I}_1, \bar{I}_2) + W_{\text{vol}}(J) \text{ oder } W = W_{\text{iso}}(\bar{\lambda}_1, \bar{\lambda}_2, \bar{\lambda}_3) + W_{\text{vol}}(J) \tag{A.1}$$

Die gestrichenen Größen des deviatorischen Anteils werden über Gleichung A.2 mit $i = 1, 2, 3$ sowie den Gleichungen 3.4 - 3.6 bestimmt:

$$\bar{\lambda}_i = J^{-\frac{1}{3}} \lambda_i. \tag{A.2}$$

In Tabelle A.2 sind ausgewählte, in ANSYS® hinterlegte, hyperelastische Materialgesetze aufgelistet.

Tabelle A.2: Ausgewählte hyperelastische und in ANSYS® hinterlegte Materialmodelle mit $N = 1, 2, 3$ und $C_{00}=0$; Angaben zu $\varepsilon_{t,max}$ entnommen aus [31]

Materialmodell	W_{iso}	W_{vol}	Anmerkungen $\varepsilon_{t,max}$
Neo-HOOKE	$\frac{\mu}{2}(\bar{I}_1 - 3)$	$\frac{1}{d}(J-1)$	< 30%
MOONEY-RIVLIN	$\sum_{m,n=0}^{N} C_{mn}(\bar{I}_1 - 3)^m(\bar{I}_2 - 3)^n$	$\frac{1}{d}(J-1)^2$	< 100% (2, 3 Term) < 200% (5, 9 Term)
Polynomform	$\sum_{m,n=0}^{N} C_{mn}(\bar{I}_1 - 3)^m(\bar{I}_2 - 3)^n$	$\sum_{i=1}^{N} \frac{1}{d_i}(J-1)^{2i}$	< 300%
YEOH	$\sum_{i=1}^{N} C_{i0}(\bar{I}_1 - 3)^i$	$\sum_{i=1}^{N} \frac{1}{d_i}(J-1)^{2i}$	< 300%
OGDEN	$\sum_{i=1}^{N} \frac{\mu_i}{\alpha_i}(\bar{\lambda}_1^{\alpha_i} + \bar{\lambda}_2^{\alpha_i} + \bar{\lambda}_3^{\alpha_i} - 3)$	$\sum_{i=1}^{N} \frac{1}{d_i}(J-1)^{2i}$	< 700%
GENT	$-\frac{\mu J_m}{2}\ln\left(1 - \frac{\bar{I}_1 - 3}{J_m}\right)$	$\frac{1}{d}\left(\frac{J^2-1}{2} - \ln J\right)$	< 300%, Grenzdehnung
ARRUDA-BOYCE	$\mu\Big(\frac{1}{2}(\bar{I}_1 - 3) + \frac{1}{20\lambda_L^2}(\bar{I}_1^2 - 9) + \frac{11}{1050\lambda_L^4}(\bar{I}_1^3 - 27) + \frac{19}{7000\lambda_L^6}(\bar{I}_1^4 - 81) + \frac{519}{673750\lambda_L^8}(\bar{I}_1^5 - 243)\Big)$	$\frac{1}{d}\left(\frac{J^2-1}{2} - \ln J\right)$	< 300%, Grenzdehnung

Folgende Zusammenhänge und Annahmen werden genutzt:

- zur Berechnung der wahren Spannungen dient Gleichung 3.7,
- unter Annahme der Inkompressibilität ($I_3 = J^2 = 1$) folgt $W_{vol} = 0$ und
- mit den Gleichungen A.2 und 3.6 ergeben sich $\bar{\lambda}_i = \lambda_i$, $\bar{I}_1 = I_1$ und $\bar{I}_2 = I_2$.

Folglich entspricht die Polynomform für $N = 1, 2, 3$ dem MOONEY-RIVLIN-Gesetz.

Es werden nun die Gleichungen zur Bestimmung von σ_{11} für drei ausgewählte Materialversuche hergeleitet und σ_{t11} für die in Tabelle A.2 genannten Materialmodelle angegeben.

Der einachsige Spannungszustand beim uniaxialen Zugversuch

Dehnraten und Invarianten ergeben sich beim idealen einachsigen Zugversuch zu:

$$\lambda_1 = \lambda \qquad \lambda_2 = \lambda_3 = \lambda^{-\frac{1}{2}} \tag{A.3}$$

$$I_1(\lambda) = \lambda^2 + 2\lambda^{-1} \qquad I_2(\lambda) = 2\lambda + \lambda^{-2}. \tag{A.4}$$

Eingesetzt in Gleichung 3.7 ergibt sich der Spannungstensor zu:

$$\boldsymbol{\sigma}_{ij} = \begin{pmatrix} \sigma_{11} & 0 & 0 \\ 0 & 0 & 0 \\ 0 & 0 & 0 \end{pmatrix} = -p \begin{pmatrix} 1 & 0 & 0 \\ 0 & 1 & 0 \\ 0 & 0 & 1 \end{pmatrix} + 2\frac{\partial W}{\partial I_1} \begin{pmatrix} \lambda^2 & 0 & 0 \\ 0 & \lambda^{-1} & 0 \\ 0 & 0 & \lambda^{-1} \end{pmatrix} - 2\frac{\partial W}{\partial I_2} \begin{pmatrix} \lambda^{-2} & 0 & 0 \\ 0 & \lambda^{1} & 0 \\ 0 & 0 & \lambda^{1} \end{pmatrix}. \tag{A.5}$$

Für die Elimination von p werden die Hauptspannungen σ_{11} und σ_{22} voneinander subtrahiert und es ergibt sich für die Hauptspannung in 1-Richtung:

$$\sigma_{11} = 2(\lambda^2 - \lambda^{-1})\left(\frac{\partial W}{\partial I_1} + \lambda^{-1}\frac{\partial W}{\partial I_2}\right). \tag{A.6}$$

Die Gleichungen zur Berechnung der technischen Hauptspannung in 1-Richtung sind für eine uniaxiale Zugbelastung in Tabelle A.3 zusammengefasst.

Tabelle A.3: Gleichungen zur Berechnung der technischen Hauptspannung in 1-Richtung beim idealen uniaxialen Zugversuch für ausgewählte hyperelastische Materialmodelle hinterlegt in der Programmsoftware ANSYS® unter Annahme der Inkompressibilität; $N = 1, 2, 3$

Materialmodell	σ_{t11} beim uniaxialen Zugversuch
Neo-Hooke	$\mu(\lambda - \lambda^{-2})$
Mooney-Rivlin 2 Term	$2(\lambda - \lambda^{-2})(C_{10} + C_{01}\lambda^{-1})$
Mooney-Rivlin 3 Term	$2(\lambda - \lambda^{-2})\Big(C_{10} + C_{01}\lambda^{-1} + C_{11}\lambda^{-1}(I_1 - 3) + C_{11}(I_2 - 3)\Big)$
Mooney-Rivlin 5 Term	$2(\lambda - \lambda^{-2})\Big(C_{10} + C_{01}\lambda^{-1} + (2C_{20} + C_{11}\lambda^{-1})(I_1 - 3)$ $+(C_{11} + 2C_{02}\lambda^{-1})(I_2 - 3)\Big)$
Mooney-Rivlin 9 Term	$2(\lambda - \lambda^{-2})\Big(C_{10} + C_{01}\lambda^{-1} + (2C_{20} + C_{11}\lambda^{-1})(I_1 - 3)$ $+(C_{11} + 2C_{02}\lambda^{-1})(I_2 - 3) + (3C_{30} + C_{21}\lambda^{-1})(I_1 - 3)^2$ $+(C_{12} + 3C_{03}\lambda^{-1})(I_2 - 3)^2 + 2(C_{21} + C_{12}\lambda^{-1})(I_1 - 3)(I_2 - 3)\Big)$
Yeoh	$2(\lambda - \lambda^{-2})\sum_{i=1}^{N} iC_{i0}(I_1 - 3)^{(i-1)}$
Ogden	$\sum_{i=1}^{N} \frac{\mu_i}{\lambda}\left(\lambda^{\alpha_i} - \lambda^{-\frac{\alpha_i}{2}}\right)$
Gent	$(\lambda - \lambda^{-2})\frac{\mu J_m}{J_m - I_1 + 3}$
Arruda-Boyce	$2\mu(\lambda - \lambda^{-2})\left(\frac{1}{2} + \frac{1}{10\lambda_L^2}I_1 + \frac{11}{350\lambda_L^4}I_1^2 + \frac{19}{1750\lambda_L^6}I_1^3 + \frac{519}{134750\lambda_L^8}I_1^4\right)$

Der zweiachsige Spannungszustand beim äquibiaxialen Zugversuch

Dehnraten und Invarianten ergeben sich beim idealen äquibiaxialen Zugversuch zu:

$$\lambda_1 = \lambda_2 = \lambda \qquad \lambda_3 = \lambda^{-2} \tag{A.7}$$

$$I_1(\lambda) = 2\lambda^2 + \lambda^{-4} \qquad I_2(\lambda) = 2\lambda^{-2} + \lambda^4. \tag{A.8}$$

Eingesetzt in Gleichung 3.7 ergibt sich der Spannungstensor zu:

$$\boldsymbol{\sigma}_{ij} = \begin{pmatrix} \sigma_{11} & 0 & 0 \\ 0 & \sigma_{22} & 0 \\ 0 & 0 & 0 \end{pmatrix} = -p \begin{pmatrix} 1 & 0 & 0 \\ 0 & 1 & 0 \\ 0 & 0 & 1 \end{pmatrix} + 2\frac{\partial W}{\partial I_1} \begin{pmatrix} \lambda^2 & 0 & 0 \\ 0 & \lambda^2 & 0 \\ 0 & 0 & \lambda^{-4} \end{pmatrix} - 2\frac{\partial W}{\partial I_2} \begin{pmatrix} \lambda^{-2} & 0 & 0 \\ 0 & \lambda^{-2} & 0 \\ 0 & 0 & \lambda^4 \end{pmatrix}. \tag{A.9}$$

Für die Elimination von p werden die Hauptspannungen σ_{11} und σ_{33} voneinander subtrahiert und es ergibt sich so die Hauptspannung in 1-Richtung:

$$\sigma_{11} = 2(\lambda^2 - \lambda^{-4})\left(\frac{\partial W}{\partial I_1} + \lambda^2 \frac{\partial W}{\partial I_2}\right). \tag{A.10}$$

Die Gleichungen zur Berechnung der technischen Hauptspannung in 1-Richtung sind für eine äquibiaxiale Zugbelastung in der Tabelle A.4 zusammengefasst.

Tabelle A.4: Gleichungen zur Berechnung der technischen Hauptspannung in 1-Richtung beim idealen äquibiaxialen Zugversuch für ausgewählte hyperelastische Materialmodelle hinterlegt in der Programmsoftware ANSYS® unter Annahme der Inkompressibilität; $N = 1, 2, 3$

Materialmodell	σ_{t11} beim biaxialen Zugversuch
Neo-HOOKE	$\mu(\lambda - \lambda^{-5})$
MOONEY-RIVLIN 2 Term	$2(\lambda - \lambda^{-5})(C_{10} + C_{01}\lambda^2)$
MOONEY-RIVLIN 3 Term	$2(\lambda - \lambda^{-5})\Big(C_{10} + C_{01}\lambda^2 + C_{11}\lambda^2(I_1 - 3) + C_{11}(I_2 - 3)\Big)$
MOONEY-RIVLIN 5 Term	$2(\lambda - \lambda^{-5})\Big(C_{10} + C_{01}\lambda^{-2} + (2C_{20} + C_{11}\lambda^2)(I_1 - 3)$ $+(C_{11} + 2C_{02}\lambda^2)(I_2 - 3)\Big)$
MOONEY-RIVLIN 9 Term	$2(\lambda - \lambda^{-5})\Big(C_{10} + C_{01}\lambda^2 + (2C_{20} + C_{11}\lambda^2)(I_1 - 3)$ $+(C_{11} + 2C_{02}\lambda^2)(I_2 - 3) + (3C_{30} + C_{21}\lambda^2)(I_1 - 3)^2$ $+(C_{12} + 3C_{03}\lambda^2)(I_2 - 3)^2 + 2(C_{21} + C_{12}\lambda^2)(I_1 - 3)(I_2 - 3)\Big)$
YEOH	$2(\lambda - \lambda^{-5}) \sum_{i=1}^{N} iC_{i0}(I_1 - 3)^{(i-1)}$
OGDEN	$\sum_{i=1}^{N} \frac{\mu_i}{\lambda}\left(\lambda^{\alpha_i} - \lambda^{-2\alpha_i}\right)$
GENT	$(\lambda - \lambda^{-5})\frac{\mu J_m}{J_m - I_1 + 3}$
ARRUDA-BOYCE	$2\mu(\lambda - \lambda^{-5})\left(\frac{1}{2} + \frac{1}{10\lambda_L^2}I_1 + \frac{11}{350\lambda_L^4}I_1^2 + \frac{19}{1750\lambda_L^6}I_1^3 + \frac{519}{134750\lambda_L^8}I_1^4\right)$

Der zweiachsige Spannungszustand beim reinen Scherversuch

Beim idealen reinen Scherversuch ergeben sich die Dehnraten zu:

$$\lambda_1 = \lambda \qquad \lambda_2 = 1 \qquad \lambda_3 = \lambda^{-1}. \tag{A.11}$$

und die Invarianten des CAUCHY-GREEN-Deformationstensors zu:

$$I_1(\lambda) = I_2(\lambda) = I = \lambda^2 + 1 + \lambda^{-2}. \tag{A.12}$$

Eingesetzt in Gleichung 3.7 ergibt sich der Spannungstensor zu:

$$\boldsymbol{\sigma}_{ij} = \begin{pmatrix} \sigma_{11} & 0 & 0 \\ 0 & \sigma_{22} & 0 \\ 0 & 0 & 0 \end{pmatrix} = -p \begin{pmatrix} 1 & 0 & 0 \\ 0 & 1 & 0 \\ 0 & 0 & 1 \end{pmatrix} + 2\frac{\partial W}{\partial I_1} \begin{pmatrix} \lambda^2 & 0 & 0 \\ 0 & 1 & 0 \\ 0 & 0 & \lambda^{-2} \end{pmatrix} - 2\frac{\partial W}{\partial I_2} \begin{pmatrix} \lambda^{-2} & 0 & 0 \\ 0 & 1 & 0 \\ 0 & 0 & \lambda^2 \end{pmatrix}. \tag{A.13}$$

Für die Elimination von p werden die Hauptspannungen σ_{11} und σ_{33} voneinander subtrahiert und es ergibt sich so die Hauptspannung in 1-Richtung:

$$\sigma_{11} = 2(\lambda^2 - \lambda^{-2})\left(\frac{\partial W}{\partial I_1} + \frac{\partial W}{\partial I_2}\right) \tag{A.14}$$

Die Gleichungen zur Berechnung der technischen Hauptspannung in 1-Richtung sind für eine reine Scherbelastung in der Tabelle A.5 zusammengefasst.

Tabelle A.5: Gleichungen zur Berechnung der technischen Hauptspannung in 1-Richtung beim idealen reinen Scherversuch für ausgewählte hyperelastische Materialmodelle hinterlegt in der Programmsoftware ANSYS® unter Annahme der Inkompressibilität; $N = 1, 2, 3$

Materialmodell	σ_{t11} beim reinen Scherversuch
Neo-HOOKE	$\mu(\lambda - \lambda^{-3})$
MOONEY-RIVLIN 2 Term	$2(\lambda - \lambda^{-3})(C_{10} + C_{01})$
MOONEY-RIVLIN 3 Term	$2(\lambda - \lambda^{-3})\Big(C_{10} + C_{01} + 2C_{11}(I-3)\Big)$
MOONEY-RIVLIN 5 Term	$2(\lambda - \lambda^{-3})\Big(C_{10} + C_{01} + 2(C_{11} + C_{20} + C_{02})(I-3)\Big)$
MOONEY-RIVLIN 9 Term	$2(\lambda - \lambda^{-3})\Big(C_{10} + C_{01} + 2(C_{11} + C_{20} + C_{02})(I-3)$ $+3(C_{12} + C_{21} + C_{30} + C_{03})(I-3)^2\Big)$
YEOH	$2(\lambda - \lambda^{-3}) \sum_{i=1}^{N} iC_{i0}(I-3)^{(i-1)}$
OGDEN	$\sum_{i=1}^{N} \frac{\mu_i}{\lambda}\Big(\lambda^{\alpha_i} - \lambda^{-\alpha_i}\Big)$
GENT	$(\lambda - \lambda^{-3})\frac{\mu J_m}{J_m - I + 3}$
ARRUDA-BOYCE	$2\mu(\lambda - \lambda^{-3})\Big(\frac{1}{2} + \frac{1}{10\lambda_L^2}I + \frac{11}{350\lambda_L^4}I^2 + \frac{19}{1750\lambda_L^6}I^3 + \frac{519}{134750\lambda_L^8}I^4\Big)$

A.4 VARIO 15 und 40: Untersuchungen zum MULLINS-Effekt

Zur Untersuchung der Spannungserweichung in Abhängigkeit der ansteigender Maximaldehnung wurden gestufte, zyklische Zugversuche an je drei uniaxialen Prüfkörpern der Materialien ELASTOSIL® VARIO 15 und VARIO 40 durchgeführt. Die ersten bzw. elften arithmetisch gemittelten Spannungs-Dehnungs-Kurven der beiden Materialien sind in Abbildung A.3a und b bzw. c und d dargestellt.

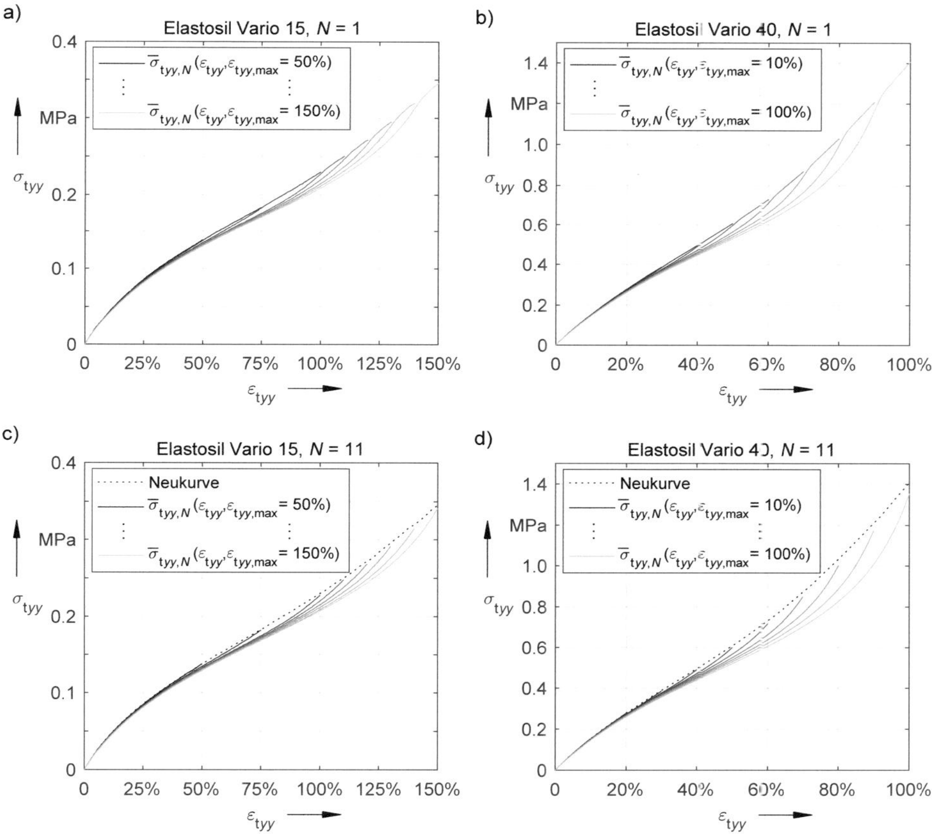

Abbildung A.3: Aus drei Proben arithmetisch gemittelte Spannungs-Dehnungs-Kurven aufsteigend gestufter, zyklischer Zugversuche uniaxialer Probekörper: a) und b) erster Zyklus ($N = 1$) sowie c) und d) elfter Zyklus ($N = 11$) hergestellt aus den Materialien VARIO 15 und 40 im Vergleich

Werden die Ergebnisse auf die jeweilige Neukurve normiert, so wird die materialspezifische Spannungserweichung bei Zunahme der maximalen Dehnung sichtbar (siehe Abbildung A.4).

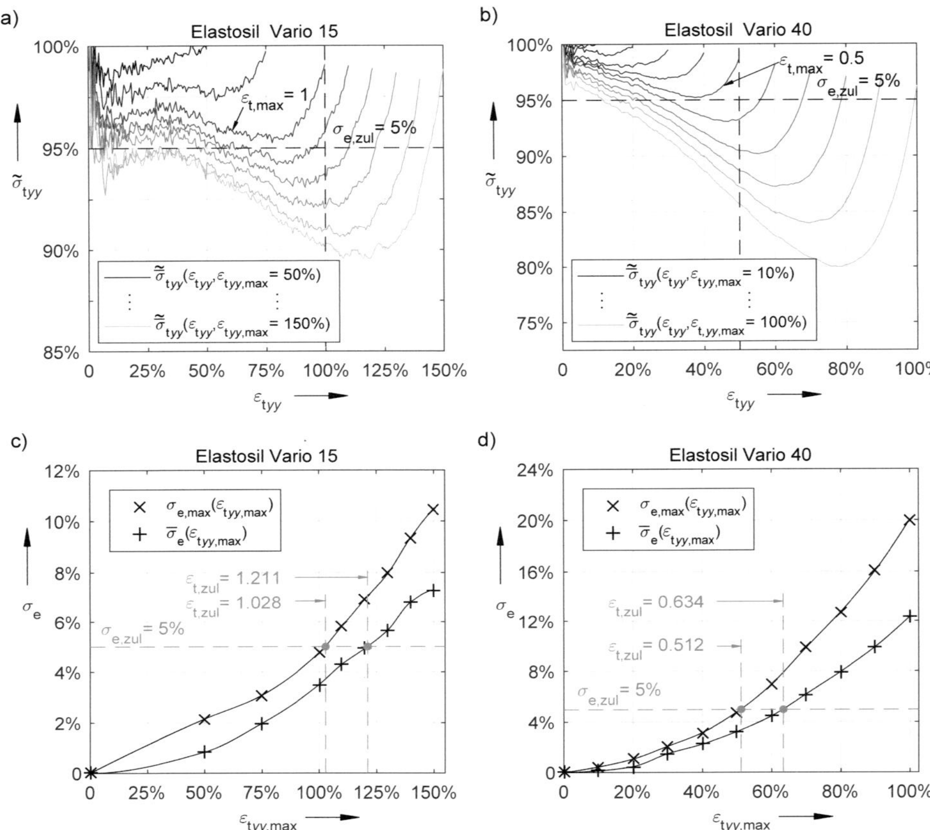

Abbildung A.4: Aus drei Proben arithmetisch gemittelte Spannungs-Dehnungs-Kurven aufsteigend gestufter, zyklischer Zugversuche aus den Materialien VARIO 15 a) und VARIO 40 b) normiert auf die jeweilige Neukurve; c) und d) Spannungserweichung in Abhängigkeit der maximalen Dehnung (grafische Ermittlung der zulässigen Dehnung am Beispiel einer Spannungserweichung um 5%

Werden die beiden Materialien bspw. für einen gleich groß gewählten Grad der zulässigen maximalen bzw. durchschnittlichen Spannungserweichung von 5% miteinander verglichen, ergibt sich für VARIO 15 und VARIO 40 ein Grenzwert für die maximal zulässige Dehnung $\varepsilon_{\mathrm{t,zul}}$ von 102.8% und 51.2% bzw. 121.1% und 63.5%. Somit sind die zulässigen Dehnungen für VARIO 15 ungefähr um den Faktor zwei größer als die Werte für VARIO 40.

A.5 Ergänzende Ergebnisse zur additiven Herstellung

Tabelle A.6: Ausgewählte Fertigungsverfahren, verwendete 3D-Drucker sowie Materialtypen und die damit verbundenen Kennzahlen (Werte entnommen aus [43, 46, 52, 53, 208]) sowie Ergebnisse bzgl. der Untersuchung additiv hergestellter Sauggreifermuster

Drucker	Form 1+	Raise 3D Plus	AGILISTA - 3200W		ACEO®
Verfahren	SLA	FDM	Inkjet-Technology		DoD
Druckmaterial	flexibles Kunstharz	German RepRap TPU 93	AR-G1L	AR-G1H	Silicone GP SHORE A40
Support Material	identisch	ohne	wasserlöslich		
SHORE-Härte A	80-85	93	35	65	40
Schichthöhe in μm	50	150	30		300 - 500
Bruchdehnung in %	60 - 85	500	160		610
Zugfestigkeit in MPa	3.3 - 8.5	9.5	0.5 - 0.8	2.0 - 2.5	10
Reißfestigkeit in $\frac{N}{mm}$	9.5 - 14.1	180	3.0	8.8	30
Funktionalität: Sauggreifen	nein	nein	nein		ja
Nutzungszyklen der Federkennlinie	2 - 3	>10	>10		>100
Ausprägung des viskoelastischen Verhaltens	mittel	mittel	stark		schwach

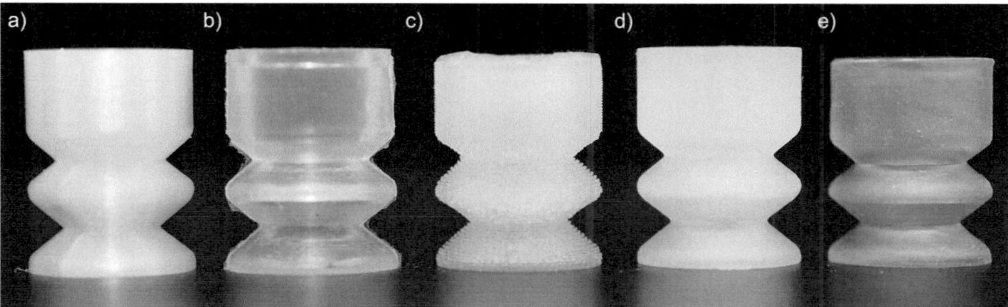

Abbildung A.5: Sauggreifer gefertigt mittels unterschiedlicher 3D-Druckverfahren: a) FDM-Verfahren (Raise 3D Plus); c) DoD-Verfahren (Aceo); d) Inkjet-Technology (Agilista-3200W) und e) SLA-Verfahren (Form 1+) sowie b) konventionell im Spritzgießverfahren hergestellter Sauggreifer

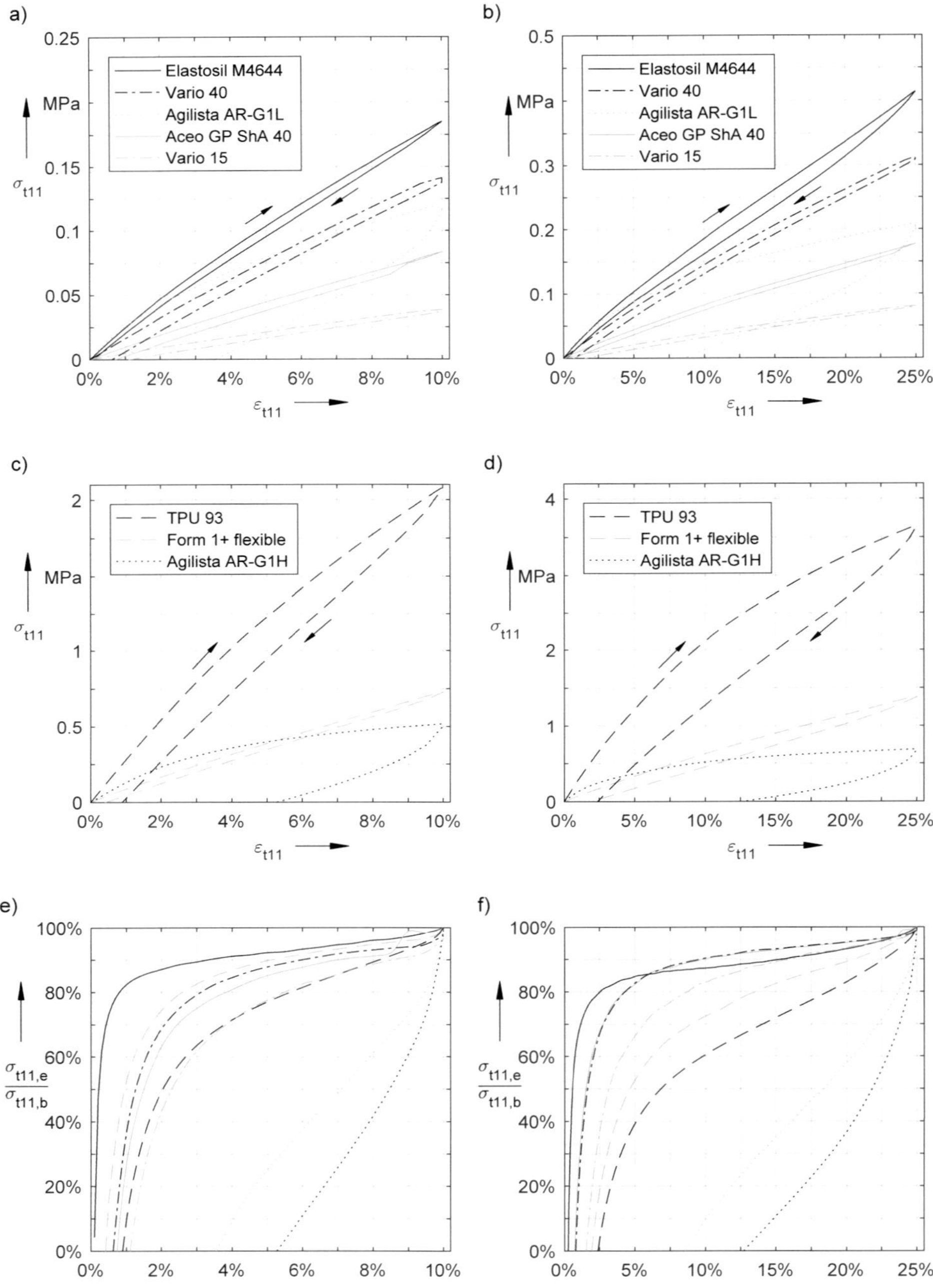

Abbildung A.6: Uniaxiale Spannungs-Dehnungs-Kurven an Stichproben aus unterschiedlichen Materialien mit einer Traversengeschwindigkeit von $v_{\mathrm{T}} = 25\ \mathrm{mm} \cdot \mathrm{min}^{-1}$: Be- und Entlastungskurven für eine maximale Dehnung bei a) und c) von 10% sowie bei b) und d) von 25% sowie Quotient gebildet aus den Ent- und Belastungskurven, $\sigma_{\mathrm{t11,e}}$ und $\sigma_{\mathrm{t11,b}}$, für eine maximale Dehnung bei e) bzw. f) von 10% bzw. 25%

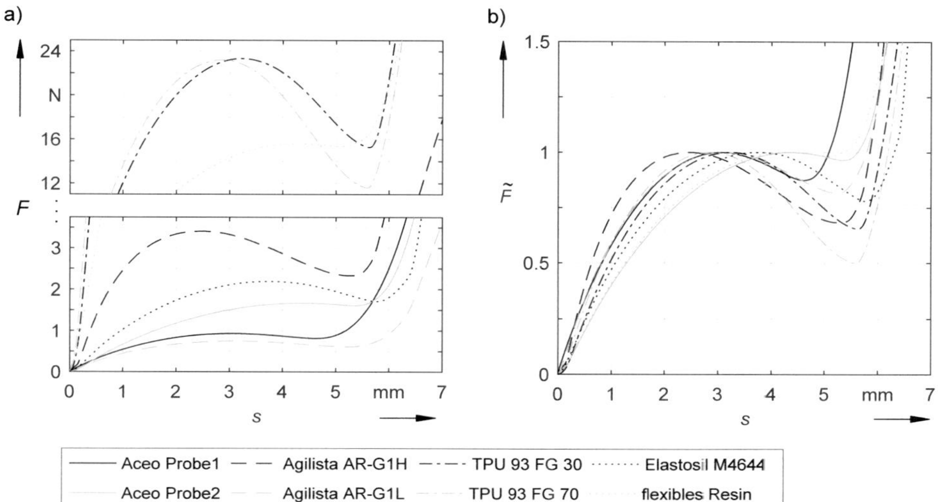

Abbildung A.7: Messwerte für $N = 8$ Sauggreifer ($f_s = 1$) mit Nominalgeometrie bestehend aus unterschiedlichen Materialien für den Vergleich der Herstellungsverfahren: a) gemittelte Kraft-Verschiebungs-Kennlinien (Federkennlinien); b) auf F_{krit1} normierte Kraft-Verschiebungs-Kennlinien

A.6 Ergebnisse zur Bestimmung der Steifigkeit: Federkennlinien der Versuchsaufbauten Ia bis Ic sowie der ausgewählten Sauggreifermuster

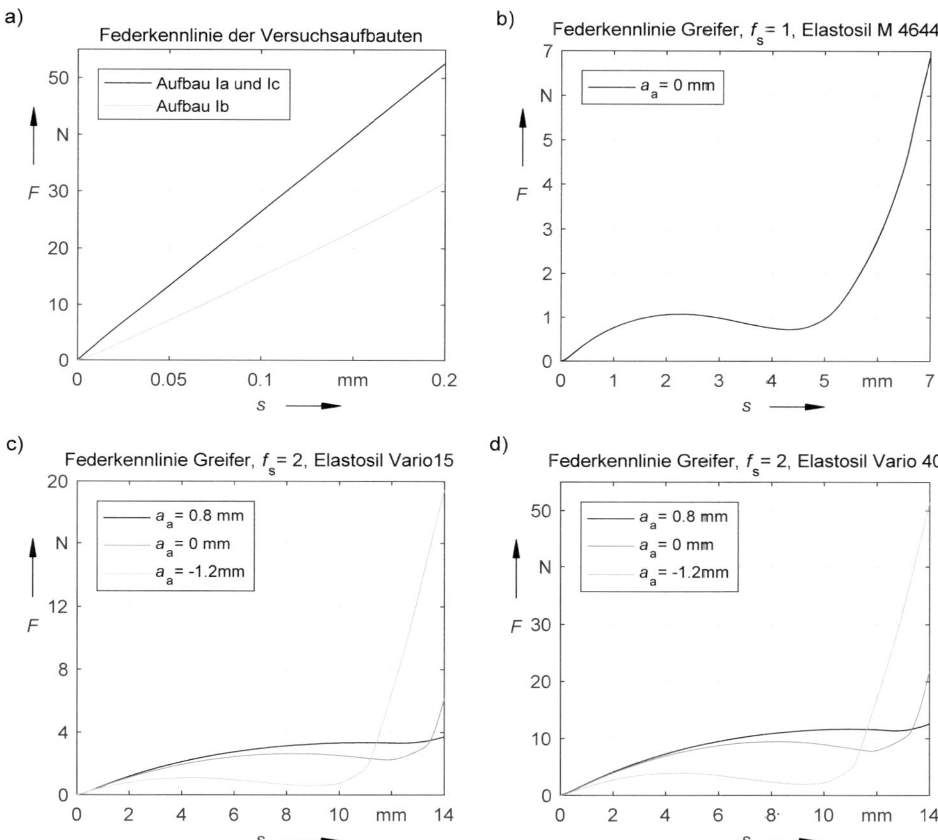

Abbildung A.8: a) Federkennlinien der Versuchsaufbauten Ia bis Ic sowie b)-d) von ausgewählten Sauggreifermustern

Tabelle A.7: Extrema der Federkonstante ausgewählter Stichproben der Sauggreifer sowie linearisierte Federkonstante der Versuchsaufbauten Ia bis Ic;
* Dieser Wert der Federkonstante wurde für den Vergleich mit der Gesamtsteifigkeit der Versuchsaufbauten herangezogen.

Objekt	f_s	H_A	a_a in mm	Extremum der Federkonstante in $N \cdot mm^{-1}$ im Verformungsbereich I	II	III	linearisierte Federkonstante in $N \cdot mm^{-1}$
Sauggreifer	2	40	0.8	2.26	-0.40	1.70	-
			0	2.28*	-0.74	18.38	-
			-1.2	1.69	-0.65	19.24	-
		15	0.8	0.70	-0.09	0.50	-
			0	0.65	-0.21	6.00	-
			-1.2	0.53	-0.19	7.04	-
	1	40	0	1.03	-0.32	5.62	-
Aufbau	Ia und Ic			-	-	-	263.66
	Ib			-	-	-	153.37

A.7 Materialparameter für ELASTOSIL® M 4644

Tabelle A.8: Materialparameter für ELASTOSIL® M 4644 unter Verwendung des Materialgesetzes OGDEN 3. Ordnung für die Neukurven und OGDEN 2. Ordnung für $\lambda_1 = 1.8$ [100]

Parameter	M4644_neuk			M4644_80%	
Index i	1	2	3	1	2
μ_i in MPa	-353.09	167.50	189.80	0.00176	0.8285
α_i	1.5556	1.7156	1.3857	11.915	0.9777
d_i in MPa $^{-1}$	0	0	0	0	0

A.8 Federkennlinien des Sauggreifermodells in Abhängigkeit der radialen und axialen Verschiebung des Formkerns

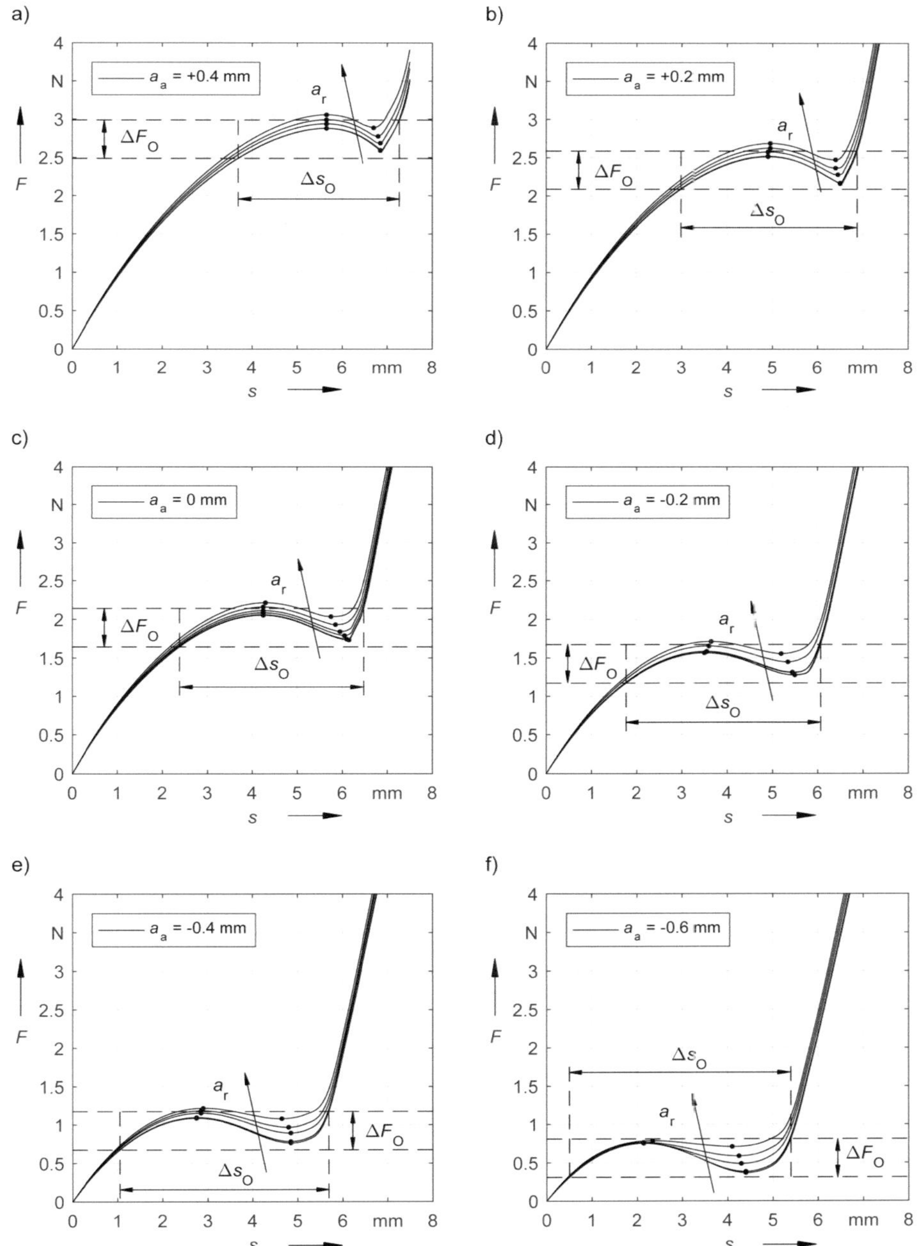

Abbildung A.9: FEM-Ergebnisse zum Einfluss einer axialen und radialen Verschiebung des Formkerns, a_a und a_r, auf die Federkennlinie $F(s)$ des Sauggreifers

A.9 Ergebnisse zur abschnittsweisen analytischen Berechnung der simulierten Federkennlinien des Sauggreifers

Tabelle A.9: Koeffizienten $\tilde{a}_i$ mit $i = 0, .., 3$ der Funktion $\tilde{F}_l^*(\tilde{s})$ für den Polynomgrad l von 1 bis 3 sowie maximale relative Abweichung $\epsilon_{\mathrm{rel,max}}$ der Funktionswerte $\tilde{F}_l^*(\tilde{s})$ bezogen auf die Funktionswerte $\tilde{F}_m(\tilde{s})$ der gemittelten normierten Funktion errechnet über 101 Funktionswerte bei gleichverteilten Stützstellen im Bereich $0 \leq \tilde{s} \leq 1$

	Koeffizienten $\tilde{a}_i$				maximale relative Abweichung
Grad l von $\tilde{F}_l^*(\tilde{s})$	$\tilde{a}_3$	$\tilde{a}_2$	$\tilde{a}_1$	$\tilde{a}_0$	$\epsilon_{\mathrm{rel,max}}$ in %
1	kann Randbedingung nicht erfüllen				-
2	-	-1	2	0	2.6
3	0.0082	($2\tilde{a}_3$-1)	-1.9749	0	1.3

Tabelle A.10: Koeffizienten $a_{\mathrm{F},j}$ mit $j = 0, .., 3$ der Funktion $F_{\mathrm{k},m}(a_\mathrm{a})$ für den Polynomgrad m von 1 bis 3 sowie maximale relative Abweichung $\epsilon_{\mathrm{rel,max}}$ der elf approximierten Funktionswerte $F_{\mathrm{k},m}(a_\mathrm{a})$ bezogen auf die simulierten Werte $F_{\mathrm{krit1},i}(a_\mathrm{a}) = F_\mathrm{k}$ jeweils mit $i = 1, .., 11$

	Koeffizienten $a_{\mathrm{F},j}$				maximale relative Abweichung
Grad m von $F_{\mathrm{k},m}(a_\mathrm{a})$	$a_{\mathrm{F},3}$	$a_{\mathrm{F},2}$	$a_{\mathrm{F},1}$	$a_{\mathrm{F},0}$	$\epsilon_{\mathrm{rel,max}}$ in %
1	-	-	2.2406	2.0320	8.7
2	-	0.0238	2.2453	2.0299	8.2
3	-1.5109	-0.4295	2.4690	2.0553	1.0

Tabelle A.11: Koeffizienten $a_{\mathrm{s},q}$ mit $q = 0, .., 3$ der Funktion $s_{\mathrm{k},n}(a_\mathrm{a})$ für den Polynomgrad n von 1 bis 3 sowie maximale relative Abweichung $\epsilon_{\mathrm{rel,max}}$ der elf approximierten Funktionswerte $s_{\mathrm{k},n}(a_\mathrm{a})$ bezogen auf die simulierten Werte $s_{1,i}(a_\mathrm{a}) = s_\mathrm{k}$ jeweils mit $i = 1, .., 11$

	Koeffizienten $a_{\mathrm{s},q}$				maximale relative Abweichung
Grad n von $s_{\mathrm{k},n}(a_\mathrm{a})$	$a_{\mathrm{s},3}$	$a_{\mathrm{s},2}$	$a_{\mathrm{s},1}$	$a_{\mathrm{s},0}$	$\epsilon_{\mathrm{rel,max}}$ in %
1	-	-	3.5318	4.2077	2.9
2	-	0.0874	3.5593	4.1999	2.2
3	-0.2720	0.0058	3.5895	4.2044	1.9

A.10 Ergebnisse zur eingestellten und tatsächlich vorhandenen axialen Formkernverschiebung der Sauggreifer mit $f_s = 2$

In Tabelle A.12 sind ergänzende Ergebnisse zur Untersuchung des Einflusses der axialen Formkernverschiebung auf die Kennwerte des Durchschlages zusammengefasst. Für acht gefertigte, skalierte Sauggreifermuster $f_s = 2$ sind die am Formwerkzeug eingestellten Werte für die axiale Formkernverschiebung $a_{a,\,soll}$ und die mit Versuchsaufbau III bestimmten, aus fünf Messungen arithmetisch gemittelten Membrandicken $\bar{d}_{M,ist}$ angegeben. Mit Hilfe der Gleichung 5.7 wurden die Werte für die arithmetisch gemittelte, tatsächlich vorhandene Formkernverschiebung $\bar{a}_{a,ist}$ sowie die Differenz aus Soll- und Istwert der Formkernverschiebung bestimmt. Die ermittelte Spannweite für $\bar{a}_{a,ist}$ beträgt $127\,\mu$m.

Tabelle A.12: Eingestellte und arithmetisch gemittelte, tatsächlich vorhandene axiale Formkernverschiebung, $a_{a,soll}$ und $a_{a,ist}$, sowie deren Differenz Δa_a bei den gefertigten Funktionsmustern der skalierten Sauggreifer ($f_s = 2$)

Probenbez.	$P1_{-1.8}$	$P1_{-1.6}$	$P1_{-1.2}$	$P1_{-0.8}$	$P1_{-0.4}$	$P1_{0.0}$	$P1_{+0.4}$	$P1_{+0.8}$
$a_{a,soll}$ [mm]	-1.8	-1.6	-1.2	-0.8	-0.4	±0.0	+0.4	+0.8
$\bar{d}_{M,ist}$ [mm]	+0.217	+0.420	+0.861	+1.240	+1.534	+1.965	2.377	2.790
$\bar{a}_{a,ist}$ [mm]	-1.783	-1.580	-1.139	-0.760	-0.466	-0.035	+0.377	+0.790
Δa_a [μm]	-17	-20	-61	-40	+66	+35	+23	+10

In Tabelle A.13 sind analog zur Tabelle A.12 ergänzende Ergebnisse von zehn gefertigten, skalierten Sauggreifermustern ($f_s = 2$) für die Untersuchung des Einflusses der SHORE-Härte auf die Kennwerte des Durchschlages zusammengefasst. Die Spannweite für die arithmetisch gemittelte, tatsächlich vorhandene Formkernverschiebung $\bar{a}_{a,ist}$ beträgt $43\,\mu$m.

Tabelle A.13: Eingestellte axiale Verschiebung $a_{a,soll}$, arithmetisch gemittelte, gemessene Membrandicke $\bar{d}_{M,ist}$ sowie die daraus bestimmte Formkernverschiebung $\bar{a}_{a,ist}$ bei den zehn gefertigten Funktionsmustern der skalierten Sauggreifer ($f_s = 2$) mit unterschiedlicher SHORE-Härte

Probenbez.	P1	P2	P3	P4	P5	P6	P7	P8	P9	P10
$a_{a,soll}$ [mm]	±0.0	±0.0	±0.0	±0.0	±0.0	±0.0	±0.0	±0.0	±0.0	±0.0
$\bar{d}_{M,ist}$ [mm]	2.045	2.057	2.036	2.069	2.054	2.059	2.041	2.079	2.067	2.041
$\bar{a}_{a,ist} = \Delta a_a$ [μm]	+45	+57	+36	+69	+54	+59	+41	+79	+67	+41

A.11 Ergänzende Ergebnisse zur Untersuchung des Einflusses der SHORE-Härte auf die Federkennlinie des Sauggreifers

Tabelle A.14: Koeffizienten a_i mit $i = 0, .., 2$ für eine Approximation der Funktionen, $F_{\text{krit1}}(H_\text{A})$ bzw. $F_{\text{krit2}}(H_\text{A})$, mittels quadratischen Ansatzes in der Form $F_{\text{krit1}}(H_\text{A}) = a_2 {H_\text{A}}^2 + a_1 H_\text{A} + a_0$ bzw. $F_{\text{krit2}}(H_\text{A}) = a_2 {H_\text{A}}^2 + a_1 H_\text{A} + a_0$ für die zehn untersuchten Sauggreifer unterschiedlicher SHORE-Härte mit dem Skalierungsfaktor $f_\text{s} = 2$ unter Angabe der Fehlerquadratsummen

Ansatz	$F_{\text{krit}i}(H_\text{A}) = a_2 {H_\text{A}}^2 + a_1 H_\text{A} + a_0$			
Parameter	a_2 in N	a_1 in N	a_0 in N	Fehlerquadratsumme in N^2
F_{krit1}	0.0043	0.0032	1.2437	0.0132
F_{krit2}	0.0037	-0.0063	1.2094	0.0143

Tabelle A.15: Koeffizienten b_i mit $i = 0, 1$ für eine Approximation der Funktionen, $F_{\text{krit1}}(H_\text{A})$ bzw. $F_{\text{krit2}}(H_\text{A})$, mittels natürlicher Exponentialfunktion in der Form $F_{\text{krit1}}(H_\text{A}) = b_1 \cdot e^{b_0 \cdot H_\text{A}}$ bzw. $F_{\text{krit2}}(H_\text{A}) = b_1 \cdot e^{b_0 \cdot H_\text{A}}$ für die zehn untersuchten Sauggreifer unterschiedlicher SHORE-Härte mit dem Skalierungsfaktor $f_\text{s} = 2$ unter Angabe der Fehlerquadratsummen

Ansatz	$F_{\text{krit}i}(H_\text{A}) = b_1 \cdot e^{b_0 H_\text{A}}$		
Parameter	b_1 in N	b_0	Fehlerquadratsumme in N^2
F_{krit1}	1.1909	0.0487	0.1488
F_{krit2}	1.0099	0.0480	0.0729

A.12 Ergänzende Ergebnisse zur Modellgleichung für die Neukurven ermittelt aus uniaxialen Zugversuchen

Tabelle A.16: Koeffizienten a_i mit $i = 0, 1$ für eine Approximation der Funktionen $b_0(\varepsilon_{t11})$ mittels linearer Funktion in der Form $b_0(\varepsilon_{t11}) = a_1 \cdot \varepsilon_{t11} + a_0$ unter Angabe der Fehlerquadratsumme

	Koeffizienten a_i		
Parameter	a_1	a_0	Fehlerquadratsumme
b_0	0.0204	0.0465	$3.86 \cdot 10^{-6}$

A.13 Ergänzende Ergebnisse zur 2. Sauggreifer-Stichprobenreihe zur Validierung der Modellgleichungen

Tabelle A.17: Eingestellte und arithmetisch gemittelte, tatsächlich vorhandene axiale Formkernverschiebung, $a_{a,soll}$ und $\bar{a}_{a,ist}$ sowie per Mischungsverhälnis eingestellte und arithmetisch gemittelte, tatsächlich vorhandene SHORE-Härte, $H_{A,soll}$ und $\bar{H}_{A,ist}$, der zweiten Stichprobenreihe aus gefertigten Funktionsmustern des skalierten Sauggreifers mit $f_s = 2$

Probenbezeichnung	$P15_{-1.2}$	$P28.5_{-1.2}$	$P40_{-1.2}$	$P15_{+0.8}$	$P28.5_{+0.8}$	$P40_{+0.8}$
$a_{a,soll}$ [mm]	-1.2	-1.2	-1.2	+0.8	+0.8	+0.8
$\bar{a}_{a,ist}$ [mm]	-1.148	-1.148	-1.119	+0.813	+0.833	+0.833
Δa_a [μm]	-52	-52	-81	-13	-33	-33
m_{V15} [%]	100	22.42	0	100	50	0
m_{V40} [%]	0	77.58	100	0	50	100
$H_{A,soll}$	15	28.5	40	15	28.5	40
$\bar{H}_{A,ist}$	13.48	29.03	40.96	13.46	28.73	41.12

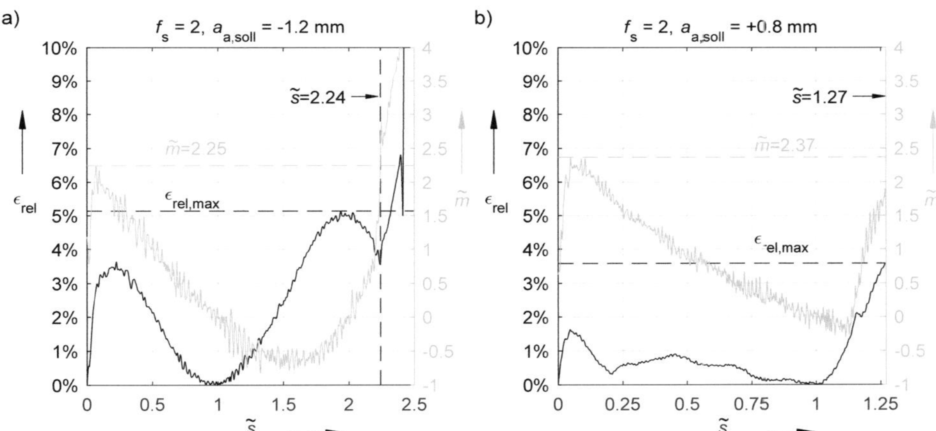

Abbildung A.10: Relative Abweichung ϵ_{rel} der normierten Kraftwerte zwischen zwei normierten Federkennlinien und Anstieg $\tilde{m}$ der aus drei Sauggreifermustern arithmetisch gemittelten, normierten Federkennlinie der beiden ausgewählten Sauggreifertypen

Tabelle A.18: FEM-Parameter, ausgewählte Ergebnisgrößen für die Berechnung des Koeffizienten b_0^* anhand der Gleichung 7.8 sowie Teilvolumina des Sauggreifers V_e bei maximaler Verschiebung s_{max}

FEM-Modell	FEM-Parameter		Ergebnisgrößen			Koeffizient
Nr.	$a_a(f_s)$ [mm]	f_s	$V_e(\bar{\varepsilon} \geq 0.05)$ [%]	$V_e(\bar{\varepsilon} \leq 0.18)$ [%]	$\bar{\varepsilon}_t$	b_0^*
1	-0.6	1	11.4	99.4	0.0866	0.0483
2	±0.0	1	18.2	98.8	0.0938	0.0484
3	+0.4	1	21.7	98.4	0.0987	0.0485

A.14 Konzept zur Ermittlung der Größe, Form und Lage des gegriffenen Greifobjekts mittels des Schalter-Prinzips

Weiterhin kann bezüglich der in Tabelle 8.1 gezeigten Lösungskonzepte mit einem Stromkreis die Aufgabe an den Entwickler gestellt sein, Rückschlüsse auf die Größe, Form und Lage des gegriffenen Greifobjektes zu ermöglichen. Generell kann diese Aufgabe derart gelöst werden, indem eine Vielzahl von sensorisierten Sauggreifern matrixförmig angeordnet wird. In Abbildung A.11a ist ein hierfür entwickeltes 4x4 Sauggreifer-Modul mit skalierten Sauggreifern ($f_s \approx 0.43$) für derartige Anordnungen gezeigt.

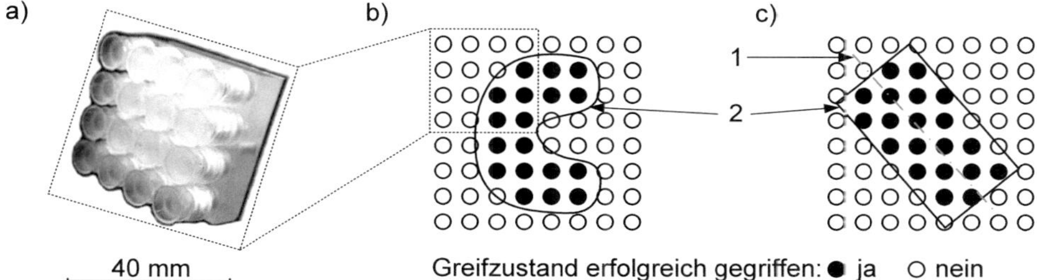

Abbildung A.11: a) Sauggreifer-Modul bestehend aus 4x4 matrixförmig angeordneten, skalierten Sauggreifern ($f_s \approx 0.43$); b) und c) Greifzustandsanzeige einer 8x8 Sauggreifermatrix zur Auswertung der Größe, Form sowie Lage des Greifobjektes zweier unterschiedlicher Greifobjekte; (1) reale Längsachsenlage des Greifobjektes; (2) Außenkante des Greifobjektes

Zur Lösung der Aufgabe sind die Abmessungen der Sauggreifer um ein Vielfaches kleiner als die des Greifobjektes zu wählen. Über die Auswertung des Greifzustands der einzelnen Sauggreifer (siehe Abbildung A.11 b und c am Beispiel einer 8x8 Sauggreifermatrix) sind dann im begrenzten Maß Aussagen über Größe, Form und Lage des ergriffenen Greifobjektes möglich.

A.15 Ergänzende Ergebnisse zur Approximation der Sprungantwort des Sensormusters

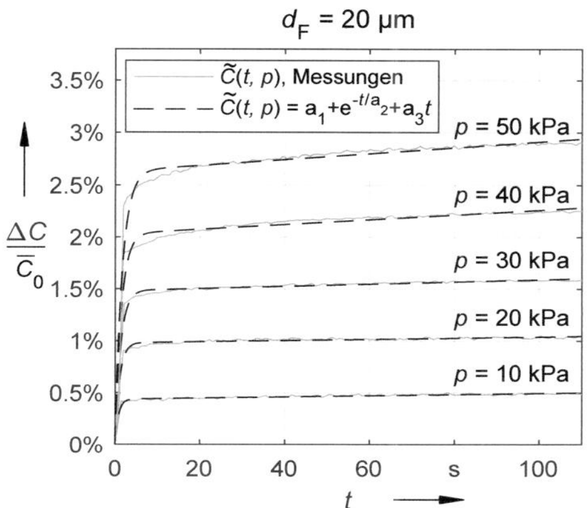

Abbildung A.12: Approximationen der Sprungantwort des Sensormusters ($d_F = 20\,\mu$m) mit der Funktion des Typs $\Delta\tilde{C}(t) = a_1 \cdot e^{-\frac{t}{a_2}} + a_3 t$ für verschiedene Drucksprünge von 0 kPa auf 10 kPa bis 50 kPa in Schritten von 10 kPa

Tabelle A.19: Koeffizienten a_i mit $i = 1, 2, 3$ sowie der Wert des Residuums der Funktion $\Delta\tilde{C}(t) = a_1 \cdot e^{-\frac{t}{a_2}} + a_3 t$ als approximierte Sprungantwort des Sensormusters mit der Dielektrikumsdicke $d_F = 20\,\mu$m für verschiedene Drucksprünge von 0 kPa auf p

Druck	Koeffizienten a_i			Fehlerquadratsumme
p in kPa	a_1 in %	a_2 in s	a_3 in % $\cdot s^{-1}$	in %^{2}
10	0.4390	0.8256	$5.78 \cdot 10^{-4}$	0.0150
20	0.9795	1.0861	$6.01 \cdot 10^{-4}$	0.0319
30	1.4813	1.3141	0.0011	0.0980
40	2.0293	1.4653	0.0023	0.4085
50	2.6316	1.6858	0.0028	0.9726

Aus den fünf Werten für a_2 lässt sich eine abgeschätzte, arithmetisch gemittelte Zeitkonstante für das Sensormuster mit einem Wert von 1.3 s bestimmen.

A.16 Ergänzende Ergebnisse zur Bestimmung der Sensorkapazität unter äußerer Druckeinwirkung mittels FEM

In Kapitel 8.3.1 wurden Voruntersuchungen zur kapazitiven Sensorentwicklung durchgeführt. Hierbei zeigte sich eine stetige, stückweise lineare Sensorkennlinie.

Eine mögliche Ursache für die Kennlinie mit zwei linearen Abschnitten wurde in dem Zusammenspiel der drei Körper des Versuchsaufbaus II vermutet. Dieses Zusammenspiel wurde mit einem entwickelten FEM-Modell in einem ersten Ansatz untersucht. Im Versuchsaufbau II trat das Sensormuster (Körper zwei) zum einen nach unten mit einem Silikonkörper (Körper eins) als Isolationsschicht und zum anderen nach oben mit einer aus PVC bestehenden Wägeschale (Körper drei) in Kontakt (siehe Abbildung 5.6).

Um sich dem komplexen Zusammenspiel der Kontaktpaarungen bei einer ansteigenden Druckbelastung zu nähern, wurde ein axialsymmetrisches FEM-Modell erstellt, mit dem unterschiedliche Kontaktmodelle untersucht wurden.

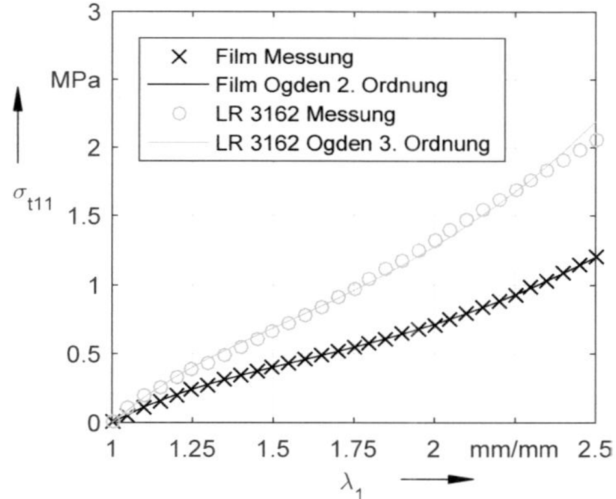

Abbildung A.13: Aus uniaxialen Zugversuchen gemittelter und im Materialmodell der FE-Simulationen hinterlegter technischer Spannungs-Dehnungs-Verlauf für die Neukurven der Belastungsphase der Materialien ELASTCSIL® FILM und ELASTOSIL® LR 3162

Tabelle A.20: Materialparameter für ELASTOSIL® FILM unter Verwendung des Materialgesetzes OGDEN 3. Ordnung und für ELASTOSIL® LR 3162 unter Verwendung des Materialgesetzes OGDEN 2. Ordnung jeweils auf Grundlage der Neukurven bis $\lambda_{max} = 2.5$

Parameter	ELASTOSIL® FILM			ELASTOSIL® LR 3162	
Index i	1	2	3	1	2
μ_i in MPa	-8.891	3.7522	6.313	0.053731	1164.3
α_i	2.2503	2.6632	1.724	4.6775	0.00098364
$d_{\rm i}$	0	0	0	0	0

Für die Modellierung der unterschiedlichen Materialien wurden als erstes uniaxiale Zugversuche an Zugproben der verwendeten Silikon-Elastomere durchgeführt. Die

Materialkoeffizienten für die verwendeten nichtlinearen Materialgesetze wurden hierbei aus den gemittelten Versuchsdaten von jeweils drei uniaxialen Zugproben ermittelt (siehe hierzu Abbildung A.13 und Tabelle A.20).

Die Materialien wurden den entsprechenden Schichten des 5-Schicht-Modells (siehe Abbildung A.14a) zugewiesen.

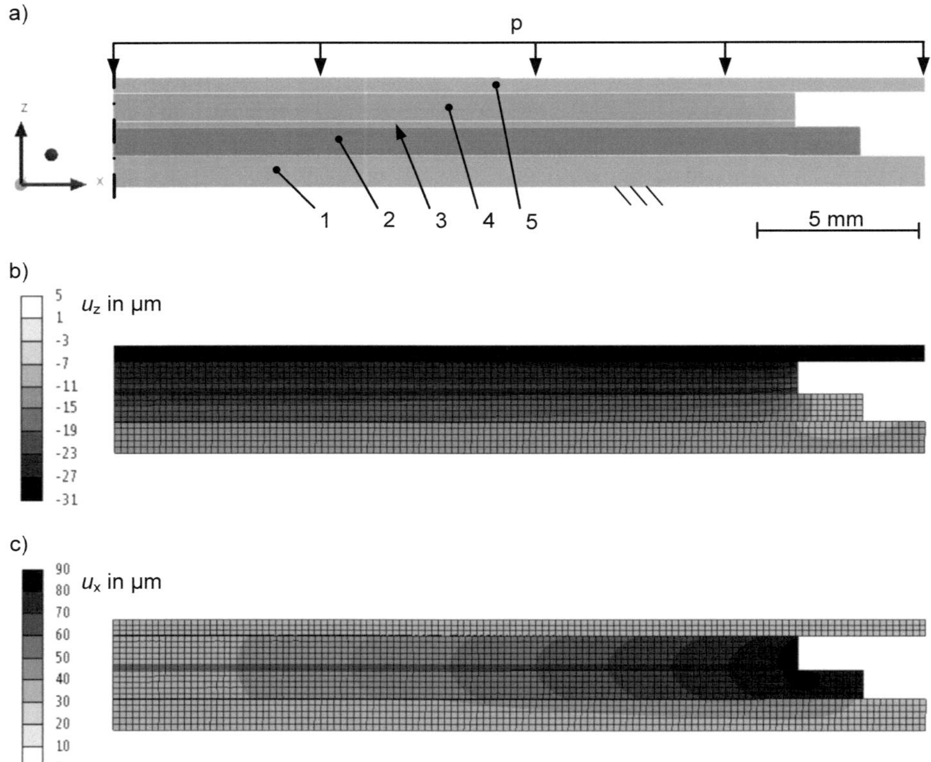

Abbildung A.14: Sensormuster und dessen Kontaktpaarungen als 5-Schicht-FEM-Modell sowie Ergebnisse zum Verzerrungszustand des Modells unter Druckeinwirkung: a) geometrisches Modell mit Randbedingungen: (1) Isolationsschicht (ELASTOSIL® M4644); (2) Elektrode (ELASTOSIL® LR 3162); (3) Dielektrikum (ELASTOSIL® FILM); (4) Elektrode in Größe der Sauggreifermembran (Elastosil® LR 3162); (5) Wägeschale (PVC); b) Verschiebung in z-Richtung u_z; c) Verschiebung in x-Richtung u_x

Der Kontakt zwischen den Elektroden und dem Dielektrikum wurde als Verbund modelliert. Der Kontakt zu den übrigen Kontaktpartnern wurde für einen Vergleich durch drei Kontaktmodelle unterschiedlich modelliert:

1. reibungslos mit $\mu_{12} = \mu_{45} = 0$,
2. rau (engl. rough) mit $\mu_{12} = \mu_{45} = \infty$ und
3. reibungsbehaftet beispielhaft mit $\mu_{12} = 0.3$, $\mu_{45} = 1$ und einem Toleranzfaktor für elastisches Gleiten (in ANSYS®: elastic slip tolerance factor) in Höhe von 0.5.

Bei der anschließenden Auswertung der Knotenverschiebungen der Folienschicht (siehe Abbildung A.14b und c) wurde über die Summe von Kreisringflächen A_i und den zugehörigen mittleren Foliendicken $\bar{d}_i$ mit $i = 1, \dots, N-1$ für jeden Lastschritt die Kapazität des Modells C_{M} über die Gleichung A.15:

$$C_{\mathrm{M}} = \varepsilon_0 \varepsilon_{\mathrm{r}} \sum_{i=1}^{N-1} \frac{A_i}{\bar{d}_i} \tag{A.15}$$

berechnet. In der Gleichung entspricht N der Knotenanzahl an der Grenzschicht 3-4 (Dielektrikum-Elektrode in Größe der Sauggreifermembran) in radialer Richtung.

Werden die sich aus der Lastschrittnummer (LS) ergebenden neuen Knotenkoordinaten, $x_{LS,i}$ und $z_{LS,i}$, aus der Summe der Ausgangskoordinaten der Knoten, $x_{0,i}$ und $z_{0,i}$, und den Verschiebungen in den entsprechenden Koordinatenrichtungen, $u_{x,i}$ und $u_{z,i}$, gebildet, so entsteht die Gleichung:

$$C_{\mathrm{M}} = \varepsilon_0 \varepsilon_{\mathrm{r}} \sum_{i=1}^{N-1} \frac{2\pi (x_{LS,i+1}^2 - x_{LS,i}^2)}{z_{LS,i} - z_{LS,N+i} + z_{LS,i+1} - z_{LS,N+i+1}} \tag{A.16}$$

wobei:

$$x_{0,1} < x_{0,2} < \dots < x_{0,N}, \tag{A.17}$$

$$x_{0,N+1} < x_{0,N+2} < \dots < x_{0,2N}, \tag{A.18}$$

$$x_{0,1} = x_{0,N+1},\ x_{0,2} = x_{0,N+2},\ \dots,\ x_{0,N} = x_{0,2N} \text{ und} \tag{A.19}$$

$$z_{0,1} - d_{\mathrm{F}} = z_{0,N+1},\ z_{0,2} - d_{\mathrm{F}} = z_{0,N+2},\ \dots,\ z_{0,N} - d_{\mathrm{F}} = z_{0,2N} \tag{A.20}$$

gelten.

Als Ausgangskapazität C_0 ergibt sich nach Gleichung A.16 für eine Foliendicke von $d_{\mathrm{F}} = 200\,\mu\mathrm{m}$ eine Kapazität von ca. 172 pF. Dieser Wert stimmt mit dem theoretisch Ermittelbaren überein (siehe Abbildung 8.6a).

Mit Hilfe der über Gleichung A.16 errechneten Kapazität des Modells, kann über Differenzbildung mit der Ausgangskapazität die Kapazitätsänderung ΔC bestimmt werden. Wird die Kapazitätsänderung für die einzelnen Lastschritte auf die berechnete Ausgangskapazität C_0 bezogen, können über lineare Regression abschnittsweise aus den Anstiegen der Kennlinie wiederum die Empfindlichkeitswerte des Sensormodells bestimmt werden. In Abbildung A.15a und b sind die so ermittelten Sensorkennlinien und die daraus bestimmten Empfindlichkeitsverläufe der drei Modelle gegenüber den Messergebnissen dargestellt.

Für die Simulationen mit reibungslosem (1. Kontaktmodell) und unendlich großem Kontakt (2. Kontaktmodell) konnte jeweils eine lineare Kennlinie ermittelt werden. Die Empfindlichkeit des 1. Kontaktmodells ist etwa um den Faktor elf größer als die des 2. Kontaktmodells. Bei der reibungsbehafteten Simulation (3. Kontaktmodell) bildet sich qualitativ, wie auch bei der messtechnischen Untersuchung, eine stetige,

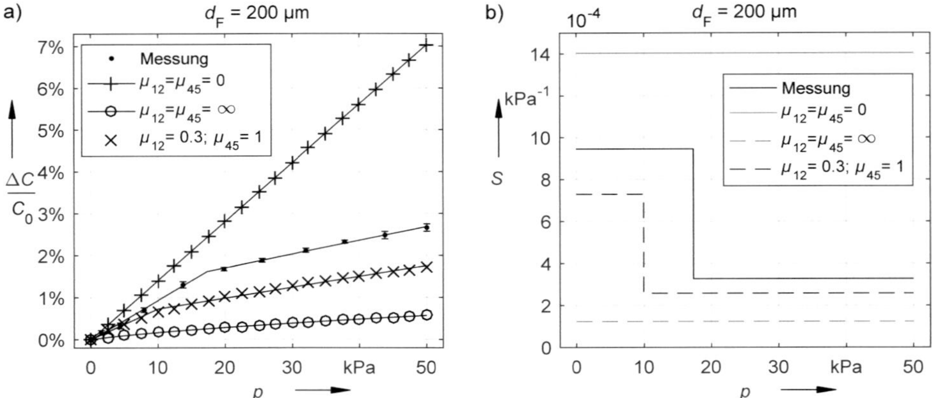

Abbildung A.15: Simulationsergebnisse von drei unterschiedlichen Kontaktmodellen im Vergleich zu den Messergebnissen am sensorisierten Sauggreifer: a) normierte Kapazitätsänderungs-Druck-Verläufe und b) Empfindlichkeits-Druck-Verläufe

stückweise lineare Kennlinie mit ähnlich großen Empfindlichkeitswerten aus.

Bei Auswertung des Kontaktstatus der reibungsbehafteten Flächen konnte kein Gleiten festgestellt werden. Die Knotenverschiebung in radialer Richtung beruht somit ausschließlich auf der tangentialen Kontaktsteifigkeit. Im Experiment trat ebenfalls kein nachweisbares Gleiten auf. Dies ist aus der Abbildung 8.6e ersichtlich, da Be- und Entlastungskurve annähernd im gleichen Punkt beginnen bzw. enden.

Es kann geschlussfolgert werden, dass mit dem FEM-Modell (3. Kontaktmodell) und der vorgestellten Methode zur Bestimmung der elektrischen Kapazität:

- die Kapazitätsänderung aus den Knotenverschiebungen,
- die Sensorkennlinie und
- die Empfindlichkeit des Sensors

bestimmt werden können. Somit eignet sich die vorgestellte Herangehensweise für eine modellgestützte Sensorentwicklung oder Sensorpositionsbestimmung. Des Weiteren liefert das Modell einen Ansatz für zukünftige Arbeiten, um die Vorgänge an den Grenzschichten von nicht in Silikon eingebetteten Sensoren weiter zu untersuchen.

A.17 Ergebnisse zur modellbasierten Untersuchung der Mehrdeutigkeit von Sensorwerten

Um die Ursachen der Mehrdeutigkeit von Kapazitätswerten des sensorisierten Sauggreifers zu untersuchen, wurde ein rotationssymmetrisches FEM-Modell des sensorisierten Sauggreifers mit dessen Kontaktpartnern (Sauggreiferhalterung und Greifobjekt) erstellt (siehe Abbildung A.17a).

Das Dielektrikum wurde mit einer Foliendicke von $d_F = 200\,\mu m$ modelliert[87]. Den einzelnen Sensor-Schichten wurden die in den Voruntersuchungen ermittelten Materialmodelle zugewiesen (siehe Tabelle A.20). Da das Greifobjekt (6) im Vergleich zum Sauggreifer um mehrere Größenordnungen steifer ist, wurde für das Greifobjekt ein linearelastisches Materialmodell gewählt und diesem die Materialparameter von Stahl zugewiesen.

Die für das hergestellte, sensorisierte Sauggreifermuster verwendete Sauggreifer-Materialmischung bestand aus ELASTOSIL® VARIO mit einer SHORE-Härte von $H_A = 29.7$. Für diese Mischung wurden die Materialkoeffizienten für das verwendete nichtlineare Materialgesetz ebenfalls aus gemittelten Versuchsdaten von drei uniaxialen Neukurven ermittelt (siehe Abbildung A.16 und Tabelle A.21).

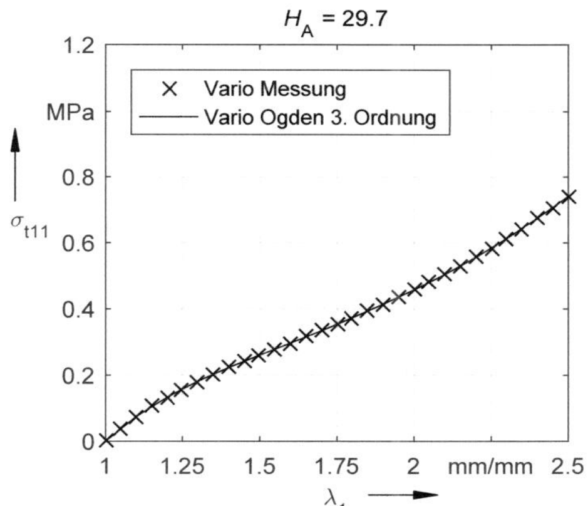

Abbildung A.16: Aus uniaxialen Zugversuchen gemittelter und im Materialmodell der FE-Simulationen hinterlegter technischer Spannungs-Dehnungs-Verlauf für die jungfräuliche Belastungskurve des Materials ELASTOSIL® VARIO mit $H_A = 29.7$

Die Kontakte zwischen den Körpern wurden modelliert als:

- Verbund zwischen Elektroden und dem Dielektrikum,
- Verbund zwischen Elektroden und dem Sauggreifer,
- Verbund zwischen Sauggreifer und Sauggreiferhalterung im Bereich der Wulst,

[87] Der Einfluss der um den Faktor zehn größeren Foliendicke im Modell, führt im Vergleich zum Funktionsmuster zu einer zehnfach kleineren Ausgangskapazität.

Tabelle A.21: Materialparameter des Materialgesetzes Ogden 3. Ordnung für ELASTOSIL® VARIO mit einer SHORE-Härte $H_A = 29.7$ unter Verwendung der uniaxialen Neukurven bis $\lambda_{max} = 2.5$

Parameter	ELASTOSIL® VARIO $H_A = 29.7$		
Index i	1	2	3
μ_i in MPa	-0.7879	0.061311	3.7367
α_i	1.2713	3.7611	0.35946
d_i	0	0	0

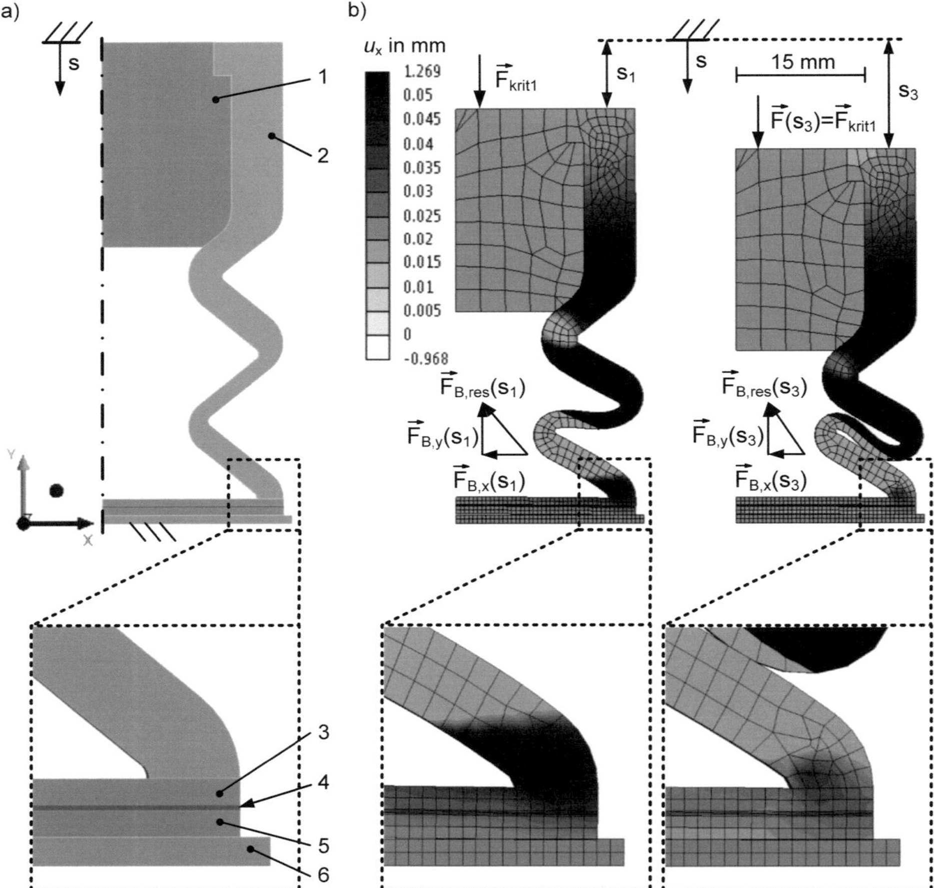

Abbildung A.17: Rotationssymmetrisches FEM-Modell sowie Ergebnisse zum Verzerrungszustand des Modells für zwei Belastungszustände: a) geometrisches Modell mit Randbedingungen: (1) Sauggreiferhalterung, (2) Sauggreifer mit strukturintegriertem Sensor, bestehend aus zwei Elektroden (3) und (5) sowie Dielektrikum (4), und Greifobjekt (6); b) Verschiebung in x-Richtung für die Verschiebungsstellen s_1 und s_3 im Vergleich

- reibungsloser Kontakt zwischen Sauggreifer und Sauggreiferhalterung außerhalb der Wulst und als
- reibungsbehafteter Kontakt zwischen Sauggreifer und Greifobjekt mit einem Reibungskoeffizienten von $\mu_{12} = 2.3$ [139, 219].

Zusätzlich wurde der Kontakt des Sauggreifers mit sich selbst reibungslos modelliert.

Auf den Stirnseiten des Sauggreifers und der Halterung wurde eine Verschiebung s in minus y-Richtung aufgeprägt, die zum Zusammenfalten des Sauggreifers gegenüber dem fest eingespannten Greifobjekt führt. In Abbildung A.17b sind beispielhaft die beiden Verzerrungszustände für die Verschiebungsstellen s_1 und s_3, die den Punkten A und C (siehe Abbildung 8.7a-c) zugeordnet sind, im Vergleich dargestellt. Für diese beiden Zustände wurden die resultierende Objektkraft $F_{\mathrm{O,res}}$ über die Reaktionskraft am Greifobjekt sowie die radiale Verschiebung in x-Richtung u_{x} ausgewertet (siehe Abbildung A.17).

Es kann festgestellt werden, dass die Objektkraft in y-Richtung (Normalkraft) für beide Zustände gleich groß ist ($F_{\mathrm{O},y}(s_1) = F_{\mathrm{O},y}(s_3) = F_{\mathrm{krit1}}$). Der Wert der Objektkraft in x-Richtung (Tangentialkraft) ist für den Verzerrungszustand bei s_1 um ca. 19% größer als im Zustand bei s_3. Die daraus resultierende Belastung bei s_1 führt zu größeren radialen Verschiebungen in x-Richtung der Membranelemente (siehe Detaildarstellung in Abbildung A.17b), die größere radiale Dehnungswerte verursachen. Aufgrund der Volumenkonstanz des Silikons verringert sich u. a. die Dicke des Dielektrikums, wodurch im Vergleich zum Zustand s_3 bei gleicher axialer Belastung eine größere Kapazitätsänderung festzustellen ist.

Im Gegensatz zum Sensormuster ist die stetige, stückweise lineare Sensorkennlinie den im eingebetteten Sensor vorherrschenden Belastungszuständen sowie dem instabilen kinematischen Bewegungsverhalten des Sauggreifers zuzuordnen. Ursache ist somit die geometrische Struktur des Bauteils sowie die gewählte Sensorposition und nicht die gewählten Randbedingungen des Versuchs.

A.18 Ergänzende Ergebnisse zum Sauggreifen mit dem sensorisierten Sauggreifer

In Abbildung A.18 ist eine Untersuchung des Sensorsignals am sensorisierten Sauggreifermuster für einen erfolgreichen Greifprozess dargestellt, der in einem Verformungszustand *nach* Erreichen der kritischen Kraft (Verformungsbereich III, $s \geq s_2$) ausgelöst wurde. Der Mess- und Steuergrößenverlauf über die Zeit sind in Abbildung A.18e und f gezeigt, wobei die Messgrößen aus $N = 3$ Sauggreifvorgängen arithmetisch gemittelt wurden und die Kraft- und Kapazitätswerte der gezeigten Verformungszustände A-E (siehe Abbildung A.18a-e) als Punkte gekennzeichnet wurden.

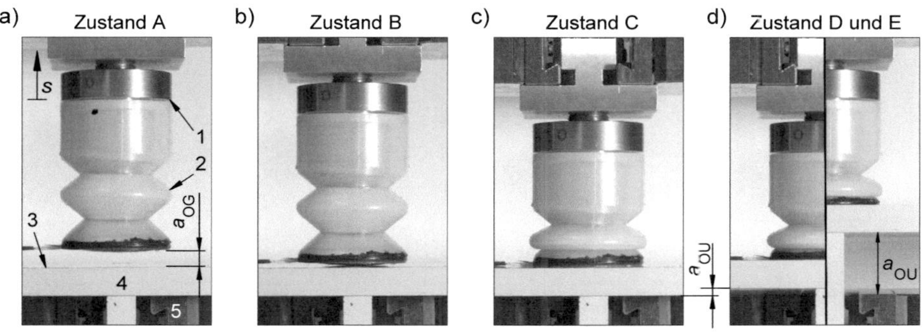

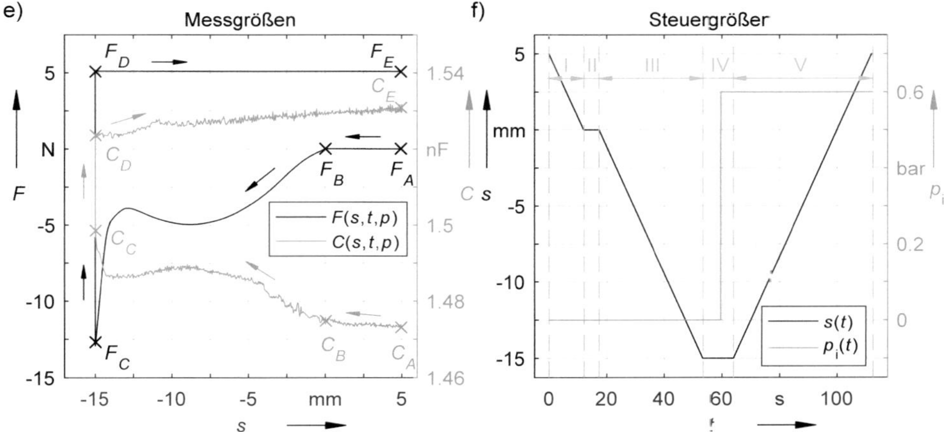

Abbildung A.18: Erfolgreicher Sauggreifprozess mit sensorisiertem Sauggreifermuster beim Auslösen des Sauggreifens nach Erreichen der beiden kritischen Kräfte: a)-d) Verformungszustände A-E, (1) Sauggreiferhalterung, (2) sensorisierter Sauggreifer, (3) Oberfläche des Greifobjektes (4), (5) unten liegende Spannbacke; e) und f) gemittelter Mess- und Steuergrößenverlauf aus $N=3$ Sauggreifvorgängen (gemessene Druckkräfte gekennzeichnet mit negativem Vorzeichen)

Im Vergleich zur Untersuchung in Kapitel 8.3.2 (siehe Abbildung 8.8e) ist festzustellen,

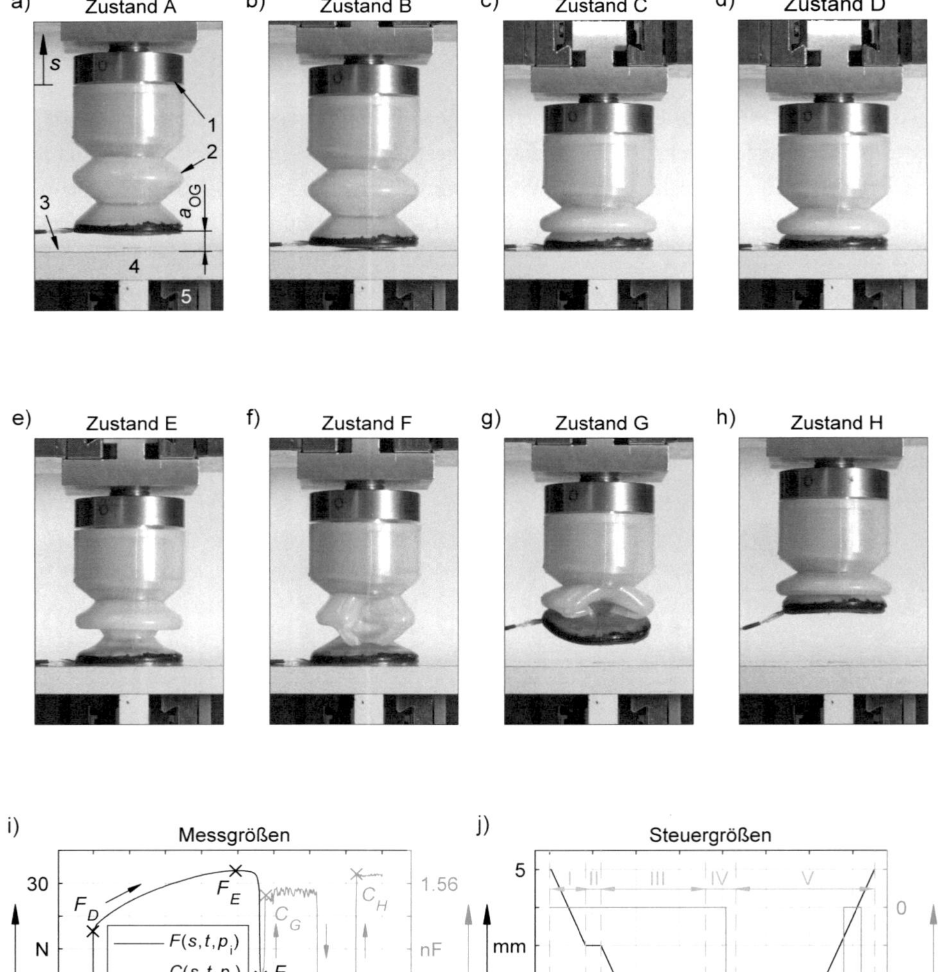

Abbildung A.19: Sauggreifprozess mit sensorisiertem Sauggreifermuster beim Auslösen des Sauggreifens nach Erreichen der beiden kritischen Kräfte sowie beim Versagen der Haltefunktion: a)-h) Verformungszustände A-H, (1) Sauggreiferhalterung, (2) sensorisierter Sauggreifer, (3) Oberfläche des Greifobjektes (4), (5) unten liegende Spannbacke; i) und j) Mess- und Steuergrößenverlauf während eines Sauggreifprozesses (gemessene Druckkräfte gekennzeichnet mit negativem Vorzeichen)

dass die Differenz der Kapazitätswerte gemessen in den Punkten C_D und C_C in Phase IV im Vergleich kleiner ausfallen. Ursache hierfür ist, dass:

- die Ausgangskapazität ohne Überdruck im Punkt C_C nach Durchlaufen des instabilen Verformungsbereichs II größer ausfällt und
- die sich einstellenden Verzerrungszustände im Zustand D beider Sauggreifprozesse nicht identisch sind.

Dieser Unterschied der Verzerrungszustände folgt aus der resultierenden Druckkraft im Punkt F_C. Der Kraftwert in diesem Punkt fällt beim Sauggreifprozess, bei dem der instabile Verformungsbereich II durchlaufen wird, drei Mal größer aus, als wenn diese Phase nicht durchlaufen wird. Der Sauggreifer wird somit in diesem zusammengefalteten Zustand stärker auf das Greifobjekt gedrückt.

In Abbildung A.19 ist ein Greifprozess dargestellt, bei dem das Greifobjekt festgehalten wird. Hierbei kann die Greifkraft F_{greif} in der Position s=15 mm und die maximale Haltekraft $F_{greif,max}$ zu 22.7 N bzw. 31.9 N ermittelt werden (siehe Abbildung A.19 Zustand D und E). Weiterhin wird der Verlust der Haltefunktion provoziert (siehe Abbildung A.19 Zustand F und G), wodurch bei diesem Funktionsmuster ein radiales Kollabieren des Sauggreifers ausgelöst wird[88].

Um diesen Zustand von einem missglückten Greifvorgang zu unterscheiden, wurde zusätzlich in der Phase V der Überdruck kurzzeitig unterbrochen, sodass der Sauggreifer den Zustand H erreicht. In diesem Zustand wölbt sich die Membran und somit der Sensor nach innen, wodurch eine Beanspruchung auf Biegung entsteht (siehe Abbildung 8.2), die sich in einer Zunahme der Dehnung innerhalb des Sensors äußert. Die gleichzeitig stattfindende Flächenzunahme der Elektrode sowie Abnahme der Dicke des Dielektrikums führt entsprechend der Gleichung 5.2 zur Zunahme der Kapazität. Bei einem negativen Überdruck von 600 mbar ist eine maximale Kapazitätsänderung ausgehend von der mittleren Ausgangskapazität $\overline{C}_0$ mit 88.6 pF zu verzeichnen.

[88] Dem Kollabieren kann ohne zusätzliche Bauteile zur Versteifung bspw. durch einen höheren SHORE-Härtewert oder eine größere Faltenseitendicke d_{F21} entgegengewirkt werden.

A.19 Schaltplan der Demonstrationsanlage zur Präsentation multifunktionaler Eigenschaften der Sauggreifer

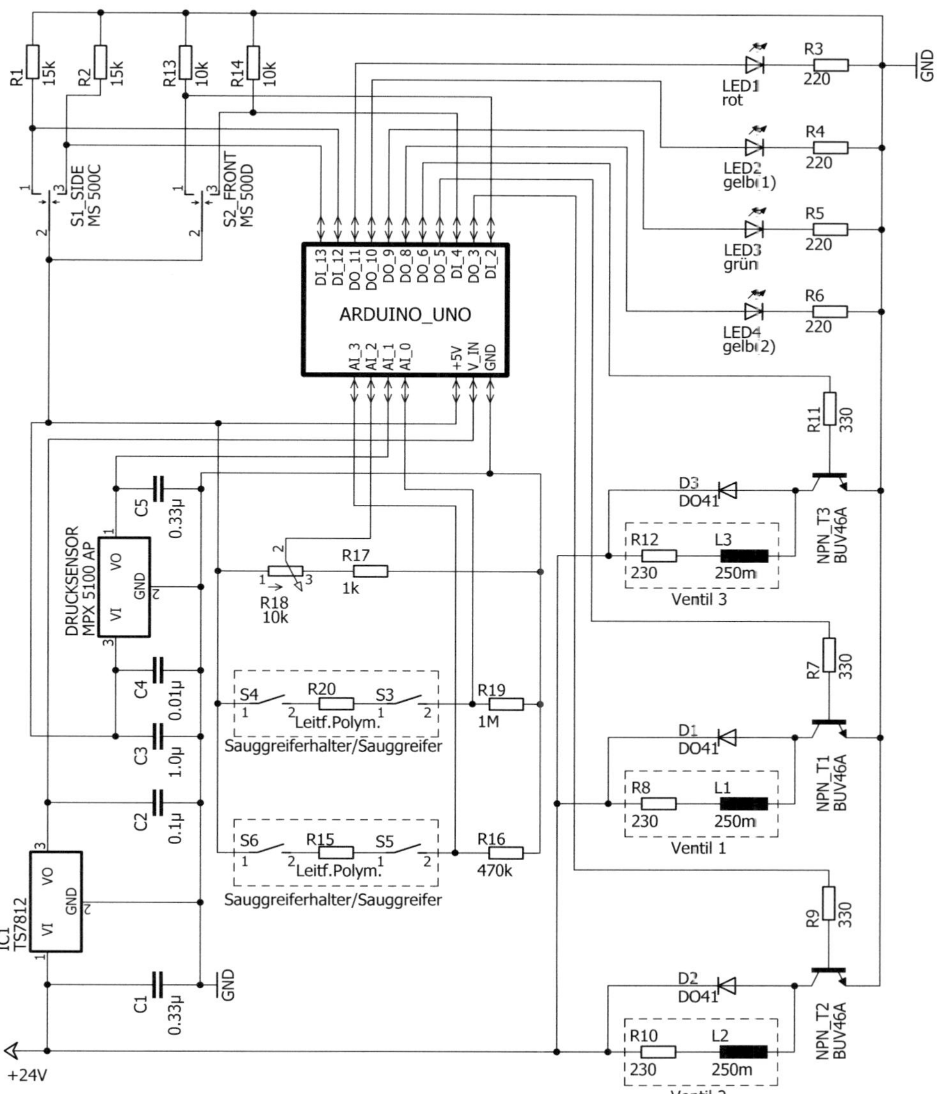

Abbildung A.20: Elektrischer Schaltplan der Demonstrationsanlage zur Präsentation multifunktionaler Eigenschaften der Sauggreifer

A.20 PAP der Demonstrationsanlage zur Präsentation multifunktionaler Eigenschaften der Sauggreifer

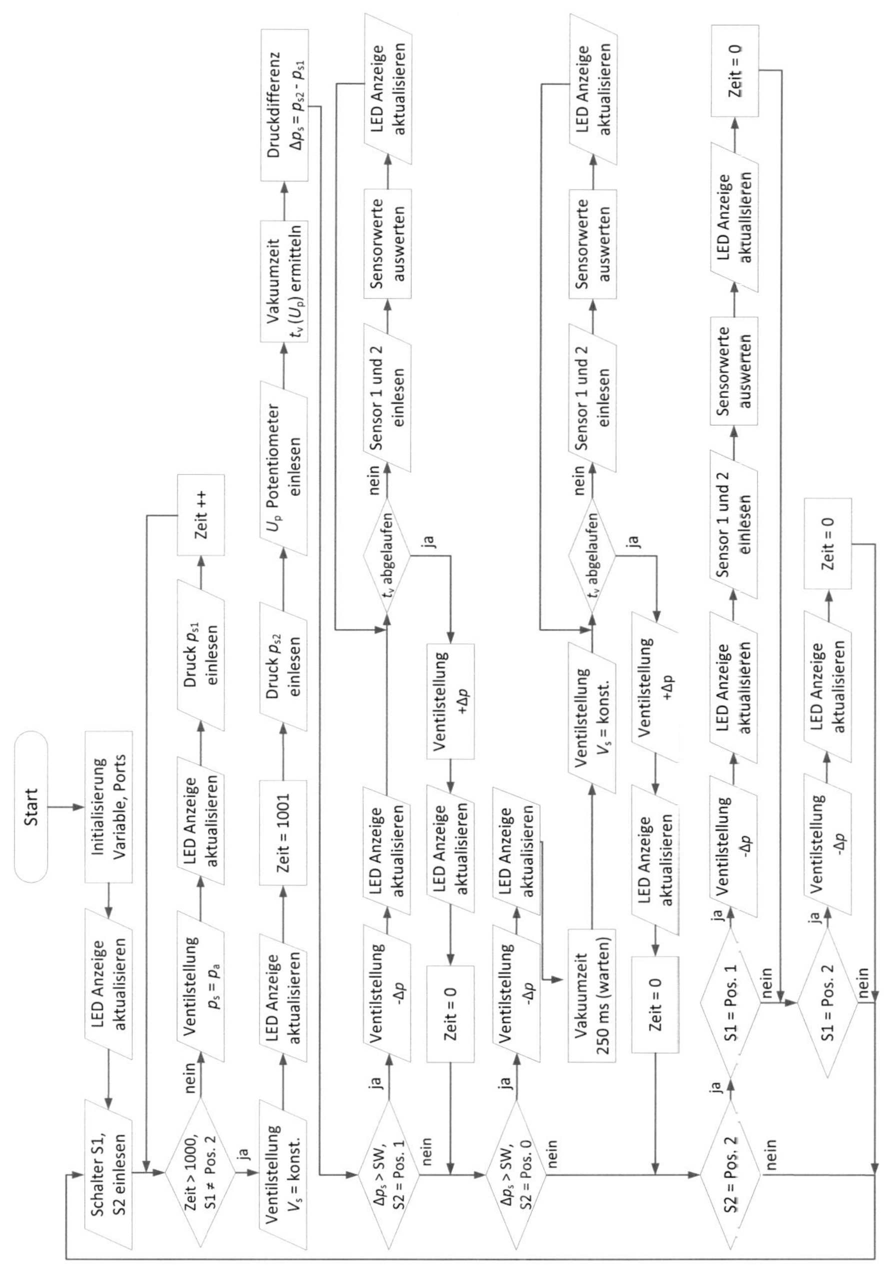

Abbildung A.21: Programmablaufplan der Demonstrationsanlage zur Präsentation multifunktionaler Eigenschaften der Sauggreifer

A.21 Schaltplan der Demonstrationsanlage zur stufenweisen quantitativen Erfassung von Druckkräften mittels sensorisierter Sauggreifer

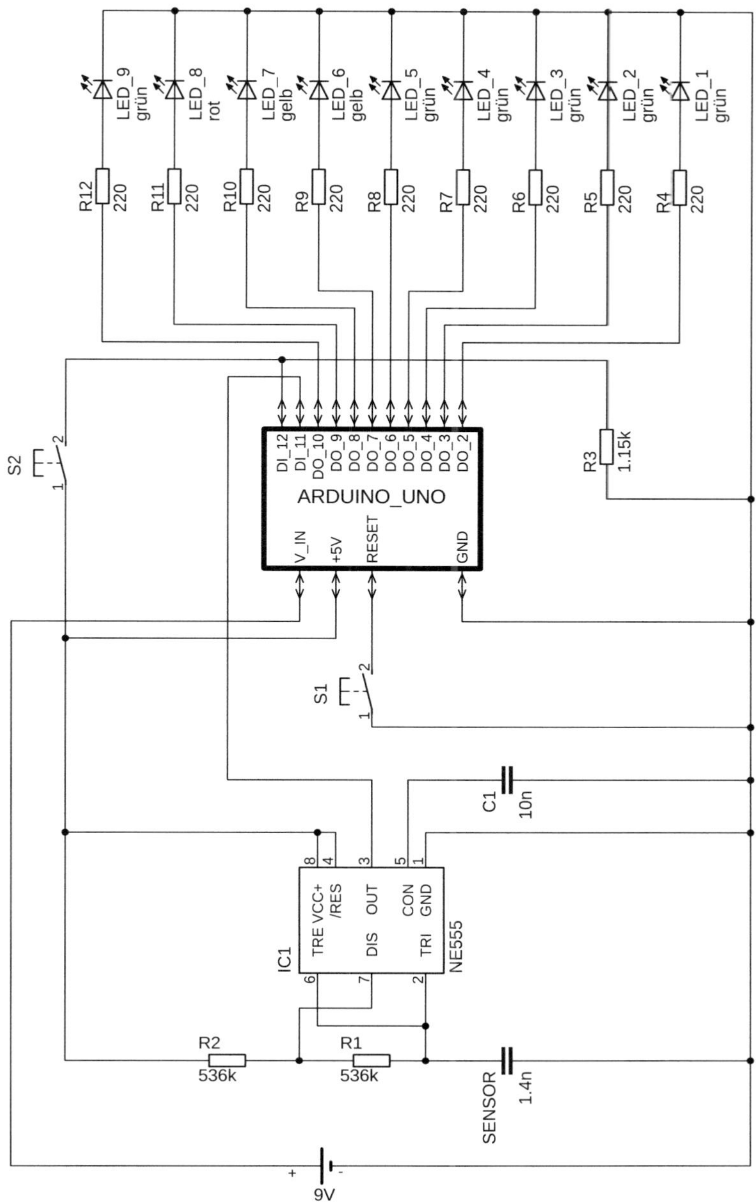

Abbildung A.22: Elektrischer Schaltplan für die Demonstrationsanlage zur stufenweisen quantitativen Erfassung von Druckkräften mittels sensorisierter Sauggreifer

A.22 Programmablaufplan der Demonstrationsanlage zur stufenweisen quantitativen Erfassung von Druckkräften mittels sensorisierter Sauggreifer

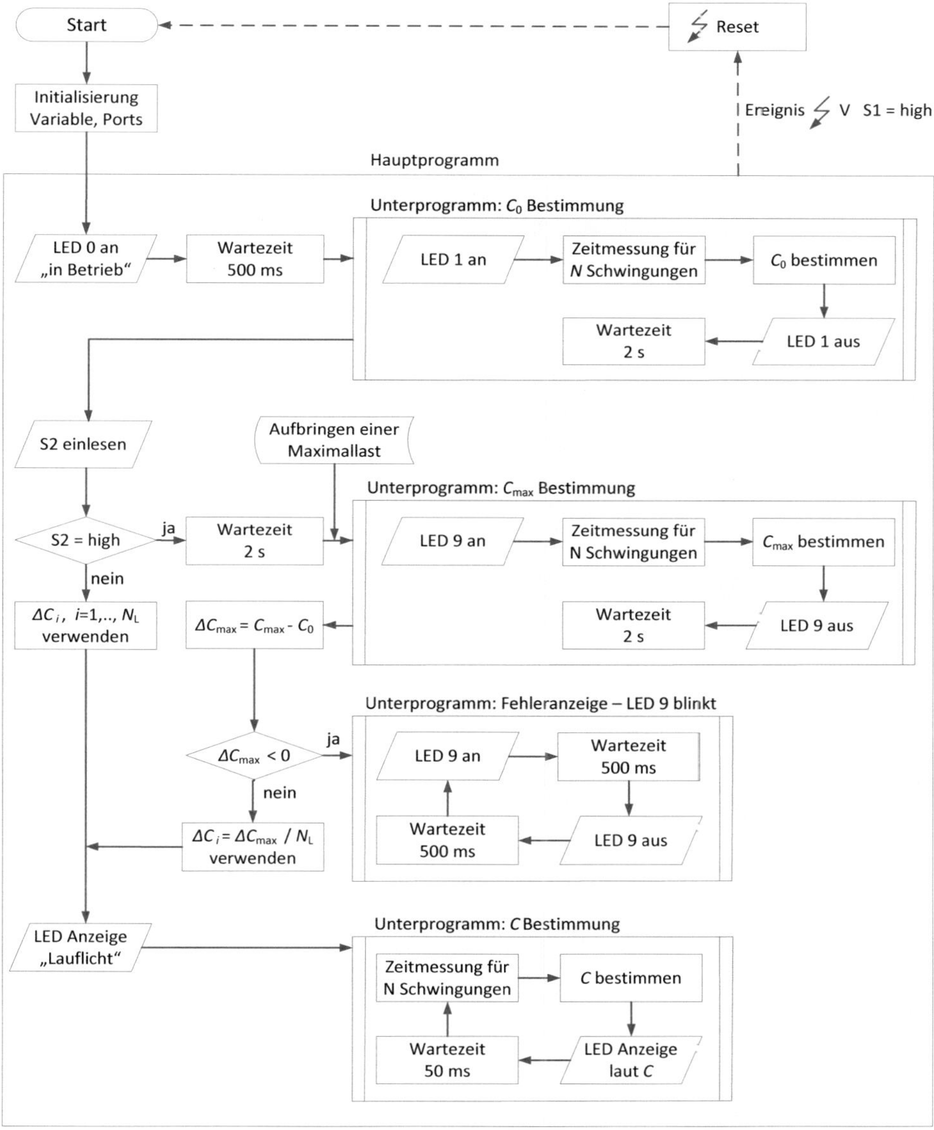

Abbildung A.23: Programmablaufplan für die Demonstrationsanlage zur stufenweisen quantitativen Erfassung von Druckkräften mittels sensorisierter Sauggreifer

Literaturverzeichnis

[1] Al-Fahaam, H. und Davis, Steve and Nefti-Meziani, Samia: „A Novel, Soft, Bending Actuator for use in Power Assist and Rehabilitation Exoskeletons“. In: IROS Vancouver 2017. Piscataway, NJ: IEEE, 2017, S. 533–538. isbn: 978-1-5386-2682-5.

[2] Alici, G.; Canty, T.; Mutlu, R.; Hu, W. und Sencadas, V.: „Modeling and Experimental Evaluation of Bending Behavior of Soft Pneumatic Actuators Made of Discrete Actuation Chambers“. In: Soft robotics 5, Nr. 1 (2018), S. 24–35. doi: 10.1089/soro.2016.0052. url: http://ro.uow.edu.au/eispapers1/1149 (zuletzt geprüft am 13. 01. 2020).

[3] Altschul, R.; Bock, A.; Bock, L.; Bögelsack, G.; Friederici, C.; Gasse, U.; Gentzen, G.; Hammerschmidt, C.; Hilpert, H.; Hugk, H.; Hunger, K.; Kramer, R.; Krause, W.; Kunad, G.; Rössner, W.; Schmidt, G.; Stephan, G. Weber, K. und Zirpeke, K.: „KDT-Empfehlung 4/73/72: Begriffe und Darstellungsmittel der Mechanismentechnik“. 2. überarbeitete Auflage. 1978.

[4] Alzoubi, F.; Huber, H. und Defranceski, A.: „Handhabungsvorrichtung und Verfahren zur Überwachung eines Handhabungsvorgangs“. Pat. Nr. EP3290167A1. 01.09.2016.

[5] Amend, J. R.; Brown, E.; Rodenberg, N.; Jaeger, H. M. und Lipson, H.: „A Positive Pressure Universal Gripper Based on the Jamming of Granular Material“. In: IEEE Transactions on Robotics 28, Nr. 2 (2012), S. 341–350. issn: 1552-3098. doi: 10.1109/TRO.2011.2171093.

[6] Amjadi, M.; Kyung, K.-U.; Park, I. und Sitti, M.: „Stretchable, Skin-Mountable, and Wearable Strain Sensors and Their Potential Applications: A Review“. In: Advanced Functional Materials 26, Nr. 11 (2016), S. 1678–1698. issn: 1616301X. doi: 10.1002/adfm.201504755.

[7] Ariyanto, M.; Setiawan, J. D.; Ismail, R.; Haryanto, I.; Febrina, T. und Saksono, D. R.: „Design and Characterization of Low-Cost Soft Pneumatic Bending Actuator for Hand Rehabilitation“. In: 2018 5th International Conference on Information Technology, Computer, and Electrical Engineering (ICITACEE). Hrsg. von Facta, M. Piscataway, NJ: IEEE, 2018, S. 45–50. isbn: 978-1-5386-5529-0.

[8] Arruda, E. M. und Boyce, M. C.: „A three-dimensional constitutive model for the large stretch behavior of rubber elastic materials“. In: Journal of the Mechanics and Physics of Solids 41, Nr. 2 (1993), S. 389–412. issn: 00225096. doi: 10.1016/0022-5096(93)90013-6.

[9] Atalay, A.; Sanchez, V.; Atalay, O.; Vogt, D. M.; Haufe, F.; Wood, R. J. und Walsh, C. J.: „Batch Fabrication of Customizable Silicone-Textile Composite Capacitive Strain Sensors for Human Motion Tracking“. In: Advanced Materials Technologies 2, Nr. 9 (2017), S. 1700136. issn: 2365709X. doi: 10.1002/admt.201700136.

[10] ATALAY, O.; ATALAY, A.; GAFFORD, J. und WALSH, C.: „A Highly Sensitive Capacitive-Based Soft Pressure Sensor Based on a Conductive Fabric and a Microporous Dielectric Layer". In: Advanced Materials Technologies 3, Nr. 1 (2018), S. 1700237. ISSN: 2365709X. DOI: 10.1002/admt.201700237.

[11] BARNES, K. J.; FLESHER, R. W. und MONTELEONE, M. D.: „One-piece, dual-material suction cup". Pat. Nr. US006143391A. 11.12.1998.

[12] BARNETT, D. B. und CARLSON, L. E.: „Extending socket for portable media player". Pat. Nr. US 2012/0329534 A1. 23.02.2012.

[13] BILODEAU, R. A.; WHITE, E. L. und KRAMER, R. K.: „Monolithic Fabrication of Sensors and Actuators in a Soft Robotic Gripper". In: 2015 IEEE/RSJ International Conference on Intelligent Robots and Systems (IROS). Hrsg. von BURGARD, W. Piscataway, NJ: IEEE, 2015, S. 2324–2329. ISBN: 978-1-4799-9994-1.

[14] BILODEAU, R. A.; YUEN, M. C.; CASE, J. C. und BUCKNER, T. L.: „Design for Control of a Soft Bidirectional Bending Actuator". In: 2018 IEEE/RSJ International Conference on Intelligent Robots and Systems (IROS). IEEE, 2018, S. 5936–5943. ISBN: 978-1-5386-8094-0.

[15] BÖGELSACK, G.: „On fluidmechanical compliant actuators". In: Terminology of the theory of machines and mechanisms: Proceedings of the scientific seminar; 19th Working Meeting of IFToMM Commission A for Standardization of Terminology. Hrsg. von TOLOÔKA R.T. und KONDRATAS A. Kaunas: Technologija, 2000. URL: https://www.dmg-lib.org/dmglib/handler?docum=1545009 (zuletzt geprüft am 13. 01. 2020).

[16] BÖHM, V.: „Bionisch inspirierte monolithische Gelenkelemente mit fluidmechanischem Antrieb". Dissertation. Ilmenau: TU Ilmenau, 2005.

[17] BÖHM, V.; ZENTNER, L. und ZIMMERMANN, K.: „Verfahren zur Erzeugung einer Bewegung mit Richtungsumkehr". Pat. Nr. DE 20 2006 008 811 B3. 25.02.2006.

[18] BOJTOS, A. und HUBA, A.: „Electrical and mechanical testing of conductive silicone rubber filled by carbon black nanoparticles". In: Mechanismentechnik in Ilmenau, Budapest und Niš. Hrsg. von ZENTNER, L. Bd. Band 1. Berichte der Ilmenauer Mechanismentechnik. Ilmenau: Universitätsverlag Ilmenau, 2012, S. 125–134. ISBN: 978-3-86360-034-1. URL: www.db-thueringen.de/receive/dbt_mods_00031831 (zuletzt geprüft am 13. 01. 2020).

[19] BONNET, M.: „Wiley-Schnellkurs Werkstoffkunde". 1. Auflage. Wiley Schnellkurs. Weinheim: Wiley, 2017. ISBN: 978-3-527-53023-6.

[20] BORISOV, I. I.; BORISOV, O. I.; MONICH, D. S.; DODASHVILI, T. A. und KOLYUBI, S. A.: „Novel Optimization Approach to Development of Digit Mechanism for Bio-inspired Prosthetic Hand". In: High tech human touch. Piscataway, NJ: IEEE, 2018, S. 726–731. ISBN: 978-1-5386-8183-1.

[21] Böse, H. und Fuss, E.: „Novel dielectric elastomer sensors for compression load detection“. In: SPIE Smart Structures and Materials + Nondestructive Evaluation and Health Monitoring. Hrsg. von Bar-Cohen, Y. Bd. 905614. SPIE Proceedings. SPIE, 2014, S. 1–13. doi: 10.1117/12.2045133.

[22] Böttcher, F.; Christen, G. und Pfefferkorn, H.: „Structure and function of joints and compliant mechanisms“. In: Motion systems 2001. Hrsg. von Blickhan, R. Berichte aus der Biologie. Aachen: Shaker, 2001, S. 30–35. isbn: 3826590643.

[23] Bouasse, H. und Carrière, Z.: „Sur les courbes de traction du caoutchouc vulcanisé“. In: Annales de la Faculté des sciences de Toulouse: Mathématiques 2 série, 5, Nr. 3 (1903), S. 257–283. url: http://www.numdam.org/article/AFST_1903_2_5_3_257_0.pdf (zuletzt geprüft am 13. 01. 2020).

[24] Boyraz, P.; Runge, G. und Raatz, A.: „An Overview of Novel Actuators for Soft Robotics“. In: Actuators 7, Nr. 3 (2018), S. 48. issn: 2076-0825. doi: 10.3390/act7030048.

[25] Breiing, A. und Knosala, R.: „Bewerten technischer Systeme: Theoretische und methodische Grundlagen bewertungstechnischer Entscheidungshilfen“. Berlin, Heidelberg: Springer Berlin Heidelberg, 1997. isbn: 978-3-642-63908-1. doi: 10.1007/978-3-642-59229-4.

[26] Breteler, Mark K. et al.: IFToMM dictionaries online. Mai 2014. url: http://www.iftomm-terminology.antonkb.nl/1031_2057/frames.html (zuletzt geprüft am 13. 01. 2020).

[27] Breuer, S.: „Entwicklung und Untersuchung nachgiebiger Sensorelemente mit kapazitivem Wirkprinzip auf Silikonbasis zur Anwendung in nachgiebigen Systemen“. Bachelorarbeit. Ilmenau: TU Ilmenau, 2018.

[28] Bronowski, M.: „Multi-Stage Gripper“. Pat. Nr. US 10059009 B1. 10.11.2017.

[29] Brown, E.; Rodenberg, N.; Amend, J.; Mozeika, A.; Steltz, E.; Zakin, M. R.; Lipson, H. und Jaeger, H. M.: „Universal robotic gripper based on the jamming of granular material“. In: Proceedings of the National Academy of Sciences 107, Nr. 44 (2010), S. 18809–18814. issn: 0027-8424. doi: 10.1073/pnas.1003250107.

[30] Buckenhüskes, H. J.: Roboter-Greifer für die Lebensmittelindustrie - Produktspezifische Lösungen. Hrsg. von DLG e. V. Fachzentrum Lebensmittel. 2019. url: www.dlg.org/fileadmin/downloads/food/Expertenwissen/Lebensmitteltechnologie/2019_1_Expertenwissen_Greifer.pdf (zuletzt geprüft am 13. 01. 2020).

[31] CADFEM GmbH: „Seminarunterlagen: Berechnung von Gummi- und Schaumstoffbauteilen“. Grafing, 2008.

[32] Cadogan, D.; Stein, J. und Grahne, M.: „Inflatable composite habitat structures for lunar and Mars exploration“. In: Acta Astronautica 44, Nr. 7-12 (1999), S. 399–406.

[33] Chaykina, A.; Griebel, S. und Zentner, L.: „Design, fabrication, and characterization of a compliant shear force sensor for a human–machine interface“. In: Sensors and Actuators A: Physical 246 (2016), S. 91–101. issn: 09244247. doi: 10.1016/j.sna.2016.04.034.

[34] Chaykina, A.; Griebel, S.; Zentner, L. und Unger, V.: „Vorrichtung und Verfahren zur Ermittlung von Scherkräften und deren Verwendung". Pat. Nr. DE 10 2013 015 366 B4. 11.09.2013.

[35] Chen, W.; Xiong, C.; Liu, C.; Li, P. und Chen, Y.: „Fabrication and Dynamic Modeling of Bidirectional Bending Soft Actuator Integrated with Optical Waveguide Curvature Sensor". In: Soft robotics 6, Nr. 4 (2019), S. 495–506. doi: 10.1089/soro.2018.0061.

[36] Christ, E.; Rausch, U.; Göring Marko und Thiem, J.: „Verbindungselement zur Anbringung an einer im Wesentlichen ebenen Platte". Pat. Nr. DE 10 2011 013 682 A1. 11.03.2011.

[37] Christen, G. und Pfefferkorn, H.: „Mehr Beweglichkeit: Nachgiebige Mechanismen eignen sich als elastische Getriebe". In: Maschinen Markt Das Industrie Magazin Nr. 37 (2002).

[38] Cohen, M. D.; Weber, T. R. und Rao, C. C.: „Balloon dilatation of tracheal and bronchial stenosis". In: AJR. American journal of roentgenology 142, Nr. 3 (1984), S. 477–478. issn: 0361-803X. doi: 10.2214/ajr.142.3.477.

[39] Connolly, F.; Polygerinos, P.; Walsh, C. J. und Bertoldi, K.: „Mechanical Programming of Soft Actuators by Varying Fiber Angle". In: Soft robotics 2, Nr. 1 (2015), S. 26–32. doi: 10.1089/soro.2015.0001.

[40] Coulais, C.; Sabbadini, A.; Vink, F. und van Hecke, M.: „Multi-step self-guided pathways for shape-changing metamaterials". In: Nature 561, Nr. 7724 (2018), S. 512–515. doi: 10.1038/s41586-018-0541-0.

[41] Darmohammadi, A.; Naeimi, H. R. und Agheli, M.: „Effect of Fiber Angle Variation on Bending Behavior of Semi-Cylindrical Fiber-Reinforced Soft Actuator". In: Proceedings of the ASME International Design Engineering Technical Conferences and Computers and Information in Engineering Conference – 2018. New York, N.Y.: American Society of Mechanical Engineers, 2018. isbn: 978-0-7918-5181-4. doi: 10.1115/DETC2018-86400.

[42] Datenblatt: 3D Printing with Silicones: Anatomical Models. Hrsg. von Wacker Chemie AG. url: https://s27714.pcdn.co/wp-content/uploads/2020/03/ACEO-Flyer-for-Anatomical-Models-Sep-2018-Final.pdf (zuletzt geprüft am 04. 05. 2020).

[43] Datenblatt: AR-G1L / AR-G1H - (elastisches Silikon-Druckmaterial). Hrsg. von thinkTEC 3D GmbH. url: https://die-3d-drucker.com/wp-content/uploads/2019/03/Datenblatt_AR-G1L_G1H.pdf (zuletzt geprüft am 08. 01. 2020).

[44] Datenblatt: ECOFLEX Serie: Additionsvernetzende, extrem weiche Silikone. Hrsg. von KauPo Plankenhorn e.K. Spaichingen. url: https://www.kaupo.de/shop/out/media/ECOFLEX_SERIE.pdf (zuletzt geprüft am 04. 06. 2020).

[45] Datenblatt: ELASTOSIL® Film 2030 250/50. Hrsg. von Wacker Chemie AG. url: https://www.silex.co.uk/media/36326/elastosil-2030-film.pdf (zuletzt geprüft am 07. 01. 2020).

[46] DATENBLATT: ELASTOSIL® LR 3003/40 A/B: Liquid Silicone Rubber (LSR). Hrsg. von WACKER CHEMIE AG. URL: https://www.wacker.com/h/de-de/medias/ELASTOSIL-LR-300340-AB-en-2019.12.18.pdf (zuletzt geprüft am 13. 01. 2020).

[47] DATENBLATT: ELASTOSIL® LR 3162 A/B: Liquid Silicone Rubber (LSR). Hrsg. von WACKER CHEMIE AG. URL: https://www.wacker.com/h/de-de/medias/ELASTOSIL-LR-3162-AB-en-2019.12.09.pdf (zuletzt geprüft am 07. 01. 2020).

[48] DATENBLATT: ELASTOSIL® M 4644 A/B: Raumtemperaturvernetzender Siliconkautschuk (RTV-2). Hrsg. von WACKER CHEMIE AG. URL: https://www.wacker.com/h/de-de/medias/ELASTOSIL-M-4644-AB-de-2019.11.05.pdf (zuletzt geprüft am 07. 01. 2020).

[49] DATENBLATT: ELASTOSIL® R 570/50: Electrically conductive HCR Silicone. Hrsg. von WACKER CHEMIE AG. URL: https://www.mvq-silicones.de/media/4809/Elastosil-R570-50.pdf (zuletzt geprüft am 28. 05. 2020).

[50] DATENBLATT: ELASTOSIL® VARIO: RTV-2 Siliconkautschuk/Baukastensystem. Hrsg. von WACKER CHEMIE AG. URL: http://ezentrumbilder3.de/gcesslpfaff/pdf/td_de_wvario.pdf (zuletzt geprüft am 07. 01. 2020).

[51] DATENBLATT: Flexibility. No limits! ELASTOSIL® VARIO modular addition curing system. Hrsg. von WACKER CHEMIE AG. URL: https://www.wacker.com/h/medias/6965-EN.pdf (zuletzt geprüft am 26. 04. 2020).

[52] DATENBLATT: Material Data Sheet - Flexible. Hrsg. von FORMLABS GMBH. URL: https://formlabs-media.formlabs.com/datasheets/Flexible_Technical.pdf (zuletzt geprüft am 13. 01. 2020).

[53] DATENBLATT: Technisches Datenblatt TPU 93 transparent. Hrsg. von GERMAN REPRAP GMBH. 2020. URL: https://germanreprap.sharepoint.com/:b:/s/partner/EchnP-PlF35Bjx5xd1zXjXQBkwrTbx_KB87uiOaxXUVk7Q?e=AyFqgd (zuletzt geprüft am 13. 01. 2020).

[54] DEIMEL, R. und BROCK, O.: „A novel type of compliant and underactuated robotic hand for dexterous grasping“. In: The International Journal of Robotics Research 35, Nr. 1-3 (2016), S. 161–185. ISSN: 0278-3649. DOI: 10.1177/0278364915592961.

[55] DEISINGER, M.: „Faltenbalg mit mindestens zwei Nuten in loben Bereichen und/oder Führungsbereichen“. Pat. Nr. DE 10 2017 100 431 B3. 11.01.2017.

[56] DILIBAL, S.; SAHIN, H. und CELIK, Y.: „Experimental and numerical analysis on the bending response of the geometrically gradient soft robotics actuator“. In: Archives of Mechanics 70, Nr. 5 (2018), S. 391–404. DOI: 10.24423/aom.2903. URL: http://am.ippt.pan.pl/am/article/viewFile/v70p391/pdf (zuletzt geprüft am 13. 01. 2020).

[57] DIN-NORM: DIN 1319-1: Grundlagen der Maßtechnik, Teil 1: Grundbegriffe. Berlin: Beuth Verlag, Januar 1995.

[58] DIN-NORM: DIN EN ISO 3819 Laborgeräte aus Glas - Becher. Berlin: Beuth Verlag, Mai 2016.

[59] DIN-NORM: DIN EN ISO 7500-1: Metallische Werkstoffe - Kalibrierung und Überprüfung von statischen einachsigen Prüfmaschinen -Teil 1: Zug- und Druckprüfmaschinen – Kalibrierung und Überprüfung der Kraftmesseinrichtung. Berlin: Beuth Verlag, Juni 2018.

[60] DIN-NORM: DIN EN ISO 8362-1: Injektionsbehältnisse und Zubehör -Teil 1: Injektionsflaschen aus Röhrenglas. Berlin: Beuth Verlag, November 2017.

[61] DIN-NORM: DIN EN ISO 8362-4 Injektionsbehältnisse und Zubehör -Teil 4: Injektionsflaschen aus Hüttenglas. Berlin: Beuth Verlag, Dezember 2011.

[62] DIN-NORM: DIN EN ISO 8536-1: Infusionsgeräte zur medizinischen Verwendung -Teil 1: Infusionsflaschen aus Glas. Berlin: Beuth Verlag, Dezember 2011.

[63] DIN-NORM: DIN EN ISO 9513: Metallische Werkstoffe - Kalibrierung von LängenänderungsMesseinrichtungen für die Prüfung mit einachsiger Beanspruchung. Berlin: Beuth Verlag, Mai 2013.

[64] DIN-NORM: DIN ISO 11040-4: Vorgefüllte Spritzen - Teil 4: Spritzenzylinder aus Glas für Injektionspräparate und sterilisierte und vormontierte Spritzen zur Abfüllung. Berlin: Beuth Verlag, Juli 2017.

[65] DIN-NORM: DIN ISO 13926-1: Pen-Systeme -Teil 1: Glaszylinder für Pen-Injektoren zur medizinischen Verwendung. Berlin: Beuth Verlag, März 2018.

[66] DIN-NORM: DIN ISO 7619-1: Elastomere oder thermoplastische Elastomere - Bestimmung der Eindringhärte -Teil 1: Durometer-Verfahren (Shore-Härte). Berlin: Beuth Verlag, Februar 2012.

[67] DIN-NORM: DIN V ENV 13005 - Leitfaden zur Angabe der Unsicherheit beim Messen. Berlin: Beuth Verlag, Juni 1999.

[68] DIN-NORM: Prüfung von Kautschuk und Elastomeren - Bestimmung von Reißfestigkeit, Zugfestigkeit, Reißdehnung und Spannungswerten im Zugversuch. Berlin: Beuth Verlag, März 2017.

[69] DIN-NORM: VDI 2740 Blatt 1: Mechanische Einrichtungen in der Automatisierungstechnik, Greifer für Handhabungsgeräte und Industrieroboter. Berlin: Beuth Verlag, April 1995.

[70] DOELKER, G. A.: „Vakuumelektrodenvorrichtung“. Pat. Nr. DE 41 08 396 A1. 15.03.1991.

[71] DOLLNER, R.: „Endotrachealtubus/Endotracheal tube for percutaneous dilatation tracheotomy has protection plate projecting from its distal end and expandible ballon adjacent distal end“. Pat. Nr. DE 10 2004 026 316 B3. 26.05.2004.

[72] EISELE, T.: „Sauggreifer“. Pat. Nr. DE 10 2011 003 891 B3. 09.02.2011.

[73] EISELE, T. und SCHAAF, W.: „Suction gripper with elastic suction body, having means that indicate the sucking state“. Pat. Nr. WO 2007/033830 A1. 22.09.2006.

[74] ELGENEIDY, K.; LOHSE, N. und JACKSON, M.: „Bending angle prediction and control of soft pneumatic actuators with embedded flex sensors – A data-driven approach“. In: Mechatronics 50 (2018), S. 234–247. ISSN: 09574158. DOI: 10.1016/j.mechatronics.2017.10.005.

[75] ERBE, T.: „Beitrag zur systematischen Aktor- und Aktorprinzipauswahl im Entwicklungsprozess“. Dissertation. Ilmenau: TU Ilmenau: TU Ilmenau, 2013. URL: https://www.db-thueringen.de/receive/dbt_mods_00021895 (zuletzt geprüft am 13. 01. 2020).

[76] FESTO AG & CO. KG, Hrsg.: FlexShapeGripper: Greifen nach dem Vorbild der Chamäleonzunge. URL: www.festo.com/net/SupportPortal/Files/367914/Festo_FlexShapeGripper_de.pdf (zuletzt geprüft am 07. 01. 2020).

[77] FIEDLER, P.; GRIEBEL, S.; PEDROSA, P.; FONSECA, C.; VAZ, F.; ZENTNER, L.; ZANOW, F. und HAUEISEN, J.: „Multichannel EEG with novel Ti/TiN dry electrodes“. In: Sensors and Actuators A: Physical 221 (2015), S. 139–147. ISSN: 09244247. DOI: 10.1016/j.sna.2014.10.010.

[78] FRADEN, J.: „Handbook of Modern Sensors“. Cham: Springer International Publishing, 2016. ISBN: 978-3-319-19302-1. DOI: 10.1007/978-3-319-19303-8.

[79] FREMEREY, M.; FEIERABEND, M.; GRIEBEL, S.; WITTE, H. und ZENTNER, L.: „A decubitus preventing adaptive mat inspired by snail tentacles“. In: Bionik: Patente aus der Natur. Hrsg. von KESEL, A. B. Bremen: Bionik-Innovations-Centrum, 2013, S. 212–217. ISBN: 978-3-00-040885-4.

[80] FU, H. und ZHANG, W.: „The Development of a Soft Robot Hand with Pin-Array Structure“. In: Applied Sciences 9, Nr. 5 (2019), S. 1011. ISSN: 2076-3417. DOI: 10.3390/app9051011.

[81] GAISER, I.; WIEGAND, R.; IVLEV, O.; ANDRES, A.; BREITWIESER, H.; SCHULZ, S. und BRETTHAUER, G.: „Compliant Robotics and Automation with Flexible Fluidic Actuators and Inflatable Structures“. In: Smart Actuation and Sensing Systems - Recent Advances and Future Challenges. Hrsg. von BERSELLI, G. InTech, 2012. ISBN: 978-953-51-0798-9. DOI: 10.5772/51866.

[82] GAISER, I. N.: „Entwicklung und Analyse neuer flexibler Fluidaktoren und Realisierung nachgiebiger Leichtbau- Robotersysteme“. Dissertation. Karlsruhe: Karlsruher Institutes für Technologie, 2016.

[83] GE, J.; SUN, L.; ZHANG, F.-R.; ZHANG, Y.; SHI, L.-A.; ZHAO, H.-Y.; ZHU, H.-W.; JIANG, H.-L. und YU, S.-H.: „A Stretchable Electronic Fabric Artificial Skin with Pressure-, Lateral Strain-, and Flexion-Sensitive Properties“. In: Advanced materials 28, Nr. 4 (2016), S. 722–728. DOI: 10.1002/adma.201504239.

[84] GENT, A. N.: „A New Constitutive Relation for Rubber“. In: Rubber Chemistry and Technology 69, Nr. 1 (1996), S. 59–61. ISSN: 0035-9475. DOI: 10.5254/1.3538357.

[85] GIFFNEY, T.; XIE, M.; YONG, A.; WONG, A.; MOUSSET, P.; MCDAID, A. und AW, K.: „Soft Pneumatic Bending Actuator with Integrated Carbon Nanotube Displacement Sensor“. In: Robotics 5, Nr. 1 (2016), S. 7. ISSN: 2218-6581. DOI: 10.3390/robotics5010007.

[86] GIOUSOUF, M.: „Vakuumerzeugervorrichtung“. Pat. Nr. DE 10 2013 013 545 A1. 13.08.2013.

[87] GLICK, P.; SURESH, S. A.; RUFFATTO, D.; CUTKOSKY, M.; TOLLEY, M. T. und PARNESS, A.: „A Soft Robotic Gripper With Gecko-Inspired Adhesive“. In: IEEE Robotics and Automation Letters 3, Nr. 2 (2018), S. 903–910. ISSN: 2377-3766. DOI: 10.1109/LRA.2018.2792688.

[88] GODAGE, I. S.; CHEN, Y.; GALLOWAY, K. C.; TEMPLETON, E.; RIFE, B. und WALKER, I. D.: „Real-time Dynamic Models for Soft Bending Actuators“. In: IEEE ROBIO 2018. Piscataway, New Jersey: IEEE, 2018, S. 1310–1313. ISBN: 978-1-7281-0377-8.

[89] GOHL, W.: „Elastomere - Dicht- und Konstruktionswerkstoffe: Gummitechnik, Richtlinien und Anwendungsbeispiele für Konstruktion und Praxis ; mit 96 Literaturstellen“. 4., überarb. und erw. Aufl. Bd. 5. Kontakt & Studium Werkstoffe. Ehningen bei Böblingen: expert-Verl., 1991. ISBN: 3816907237.

[90] GRAMBOW, A.: „Bestimmung der Materialparameter gefüllter Elastomere in Abhängigkeit von Zeit, Temperatur und Beanspruchungszustand“. Dissertation. Aachen: RWTH Aachen, 2002. URL: http://publications.rwth-aachen.de/record/60488/files/03_022.pdf (zuletzt geprüft am 13. 01. 2020).

[91] GREEF, A. de; LAMBERT, P. und DELCHAMBRE, A.: „Towards flexible medical instruments: Review of flexible fluidic actuators“. In: Precision Engineering 33, Nr. 4 (2009), S. 311–321. ISSN: 01416359. DOI: 10.1016/j.precisioneng.2008.10.004.

[92] GRIEBEL, A.; GRIEBEL, S. und ZENTNER, L.: „Vorrichtung und Verfahren zur Erfassung und Modifikation von Normal- und/oder Scherkräften, sowie deren Verwendung“. Pat. Nr. DE 10 2019 123 701.7. 04.09.2019.

[93] GRIEBEL, S.; BÖHM, V. und ZENTNER, L.: „Actuator development based on snail tentacles“. In: Prospects in mechanical engineering. Hrsg. von SCHARFF, P. und SCHNEIDER, A. Ilmenau und Ilmenau: Univ.-Bibliothek und Verl. ISLE, 2008. ISBN: 978-393-884-340-6. URL: www.db-thueringen.de/servlets/MCRFileNodeServlet/dbt_derivate_00022810/53_IWK_2008_1_3_03.pdf (zuletzt geprüft am 13. 01. 2020).

[94] GRIEBEL, S.; KELLER, C. und ZENTNER, L.: „Energieeffizienter, adaptiver Sauggreifer für medizintechnische und pharmazeutische Produkte“. In: 11. Kolloquium Getriebetechnik. Hrsg. von LÜTH, T. C.; IRLINGER, F. und ABDUL-SATER, K. Berlin: epubli, 2015, S. 277–294. ISBN: 978-3-73756497-7. URL: https://mediatum.ub.tum.de/doc/1276152/170656.pdf (zuletzt geprüft am 13. 01. 2020).

[95] GRIEBEL, S.; KELLER, C. und ZENTNER, L.: „Sauggreifer für Objekte mit glatten Oberflächen sowie dazugehöriges Verfahren und Verwendung desselben“. Pat. Nr. DE 10 2015 009 998 A1. 30.07.2015.

[96] GRIEBEL, S.; STRENG, A. und ZENTNER, L.: „Nachgiebiger Fluidantrieb zur Erzeugung einer nahezu exakten bidirektionalen Schraubenbewegung und dazugehöriges Verfahren". Pat. Nr. DE 10 2011 104 026 B4. 08.06.2011.

[97] GRIEBEL, S.; HÜGL, S.; WYSTUP, C.; RAU, T. S.; MAJDANI, O.; LENARZ, T. und ZENTNER, L.: „Adaptive Electrode Carrier". Pat. Nr. WO 2017/148903 A1. 28.02.2017.

[98] GRIEBEL, S.; HÜGL, S.; RAU, T. S.; MAJDANI, O.; WYSTUP, C.; LENARZ, T. und ZENTNER, L.: „Adaptiver Elektrodenträger, seine Verwendung und Verfahren zu seiner Insertion". Pat. Nr. DE 10 2016 003 295 B3. 04.03.2016.

[99] GRIEBEL, S.; BÖHM, V.; RISTO, U. und ZENTNER, L.: „Aktuator zur Erzeugung einer Bewegung, dazugehöriges Verfahren sowie dessen Verwendung". Pat. Nr. DE 10 2007 056 153 A1. 13.11.2007.

[100] GRIEBEL, S.; FIEDLER, P.; STRENG, A. und HAUEISEN, J.: „Erzeugung von Schraubenbewegungen mittels nachgiebigerAktuatoren". In: Mechanismentechnik in Ilmenau, Budapest und Niš. Hrsg. von ZENTNER, L. Bd. Band 1. Berichte der Ilmenauer Mechanismentechnik. Ilmenau: Universitätsverlag Ilmenau, 2012, S. 91–102. ISBN: 978-3-86360-034-1. URL: www.db-thueringen.de/servlets/MCRFileNodeServlet/dbt_derivate_00038004/ilm1-2012100142-091-4.pdf (zuletzt geprüft am 13. 01. 2020).

[101] GRIEBEL, S.; FEIERABEND, M.; BOJTOS, A. und ZENTNER, L.: „Kennlinien eines nachgiebigen fluidmechanischen Antriebes zur Erzeugung einer schraubenförmigen Bewegung - Vergleich Simulation und Messaufbau". In: 10. Kolloquium Getriebetechnik. Hrsg. von ZENTNER, L. Bd. Band 2. Berichte der Ilmenauer Mechanismentechnik. Ilmenau: Universitätsverlag Ilmenau, 2013, S. 391–408. ISBN: 978-3-86360-065-5. URL: www.db-thueringen.de/servlets/MCRFileNodeServlet/dbt_derivate_00038103/ilm1-2013100033-391-1.pdf (zuletzt geprüft am 13. 01. 2020).

[102] GRIEBEL, S.; FIEDLER, P.; STRENG, A.; HAUEISEN, J. und ZENTNER, L.: „Medical sensor placement with a screw motion". In: Actuator 10. Hrsg. von BORGMANN, H. Bremen: WFB Wirtschaftsförderung Bremen Division Messe Bremen, 2010, S. 1047–1050. ISBN: 9783933339126.

[103] GRIEBEL, S.; HÜGL, S.; RAU, T. S.; MAJDANI, O. und ZENTNER, L.: „Nachgiebiger fluidmechanischer Aktuator für eine schonende Implantation am Beispiel eines vorgekrümmten Cochlea-Implantat-Elektrodenträgers". In: Tagungsband 12. Kolloquium Getriebetechnik. Hrsg. von BEITELSCHMIDT, M. Bd. Bd. 1. Studientexte zur Dynamik und Mechanismentechnik. Dresden: TUDpress, 2017, S. 235–254. ISBN: 978-3-95908-111-5.

[104] GRIEBEL, S.; VOGES, D.; SCHILLING, C.; HAUEISEN, J. und ZENTNER, L.: „Nachgiebiger Mechanismus sucht biologisch inspirierte Verbesserung". In: Bionik: Patente aus der Natur. Hrsg. von KESEL, A. B. und ZEHREN, D. Bremen: Bionik-Innovations-Centrum, 2011, S. 222–227. ISBN: 978-3-00-033467-2.

[105] Griebel, S.; Fiedler, P.; Streng, A.; Haueisen, J. und Zentner, L.: „Neuartiger nachgiebiger Mechanismus zur Platzierung trockener EEG-Elektroden über eine Schraubenbewegung“. In: Proceedings BMT 2010, Rostock. Hrsg. von DGBMT im VDE e. V. Berlin: De Gruyter, 2010, S. 246–249. URL: www.db-thueringen.de/servlets/MCRFileNodeServlet/dbt_derivate_00046208/1862-278X_55_2010_S1-M_246-249.pdf (zuletzt geprüft am 13. 01. 2020).

[106] Griebel, S.; Böhm, V.; Erbe, T. und Zentner, L.: „Vom Schneckententakel zum nachgiebigen Aktuator“. In: Bionik: Patente aus der Natur. Hrsg. von Kesel, A. B. Bremen: Bionik-Innovations-Centrum, 2009, S. 247–252. ISBN: 978-3-00-027193-9.

[107] Hansen, F.: „Konstruktionssystematik: Grundlagen für eine allgemeine Konstruktionslehre“. 3., durchges. aufl. Berlin: Verlag Technik, 1968. URL: https://www.dmg-lib.org/dmglib/handler?docum=4886009&style=pdf (zuletzt geprüft am 13. 01. 2020).

[108] Hao, Y.; Wang, T.; Xie, Z.; Sun, W.; Liu, Z.; Fang, X.; Yang, M. und Wen, L.: „A eutectic-alloy-infused soft actuator with sensing, tunable degrees of freedom, and stiffness properties“. In: Journal of Micromechanics and Microengineering 28, Nr. 2 (2018), S. 024004. ISSN: 0960-1317. DOI: 10.1088/1361-6439/aa9d0e.

[109] Hao, Y.; Liu, Z.; Xie, Z.; Fang, X.; Wang, T. und Wen, L.: „A Variable Degree-of-Freedom and Self-sensing Soft Bending Actuator Based on Conductive Liquid Metal and Thermoplastic Polymer Compoites“. In: 2018 IEEE/RSJ International Conference on Intelligent Robots and Systems (IROS). IEEE, 2018, S. 8033–8038. ISBN: 978-1-5386-8094-0.

[110] Hasegawa, Y.; Shikida, M.; Ogura, D.; Suzuki, Y. und Sato, K.: „Fabrication of a wearable fabric tactile sensor produced by artificial hollow fiber“. In: Journal of Micromechanics and Microengineering 18, Nr. 8 (2008), S. 085014. ISSN: 0960-1317. DOI: 10.1088/0960-1317/18/8/085014.

[111] Heegaard, R. W.; Lampe, J. K.; Heegaard, William, G. und Heegaard, E. G.: „Pressure bandage with medication delivery system“. Pat. Nr. WO 2007-044647 A2. 05.10.2005.

[112] Heinz, A. und THiel, W.: „Elektrische Überwachung von Sauggreifern“. Pat. Nr. DE 10 2010 040 686 B3. 14.09.2010.

[113] Hesse, S.: „Greifer-Praxis: Greifer in der Handhabungstechnik“. 1. Aufl. Vogel-Fachbuch. Würzburg: Vogel, 1991. ISBN: 3-8023-0476-4.

[114] Hesse, S.: „Greifertechnik: Effektoren für Roboter und Automaten“. 1. Aufl. München: Hanser, 2011. ISBN: 978-3-446-42422-7. DOI: 10.3139/9783446427419.

[115] Hirt, N.: Script zur Lehrveranstaltung: Analoge und digitale Schaltungen: Teil: Digitale Schaltungen. 2020. URL: https://www.tu-ilmenau.de/fileadmin/public/mhe/ADS/DS_gesamt_n.pdf (zuletzt geprüft am 10. 01. 2020).

[116] Hisao, T.: „Suction cup“. Pat. Nr. JP11-002228 A. 11.06.1997.

[117] Hisatomi, R.; Kanno, T.; Miyazaki, T.; Kawase, T. und Kawashima Kenji: „Development of Forceps Manipulator Using Pneumatic Soft Actuator for a Bending Joint of Forceps Tip“. In: 2019 IEEE/SICE International Symposium 2019, S. 695–700.

[118] Holecek, T. und Dunkmann, W.: „Handhabungsanlage und Verfahren zum Betreiben einer Handhabungsanlage“. Pat. Nr. DE 10 2014 206 308 A1. 02.04.2014.

[119] Holland, D. P.; Park, E. J.; Polygerinos, P.; Bennett, G. J. und Walsh, C. J.: „The Soft Robotics Toolkit: Shared Resources for Research and Design“. In: Soft robotics 1, Nr. 3 (2014), S. 224–230. doi: 10.1089/soro.2014.0010.

[120] Howell, L. L.: „Complex mechanical motion guided without external control“. In: Nature 561, Nr. 7724 (2018), S. 470–471. doi: 10.1038/d41586-018-06787-2.

[121] Howell, L. L.: „Compliant mechanisms“. A Wiley-Interscience publication. New York, NY: Wiley, 2001. isbn: 0-471-38478-X.

[122] Huang, M.; Lu, Q.; Chen, W.; Qiao, J. und Chen, X.: „Design, analysis, and testing of a novel compliant underactuated gripper“. In: The Review of scientific instruments 90, Nr. 4 (2019), S. 045122. doi: 10.1063/1.5088439.

[123] Huang, Y.; Fang, D.; Wu, C.; Wang, W.; Guo, X. und Liu, P.: „A flexible touch-pressure sensor array with wireless transmission system for robotic skin“. In: The Review of scientific instruments 87, Nr. 6 (2016), S. 065007. doi: 10.1063/1.4954199.

[124] Hufford, D. L.: „Material handling sensor device and method“. Pat. Nr. US 4 662 668 A. 08.01.1986.

[125] Ilievski, F.; Mazzeo, A. D.; Shepherd, R. F.; Chen, X. und Whitesides, G. M.: „Soft robotics for chemists“. In: Angewandte Chemie (International ed. in English) 50, Nr. 8 (2011), S. 1890–1895. doi: 10.1002/anie.201006464.

[126] Ishii, M.: „Suction cup apparatus“. Pat. Nr. JP2001-120615A. 28.10.1999.

[127] Issa, M.: „Einsatz funktioneller Materialien zur Realisierung inhärenter Sensorik bei elastischen Strukturen“. Diss. Ilmenau: TU Ilmenau, 2017. url: https://www.db-thueringen.de/servlets/MCRFileNodeServlet/dbt_derivate_00038254/ilm1-2017000071.pdf (zuletzt geprüft am 13. 01. 2020).

[128] Issa, M.; Zentner, L.; Petkovic, D. und Pavlović, N.: „Embedded-sensing elements made of conductive silicone rubber for compliant robotic joint“. In: Innovation in mechanical engineering - shaping the future. Hrsg. von Schaeff, P und Schneider, A. Ilmenau und Ilmenau: Univ.-Bibliothek und Univ.-Verl. Ilmenau, 2011, insg. 6 S. isbn: 978-3-86360-001-3.

[129] Itskov, M.; Haberstroh, E. und Ehret, A. E.: „Experimental observation of the deformation induced anisotropy of the mullins effect in rubber“. In: Kautschuk, Gummi, Kunststoffe: KGK 59, Nr. 3 (1962), S. 93–96.

[130] Jacobs, O.: „Werkstoffkunde“. 1. Aufl. Vogel Fachbuch. Würzburg: Vogel, 2005. isbn: 978-3-8343-3008-6.

[131] JAMES, A. G. und GREEN, A.: „Strain energy functions of rubber. II. The characterization of filled vulcanizates". In: Journal of Applied Polymer Science 19, Nr. 8 (1975), S. 2319–2330. ISSN: 00218995. DOI: 10.1002/app.1975.070190822. URL: https://onlinelibrary.wiley.com/doi/epdf/10.1002/app.1975.070190822 (zuletzt geprüft am 13. 01. 2020).

[132] JOHNSEN, D. B.: „Snap-through Characteristic keyboard switch". Pat. Nr. US4254309. 18.12.1978.

[133] KAHRAMAN, H.: „Experimentelle Untersuchungen und Beschreibung des deformationsinduzierten anisotropen Werkstoffverhaltens von verstärkten Elastomeren". Dissertation. Aachen: RWTH Aachen, 2015. URL: https://publications.rwth-aachen.de/record/567858/files/567858.pdf (zuletzt geprüft am 07. 01. 2020).

[134] KALB, J. R.: „Combined suction cup and isolated sensor". Pat. Nr. US 6 437 560 B1. 31.10.2000.

[135] KAMIYA, T.: „Force detection sensor, force sensor, torque sensor, and robot". Pat. Nr. EP 3327416 A1. 22.11.2017.

[136] KANG, H.-W.; LEE, I. H. und CHO, D.-W.: „Development of a micro-bellows actuator using micro-stereolithography technology". In: Microelectronic Engineering 83, Nr. 4-9 (2006), S. 1201–1204. ISSN: 01679317. DOI: 10.1016/j.mee.2006.01.228.

[137] KATALOG: Hochauflösender 3D-Drucker: Modellreihe AGILISTA-3000. Hrsg. von KEYENCE CORPORATION. 2017. URL: https://www.keyence.de/mykeyence/?ptn=001 (zuletzt geprüft am 13. 01. 2020).

[138] KELLER, C.: „Untersuchung, Konzeption und Aufbau eines Sauggreifers für das Greifen von zylindrischen Glasobjekten". Masterarbeit. Ilmenau: TU Ilmenau, 2013.

[139] KERN, P.: „Elastomerreibung und Kraftübertragung beim Abscheren von aktiv betriebenen Vakuumgreifern auf rauen Oberflächen". Dissertation. Karlsruhe: Karlsruher Institut für Technologie (KIT), 2016. DOI: 10.5445/KSP/1000066972. URL: https://publikationen.bibliothek.kit.edu/1000066972/4140825 (zuletzt geprüft am 13. 01. 2020).

[140] KIMURA, M.; KAGAYA, K. und SATO, Y.: „Pressure sensor device and suction release apparatus". Pat. Nr. EP 1 020 780 A1. 17.01.2000.

[141] KLASCHKA, W.: „Vakuumtransporteinheit für Werkstücke". Pat. Nr. DE 102 42 711 A1. 13.09.2002.

[142] KÖLLNER, H.-J.: „Suction holder". Pat. Nr. WO 2006/076876 A1. 22.12.2005.

[143] KRAUSE, W.; ARNDT, K.-F. und RICHTER, A.: „System zur Dekubitusprophylaxe und/oder -therapie". Pat. Nr. DE 199 00 257 C2. 07.01.1999.

[144] KUNZE, J.; MOTZKI, P.; HOLZ, B.; YORK, A. und SEELECKE, S.: „Realization of a Vacuum Gripper System Using Shape Memory Alloy Wires". In: Actuator 14. Hrsg. von BORGMANN, H. Bremen: Messe Bremen WFB Wirtschaftsförderung Bremen, 2014, S. 210–213. ISBN: 9783933339232. DOI: 10.13140/RG.2.2.10387.48168.

[145] KUOLT, H.; FRITZ, F. und EISELE, T.: „Gripping or clamping device and method for handling articles". Pat. Nr. WO 2013/034635 A1. 06.09.2012.

[146] LANDKAMMER, S.: „Grundsatzuntersuchungen, mathematische Modellierung und Ableitung einer Auslegungsrichtlinie für Gelenkantriebe nach dem Spinnenbeinprinzip: Stefan Landkammer“. Dissertation. Erlangen. DOI: 10.25593/978-3-96147-230-7. URL: https://opus4.kobv.de/opus4-fau/files/12268/StefanLandkammer_Diss_OPUS.pdf (zuletzt geprüft am 13. 01. 2020).

[147] LANDKAMMER, S.; WINTER, F.; SCHNEIDER, D. und HORNFECK, R.: „Biomimetic Spider Leg Joints: A Review from Biomechanical Research to Compliant Robotic Actuators“. In: Robotics 5, Nr. 3 (2016), S. 15. ISSN: 2218-6581. DOI: 10.3390/robotics5030015.

[148] LANG, A.: „Vorrichtung und Verfahren zum Handhaben von Deckgläsern für Objektträger“. Pat. Nr. DE 101 44 048 B4. 07.09.2001.

[149] LEE, B.-Y.; KIM, J.; KIM, H.; KIM, C. und LEE, S.-D.: „Low-cost flexible pressure sensor based on dielectric elastomer film with micro-pores“. In: Sensors and Actuators A: Physical 240 (2016), S. 103–109. ISSN: 09244247. DOI: 10.1016/j.sna.2016.01.037.

[150] LESSING, JOSHUA, AARON; WHITESIDES, GEORGE, M.; MARTINEZ, RAMSES, V.; YANG, D.; MOSADEGH, B.; GALLOWAY, KEVIN, C.; GUDER, F. und TAYI, ALOK, SURYAVAMSEE: „Sensors for soft robots and soft actuators“. Pat. Nr. WO 2016/029143 A1. 21.08.2015.

[151] LI, H.; YAO, J.; ZHOU, P.; CHEN, X.; XU, Y. und ZHAO, Y.: „High-Load Soft Grippers Based on Bionic Winding Effect“. In: Soft robotics 6, Nr. 2 (2019) S. 276–288. DOI: 10.1089/soro.2018.0024.

[152] LICHTENHELDT, R.: „Konzeption und Aufbau einer Demonstrationsanlage für das Greifen eines Eis“. Masterarbeit. Ilmenau: TU Ilmenau, 2011.

[153] LINSS, S.; GRIEBEL, S.; KIKOVA, T. und ZENTNER, L.: „Pneumatically driven compliant structures based on the multi-arc principle for the use in adaptive support devices“. In: Innovation in mechanical engineering - shaping the future. Hrsg. von SCHARFF, P. und SCHNEIDER, A. Ilmenau und Ilmenau: Univ.-Bibliothek und Univ.-Verl. Ilmenau, 2011, insg. 6 S. ISBN: 978-3-86360-001-3. URL: www.db-thueringen.de/servlets/MCRFileNodeServlet/dbt_derivate_00024739/ilm1-2011iwk-137.pdf (zuletzt geprüft am 13. 01. 2020).

[154] LINSS, S.: „Ein Beitrag zur geometrischen Gestaltung und Optimierung prismatischer Festkörpergelenke in nachgiebigen Koppelmechanismen“. Dissertation. Ilmenau: TU Ilmenau, 2015. URL: www.db-thueringen.de/servlets/MCRFileNodeServlet/dbt_derivate_00032017/ilm1-2015000283.pdf (zuletzt geprüft am 13. 01. 2020)

[155] LUBAS, E.: „Einrichtung zum Erfassen und Transportieren von Fördergut mit einem oder mehreren Saugköpfen“. Pat. Nr. DE 000001928727 C. 06.06.1969.

[156] LUTZ, C. D.: „Sensor with suction cup array mount“. Pat. Nr. US 2004 0075032 A1. 14.10.2003.

[157] MAGIN, W.: Verbundwerkstoffe - Werkstoffverbunde: Gemeinsam stark und flexibel. 13.13.2006. URL: https://beschaffung-aktuell.industrie.de/allgemein/gemeinsam-stark-und-flexibel/ (zuletzt geprüft am 06. 01. 2020).

[158] MARCHESE, A. D.; ONAL, C. D. und RUS, D.: „Autonomous Soft Robotic Fish Capable of Escape Maneuvers Using Fluidic Elastomer Actuators“. In: Soft robotics 1, Nr. 1 (2014), S. 75–87. DOI: 10.1089/soro.2013.0009.

[159] MATSUHASHI, A.; TANIMOTO, S. und WAKAO, S.: „Vacuum suction pad“. Pat. Nr. JP 2005 246 575 A. 05.03.2004.

[160] MEIER, P.; LANG, M. und OBERTHÜR, S.: „Reiterated tension testing of silicone elastomer“. In: Plastics, Rubber and Composites 34, Nr. 8 (2005), S. 372–377. ISSN: 1465-8011. DOI: 10.1179/174328905X59737.

[161] MENGES, G.; MICHAELI, W.; MOHREN, P. und MENGES-MICHAELI-MOHREN: „Anleitung zum Bau von Spritzgießwerkzeugen“. 5., völlig überarb. Aufl. München: Hanser, 1999. ISBN: 3-446-21258-2.

[162] MISSION, W. W.; STUDLEY, C. K.; OLIVER, B. M. und LILJENWALL, E. T.: „Keyboard Having switches with tactile feedback“. Pat. Nr. US4314112. 10.06.1974.

[163] MOONEY, M.: „A Theory of Large Elastic Deformation“. In: Journal of Applied Physics 11, Nr. 9 (1940), S. 582–592. ISSN: 0021-8979. DOI: 10.1063/1.1712836.

[164] MORRONEY, W. D.: „Saugnapfvorrichtung“. Pat. Nr. DE 600 15 242 T2. 13.07.2000.

[165] MORROW, J.; SHIN, H.-S.; PHILLIPS-GRAFFLIN, C.; JANG, S.-H.; TORREY, J. und LARKINS, R.: „Improving Soft Pneumatic Actuator Fingers through Integration of Soft Sensors, Position and Force Control, and Rigid Fingernails“. In: 2016 IEEE International Conference on Robotics and Automation, Stockholm, Sweden, May 16th-21st. Hrsg. von OKAMURA, A. und MENCIASSI, A. Piscataway, NJ: IEEE, 2016, S. 5024–5031. ISBN: 978-1-4673-8026-3.

[166] MOSADEGH, B.; POLYGERINOS, P.; KEPLINGER, C.; WENNSTEDT, S.; SHEPHERD, R. F.; GUPTA, U.; SHIM, J.; BERTOLDI, K.; WALSH, C. J. und WHITESIDES, G. M.: „Pneumatic Networks for Soft Robotics that Actuate Rapidly“. In: Advanced Functional Materials 24, Nr. 15 (2014), S. 2163–2170. ISSN: 1616301X. DOI: 10.1002/adfm.201303288.

[167] MOTZKI, P.; KUNZE, J.; YORK, A. und SEELECKE, S.: „Energy-efficient SMA Vacuum Gripper System“. In: ACTUATOR 16. Hrsg. von BORGMANN, H. Bremen, Germany: Messe Bremen WFB Wirtschaftsförderung Bremen GmbH, 2016, S. 536–529. ISBN: 9783933339287. DOI: 10.13140/RG.2.2.25486.97609.

[168] MÜLLER, G. und GROTH, C.: „FEM für Praktiker“. 8., neu bearb. Aufl. Bd. 23. Edition expertsoft. Renningen: expert-Verl., 2007. ISBN: 3-8169-2685-1.

[169] MÜLLER, R.; FRANKE, J.; HENRICH, D.; KUHLENKÖTTER, B.; RAATZ, A. und VERL, A.: „Handbuch Mensch-Roboter-Kollaboration“. München: Hanser, 2019. ISBN: 978-3-446-45016-5.

[170] MULLINS, L.: „Effect of Stretching on the Properties of Rubber". In: Rubber Chemistry and Technology 21, Nr. 2 (1948), S. 281–300. ISSN: 0035-9475. DOI: 10.5254/1.3546914.

[171] MULLINS, L.: „Softening of Rubber by Deformation". In: Rubber Chemistry and Technology 42, Nr. 1 (1969), S. 339–362. ISSN: 0035-9475. DOI: 10.5254/1.3539210.

[172] N. N.: „Faltenbalgsauggreifer". Pat. Nr. DE 200 18 695 U1. 02.11.2000.

[173] N. N.: „Rollmembran und Verfahren zu ihrer Herstellung". Pat. Nr. DE 1806927 B2. 29.10.1968.

[174] N. N.: „Sauggreifer". Pat. Nr. DE 20 2010 007 758 U1. 04.06.2010.

[175] N. N.: „Sauggreifer". Pat. Nr. DE 299 06 611 U1. 14.04.1999.

[176] N. N.: „Sauggreifer". Pat. Nr. DE 20 2011 101 231 U1. 28.05.2011.

[177] N. N.: „Sauggreifer und Abstützelement eines Sauggreifers". Pat. Nr. DE 20 2007 002 876 U1. 27.02.2007.

[178] N. N.: „Saughalter". Pat. Nr. DE 20 2005 001 085 U1. 24.01.2005.

[179] N. N.: „Vakuumbefestigungselement". Pat. Nr. DE 20 2004 021 246 U1. 19.05.2004.

[180] N. N.: „Valve for a dispensing package". Pat. Nr. EP 1 426 303 A2. 23.07.1996.

[181] N. N.: „Vorrichtung zum Spannen und/oder Halten von Werkstücken". Pat. Nr. DE 20 2008 018 192 U1. 19.07.2008.

[182] NACHTIGALL, W. und WISSER, A.: „Biologisches Design: Systematischer Katalog für Bionisches Gestalten". Berlin, Heidelberg: Springer-Verlag Berlin Heidelberg, 2005. ISBN: 3-540-22789-X. DOI: 10.1007/b138983.

[183] NAGAI, S.; SAKURAI, S. und KAWAMOTO, T.: „Saugnapf". Pat. Nr. DE 41 36 359 A1. 05.11.1991.

[184] NAGAI, S. und YAMAMOTO, M.: „Saugnapf". Pat. Nr. DE 101 35 404 A1. 25.07.2001.

[185] NAGATA, H.; NAGAI, R.; INOUE, Y. und KUBOTA, Y.: „Force sensor and robot". Pat. Nr. EP 2 752 650 A1. 01.09.2011.

[186] NAGDI, K.: „Gummi-Werkstoffe: Ein Ratgeber für Anwender; Arten, Gemeinsamkeiten, Zusammensetzung, Eigenschaften, Beständigkeiten, Anwendungen, Prüfungen, Klassifizierung, Chemie". 1. Aufl. Würzburg: Vogel, 1981. ISBN: 3-8023-0629-5.

[187] NAYAK, A.; LI, H.; HAO, G. und CARO, S.: „A reconfigurable compliant four-bar mechanism with multiple operation modes". In: Proceedings of the ASME International Design Engineering Technical Conferences and Computers and Information in Engineering Conference - 2017. New York, N.Y.: The American Society of Mechanical Engineers, 2017. ISBN: 9780791858240.

[188] NICKEL, V. L.; PERRY, J. und GARRETT, A. L.: „Development of Useful Function in the Severely Paralyzed Hand". In: The Journal of Bone & Joint Surgery 45, Nr. 5 (1963), S. 933–952. ISSN: 0021-9355. DOI: 10.2106/00004623-196345050-00004.

[189] Ogden, R. W.: „Large Deformation Isotropic Elasticity - On the Correlation of Theory and Experiment for Incompressible Rubberlike Solids“. In: Proceedings of the Royal Society A: Mathematical, Physical and Engineering Sciences 326, Nr. 1567 (1972), S. 565–584. issn: 1364-5021. doi: 10.1098/rspa.1972.0026.

[190] Ogden, R. W. und Roxburgh, D. G.: „A pseudo–elastic model for the Mullins effect in filled rubber“. In: Proceedings of the Royal Society of London. Series A: Mathematical, Physical and Engineering Sciences 455, Nr. 1988 (1999), S. 2861–2877. issn: 1364-5021. doi: 10.1098/rspa.1999.0431.

[191] Ogden, R. W.; Saccomandi, G. und Sgura, I.: „Fitting hyperelastic models to experimental data“. In: Computational Mechanics 34, Nr. 6 (2004), S. 484–502. issn: 0178-7675. doi: 10.1007/s00466-004-0593-y.

[192] Pachaly, B.; Baumann, C. und Seitz, V.: „3D-Gedruckte Formteile aus mehr als einem Silicon-Material“. Pat. Nr. WO 2019/063094 A1. 29.09.2017.

[193] Parisch, H.: „Festkörper-Kontinuumsmechanik: Von den Grundgleichungen zur Lösung mit Finiten Elementen“. Teubner Studienskripten Soziologie. Wiesbaden: Vieweg+Teubner Verlag, 2003. isbn: 978-3-519-00434-9. doi: 10.1007/978-3-322-80052-7.

[194] Park, J. H.; Jung, J. W.; Kang, H.-W.; Joo, Y. H.; Lee, J.-S. und Cho, D.-W.: „Development of a 3D bellows tracheal graft: mechanical behavior analysis, fabrication and an in vivo feasibility study“. In: Biofabrication 4, Nr. 3 (2012), S. 035004. doi: 10.1088/1758-5082/4/3/035004.

[195] Park, Y.-L.; Majidi, C.; Kramer, R.; Bérard, P. und Wood, R. J.: „Hyperelastic pressure sensing with a liquid-embedded elastomer“. In: Journal of Micromechanics and Microengineering 20, Nr. 12 (2010), S. 1–6. issn: 0960-1317. doi: 10.1088/0960-1317/20/12/125029.

[196] Pawelski, H.: „Softening behaviour of elastomeric media after loading in changing directions“. In: Constitutive models for rubber II. Hrsg. von Besdo, D. und Schuster, R. H. Lisse: Balkema, 2001. isbn: 9026518471.

[197] Paynter, H. M.: „High pressure fluid-driven tension actuators and method for constructing them“. Pat. Nr. US4751869. 12.07.1985.

[198] Pelrine, R. E.; Kornbluh, R. D.; Pei, Q. und Eckerle, J. S.: „Electroactive polymer sensor“. Pat. Nr. US 2002/0130673 A1. 6.12.2001.

[199] Penn, R. W.: „Volume Changes Accompanying the Extension of Rubber“. In: Transactions of the Society of Rheology 14, Nr. 4 (1970), S. 509–517. issn: 0038-0032. doi: 10.1122/1.549176.

[200] Pflüger, A.: „Stabilitätsprobleme der Elastostatik“. 3., neubearb. Aufl. Berlin: Springer, 1975. isbn: 0-387-06693-4.

[201] Polygerinos, P.; Wang, Z.; Overvelde, J. T. B.; Galloway, K. C.; Wood, R. J.; Bertoldi, K. und Walsh, C. J.: „Modeling of Soft Fiber-Reinforced Bending Actuators“. In: IEEE Transactions on Robotics 31, Nr. 3 (2015), S. 778–789. issn: 1552-3098. doi: 10.1109/TRO.2015.2428504.

[202] Princy, K. G.; Joseph, R. und Kartha, C. S.: „Studies on conductive silicone rubber compounds“. In: Journal of Applied Polymer Science 69, Nr. 5 (1998), S. 1043–1050. issn: 00218995. url: http://citeseerx.ist.psu.edu/viewdoc/download?doi=10.1.1.825.6634&rep=rep1&type=pdf (zuletzt geprüft am 13. 01. 2020).

[203] Produktkatalog: Digitales Härteprüfgerät HDA 100-1. Hrsg. von KERN & SOHN GmbH. url: www.kern-sohn.com/cgi-bin/cosmoshop/lshop.cgi?action=suche&ls=de&gesamt_zeilen=0&suchbegriff=HDA%20HD0%20HDD (zuletzt geprüft am 18. 05. 2020).

[204] Pylatiuk, C.; Kargov, A.; Gaiser, I.; Werner, T.; Schulz, S. und Bretthauer G.: „Design of a Flexible Fluidic Actuation System for a Hybrid Elbow Orthosis“. In: IEEE International Conference on Rehabilitation Robotics, 2009. Piscataway, NJ: IEEE, 2009, S. 167–171. isbn: 978-1-4244-3789-4.

[205] Pylatiuk, C. und St. Schulz: „Entwicklung flexibler Fluidaktoren und ihre Anwendung in der Medizintechnik“. In: Medizinisch-orthopädische Technik Nr. 120 (2000), S. 186–189.

[206] Pylatiuk, C.; Schulz, S.; Kargov, A. und Bretthauer, G.: „Two multiarticulated hydraulic hand prostheses“. In: Artificial organs 28, Nr. 11 (2004), S. 980–986. doi: 10.1111/j.1525-1594.2004.00014.x.

[207] Rehman, T.; Faudzi, A. A. M.; Dewi, D. E. O. und Ali, M. S. M.: „Design, characterization, and manufacturing of circular bellows pneumatic soft actuator“. In: The International Journal of Advanced Manufacturing Technology 93, Nr. 9-12 (2017), S. 4295–4304. issn: 0268-3768. doi: 10.1007/s00170-017-0891-z.

[208] Richtlinie: Design Guidelines. Hrsg. von Wacker Chemie AG. url: https://www.aceo3d.com/wp-content/uploads/2019/06/ACEO-Design_Guidelines_MM_190606_.pdf (zuletzt geprüft am 04. 05. 2020).

[209] Risto, U.: „Zur Charakterisierung und Anwendung des Durchschlagverhaltens von nachgiebigen rotationssymmetrischen Strukturen“. Dissertation. Ilmenau: TU Ilmenau, 2013. url: www.db-thueringen.de/servlets/MCRFileNodeServlet/dbt_derivate_00028374/ilm1-2013000467.pdf (zuletzt geprüft am 13. 01. 2020).

[210] Risto, U.; Uhlig, R.; Zimmermann, D. und Zentner, L.: „Entlüftungsventil für solarthermische Anlagen und dazugehöriges Verfahren“. Pat. Nr. DE 10 2008 060 973 A1. 02.12.2008.

[211] Rivlin, R. S.: „Large Elastic Deformations of Isotropic Materials. I. Fundamental Concepts“. In: Philosophical Transactions of the Royal Society A: Mathematical, Physical and Engineering Sciences 240, Nr. 822 (1948), S. 459–490. doi: 10.1098/rsta.1948.0002.

[212] Rivlin, R. S.: „Large Elastic Deformations of Isotropic Materials. IV. Further Developments of the General Theory“. In: Philosophical Transactions of the Royal Society A: Mathematical, Physical and Engineering Sciences 241, Nr. 835 (1948), S. 379–397. doi: 10.1098/rsta.1948.0024.

[213] Roberts, P.; Damian, D. D.; Shan, W.; Lu, T. und Majidi, C.: „Soft-Matter Capacitive Sensor for Measuring Shear and Pressure Deformation“. In: IEEE International Conference on Robotics and Automation (ICRA), 2013. Piscataway, NJ: IEEE, 2013, S. 3529–3534. isbn: 978-1-4673-5643-5.

[214] Rocha, R. P.; Lopes, P. A.; Almeida, A. T. de; Tavakoli, M. und Majidi, C.: „Fabrication and characterization of bending and pressure sensors for a soft prosthetic hand“. In: Journal of Micromechanics and Microengineering 28, Nr. 3 (2018), S. 1–10. issn: 0960-1317. doi: 10.1088/1361-6439/aaa1d8.

[215] Rus, D. und Tolley, M. T.: „Design, fabrication and control of soft robots“. In: Nature 521, Nr. 7553 (2015), S. 467–475. doi: 10.1038/nature14543.

[216] Saggio, G.; Riillo, F.; Sbernini, L. und Quitadamo, L. R.: „Resistive flex sensors: A survey“. In: Smart Materials and Structures 25, Nr. 1 (2016), S. 013001. issn: 0964-1726. doi: 10.1088/0964-1726/25/1/013001.

[217] Saleem, A.; Frormann, L. und Soever, A.: „Fabrication of Extrinsically Conductive Silicone Rubbers with High Elasticity and Analysis of Their Mechanical and Electrical Characteristics“. In: Polymers 2, Nr. 3 (2010), S. 200–210. issn: 2073-4360. doi: 10.339 0/polym2030200.

[218] Sanford, C. E.; Marcoux, L.; Stratt, D. B. und Lombardo, G. J.: „Automotive transmission control system and improved longevity therefor“. Pat. Nr. US4758695. 03.09.1986.

[219] Schallamach, A. und Grosch, K. A.: „Tire Traction and Wear“. In: Mechanics of Pneumatic Tires Nr. Chapter 6 (1979), S. 365–474.

[220] Schick, J.; Schmalz, K.; Schmalz, W. und Eisele, T.: „Greifersystem, insbesondere Vakuumgreifersystem“. Pat. Nr. DE 19817426 A1. 18.04.1998.

[221] Schilling, M.: „Konstruktionsprinzipien der Gerätetechnik“. Habilitationsschrift. Ilmenau: TU Ilmenau, 1982.

[222] Schmalz, K.; Beutel, A. und Dohrmann, H.: Vakuum - Automation; Komponenten - Katalog. Hrsg. von J. Schmalz GmbH. Glatten, 2018-2019.

[223] Schmalz, K. und Eisele, T.: „Sauggreifer“. Pat. Nr. DE 2004 014 635 B4. 22.03.2004.

[224] Schmalz, K.; Eisele, T. und Schmierer, G.: „Pneumatische Unterdruckhandhabungseinrichtung“. Pat. Nr. DE 101 51 883 84. 20.10.2001.

[225] Schmalz, K.; Schmierer, G. und Eisele, T.: „Verfahren zum Betreiben einer Unterdruckhandhabungseinrichtung“. Pat. Nr. DE 10 2004 013 058 A1. 05.03.2004.

[226] Schmid, A.: „Suction contact sensor, in particular for non-invasive measurements of a foetus such as the pulse rate“. Pat. Nr. WO 01/50953 A1. 07.01.2000.

[227] Schmidt, K.; Echelmeyer, W. und Franck, H.: „Suction gripper“. Pat. Nr. WO 2007/131463 A1. 16.03.2007.

[228] Schnatterer, J.: „Luftspareinrichtung für eine Saugvorrichtung“. Pat. Nr. DE 100 09 167 B4. 26.02.2000.

[229] SCHULTE JR., H. F.: „The characterisitcs of the McKibben artificial muscle“. In: The Application of external power in prosthetics and orthotics. Hrsg. von NATIONAL ACADEMY OF SCIENCES - NATIONAL RESEARCH COUNCIL. Bd. 874. Washington, D. C., 1961.

[230] SCHULZ, S.; PYLATIUK, C.; REISCHL, M.; MARTIN, J.; MIKUT, R. und BRETTHAUER, G.: „A hydraulically driven multifunctional prosthetic hand“. In: Robotica 23, Nr. 3 (2005), S. 293–299. ISSN: 0263-5747. DOI: 10.1017/S0263574704001316.

[231] SCHWARZ, O.; EBELING, F. W.; RICHTER, F.; HUBERTH, H.; SCHIRBER, H. und SCHLÖR, N.: „Kunststoffkunde: Aufbau - Eigenschaften - Verarbeitung - Anwendungen der Thermoplaste - Duroplaste und Elastomere“. 10., überarbeitete Auflage. Würzburg: Vogel Business Media, 2016. ISBN: 978-3-8343-3366-7.

[232] SEEGRÄBER, L.: „Greifsysteme für Montage: Handhabung und Industrieroboter; Grundlagen - Erfahrungen - Einsatzbeispiele“. Bd. 416. Kontakt & Studium Automatisierung. Ehningen bei Böblingen: Expert-Verlag, 1993. ISBN: 3-8169-0943-4.

[233] SEIDEL, W. W. und HAHN, F.: „Werkstofftechnik: Werkstoffe - Eigenschaften - Prüfung - Anwendung : mit 389 Bildern sowie zahlreichen Tabellen, Beispielen, Übungen und Testaufgaben“. 11., aktualisierte Auflage. Lernbücher der Technik. München: Hanser, 2018. ISBN: 978-3-446-45415-6.

[234] SHEPHERD, R. F.; ILIEVSKI, F.; CHOI, W.; MORIN, S. A.; STOKES, A. A.; MAZZEO, A. D.; CHEN, X.; WANG, M. und WHITESIDES, G. M.: „Multigait soft robot“. In: Proceedings of the National Academy of Sciences of the United States of America 108, Nr. 51 (2011), S. 20400–20403. DOI: 10.1073/pnas.1116564108.

[235] SHINTAKE, J.; CACUCCIOLO, V.; FLOREANO, D. und SHEA, H.: „Soft Robotic Grippers“. In: Advanced materials (2018), e1707035. DOI: 10.1002/adma.201707035.

[236] SIEMROTH, K.: „Entwicklung eines koaxialen Faltenbalgzylinders zur Übertragung von linearen Bewegungen ins Hochvakuum“. In: Wissenschaftliche Beiträge 2007 der TH Wildau 12 (2007), S. 68–71. URL: https://opus4.kobv.de/opus4-th-wildau/files/22/WB_TFHW_2007_Artikel_10_Siemroth.pdf (zuletzt geprüft am 13. 01. 2020).

[237] SKOURAS, M.; THOMASZEWSKI, B.; KAUFMANN, P.; GARG, A.; BICKEL, B.; GRINSPUN, E. und GROSS, M.: „Designing inflatable structures“. In: ACM Transactions on Graphics 33, Nr. 4 (2014), S. 1–10. ISSN: 07300301. DOI: 10.1145/2601097.2601166.

[238] SONAR, H. A. und PAIK, J.: „Soft Pneumatic Actuator Skin with Piezoelectric Sensors for Vibrotactile Feedback“. In: Frontiers in Robotics and AI 2 (2016), S. 075030. ISSN: 2296-9144. DOI: 10.3389/frobt.2015.00038.

[239] SPINA, F.; POURYAZDAN, A.; COSTA, J. C.; CUSPINERA, L. P. und MÜNZENRIEDER, N.: „Directly 3D-printed monolithic soft robotic gripper with liquid metal microchannels for tactile sensing“. In: Flexible and Printed Electronics 4, Nr. 3 (2019), S. 035001. ISSN: 2058-8585. DOI: 10.1088/2058-8585/ab3384.

[240] Stassi, S.; Cauda, V.; Canavese, G. und Pirri, C. F.: „Flexible tactile sensing based on piezoresistive composites: a review“. In: Sensors (Basel, Switzerland) 14, Nr. 3 (2014), S. 5296–5332. doi: 10.3390/s140305296.

[241] Statex Produktions- und Vertriebs GmbH, Hrsg.: Technical Data Sheet vom 07.11.2019: Shieldex ® 235/36dtex 2-ply HC + B TPU.

[242] Steng, A.: „Entwicklung und Untersuchung einer nachgiebigen Struktur zur Erzeugung einer rotatorischen Bewegung“. Diplomarbeit. Ilmenau: TU Ilmenau, 2008.

[243] Stockburger, R.; Conzelmann, T. und Kuolt, H.: „Handhabungsvorrichtung und Verfahren zur Überwachung einer Handhabungsvorrichtung“. Pat. Nr. DE 10 2016114 378 A1. 03.08.2016.

[244] Sun, G.; Hu, Y.; Dong, M.; He, Y.; Yu, M. und Zhu, L.: „Posture measurement of soft pneumatic bending actuator using optical fibre-based sensing membrane“. In: Industrial Robot: the international journal of robotics research and application 46, Nr. 1 (2019), S. 118–127. issn: 0143-991X. doi: 10.1108/IR-08-2018-0159.

[245] Sun, Y.; Wang, Z.; Meng, X.; Wang, Y.; Li, C. und Qi, Y.: „The Influence of Mechanical Properties of Dielectric Material and Structure of Electrodes on Capacitive Sensor Properties“. In: ICEPT 2018. Hrsg. von Ye, T.; Xia, F.; Wang, J. und Chen, L. Piscataway, NJ: IEEE, 2018, S. 1170–1173. isbn: 978-1-5386-6386-8.

[246] Surakusumah, R. F.; Faudzi1, A. A.; Dewit, D. E. O. und Supriyanto, E.: „Development of a Half Sphere Bending Soft Actuator for Flexible Bronchoscope Movement“. In: 2014 IEEE International Symposium on Robotics and Manufacturing Automation (IEEE-ROMA2014). Piscataway, NJ: IEEE, 2014, S. 120–125. isbn: 978-1-4799-5765-1.

[247] Szwajcowski, M.: „Gummi-Saugglocke für Akupunktur und Massage manuell bedienbar“. Pat. Nr. DE 298 09 041 U1. 19.05.1998.

[248] Tahir, A. M.; Naselli, G. A. und Zoppi Matteo: „PASCAV Gripper: a Pneumatically Actuated Soft Cubical Vacuum Gripper“. In: 2018 International Conference on Reconfigurable Mechanisms and Robots (ReMAR 2018). Hrsg. von Herder, J. L. und van der Wijk, V. Piscataway, NJ: IEEE, 2018. isbn: 978-1-5386-6380-6. doi: 10.1109/REMAR.2018.8449863.

[249] Tavakoli, M.; Rocha, R.; Osorio, L.; Almeida, M.; Almeida, A. de; Ramachandran, V.; Tabatabai, A.; Lu, T. und Majidi, C.: „Carbon doped PDMS: Conductance stability over time and implications for additive manufacturing of stretchable electronics“. In: Journal of Micromechanics and Microengineering 27, Nr. 3 (2017), S. 1–13. issn: 0960-1317. doi: 10.1088/1361-6439/aa5ab1. url: https://iopscience.iop.org/article/10.1088/1361-6439/aa5ab1/pdf (zuletzt geprüft am 13. 01. 2020).

[250] Thuruthel, T. G.; Abidi, S. H.; Cianchetti, M.; Laschi, C. und Falotico, E.: A bistable soft gripper with mechanically embedded sensing and actuation for fast closed-loop grasping. 2019. doi: 10.13140/RG.2.2.22701.13280. url: https://arxiv.org/pdf/1902.04896.pdf.

[251] TONDU, B. und LOPEZ, P.: „The McKibben muscle and its use in actuating robot–arms showing similarities with human arm behaviour". In: Industrial Robot: An International Journal 24, Nr. 6 (1997), S. 432–439. DOI: 10.1108/01439919710192563.

[252] TUCHOLSKI, G.: „Snap-through gasket for galvanic cells". Pat. Nr. WO 99/00856. 25.06.1998.

[253] TURNER, D. G.: „Rollmembran". Pat. Nr. DE 1525508 B2. 08.06.1966.

[254] UHLIG, R.: „Konzeption und Untersuchung eines bistabilen Sicherheitsventils und simulationsbasierte Entwicklung einer Methode zu dessen Dimensionierung". Dissertation. Ilmenau: TU Ilmenau, 2019. URL: www.db-thueringen.de/servlets/MCRFileNodeServlet/dbt_derivate_00044400/ilm1-2018000718.pdf (zuletzt geprüft am 13. 01. 2020).

[255] ULRICH, S.; BRUNS, R. und FREYER, H.: „Complex Motions with Anisotropic Elastomeric Actuators". In: Actuator 12. Hrsg. von BORGMANN, H. Bremen: WFB Wirtschaftsförderung Bremen Division Messe Bremen, 2012. ISBN: 9783933339195.

[256] VALENTA, L. und BOJTOS, A.: „Mechanical and Electrical Testing of Electrically Conductive Silicone Rubber". In: Materials Science Forum 589 (2008), S. 179–184. ISSN: 1662-9752. DOI: 10.4028/www.scientific.net/MSF.589.179.

[257] VDI RICHTLINIE: VDI 2127 - Getriebetechnische Grundlagen. Berlin, Februar 1993.

[258] VEIX, S.: „Suction gripper". Pat. Nr. WO 2011/054430 A1. 08.10.2010.

[259] VIRY, L.; LEVI, A.; TOTARO, M.; MONDINI, A.; MATTOLI, V.; MAZZOLAI, B. und BECCAI, L.: „Flexible three-axial force sensor for soft and highly sensitive artificial touch". In: Advanced materials 26, Nr. 17 (2014), S. 2659–64, 2614. DOI: 10.1002/adma.201305064.

[260] VOLDER, M. de und REYNAERTS, D.: „Pneumatic and hydraulic microactuators: A review". In: Journal of Micromechanics and Microengineering 20, Nr. 4 (2010), S. 043001. ISSN: 0960-1317. DOI: 10.1088/0960-1317/20/4/043001.

[261] WANG, J.; FEI, Y. und PANG, W.: „Design, Modeling, and Testing of a Soft Pneumatic Glove With Segmented PneuNets Bending Actuators". In: IEEE/ASME Transactions on Mechatronics 24, Nr. 3 (2019), S. 990–1001. ISSN: 1083-4435. DOI: 10.1109/TMECH.2019.2911992.

[262] WEBER, C.: „Modelling Products and Product Development Based on Characteristics and Properties". In: An Anthology of Theories and Models of Design. Hrsg. von CHAKRABARTI, A. und BLESSING, L. T. M. London: Springer London, 2014, S. 327–352. ISBN: 978-1-4471-6337-4.

[263] WEBER, C. und WERNER, H.: „Klassifizierung von CAx-Werkzeugen für die Produktentwicklung auf der Basis eines neuartigen Produkt- und Prozessmodells". In: Design for X. Hrsg. von MEERKAMM, H. Erlangen: Lehrstuhl für Konstruktionstechnik Friedrich-Alexander-Universität Erlangen-Nürnberg, 2000, S. 126–143. ISBN: 3-000-068-740. URL: https://www.designsociety.org/publication/27539/ (zuletzt geprüft am 13. 01. 2020).

[264] Westermann, H.: „Konzeption und Aufbau einer Massageauflage bestehend aus nachgiebigen fluidmechanischen Aktuatoren“. Bachelorarbeit. Ilmenau: TU Ilmenau, 2015.

[265] Wrana, C.: „Polymerphysik: Eine physikalische Beschreibung von Elastomeren und ihren anwendungsrelevanten Eigenschaften“. Berlin: Springer Spektrum, 2014. ISBN: 978-3-642-45075-4. DOI: 10.1007/978-3-642-45076-1.

[266] Yang, C.; Kang, R.; Branson, D. T.; Chen, L. und Dai, J. S.: „Kinematics and statics of eccentric soft bending actuators with external payloads“. In: Mechanism and Machine Theory 139 (2019), S. 526–541. ISSN: 0094114X. DOI: 10.1016/j.mechmachtheory.2019.05.015.

[267] Yang, D.; Mosadegh, B.; Ainla, A.; Lee, B.; Khashai, F.; Suo, Z.; Bertoldi, K. und Whitesides, G. M.: „Buckling of Elastomeric Beams Enables Actuation of Soft Machines“. In: Advanced materials 27, Nr. 41 (2015), S. 6323–6327. DOI: 10.1002/adma.201503188.

[268] Yang, D.; Verma, M. S.; So, J.-H.; Mosadegh, B.; Keplinger, C.; Lee, B.; Khashai, F.; Lossner, E.; Suo, Z. und Whitesides, G. M.: „Buckling Pneumatic Linear Actuators Inspired by Muscle“. In: Advanced Materials Technologies 1, Nr. 3 (2016), S. 1600055. ISSN: 2365709X. DOI: 10.1002/admt.201600055.

[269] Yang, Y. und Chen, Y.: „Innovative Design of Embedded Pressure and Position Sensors for Soft Actuators“. In: IEEE Robotics and Automation Letters 3, Nr. 2 (2018), S. 656–663. ISSN: 2377-3766. DOI: 10.1109/LRA.2017.2779542.

[270] Yeoh, O. H.: „Some Forms of the Strain Energy Function for Rubber“. In: Rubber Chemistry and Technology 66, Nr. 5 (1993), S. 754–771. ISSN: 0035-9475. DOI: 10.5254/1.3538343.

[271] Yoshinaga, T.; Oda, M. und Suga, K.: „Ansaugvorrichtung mit Sehfühler und Saugeinheit“. Pat. Nr. DE 10 2012 104196 A1. 14.05.2012.

[272] Zentner, L.: „Mathematical Synthesis of Compliant Mechanism as Cochlear Implant“. In: Micromechanics and microactuators. Hrsg. von Ananthasuresh, G. K.; Corves, B. und Petuya, V. Bd. 2. Mechanisms and Machine Science. Dordrecht: Springer, 2012, S. 41–48. ISBN: 978-94-007-2720-5. DOI: 10.1007/978-94-007-2721-2{\textunderscore}5.

[273] Zentner, L.; Böhm, V. und Minchenya, V.: „On the new reversal effect in monolithic compliant bending mechanisms with fluid driven actuators“. In: Mechanism and Machine Theory 44, Nr. 5 (2009), S. 1009–1018. ISSN: 0094114X. DOI: 10.1016/j.mechmachtheory.2008.05.014.

[274] Zentner, L.: „Klassifikation nachgiebiger Mechanismen und Aktuatoren“. In: Mechanismentechnik in Ilmenau, Budapest und Niš. Hrsg. von Zentner, L. Bd. Band 1. Berichte der Ilmenauer Mechanismentechnik. Ilmenau: Universitätsverlag Ilmenau, 2012, S. 3–12. ISBN: 978-3-86360-034-1. URL: www.db-thueringen.de/servlets/MCRFileNodeServlet/dbt_derivate_00037995/ilm1-2012100142-003-1.pdf (zuletzt geprüft am 03. 01. 2020).

[275] ZENTNER, L.: „Nachgiebige Mechanismen“. München: De Gruyter, 2014. ISBN: 978-3-486-76881-7. DOI: 10.1524/9783486858907.

[276] ZENTNER, L.: „Stoffschlüssiges aktives Gelenk“. Pat. Nr. DE 198 24 622 A1. 02.06.1998.

[277] ZENTNER, L.: „Untersuchung und Entwicklung nachgiebiger Strukturen basierend auf innendruckbelasteten Röhren mit stoffschlüssigen Gelenken“. Habilitation. Ilmenau: TU Ilmenau, 2002.

[278] ZENTNER, L. und BÖHM, V.: „Nachgiebige monolithische fluidisch angetriebene Aktuatoren mit neuartigem Verformungsverhalten“. In: Technische Mechanik wissenschaftliche Zeitschrift für Grundlagen und Anwendungen der technischen Mechanik 27, Nr. 1 (2007), S. 18–27.

[279] ZENTNER, L. und BÖHM, V.: „On the Classification of Compliant Mechanisms“. In: Proceedings of the 2nd European Conference on Mechanism Science. Hrsg. von CECCARELLI, M. Berlin: Springer Netherland, 2008, S. 431–438. ISBN: 9781402089152.

[280] ZENTNER, L. und BÖHM, V.: „On the Mechanical Compliance of Technical Systems“. In: Mechanical engineering. Hrsg. von GOKCEK, M. Rijeka, Croatia: InTech, 2012, S. 341–352. ISBN: 9789535105053.

[281] ZENTNER, L. und BÖHM, V.: „Zum Verformungsverhalten nachgiebiger Mechanismen“. In: Konstruktion 60, Nr. 74 (2008), S. 67–71.

[282] ZENTNER, L. und BÖHM, V.: „Zur Anwendung nachgiebiger Mechanismen“. In: Konstruktion 57, Nr. 11/12 (2005), S. 49–50.

[283] ZENTNER, L.; GRIEBEL, S. und HÜGL, S.: „Fluid-mechanical compliant actuator for the insertion of a cochlear implant electrode carrier“. In: Mechanism and Machine Theory 142, Nr. 103590 (2019), S. 1–16. ISSN: 0094114X. DOI: 10.1016/j.mechmachtheory.2019.103590.

[284] ZENTNER, L. und LINSS, S.: „Compliant systems: Mechanics of elastically deformable mechanisms, actuators and sensors“. 2019. ISBN: 978-3-11-047731-3.

[285] ZENTNER, L.; GRIEBEL, S.; WYSTUP, C.; HÜGL, S.; RAU, T. S. und MAJDANI, O.: „Synthesis process of a compliant fluidmechanical actuator for use as an adaptive electrode carrier for cochlear implants“. In: Mechanism and Machine Theory 112 (2017), S. 155–171. ISSN: 0094114X. DOI: 10.1016/j.mechmachtheory.2017.02.001.

[286] ZHANG, B.; HU, C.; YANG, P.; LIAO, Z. und LIAO, H.: „Design and Modularization of Multi-DoF Soft Robotic Actuators“. In: IEEE Robotics and Automation Letters 4, Nr. 3 (2019), S. 2645–2652. ISSN: 2377-3766. DOI: 10.1109/LRA.2019.2911823.

[287] ZHU, H.; LI XIONG; CHEN, W. und ZHANG CHI: „Flexure-Based Variable Stiffness Gripper for Large-Scale Grasping Force Regulation with Vision“. In: Intelligent robotics and applications. Hrsg. von YU, H.; LIU, J.; LIU, L.; JU, Z.; LIU, Y. und ZHOU, D. Bd. 11740. LNCS sublibrary: SL 7 – Artificial intelligence. Cham, Switzerland: Springer, 2019, S. 346–357. ISBN: 3030275272. DOI: 10.1007/978-3-030-27526-6{\textunderscore }30.

[288] Zhu, T.; Yang, H. und Zhang, W.: „A Spherical Self-adaptive Gripper with Shrinking of an Elastic Membrane“. In: IEEE ICARM 2016. Piscataway, NJ: IEEE, 2016, S. 512–517. ISBN: 978-1-5090-3364-5.

[289] Zitarosa, F.; Bärreiter, R.; Erdmann, C. und Schneider, J.: „Rollmembran zur Reinigung von Blow-by-Gas“. In: MTZ - Motortechnische Zeitschrift 80, Nr. 3 (2019), S. 46–49. ISSN: 0024-8525. DOI: 10.1007/s35146-018-0158-8.

[290] Zöppig, V.: „Sauggreifer“. Pat. Nr. DE 19613516 A1. 03.04.1993.